铝电解理论与新技术

（第3版）

Jomar Thonstad, Pavel Fellner, Geir Martin Haarberg,
Ján Híveš, Halvor Kvande, Åsmund Sterten 著

邱竹贤 刘海石 石忠宁 徐君莉 邱天红 译

北 京
冶 金 工 业 出 版 社
2010

北京市版权局著作权合同登记号　图字：01－2010－4793

Aluminium Electrolysis　3rd edition

Jomar Thonstad, Pavel Fellner, Geir Martin Haarberg, Ján Híveš, Halvor Kvande, Åsmund Sterten

图书在版编目(CIP)数据

铝电解理论与新技术：第3版／(挪)汤斯达德(Thonstad, J.)等著；邱竹贤等译．—北京：冶金工业出版社，2010.8

书名原文：Aluminium Electrolysis　3rd edition

ISBN 978-7-5024-5333-6

Ⅰ. ①铝…　Ⅱ. ①汤…　②邱…　Ⅲ. ①氧化铝电解　Ⅳ. ①TF821.032.7

中国版本图书馆 CIP 数据核字(2010)第145065号

出 版 人　曹胜利

地　　址　北京北河沿大街嵩祝院北巷39号，邮编100009

电　　话　(010)64027926　电子信箱　yjcbs@cnmip.com.cn

责任编辑　李　梅　谭学余　美术编辑　李　新　版式设计　孙跃红

责任校对　卿文春　责任印制　牛晓波

ISBN 978-7-5024-5333-6

北京百善印刷厂印刷；冶金工业出版社发行；各地新华书店经销

2010年8月第1版，2010年8月第1次印刷

850mm×1168mm　1/32；14.25印张；380千字；430页

49.00 元

冶金工业出版社发行部　电话：(010)64044283　传真：(010)64027893

冶金书店　地址：北京东四西大街46号(100010)　电话：(010)65289081(兼传真)

(本书如有印装质量问题，本社发行部负责退换)

译者的话

中国铝电解工业的快速发展,使得国内铝电解冶金的相关研究越来越受到重视,目前中国在该领域的研究处于国际领先地位。中国和挪威之间的文化交流一直没有中断过,著名科学家、铝冶金学家邱竹贤院士在铝电解方面与挪威一直保持密切联系。本书是根据德国铝工业出版社2001年出版的挪威电化学家、冶金学家Jomar Thonstad等人的著作——《Aluminium Electrolysis》(第3版)翻译的。2004年,邱院士阅读此书后,顿感有必要将此书翻译成中文,供国内读者参考。2005年,在邱竹贤院士的统筹主持下,刘海石、石忠宁、徐君莉等人参加了翻译工作。2006年3月份翻译完毕,当时85岁高龄的邱竹贤院士在病重期间还亲自审稿,不幸的是,邱竹贤院士于7月份离我们而去,我们失去了一位知识渊博的科学家,这对于铝电解冶金来说损失是巨大的。

2006年8月~2009年3月期间,邱天红、邱天爽对全书进行了文字校对工作,2009年4月~2010年7月,石忠宁对全书进行了全面的技术性整理和书稿校样审阅。中文译本由邱竹贤统筹、主持翻译工作,具体翻译分工如下:

目录、第1章、第2章由邱竹贤、邱天红译;

第3章、第4章、第5章(原著87~114页)由刘海石译;

第5章(原著115~135页)、第6章由徐君莉译;

第7章(原著145~176页)由邱竹贤、邱天红译,第7章(原著177~209页)由石忠宁译;

第8章由邱竹贤、邱天红、郭小茜译；

第9章由刘海石译；

第10章、符号与缩写表、词目索引表由石忠宁译。

全书由邱竹贤、石忠宁、邱天红整理。

全书系统总结了1980～1999年之间有关霍尔－埃鲁铝电解法的理论研究成果，同时也介绍了生产实践方面的成果。涉及内容包括：冰晶石基电解质体系的热力学数据、相平衡、熔盐结构及铝电解过程的电流效率、电解过程等。本书对从事铝电解研究和生产的科技工作者、大专院校有关专业的师生均有参考价值。

本书在翻译出版过程中，得到了作者 Havor Kvande 和 Jomar Thonstad 等人的大力支持，他们特别撰写了中文版序言，在此谨表衷心感谢。

由于译者和校者的水平有限，书中不当之处在所难免，恳请广大读者不吝批评指正。

译　者

2010年5月

Preface for Chinese Edition

In September, 2004, in Shenyang, Professor Zhuxian Qiu, our best friend, told me that he was going to translate the book "*Aluminium Electrolysis- Fundamentals of the Hall- Heroult Process*" into Chinese in order to introduce the newest fundamental researches and novel technologies concerned on primary aluminium production to Chinese readers. I am very glad and supported this work. —Halvor Kvande

In November, 2007, when hearing this book would be translated in Chinese and published from Dr. Zhongning Shi, I was surprised very much and believed that it might be one of the best news for me during the trip in Beijing. —Jomar Thonstad

Dr. Zhongning Shi met the authors of the book "*Aluminium Electrolysis- Fundamentals of the Hall-Heroult Process*" when he visited Trondheim, Norway in May, 2008. He suggested us provide a brief preface for the Chinese edition of this book, and we accept it gladly.

As we think that Chinese readers can get a better understanding of this book from the original preface, so we just want to express our appreciation to Professor Zhuxian Qiu and his colleagues here. They spent a lot of time and efforts on translating this book.

Meanwhile, the rapid development of primary aluminium industry in China has attractive the world attentions, and we wish Chinese readers can benefit from this book. Moreover, we hope the Chinese translation edition will be published smoothly.

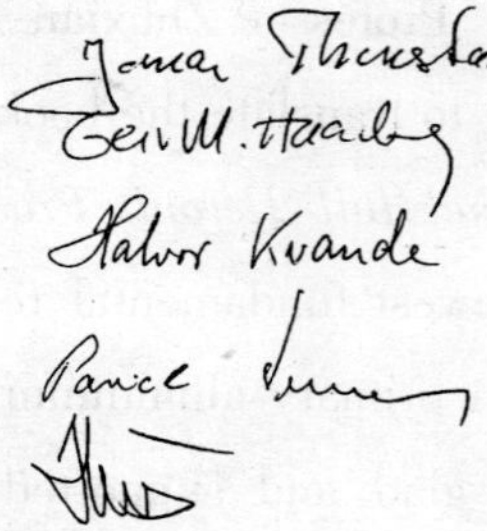

May, 3, 2008

Trondheim, Norway

中文版序言

2004年9月,我在沈阳时,邱竹贤教授告诉我,准备将我们写的这本书翻译成中文,让中国的读者也能够了解铝电解技术发展的最新进展,我很高兴也非常支持他的工作。

——Halvor Kvande

我在2007年11月在北京的时候,石忠宁告诉我即将把我们的这本书译成中文出版,这也许是我这次来中国听到最好的消息了。

——Jomar Thonstad

2008年5月,石忠宁访问挪威的时候,恰好遇到Pavel Fellner等另外几位作者,谈到此事时,问我们能否给该书写一简短中文版序言,我们欣然同意。我们认为读者可以通过原版序言了解撰写此书的一些情况,因此,在这里,我们最想说的是翻译这本书需要很多的时间和精力,这本译作凝集了邱竹贤教授和他同事的很多心血,对他们表示感谢。中国电解铝的迅速发展令世界瞩目,也令同行关注。我们也希望这本书能对中国的读者起到帮助作用,希望此书能够顺利出版。

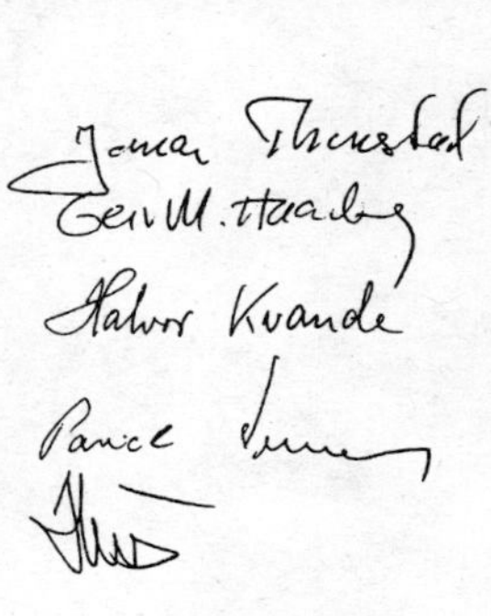

2008年5月3日
挪威 特隆海姆

前　言

本书第1版在1977年出版,第2版于1982年出版,第2版中包含部分新数据,而且许多章节重新编写,但基本的脉络结构仍未变。出版该书旨在对铝电解理论方面进行梳理并对近年来相继出现的试验方法和技术作总结性讨论,该书的重点不仅在于介绍如何处理从大量文献中获得的大量实验数据,而且也讨论了目前尚难以形成定论的问题及现象。这些问题或现象在目前来看,从理论上或实验上还难以给出正确的解释。

第2版共计443页,包含2000多条有关铝电解方面的参考文献。这些参考文献并非简单地、或者是以简洁易读的方式罗列出来,引用这些参考文献本身就是一项巨大的工作。但该书已经出版了20年,目前有必要更新其中的一些内容,因此出版本书第3版。

自1982年以来,我们这些作者中,目前只有Jomar Thonstad教授仍然从事铝电解方面的研究,Kai Grjotheim和Conrad Krohn已逝世,两位斯洛伐克作者Milan Malinovský和Kamil Matiǎsovský也不幸于1990年逝世。基于Jomar Thonstad的提议,对第2版进行更新和修订。挪威和斯洛伐克新一代的铝电解研究工作者接受了这一极具挑战性的工作,编写这本书。更新的内容是从第2版编写的时间1980年开始到1999年之间的研究成果。近20年来,铝电解技术快速发展,发表了大量科技论文,本书引用了多达1000条参考文献,全书总页数为360页(英文版)。可以说该书概括了20世纪最后20年铝电解基础研究方面的研究进展。希望该书的出版,无论在理论上还是实践方面能够帮助读者对霍尔－埃鲁铝电解有更好的理解。虽然不需要本书第2版也能够顺利阅读该书,但是如果想开展相关研究,能参考第2版效果会更好些,目前第2版仍有大量现书可购买,如果购买本书第3版将会赠送第2版一册,欲购者请与作者联系。

作者基本上对每一篇参考文献都简单地总结了其重点,并在每一章中均试图阐述某一个研究方向,但不可避免某些章节仍有重复。总的来说,读者应该阅读参考文献中的原文,方能更好理解其内容。其实,我们更愿意把这本书看作铝电解研究领域的参考书,而不是一本教科书。该书重点在于阐述基础研究方面,当然在实践方面也着了较多笔墨。从这一点看,该书有别于 Kai Grjotheim 和 Barry J. Welch 编写的《铝电解技术》通用书,此书重点着笔于化学技术方面,没有引用特别的专门文献。希望该书的出版对从事铝电解研究的科研院所、工厂起到有价值的帮助。同时,能够帮助读者更好地了解霍尔-埃鲁铝电解法。

作者感谢 Bill Frank 和 Warren Haupin 对书稿的审阅及提出宝贵的意见和建议,同时感谢 SINTEF 组织(Trondheim)的资助。

目　录

符号与缩写表

- A　electrode surface area (geometrical)　电极几何面积　cm^2
- a_A　activity of component A　组分 A 的活度
- AE　anode effect　阳极效应
- AEF　anode effect frequency　阳极效应系数　次 · day^{-1}
- A_h　electrode surface area not covered with gas bubbles　未被气泡覆盖的电极面积　cm^2
- BET　Brunauer, Emmett, and Teller method　BET 表面积分析法
- BR　mass NaF/AlF_3 ratio　NaF/AlF_3 质量比
- c　concentration, mass or mol percent basis　浓度(质量分数或摩尔分数)　%
- c_{cd}　critical current density　临界电流密度　$A \cdot cm^{-2}$
- $c_{d,l}$　double layer capacity　双电层电容　$\mu F \cdot cm^{-2}$
- CE　current efficiency　电流效率　%
- c_{eut}　eutectic composition　共晶成分
- c_p　molar heat capacity at constant pressure　定压摩尔热容　$J \cdot mol^{-1} \cdot K^{-1}$
- CR　molar NaF/AlF_3 ratio　NaF 与 AlF_3 摩尔比
- d　density　密度　$g \cdot cm^{-3}$
- D　diffusion coefficient　扩散系数　$m^2 \cdot s^{-1}$
- DTA　differential thermal analysis　差热分析
- E　cell potential　原电池电动势　V
- $E^{\ominus}$　standard potential　标准电极电势　V
- E^{rev}　reversible potential　可逆(反)电动势　V
- E_c　constant potential term　电势常量　V

- E_i electrode potential 电极电势 V
- EDS energy dispersive spectroscopy 能谱
- F Faraday constant 法拉第常数,96485.309(29) $C \cdot mol^{-1}$
- FLINAK eutectic LiF-NaF-KF mixture LiF-NaF-KF 共晶成分
- g gaseous state 气态
- $\Delta G^{\ominus}$ change in standard Gibbs energy 标准吉布斯自由能变 $J \cdot mol^{-1}$
- $G_T^{\ominus}$ standard Gibbs energy at the temperature T 温度 T 时的标准吉布斯自由能 $J \cdot mol^{-1}$
- $\Delta_f G_T^{\ominus}$ standard Gibbs energy of formation at the temperature T 温度 T 时的标准吉布斯生成能 $J \cdot mol^{-1}$
- h_{el} height of the electrolyte in the cell 电解槽中的电解质高度(电解质水平) cm
- h_m height of the liquid aluminium layer in the cell 电解槽中的铝液高度(铝水平) cm
- $H_T^{\ominus}$ standard enthalpy at the temperature T 温度 T 时的标准焓 $J \cdot mol^{-1}$
- $H_{298K}^{\ominus}$ short version for $H_{298.15K}^{\ominus}$ $H_{298.15K}^{\ominus}$的简写 $J \cdot mol^{-1}$
- $\Delta H^{\ominus}$ change in standard enthalpy 标准自由焓变 $J \cdot mol^{-1}$
- ΔH_{mix} integral enthalpy of mixing 混合焓 $J \cdot mol^{-1}$
- $\Delta \overline{H}_A$ partial molar enthalpy of component A 物质 A 的偏摩尔焓 $J \cdot mol^{-1}$
- $\Delta_f H_T^{\ominus}$ standard enthalpy of formation at the temperature T 温度 T 的标准生成焓 $J \cdot mol^{-1}$
- $\Delta_{fus} H^{\ominus}$ standard heat of fusion 标准熔化热焓 $J \cdot mol^{-1}$
- I current 电流 A
- i current density 电流密度 $A \cdot cm^{-2}$
- i_0 exchange current density 交换电流密度 $A \cdot cm^{-2}$
- i_c local cathodic current density for the Al deposition reaction 铝

沉积局部电流密度 A · cm^{-2}

- i_l limiting current density 极限电流密度 A · cm^{-2}
- i_{loss} local current density for all cathodic side reactions 阴极副反应局部电流密度 A · cm^{-2}
- i_t transfer current density 转移电流密度 A · cm^{-2}
- j current density 电流密度 A · cm^{-2}
- k_i mass transfer coefficient 传质系数 cm · s^{-1}
- l liquid state 液态
- $l_1 - l_6$ loss in current efficiency by various mechanisms 电流损失若干机理
- LECO oxygen analyser 定氧仪
- LOI loss of ignition at temperature range 300 ~ 1000℃ 300 ~ 1000℃下的灼减率 %
- MD molecular dynamic 分子动力学
- MOI loss of ignition at temperature range 25 ~ 300℃ 25 ~ 300℃下的灼减率 %
- n number of electrons 电子数
- NMR Nuclear Magnetic Resonance 核磁共振
- P amount of carbon dust 炭渣量 kg(C)/t(Al)
- p_A partial vapour pressure of component A(g) 组分 A(g)的分压 Torr
- p_{tot} total vapour pressure 总压 Torr
- Q, q amount of electric charge 电量 C
- r the NaF/AlF_3 molar ratio(also denoted as CR) NaF/AlF_3 的物质的量比,同 *CR*
- R molar gas constant, 8. 314510(70) 气体常数, 8. 314510(70) J · mol^{-1} · K^{-1}
- r^2 square of the multiple correlation coefficient 多重相关系数平方
- s solid state 固态

- $\Delta S^{\ominus}$ change in standard entropy 标准熵变 J · mol^{-1} · K^{-1}
- $\Delta\overline{S}_{A}$ partial molar entropy of component A 组分 A 的偏摩尔熵 J · mol^{-1} · K^{-1}
- $S_{T}^{\ominus}$ standard entropy at the temperature T 温度 T 时的标准熵 J · mol^{-1} · K^{-1}
- $S_{298K}^{\ominus}$ short version for $S_{298.15K}^{\ominus}$ $S_{298K}^{\ominus}$的简写 J · mol^{-1} · K^{-1}
- $\Delta_{fus}S^{\ominus}$ standard entropy of fusion 标准熔化熵 J · mol^{-1} · K^{-1}
- SEM Scanning electron microscopy 扫描电子显微镜法
- SD standard deviation 标准偏差
- Superheat the difference between the electrolyte and the liquidus temperatures at constant electrolyte composition 电解质的温度与初晶温度之差 ℃
- t temperature 温度 ℃
- T absolute temperature 绝对温度 K
- TA thermal analysis 热分析
- TDLAS Tuneable Diod Laser Spectroscopy 可调谐二极管激光光谱
- t_{e} transport number of electrons 电子传输数
- t_{eut} eutectic temperature 共晶温度 ℃
- t_{i} transport number of ion i 离子 i 的迁移数
- U cell voltage 槽电压 V
- V^{E} excess molar volume 过量摩尔体积 cm^{3} · mol^{-1}
- V_{i}^{0} molar volume of the component i 组分 i 的摩尔体积 cm^{3} · mol^{-1}
- V_{m} molar volume of the mixture 混合物的摩尔体积 cm^{3} · mol^{-1}
- w mass fraction 质量分数
- W_{el} electric energy consumption 电能消耗 kW · h · kg^{-1}
- x_{A} mole fraction of component A in a liquid mixture 组分 A 在

液态混合物中的摩尔分数

- x_{Al} current efficiency ratio with respect to aluminium 铝电解电流效率
- α_i, β_i numerical coefficients 数值系数
- β_1 coefficient depending on composition 与成分有关的系数
- γ Interfacial tension 界面张力 $mN \cdot m^{-1}$
- γ_i activity coefficient on a molar fraction scale 以摩尔分数计的活度系数
- δ_i, ε_1 numerical coefficients 数值系数
- ε_2 coefficient depending on composition 与组分有关的系数 $J \cdot mol^{-1}$
- ε_3 numerical coefficient 数值系数
- η viscosity 黏度 $mPa \cdot s$
- η_c concentration overvoltage 浓差过电位 V
- η_{cat} cathodic overvoltage 阴极过电位 V
- θ wetting angle 湿润角 degree
- Θ surface coverage by gas bubles 气泡覆盖率
- κ specific electrical conductivity 表观电导率 $\Omega^{-1} \cdot cm^{-1}$
- κ_e specific electronic conductivity 表观电子电导率 $\Omega^{-1} \cdot cm^{-1}$
- λ thermal conductivity 热导率 $W \cdot m^{-1} \cdot K^{-1}$
- μ_A chemical potential of component A 组分(组元)A 的化学势 $J \cdot mol^{-1}$
- υ stoichiometric number 计量数
- ρ density 密度 $kg \cdot m^{-3}$
- σ surface tension 表面张力 $mN \cdot m^{-1}$

注：1 Torr = 1mm Hg = 133.322Pa。

1 铝的工业生产

1.1 引言

铝电解在提取冶金中占有很特殊的地位，因为电解法可以生产出具有特殊性能的高纯度铝产品。从原料铝土矿到原铝的生产过程包括两个耗能巨大且相互独立的生产步骤。铝土矿一般富集于地表，易于采掘。铝土矿中含有40% ~60%[1]的 Al_2O_3，其主要存在形式为水合氧化铝相：三水氧化铝 $Al(OH)_3$、一水软铝石(AlOOH)和一水硬铝石($Al_2O_3 \cdot H_2O$)，此外还含有少量的硅、铁和钛的化合物以及其他的痕量杂质。磨细后铝土矿经过拜耳法，用苛性碱在高温、高压下溶出其中的氧化铝，随后进行赤泥分离、沉降、洗涤和焙烧后得到无水氧化铝。然后以氧化铝为原料用霍尔－埃鲁法电解生产铝。霍尔－埃鲁电解法生产铝的示意图如图1.1所示。

1.2 霍尔－埃鲁铝电解法

工业上生产原铝是在铝电解槽中进行，炼铝的方法采用霍尔－埃鲁铝电解法，此法以发明者的名字命名。霍尔和埃鲁两人在1886年同时发明并申请了铝电解法的专利。该法将 Al_2O_3 溶解在一种主要含有冰晶石(Na_3AlF_6)电解质中进行电解生产铝。电解质中还添加氟化铝(AlF_3)、氟化钙(CaF_2)等添加物，用来改善电解质的性质。目前，霍尔－埃鲁法是工业生产铝的唯一方法。有关取代霍尔－埃鲁铝电解法的许多尝试均尚未成功，但至少在未来的20年内或者更长的时间内不会出现能够替代此法的新型炼铝方法。

---

[1] 本书凡未经注明的百分含量均为质量分数。

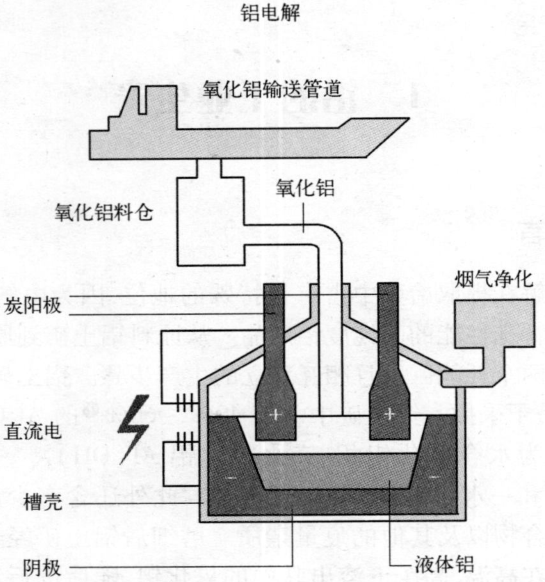

图 1.1 霍尔－埃鲁铝电解法示意图

在现代的铝电解槽内，多块预焙阳极插入电解质中，从溶解的氧化铝中释放出氧离子在阳极上进行电化学放电，生成中间态的产物。但是，此种中间态的氧与炭阳极起反应，而逐渐消耗炭阳极，生成气态二氧化碳（CO_2）。在电解质之下，有一层液态的铝，盛置在预成型的炭素内衬中。在钢壳内用耐火材料和保温材料进行保温。因此，含铝的阳离子在金属/电解质界面上被还原。虽然“阴极”一词工业上通常被描述为盛置液态金属和电解质的整体容器，但真正起作用的都是铝液层的上表面。溶解的氧化铝和炭在电解过程中发生电化学总反应是生成液态铝和气态的二氧化碳。总反应式可写成下式：

$$1/2Al_2O_3(dis) + 3/4C = Al(l) + 3/4CO_2(g) \quad (1.1)$$

下面介绍电解质。

作为氧化铝溶剂，冰晶石是主要的电解质成分。在电解过程中电解质并不消耗，但由于蒸发和水解以及渗透进炭内衬中而造成电解过程的一些损失。现代的中等槽型铝电解槽一般含有 4 ~6 t 电解质，电解质高度大约为 20 cm。电解质温度在正常生产操作中通常是 955 ~965℃。

自霍尔－埃鲁铝电解法发明以来，电解质得到很大的改进。常常采用几种添加剂用以改善电解质的物理化学性质，例如，减小铝的溶解度，增加电导率，降低密度和蒸气压。所有的添加剂都会降低电解质的熔点而使电解槽的操作温度下降，但是也使得氧化铝溶解度降低。然而，采用先进的氧化铝下料技术，氧化铝溶解度降低造成的影响不像以前那么严重了，因为现在可以比较方便地控制电解槽中氧化铝的含量。

目前电解槽的极距（从阳极底部到铝液面的垂直距离）一般是 4 ~5 cm，电解质除了作为阳极到阴极的基本导电体和氧化铝的溶剂之外，还作为产铝的阴极和产生二氧化碳气体的阳极之间的物理隔板。当然作为发热的电阻体，电解质发热能够维持电解槽自热的作用很重要。

1.3 氧化铝

氧化铝是霍尔－埃鲁炼铝法的原料，从式（1.1）中的化学计量可知，生产 1 kg 铝需要 1.89 kg 的 Al_2O_3，理论上消耗 0.33 kg 的炭素，同时生成 1.22 kg 二氧化碳。旧式电解槽的设计并不尽科学，需消耗很多氧化铝；而现代电解槽都在上部结构配备了专用的自动点式下料器，氧化铝从上面的料仓或料斗供入槽内。容积 2 ~5 L 的料仓大致每分钟连续加入 1 ~2 kg 氧化铝，如果减少氧化铝添加量，则能促进氧化铝迅速溶解。电解质中氧化铝的含量一般保持在 2% ~3% 的范围内。当氧化铝添加量过多时，则形成过量的不溶解沉淀物，聚集在铝液层之下。低氧化铝含量可能会改变阳极过程，导致发生阳极效应。阳极效应会干扰正常电解，引起很高的槽电压，甚至高达 30 ~40 V。在这种情况下生成电绝缘层，阳极气体含有 CO（气）和氟碳化合物，主要是 CF_4（气）和 C_2F_6

(气),这些释放到环境中,对环境是有害的。由于这些温室气体会导致全球变暖,故应将阳极效应迅速熄灭,将这些气体从阳极底掌赶跑。常用的方法是降低阳极或溅泼铝液,并添加氧化铝,恢复电解质中氧化铝的正常浓度。

氧化铝除了作为炼铝的原料之外,还用作保温材料,氧化铝与电解质形成结壳面,覆盖在电解质液面上,从而达到给电解槽保温的目的。通常,也用氧化铝–固体电解质碎块混合物覆盖在阳极的面上。氧化铝的第三个作用是用来捕集从槽内挥发到烟气中的氟化物,称为干式净化法,即用氧化铝来吸附产生的氟化氢气体和其他的氟化物冷凝物,主要是颗粒状的四氟铝酸钠($NaAlF_4$),这对于环境保护是有益的。所产生的载氟氧化铝又重新供入电解槽做原料,而洁净的二氧化碳气体排入大气。

1.4 阳极

霍尔–埃鲁电解法的特点是阳极是消耗性的。铝电解用阳极有两种,预焙阳极(图1.2)和自焙阳极(图1.3)。霍尔–埃鲁法的原始专利用的是预焙阳极,是用石油焦和煤焦油黏结剂混合物在模具内压制成形,然后在阳极焙烧窑内经1100℃左右焙烧而成,阳极顶部有1个、2个、3个、4个或6个称之为炭碗的凹穴。

图1.2 采用边对边排列方式的现代230 kA预焙槽系列

图 1.3 上插式自焙阳极电解槽系列

用铝或铜作导杆,连接导杆的是阳极钢爪,阳极钢爪放置于阳极顶部的炭碗中用磷生铁浇注或炭糊捣实,用来支撑阳极的重量并传导电流至阳极。

预焙阳极需要定期更换,一般是当阳极消耗到原来高度的四分之一左右时进行更换,时间通常是在 22 ~ 30 天之间。大多数现代电解槽有 16 ~ 40 块预焙阳极,这意味着每槽每天约更换一块阳极。更换下的阳极在槽外进行残极清理。清理好的残极被破碎后重新用于制造新的阳极。残极上黏附的来自槽内的电解质物料经回收再利用。

自焙阳极同样也是由石油焦和煤焦油沥青混合物制造,自焙阳极通常含有 25% ~ 28% 的沥青,预焙阳极只含 13% ~ 16% 的沥青。自焙阳极糊料加在阳极顶部的一只长方形的铁壳中,阳极糊缓慢向下流动,由于电流通过阳极发热、阳极糊中沥青热分解发热以及电解质和阳极的余热共同焙烧,所以阳极糊在向下移动过程中逐渐被焙烧成导电性良好的固体阳极。

虽然早在设计前的侧插棒式自焙阳极仍然在一些旧式的小型自焙槽上使用,但电流通常从垂直的阳极棒和连接到阳极母线梁的导杆进入阳极。

1.5 阴极

前面已经提到过,铝工业通常把盛置整个液体铝和电解质的容器称为阴极。阴极是由无烟煤加上沥青制成的炭块,也有用无烟煤－石墨混合物制成,目前广泛应用的是用半石墨质或半石墨化材料制成。这些炭块使用炭间糊扎固连接在一起构成电解槽的整体阴极。钢质导电棒插入炭块底部的燕尾槽中,然后灌注生铁或者用炭糊捣实固定,保证钢棒和阴极炭块接触良好。在该装好阴极棒的炭块下面,有若干层耐火砖和保温砖等耐火材料。电解槽的侧壁炭块与阴极炭块连接形成盛装电解质的容器,此容器外部由钢制槽壳支撑。一般电解槽的长度 9 ~ 14 m, 宽 3 ~ 5 m,深 1 ~ 1.5 m,但槽膛深度一般为 0.4 ~ 0.5 m。

由于尚难以找到能够完全抵御高温冰晶石基电解质和铝液的腐蚀和侵蚀的材料,因此电解槽在实际过程中要保证具有良好的散热功能,以便能够使电解质在电解槽的侧壁形成固体电解质层,即所谓的"炉帮"。然而,此保护层又不能在电解槽的底部形成,因为必须保持阴极底部干净以便使铝液与阴极炭块接触良好。

虽然在生产操作过程中铝液保护着阴极底部,但是槽底部炭块仍然由于渗入电解质和钠而膨胀。最终,导致阴极炭块破损,电解槽停产大修。现代大型电解槽的大修费用通常超过 10 万美元。所以短槽寿命的经济损失是很大的,大多数现代槽系列典型的平均寿命是 1800 ~ 2800 天,有些可能生产操作超过 4000 天。但是,即使用相同的设计和建筑结构,电解槽寿命也有很大的差异,这表明槽的生产操作对于阴极寿命有着重大的影响。

1.6 槽系列

一般电解铝厂的一个系列由 150 个或者 250 多个电解槽串联而成,电流从电解槽的阴极母线出来后连接到下一台电解槽的阳极母线。图 1.2 示出采用边对边排列方式的现代预焙槽系列,电解槽串联方式须采用高压整流器。为安全起见,整流器的最高电压不超过 1000 V。但是某些现代电解槽系列中，电压高达1500 V。要试图保持系列电流恒定时，每台电解槽须有各自的电压调节装置，以满足特殊的需要，例如，要根据阴极的使用寿命和槽况来维持热平衡，保持适当的生产操作条件。目前，预焙阳极铝电解槽的电流范围是 175 ~ 325 kA，电解槽按照边对边的方式排列，旨在减小高电流磁场的不良影响，并减少热量损失。旧式槽的电流小到 40 kA，通常按照端对端的方式排列，但并非一律如此。高电流电解槽的根本特点是，高电流通过液体铝感应出磁场，通过母线也产生电磁场，且由于邻槽也有高电流通过产生磁场，便发生交互作用，于是引起铝液的电磁搅动，使铝液高度发生波动，导致不稳定。为了减少这些效应引起的不良后果，需要对电解槽母线系统采取特殊排列方案。

1.7 电解槽的生产操作

在自动下料预焙阳极铝电解槽上，有两项最重要的手工操作：更换阳极和出铝。这两项操作通常是每天进行或者每两天进行一次，这些手工操作会对正常电解生产过程产生一定的影响。

现代的铝电解槽车间的预焙槽生产系列均配备着多功能的天车，操作者坐在有空调的天车驾驶室内，用机器手臂做更换阳极操作。更换阳极势必对电解槽内产生影响。当新的冷阳极放入电解槽内时，阳极底掌迅速凝结一层固体电解质，要使它完全熔化需要两天，由于新阳极底掌在熔化固态电解质时产生偏流，它只通入少量电流，局部的电解质温度发生改变，同时也改变了阳极电流的分布。图 1.4 示出阳极更换的过程。

类似于预焙阳极的更换过程，自焙槽的拔棒和插棒操作也许仍然是最辛苦的工作。当棒头接近阳极底掌时，就要换插钢棒，新插棒在阳极的较高水平（25 ~ 30 cm）。在上插棒式自焙电解槽上，用天车的机械手固定住阳极棒，拧松夹具，较慢地提升并转动阳极棒，拔出棒放在天车的调运架上。这些拔出来的阳极棒，随后再喷砂磨光。然后用一块大约 10 kg 重的阳极糊塞在拔出阳极棒

图 1.4 串式排列电解槽的阳极更换过程

后留下的孔洞内,再用天车将一根洁净的阳极棒插入同一孔洞位置,最后把它夹紧。

在自焙槽上,换插阳极棒是铝电解工业生产中最危险的一项工作。换插阳极棒过程中须小心注意,放入阳极棒孔洞中的新鲜阳极糊必须保证不往下渗漏进入电解槽内,否则发生爆炸,会产生无法控制的火焰。但在多数自焙槽系列中,由于使用干燥的阳极糊,这种危险已经大为减少。

从霍尔 - 埃鲁电解槽取出铝液称为出铝。用真空包出铝时,其吸管插入槽中铝液内,铝液通过虹吸进入真空罐内,吸入的铝液就地称重,然后运入铸造车间的熔炉内。通常采用天车系统来辅助手工操作更换阳极和出铝。更换阳极和出铝这两项工作是由天车交替进行完成的。图 1.5 是出铝的过程。

铝电解过程的另一项常规作业是提升阳极,因为阳极是不断消耗的,阳极梁的位置就逐渐朝着槽内阴极方向降低,以保持恒定的极距。最终阳极支撑梁的位置变得很低,当达到极限位置后,阳极梁要用阳极梁提升机构提起来。所有的阳极都挂在阳极梁提升机构上,两者相连接。提升机构放在槽的适当位置上,此时阳极夹把原来位置上的阳极重新拧紧。最终,阳极提升机构从电解槽顶部的上部结构移走。此项操作每隔 2 ~3 星期做一次,最终阳极支

图 1.5 串式排列预焙槽的自驱出铝车出铝过程

撑梁可被提升 20 cm。

在 20 世纪的最后 20 年中,槽内阳极效应是自动熄灭的,但是有时候有些现代或旧式电解槽还用手工操作来熄灭阳极效应。在手工熄灭时,需要打开边部的电解质结壳并往电解质或铝液内插入"新鲜"木棒,搅动熔体产生短路作用,从而把阳极气体层赶跑。此外可用钢制的喷射管把压缩空气通入阳极底下,以熄灭阳极效应。通常的自动熄灭阳极效应技术是在短时间内(数秒钟)降低阳极,槽控机给出一系列的下降阳极指令,直到电解槽发生短路,然后发出上升阳极的指令,使阳极恢复原来的位置,这种方法可自动熄灭 95% 的阳极效应。在自焙阳极槽上用钢管垂直吹入冷空气也可熄灭阳极效应。出于环境考虑,铝电解工业已经采取各种办法来减少阳极效应系数,缩短阳极效应持续时间。最现代化的铝电解槽的阳极效应系数是 0.1 次/日,最佳的达到 0.03 次/日。这表明现代化预焙槽可以在长时间内(一个月或更长久)不发生阳极效应,同时不会产生任何危害电解槽操作的后果。现代电解槽的控制过程并不仅仅是控制阳极效应,理论上,可能避免所有的阳极效应发生,至少在预焙槽上是可以实现的。对自焙槽而言,阳极效应系数低于 1.0 次/日是难以实现的。

2 相图与相平衡

2.1 概述

在本章内评述了有关霍尔－埃鲁法的相图与相平衡相关内容。本章主要是本书第2版[1]的继续。为更理想地描述 NaF-AlF_3-CaF_2-Al_2O_3 系(包含可能的添加物和杂质)的主要相图,本章综述了1980年以后发表的文献。杂质的种类有不同的来源:例如,氧化铝加料带入的、炭阳极带入的以及将来可能采用的惰性阳极带入的杂质。这也许需要参考本书第2版[1],该书的阐述较为深入,这有助于获得更加完整的相图参考文献,但其重要性稍次。有些有关的相图可以从美国陶瓷学会出版的基础数据[2]以及Brown[3]的综述资料中查找。

新的改进后的实验数据,澄清了有关霍尔－埃鲁槽用电解质相图中模棱两可的数据。已知的热－歇法可以避免过冷现象,选用冷却速度的范围是0.4~1.0℃/min,对熔盐强烈搅动并添加冰晶石的细晶作种子。采用差热分析法(DTA)测定冰晶石体系的液相线并不值得推荐,因为所得数据受到过冷的影响较大。然而,由于其热效应小,也许需要 DTA 法来检测固相中液相转变点。但由于转变反应进行缓慢,难以测定精确的相变温度和固溶区。采用光学显微镜、X 射线和各种形式的化学分析法,有助于获得相图数据,特别是一次 Al_2O_3 和 AlF_3 结晶区。最近 Rolseth 等人[4]已发表文章,阐明可以就地测定工业电解槽中的电解质的初晶温度(液相线)。这样的测量有助于增进对过程热力学的认识,从而促进槽设计和操作的改进。

2.2 Na_3AlF_6 二元系

2.2.1 NaF-AlF_3 系

NaF-AlF_3 体系的第一个相图是 1912 年发表的，然后重新修改了几次。直到 1980 年[1]，随后的工作是注重于推求描述有添加剂的冰晶石熔盐中的初晶区域[5~7]。虽然液相线温度已经可以计算出来了，但这些文章很少得出有关 NaF-AlF_3 系新的信息。

Røstum[8] 和 Solheim 等[9~11] 结合以前发表的一系列文章中的最佳数据，出版了新的综合研究资料。在大气压力下，该体系会有两个平衡的二元固体化合物：冰晶石（Na_3AlF_6）和亚冰晶石（$Na_5Al_3F_{14}$）。而固体化合物 $NaAlF_4$ 在热力学上是不稳定的，详见下文。

然而冰晶石有一个预熔区域，当接近其同分熔点时，生成了非化学计量的固态化合物。根据热力学活度资料[11]，计算出 NaF-AlF_3 系中的相图，见图 2.1。非化学计量的化合物，其化学式是 $Na_bAlF_{(3+b)}$。图 2.2 示出了关于 NaF-AlF_3 区域的若干实验数据。图 2.1 描述了 NaF-AlF_3 系中相组成和相变温度点。对 Na_3AlF_6 的变体，立方晶形的 β 相在（563 ±2）℃下转变成单斜晶形的低温 α 相。

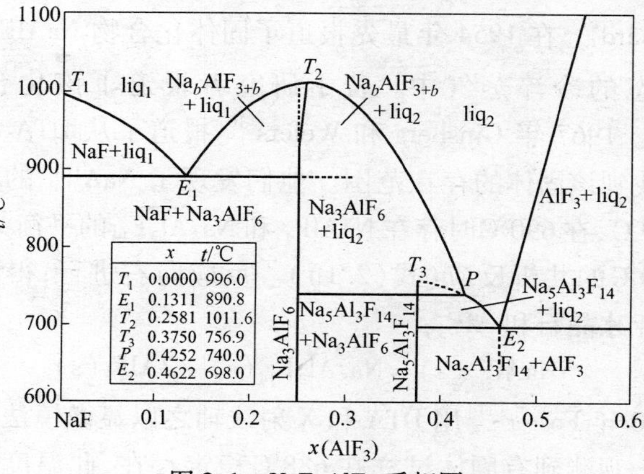

图 2.1 NaF-AlF_3 系相图

源自 Solheim 和 Sterten[11]

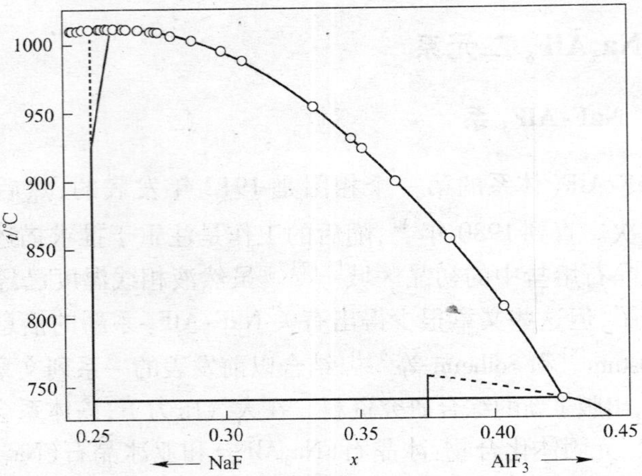

图 2.2　$Na_bAlF_{(3+b)}$ 区域

初晶温度数据源自 Solheim 等[10]

对 NaF-AlF_3 系，有两点必须注意到，即存在不稳定的单冰晶石 $NaAlF_4$ 相，以及非化学计量的固体冰晶石和在固体冰晶石中可能存在的 AlF_3 固溶体。

2.2.1.1　固体 $NaAlF_4$ 的不稳定性

Howard[12] 在 1954 年最先报道了固体化合物 $NaAlF_4$，它存在于凝聚态的冷淬蒸气中。若干研究者报道了该化合物的结构[12~15]。1967 年 Ginsberg 和 Wefers[16] 报道了从 DTA 和冷却曲线上寻找到该固体的存在范围。他们发现了 $NaAlF_4$ 的非同分熔点为 710℃，在 690℃时存在 $NaAlF_4$ 和 $Na_3Al_3F_{14}$ 的平衡共晶点，提出了 680℃的共析反应(式(2.1))。反应向右进行，得到稳定的化合物亚冰晶石和 AlF_3：

$$5NaAlF_4(s) = Na_5Al_3F_{14}(s) + 2AlF_3(s) \tag{2.1}$$

1970 年 Foster[17] 用 DTA 和 X 射线辅之以显微镜法研究了固体试样。观测到有固体试样在 688℃稳定存在，此温度略低于共晶点，但是没有给出 $NaAlF_4$ 的 X 射线图谱。这些稳定的化合物

被证实是 $Na_5Al_3F_{14}$ 和 AlF_3。然后从淬冷样的 X 射线图中发现存在大量的 $NaAlF_4$ 和少量的 Na_5AlF_{14}。对这些实验结果的解释是:淬冷保留下来的原溶液近程排列,所以能够检测确定出 Na_5AlF_{14} 和 $NaAlF_4$。淬冷的液相试样的平衡固/液混合物,沿着体系的 AlF_3 边移动。虽然检定出了 $Na_5Al_3F_{14}$ 和 $NaAlF_4$,但是在淬冷的固相试验中,只检定出 AlF_3。Foster 的结果清楚地指出,固体 Na_3AlF_6-AlF_4 是 $NaAlF_6$-AlF_3 系在所有温度下的一种热力学不稳定相。

1985 年 Anufrieva 等人[18]认为 $NaAlF_4$ 是 NaF-AlF_3 系中的一种同分溶化的化合物。他们采用淬冷的熔盐试样中所得的粉末,用 X 射线法作检定。也提出在三元系 NaF-AlF_3-CaF_2 和 Na-AlF_3-MgF_2 中存在 $NaAlF_4$ 的初晶区域。邱竹贤和张金生[19]在 1991 年用 DTA 法研究 707℃ 的包晶反应,发现了 $NaAlF_4$ 和 AlF_3 在熔体的沉积相中处于平衡状态。高温 X 射线研究得出,550℃ 是固体 $NaAlF_4$ 稳定性较低的极限。然而,应该指出,大多数的有关固体 $NaAlF_4$ 的存在,事实上却是 $Na_5Al_3F_{14}$ 和 AlF_3 的固体化合物。因为这三种化合物不能平衡共存,其结果指出,$NaAlF_4$ 是一种亚稳定的化合物。

Bjørseth[20]在温度 400 ~ 900 K 范围内,用 X 射线法和示差扫描量热法研究了式(2.1)的分解反应。这两种技术都说明 $NaAlF_4$ 在低温是一种亚稳定的化合物。在 700 ~ 900 K 范围内它容易分解出固体 $NaAlF_4$ 和 AlF_3。计算表明,固体 $NaAlF_4$ 在体系的共晶温度之下在热力学上是不稳定的。由此可推断,在大气条件下固体 $NaAlF_4$ 在热力学上是不稳定的。

2.2.1.2 非化学计量和固体溶解度

Dewing[21]在 1972 年研究了冰晶石液相线的形状,其结论为:与溶液平衡的不是化学计量的 Na_3AlF_6,它的熔化组成是 $NaF_{2.824}AlF_3$。以后由 Dewing[22]采用电阻测量法指示出在相变点 563℃ 的高温固溶区的存在。所用的电导率数据和热力学数据以后用来重新计算固溶度[23],如图 2.3 所示。

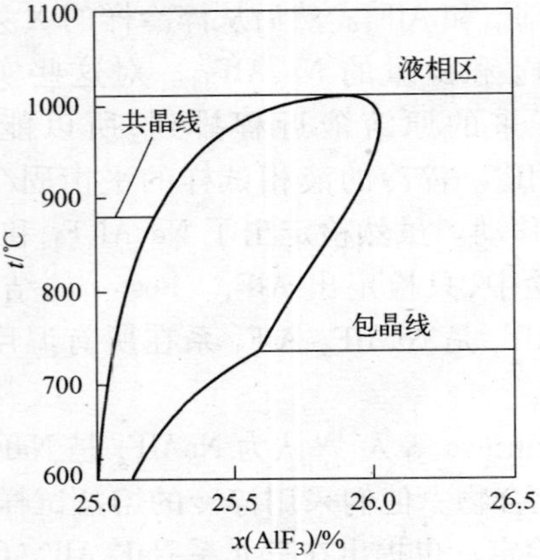

图 2.3 冰晶石的固溶度

从 Dewing 文章[23]复核

2.2.2 Na_3AlF_6-Al_2O_3 系

Na_3AlF_6-Al_2O_3 二元系是铝电解法中具有重要意义的一个子系统,它已被重复研究了多次[1]。Fernandez 等人[24]研究了二元系作为 Na_3AlF_6-Al_2O_3-KF 三元系的一个子系 Na_3AlF_6-Al_2O_3 体系。在 Na_3AlF_6-Al_2O_3 二元系中,Na_3AlF_6 的液相线温度可用下列经验式表示:

$$t = 1011.9 - 6.6640w + 0.212w^2 \qquad (2.2)$$

式中,t 是温度,℃;w 表示 Al_2O_3 浓度,%,相对标准差为 0.08%,有效范围是 0~11.5% Al_2O_3(质量分数)。

Solheim 等[9,10]开发了一个经验方程,描述了与铝生产有关的电解质体系中冰晶石的初晶温度。关于 β-冰晶石在 Na_3AlF_6-Al_2O_3 二元系中初晶温度点数据,Holm[25]以及 Sterten 和 Mæland[26]的数据被认为是最可靠的。共有 191 个实验点的数据用来测定下列方程式中的系数[10]:

$$t = 1011 - 7.93[Al_2O_3]/(1 + 0.0936[Al_2O_3] - 0.0017[Al_2O_3]^2) \quad (2.3)$$

式中，t 是温度，℃；方括号表示 Al_2O_3 的质量分数，%。温度标准差为 0.34℃。

Skybakmoen 等[27]人采用沉浸在熔盐中的旋转烧结刚玉盘的失重研究了氧化铝在冰晶石溶液中的溶解度。根据所得的数据，求得 Na_3AlF_6-Al_2O_3 熔盐系中 Al_2O_3 的溶解度公式：

$$[Al_2O_3]_{sat} = 11.9(t/1000)^{4.8} \quad (2.4)$$

式中，方括号表示 Al_2O_3 的浓度，%；t 表示温度，℃。图 2.4 示出了 Na_3AlF_6-Al_2O_3 系的一部分相图，图中的液相线温度与方程式(2.3)、式(2.4)相吻合。

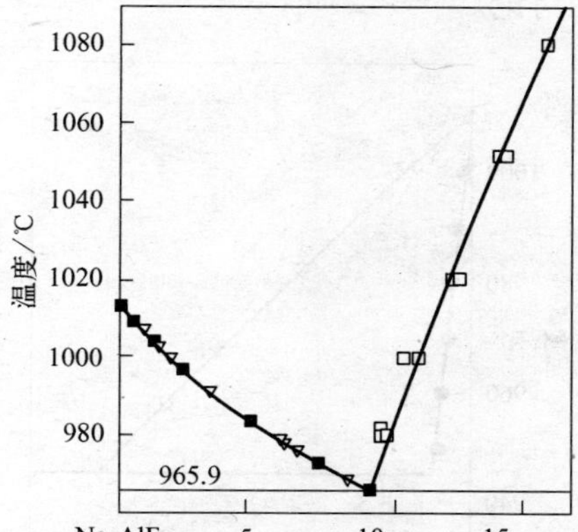

图 2.4 Na_3AlF_6-Al_2O_3 二元系相图的一部分

■—Sterten 和 Mæland[26]的；△—Holm[25]的；液相线和固相线—Skybakmoen 等[27]

在图 2.4 中，共晶点和组成是从液相线的交点决定的。共晶点为 965.9℃，Al_2O_3 浓度是 10.07%（质量分数）。共晶点高出以前文献中报道的[1]3～4℃，而共晶点 Al_2O_3 浓度与以前的文献数据一样[1]。

2.2.3　Na_3AlF_6-CaF_2 系

本书第 2 版[1]论述了 CaF_2 在 Na_3AlF_6 有很大的固溶度，而其他文献却指出其固溶度接近于零。Holm[28]以前的文献曾指出，CaF_2 在该系中，并没有明显的固溶度，而 Dewing[29]的文章指出，根据电阻率和 DTA[2]测量结果，只有很小的固溶度。

Chrenková 等[30]新近评述了 Na_3AlF_6-CaF_2 系的相同数据。他们也做了 X 射线的物相分析，得出的结论是：固体冰晶石中含有 CaF_2 的固溶体。此相图复制在图 2.5 上。在共晶点组成中，其最大固溶度为 4.6%（摩尔分数）。Na_3AlF_6-AlF_3-CaF_2 系中的固溶度在 2.3.1 节中讨论。

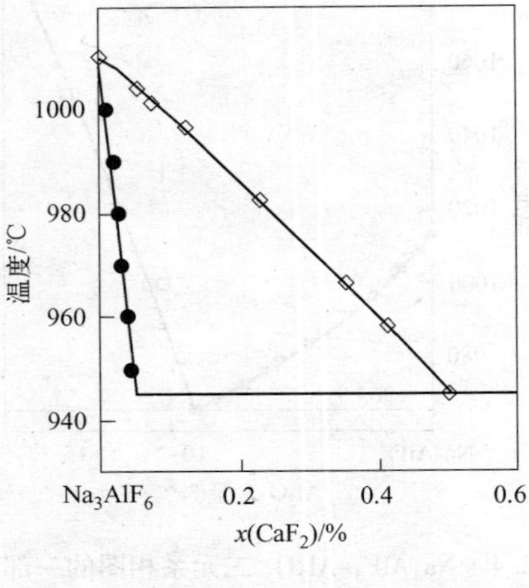

图 2.5　CaF_2 在 Na_3AlF_6-Al_2O_3 二元系中的固溶度

源自 Chrenková 等[30]

x—CaF_2 摩尔分数；◇—液相线，源自 Holm[28]

（◇的图注有误，原书缺实心圆图注，译者注）

为了描述 Na_3AlF_6-CaF_2 系冰晶石液相线温度，Solheim 等[10]推导出下列式子：

$$t = 1011 - 3.45[CaF_2]/(1 + 0.0173)[CaF_2] \qquad (2.5)$$

式中，t 为温度，℃；方括号表示 CaF_2 的浓度，%。在式(2.5)中13个实验点的标准偏差是0.63℃。此式也描述了Holm的数据[27]，他发现 Na_3AlF_6-CaF_2 系中的共晶点是在27.1(%)Ca_2F_2，共晶温度946℃。

2.2.4 Na_3AlF_6-LiF 系

该系的相关数据的总结已经刊载在本书第2版[1]上。Solheim等[10]发表了该系相图中冰晶石一侧的冰点降低数据。这些数据与Holm[31]的相应数据一致。

2.2.5 Na_3AlF_6-KF 系

Fernandez等[24]研究了 Na_3AlF_6-Al_2O_3-KF 系的初晶点，在 Na_3AlF_6-KF 二元系中，冰晶石一侧的液相温度用下面的经验式来描述：

$$t = 1011.9 - 3.441w - 0.138w^2 + 0.005w^3 \qquad (2.6)$$

式中，t 为温度，℃；w 为 KF 的浓度，%，相对的标准偏差是0.05%，KF的有效范围是0～20.0%。

冰晶石中添加少量KF的液相线温度，已由Solheim等[10]用热分析法测定了。添加KF到 Na_3AlF_6 溶液冰点降低值符合下式：

$$\Delta t = -3.95w \qquad (2.7)$$

式中，w 为 KF 的浓度，%。

2.2.6 Na_3AlF_6-MgF_2 系

Solheim等[10]用热分析法测量了该系的液相线温度。冰晶石中添加少量 MgF_2 引起的冰点降低值，可用下式表示：

$$\Delta t = -3.95w \qquad (2.8)$$

式中，w 表示 MgF_2 的质量分数。

2.2.7 Na_3AlF_6-FeF_2 系

Johansen 等[32]用热分析和化学分析法推求得 Na_3AlF_6-FeF_2 系的相图。图 2.6 上的相图是一个二元系，冰晶石中只含有少量的 FeF_2。共晶点的位置数据列在表 2.1 上，此表中还有后面其他几个体系的相应资料。

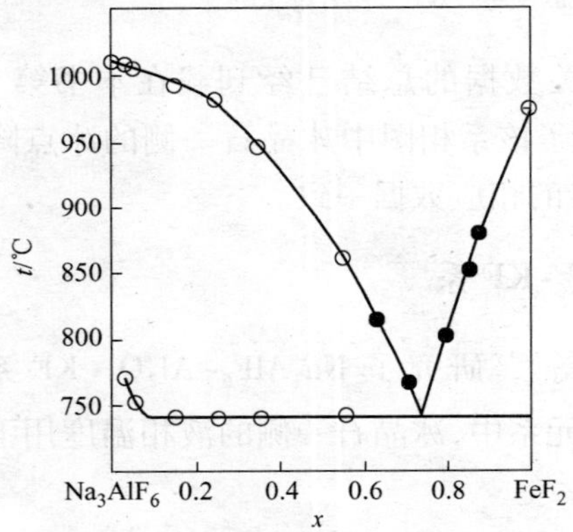

图 2.6 Na_3AlF_6-FeF_2 系相图

根据 Johansen 等[32]，x—FeF_2 的摩尔分数；○—热分析数据；●—化学分析数据

表 2.1 Na_3AlF_3-MF_x 和 Na_3AlF_6-M_yO_x 型二元系的共晶点（c_{eut} 和 t_{eut} 分别为共晶点组成（MF_x 或 M_yO_x）和共晶温度（冰晶石的熔点））

作　者	t_f/℃	MF_x 或 M_yO_x	c_{eut}/%	t_{eut}/℃
Johansen et al.[32]	1011	FeF_2	73 ±2（摩尔分数）	743 ±3
Dewing et al.[33]	1011	ZnO	2.9（质量分数）	994
Dewing et al.[34,35]	1011	CeO_2	3.2 ±0.3（质量分数）	997.5 ±2
Johansen et al.[32]	1011	$Fe_{0.947}O$	14.2 ±0.5（摩尔分数）	983 ±2
Diep[36]	1011	Fe_2O_3	0.65（质量分数）	1007
Sterten and Skar[40]	1011	NiO	2.8 ±0.2（摩尔分数）	1006.4 ±1.0
Sterten and Skar[40]	1011	Cr_2O_3	0.95 ±0.1（摩尔分数）	1008.3 ±1.5
Sterten and Skar[40]	1011	Cu_2O	1.1 ±0.1（摩尔分数）	1008.0 ±1.5
Sterten and Skar[40]	1011	TiO_2	11.7 ±0.3（摩尔分数）	992 ±1.5
Sterten and Skar[40]	1011	ZrO_2	5.3 ±0.4（摩尔分数）	995.4 ±1.5
Rolin and Bernard[41]	1009	ZrO_2	8（摩尔分数）	995

2.2.8 Na_3AlF_6-ZnO 系

Dewing 等[33]做了 Na_3AlF_6-ZnO 系的冰点测量，获得的结论认为，ZnO 在冰晶石的稀溶液中产生两个新质点。相图的一部分绘在图 2.7 上。共晶组成和温度列于表 2.1 之中。在所引用的文章指出，当 Al_2O_3 浓度大于 1.45% ±0.2% 时，$ZnAl_2O_4$ 是一个稳定的固相（请参阅 2.3.2 节）。

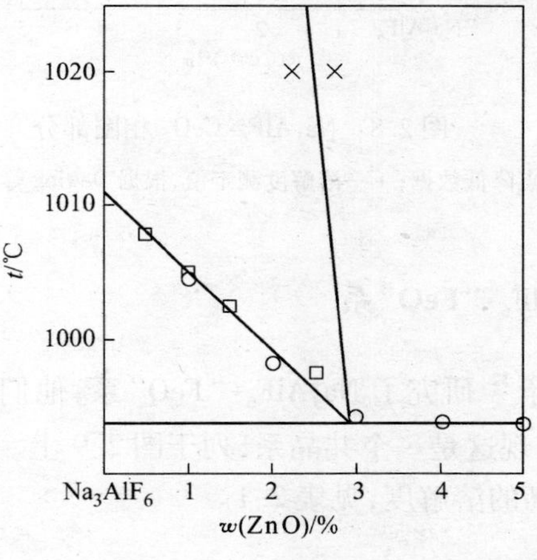

图 2.7 Na_3AlF_6-ZnO 系的一部分

源自 Dewing 等[33]

2.2.9 Na_3AlF_6-CeO_2 系

Dewing 及合作者[34,35]研究了冰晶石中的 Ce^{3+} 的溶解度与氧压力、溶液中氧化铝和 AlF_3 含量的关系。

他们获得的结论是：溶液中的铈完全是以 Ce^{3+} 离子形式存在，可能结合成 Na_2CeF_5，所得相图示于图 2.8 中，其共晶点列在表 2.1 中。

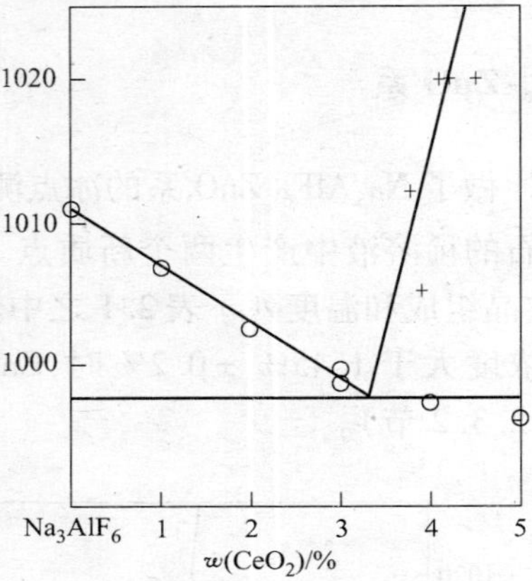

图 2.8 Na_3AlF_6-CeO_2 相图部分

○—冰点降低数据；+—溶解度测定值；根据 Dewing 等[34]，见正文

2.2.10 Na_3AlF_6-"FeO"系

Johansen 等[32]研究了 Na_3AlF_6-"FeO"系，他们采用化学和 X 射线分析法，发现这是一个共晶系，列于图 2.9 上。值得关注的是"FeO"具有很高的溶解度，见表 2.1。

2.2.11 Na_3AlF_6-Fe_2O_3 系

Na_3AlF_6-Fe_2O_3-O_2（气体，1 atm（1×10^5 Pa））系的部分相图是由 Diep[36]研究的，见图 2.10。此图数据与 Johansen 等[37]所作的相图数据基本上一致。两者的结果指出，该系有一个简单的共晶点，列于表 2.1 中。

2.2.12 Na_3AlF_6-SnO_2 系

Xiao 等[38]研究了 SnO_2 在冰晶石中的溶解度。作为 NaF-Al_3-SnO_2-Al_2O_3 系的一部分，将在 2.4.5 节中讨论。

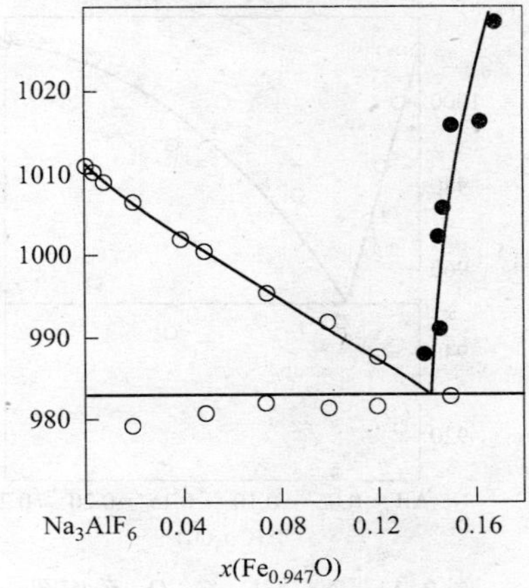

图 2.9 Na_3AlF_6-$Fe_{0.947}O$ 系相图的一部分

源自 Johansen 等[32]

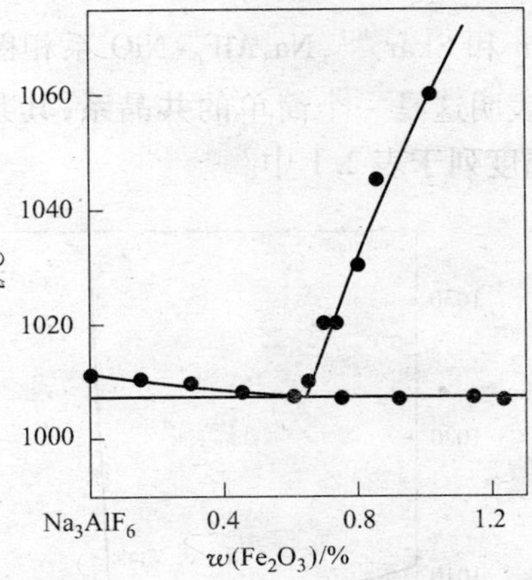

图 2.10 Na_3AlF_6-Fe_2O_3 系相图

源自 Diep[36]

2.2.13 Na_3AlF_6-Co_3O_4 系

Choi 等[39]研究的 Na_3AlF_6-Co_3O_4 系相图的一部分见图 2.11。

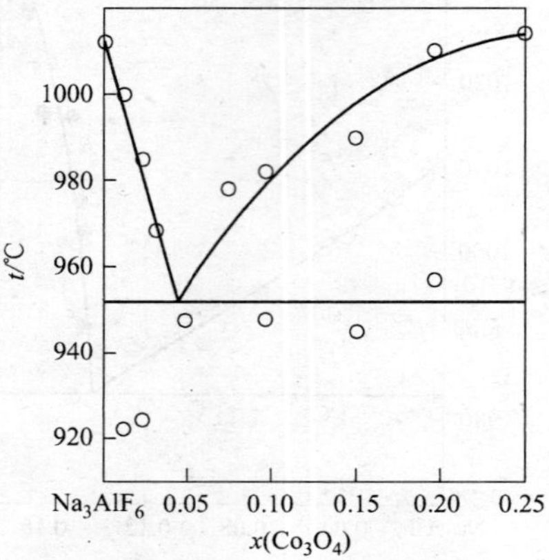

图 2.11 Na_3AlF_6-Co_3O_4 系相图

源自 Choi 等[39]

2.2.14 Na_3AlF_6-NiO 系

根据 Sterten 和 Skar[40]，Na_3AlF_6-NiO 系相图一部分，绘于图 2.12 中。该图表明这是一个简单的共晶系，其共晶组成（MF_x 或 M_yO_x）和共晶温度列于表 2.1 中。

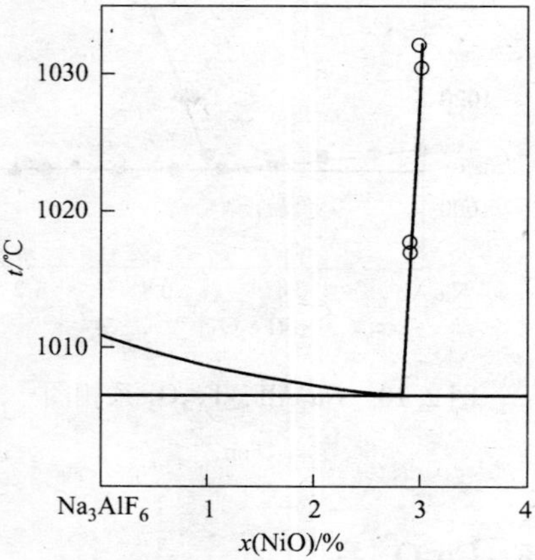

图 2.12 Na_3AlF_6-NiO 系相图

源自 Sterten 和 Skar[40]

2.2.15 Na_3AlF_6-Cr_2O_3 系

Sterten 和 Skar[40]研究了该系的相图中靠近冰晶石一角，见图 2.13。其结果是一个简单的共晶系。其共晶点的组成（MF_x 或 M_yO_x）和共晶温度在表 2.1 中列出。

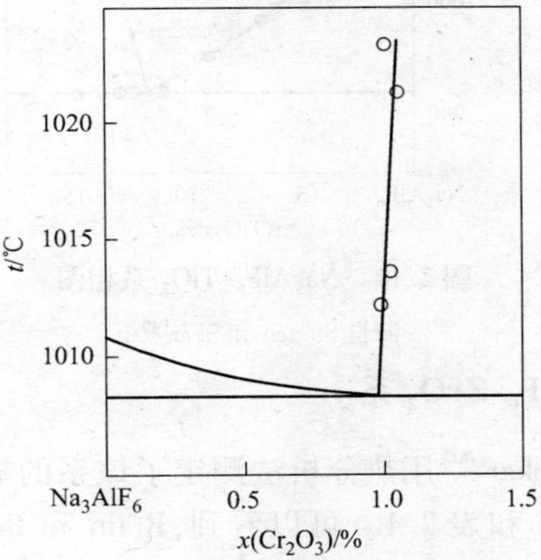

图 2.13 Na_3AlF_6-Cr_2O_3 系相图

源自 Sterten 和 Skar[40]

2.2.16 Na_3AlF_6-Cu_2O 系

测定了该系的初晶线后，Sterten 和 Skar[40]认为这也许是一个简单的共晶系。其共晶点的组成（MF_x 或 M_yO_x）和共晶温度列在表 2.1 中。

2.2.17 Na_3AlF_6-TiO_2 系

图 2.14 为 Na_3AlF_6-TiO_2 系相图的一部分，此相图是基于 Sterten 和 Skar[40]的热分析数据绘制而成的。其共晶点的组成（MF_x 或 M_yO_x）和共晶温度在表 2.1 中，这与 Rolin 和 Bernard 的数据一致。但数据与其他文献[42,43]有些偏差。

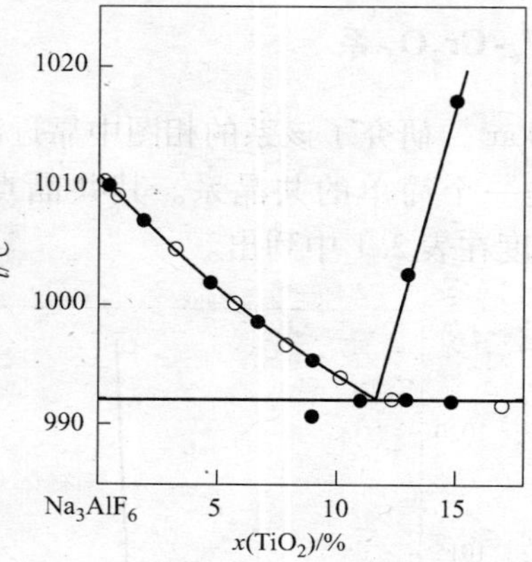

图 2.14　Na_3AlF_6-TiO_2 系相图

源自 Sterten 和 Skar[40]

2.2.18　Na_3AlF_6-ZrO_2 系

Sterten 和 Skar[40]用热分析法测定了该系的靠近冰晶石一侧相图，见图 2.15 和表 2.1。可以看到，Rolin 和 Bernard 测得的共晶点（见表 2.1）与图 2.15 上的共晶点组成不一致。

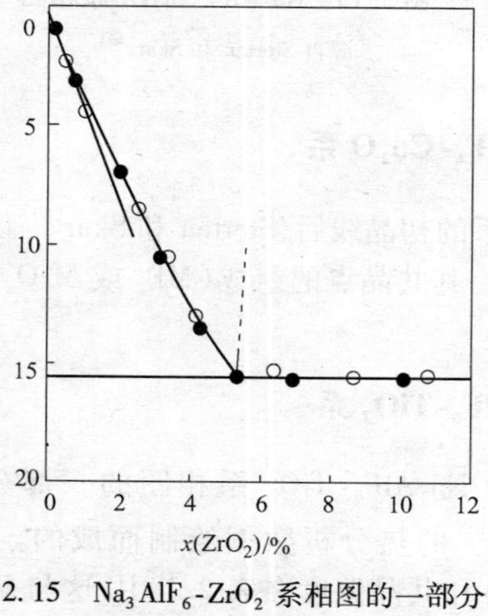

图 2.15　Na_3AlF_6-ZrO_2 系相图的一部分

源自 Sterten 和 Skar[40]

2.2.19 Na_3AlF_6-$Na_4P_2O_7$ 系

del Campo[44]测定了该系相图,见图2.16。用热分析法测定时所得结果显示该体系是一个简单的共晶系。其共晶点的组成(MF_x 或 M_yO_x)和共晶温度列在表2.1中。

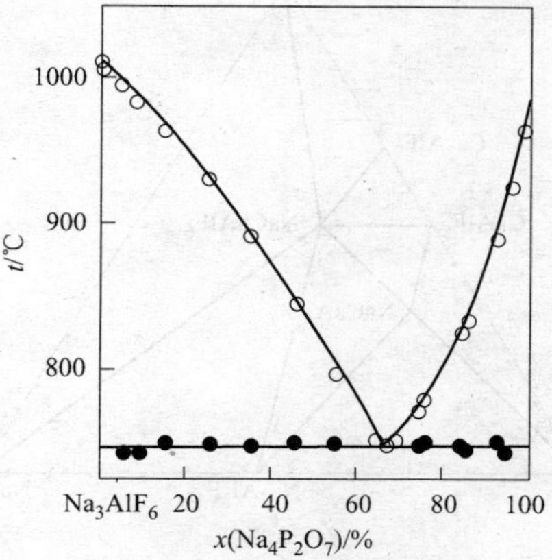

图2.16 Na_3AlF_6-$Na_4P_2O_7$ 系相图

源自 del Campo[44]

2.2.20 Na_3AlF_6-V_2O_5 系

Bratland 等[45]研究了 V_2O_5 在 Na_3AlF_6-Al_2O_3 溶液中的溶解度,结果显示,溶解度随着氧化铝浓度增加而减小。1000℃冰晶石溶液中 V_2O_3 的溶解度(外推而得的),大约是1.1%。当氧化铝达到12%时,它呈线性减少到零。

2.3 多元系相图

2.3.1 Na_3AlF_6-AlF_3-CaF_2 系

Craig 和 Brown[46]采用DTA、光学显微镜和粉末X射线衍射

方法研究了 Na_3AlF_6-AlF_3-CaF_2 系相图。他们发现该系是由八个亚固相线可共存的三角形构成,见图 2.17。Craig 和 Brown 的相平衡图是从本书第 2 版[1]移植来的,见图 2.18。在表 2.2 上示出无变点和鞍点,以及相应的亚固相。

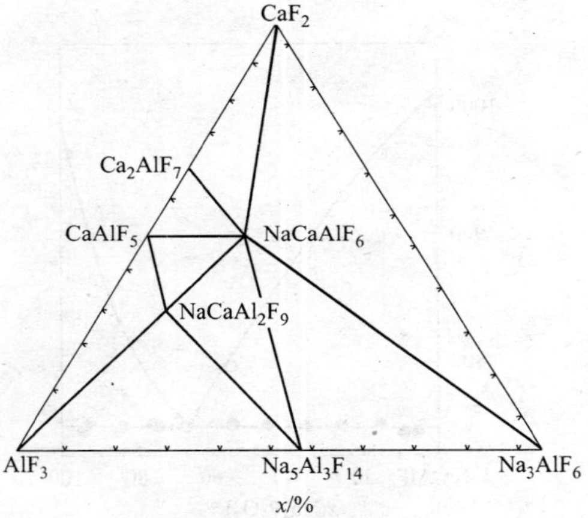

图 2.17 Na_3AlF_6-AlF_3-CaF_2 三元系中诸亚-固相线的共存关系

图 2.18 上示出两个二元化合物,即 $NaCaAlF_6$ 和 $NaCaAl_2F_9$,分别在温度 712℃ 和 735℃ 发生非同分熔化。其中,固体 $NaCaAlF_6$ 有着特殊的意义,因为它同时与高温和低温的 Na_3AlF_6 构成固溶体。

Na_3AlF_6-$NaCaAlF_6$ 截面不是一个真二元系。有关此截面的相图数据见图 2.19。其中亚固相数据取自 Craig 和 Brown[46],而其液相线数据取自 Solheim 等[10]。在图 2.19 上 42 %(摩尔分数)的 $NaCaAlF_6$ 在 β-冰晶石中大约 733℃ 处的一个最大固溶点,在低温 α-冰晶石中溶解度明显降低,在室温下接近零[46]。通常在工业铝电解槽中,凝固的边部结块大约是在 950℃ 出现,此边部结块中应含有 CaF_2,一般作为固溶体中的 $NaCaAlF_6$ 出现。

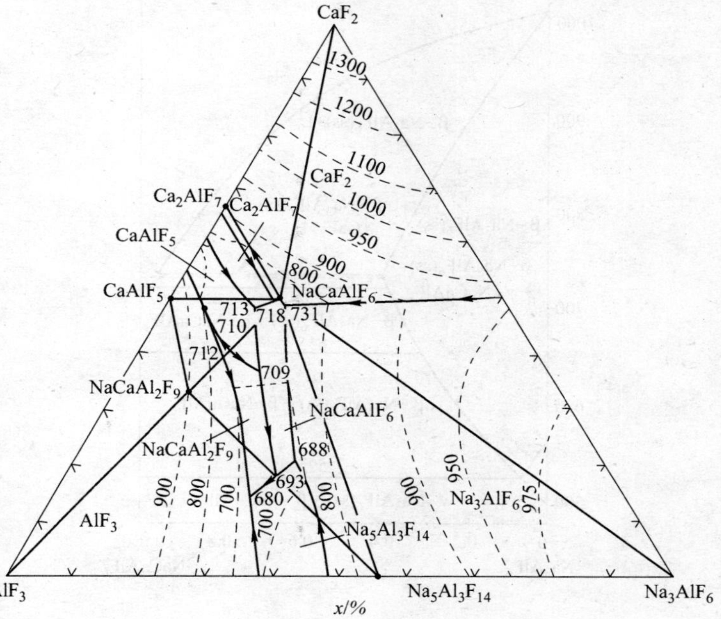

图 2.18 Na_3AlF_6-AlF_3-CaF_2 系相图

源自 Craig 和 Brown[46]

表 2.2 Na_3AlF_6-AlF_3-CaF_2 系相图中的包晶点、共晶点和鞍点对应的位置和组成(摩尔分数,%)

CaF_2	AlF_3	Na_3AlF_6	类型	t/℃	亚固相
49.0	33.5	17.5	包晶点	731	CaF_2, $NaCaAlF_6$, Na_3AlF_6
49.5	33.0	15.5	包晶点	718	CaF_2, Ca_2AlF_7, $NaCaAlF_6$
48.5	37.5	14.0	包晶点	713	Ca_2AlF_7, $CaAlF_5$, $NaCaAlF_6$
43.0	46.0	11.0	包晶点	710	$CaAlF_5$, $NaCaAl_2F_9$, AlF_3
38.0	44.0	18.0	包晶点	709	$CaAlF_5$, $NaCaAl_2F_9$, $NaCaAlF_6$
25.0	45.0	30.0	包晶点	688	Na_3AlF_6, $Na_5Al_3F_{14}$, $NaCaAlF_6$
18.0	52.0	30.0	包晶点	683	$NaCaAl_2F_9$, $Na_5Al_3F_{14}$, $NaCaAlF_6$
15.0	55.0	30.0	共晶点	680	AlF_3, $Na_5Al_3F_{14}$, $NaCaAlF_6$
49.0	34.0	17.0	鞍点	735	CaF_2, $NaCaAlF_6$
39.5	47.5	13.0	鞍点	712	$NaCaAl_2F_9$, AlF_3

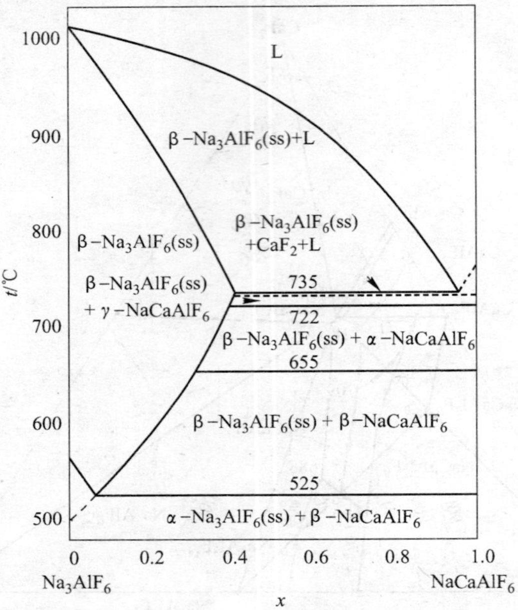

图 2.19　$NaCaAlF_6$-Na_3AlF_6 系的“三元”截面的亚固相区

源自 Craig 和 Brown[46]，液相线数据源自 Solheim 等[10]

Millet 和 Rolin[47] 研究了 CaF_2-AlF_3 系的中间部分(32.5% ~ 47% AlF_3)，其中存在化合物 $CaAlF_5$ 和 $CaAlF_7$，两者非同分熔化温度分别为 879℃和 845℃，且已被证实。

Anufrieva 等[18] 和 Kostyukov 等[48, 49] 研究了 NaF-AlF_3-CaF_2 系。他们特别注意对淬冷的液态试样的 X 射线研究。他们发现了总共七种二元和三元化合物，如 Na_3AlF_6、$NaAlF_4$、$Na_5Al_3F_{14}$、$CaAlF_5$、Ca_2AlF_7、$NaCaAlF_6$、$NaCaAl_2F_9$。然而，正如 2.2.1.1 节中讨论过的，$NaAlF_4$ 不过是液体淬冷试样中的一个暂时的固体化合物。Anufrieva[18] 和 Kostyukov 等[48, 49] 也发现了化合物 $CaAlF_5$ 同分熔化(在 887℃)，但是跟其他人的研究结果[1,46,47] 不一致。

Baggio 和 Massif[50]、Courbion 和 Ferey[51] 以及 Hemon 和 Courbion[52] 主要是根据 X 衍射数据研究了 NaF-$AlF_3$$CaF_2$ 系中固体化

合物的结构。他们的研究结果表明,此二元系比 Craig 和 Brown 所描述的更为复杂,其主要固体化合物为:γ-$NaCaAlF_6$(高温下的形式)、β-$NaCaAlF_6$(低温下的形式)、$Na_2Ca_3Al_2F_{14}$ 和 $Na_4Ca_4AlF_7F_{33}$[52]。要制备单一化合物由于存在蒸发损失,不是很容易的。

有些铝厂用 X 射线衍射法测定固体试样的摩尔比(NaF/AlF_3比)或其电解质酸度。$NaF-AlF_3-CaF_2$ 系的特性前面已经讨论了,且清楚地指出开发此种分析方法是不容易的。要使此法成功,特别重要的是要将取样和淬冷过程标准化。这种标准应该按照同一种方式进行。

2.3.2 $Na_3AlF_6-AlF_3-MgF_2$ 系

Arufrieva 等[18]和 Kostyukov 等[48, 49]提出了 $NaF-AlF_3-MgF_2$ 系相图。该系中的三元点和包晶点列在表 2.3 上。有关固体 $NaAlF_4$ 的评论见 2.2.1.1 节。

表 2.3 $NaF-AlF_3-MgF_2$ 系中的三元共晶点和包晶点(源自 Anufrieva 等[18],l 为液体)

组成(摩尔分数)/%			温度/℃	类型	反应
77.5	5.0	17.5	802	共晶	$l \longrightarrow NaF + Na_3AlF_6 + NaMgF_3$
50.0	28.7	21.3	846	包晶	$NaMgF_3 + l \longrightarrow Na_2MgAlF_7 + MgF_2$
59.6	33.1	7.3	844	包晶	$NaMgF_3 + l \longrightarrow Na_2MgAlF_7 + Na_3AlF_6$
55.5	43.0	1.5	700		$Na_3AlF_6 + l \longrightarrow Na_5Al_3F_{14} + Na_2MgAlF_7$
51.2	47.3	1.5	688	共晶	$l \longrightarrow Na_5Al_3F_{14} + NaAlF_4 + Na_2MgAlF_7$
47.0	44.0	9.0	810	包晶	$MgF_2 + l \longrightarrow NaMgAlF_6 + Na_2MgAlF_7$
49.5	48.5	2.0	685	共晶	$l \longrightarrow NaAlF_4 + NaMgAlF_6 + Na_2MgAlF_7$
42.5	50.0	7.5	845	包晶	$MgF_2 + l \longrightarrow NaMgAlF_6 + AlF_3$
47.0	51.5	1.5	687	共晶	$l \longrightarrow NaAlF_4 + NaMgAlF_6 + AlF_3$

2.3.3　Na_3AlF_6-AlF_3-SnO_2 系

Solheim 等[10]测定了 Na_3AlF_6-Li_xAlF_{3+x}形体系中若干截面的液相线。对应于 Li_xAlF_{3+x}形的假想化合物,其中 LiF 和 AlF_3 比率固定,加入冰晶石溶液中。他们的研究结果与其他的数据相结合给出一个数学方程(见 2.6 节),可用它来描述几种添加物在冰晶石溶液中的初晶区域。

2.3.4　NaF-AlF_3-SnO_2 系

Xiao 等[38]研究了 SnO_2 的溶解度与 NaF/AlF_3 摩尔比关系,在靠近冰晶石组成处有一个极大值,见图 2.20。可用这些数据来解释锡化合物的离子结构。在 4.2.4 节中另有描述。

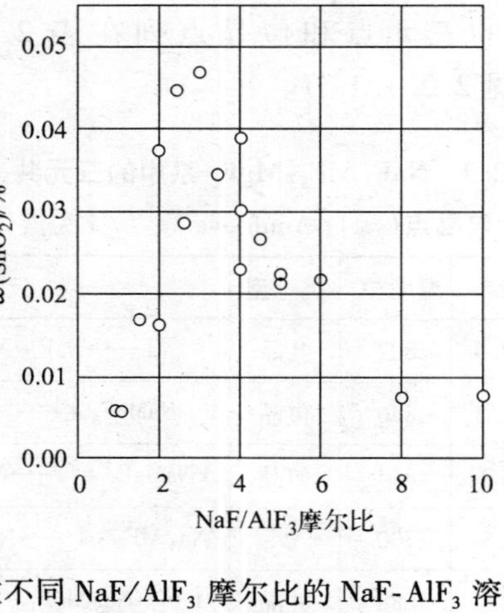

图 2.20　SnO_2 在不同 NaF/AlF_3 摩尔比的 NaF-AlF_3 溶液中的溶解度

温度(1020 ± 2)℃,源自 Xiao 等[38]

2.3.5　NaF-AlF_3-Fe_2O_3

Diep[36]探究了 Fe_2O_3 溶解度和 NaF/AlF_3 摩尔比的关系,在靠近冰晶石组成处有一个极大值,参见 2.2.11 节和 4.2.4 节(图

4.11)。所得数据用来解释铁化合物的离子结构。

2.3.6 $NaF-AlF_3-Al_2O_3-Fe_2O_3$ 系

Diep[36]研究了 Fe_2O_3 的溶解度与饱和的氧化铝 NaF/AlF_3 摩尔比关系。还可参见 2.2.11 节。溶解度和数据见图 2.21,其中有一条模型线。这些数据用来解释铁化合物的离子结构,参见 4.2.4 节。

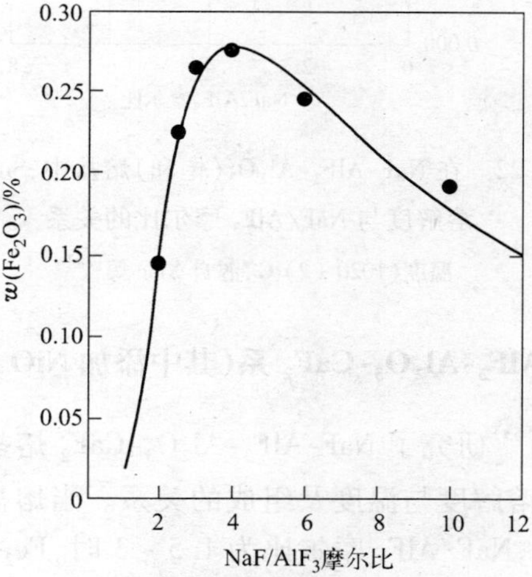

图 2.21 在 $NaF-AlF_3-Al_2O_3$(饱和)-Fe_2O_3(饱和)-O_2(气,1 atm(1×10^5 Pa))体系中 Fe_2O_3 的溶解度与 NaF/AlF_3 摩尔比关系

温度(1020±2)℃,源自 Diep[36]

2.3.7 $NaF-AlF_3-Al_2O_3-SnO_2$ 系

Xiao 等[38]研究了 SnO_2 溶解液与饱和着 Al_2O_3 的熔盐中 NaF/AlF_3 摩尔比的关系。溶解度有一个极大值,其位置靠近冰晶石组成处,见图 2.22。还可参阅图 2.20 作一比较。所得数据用来解释可能的各种离子结构。4.2.4 节还会对此作说明。

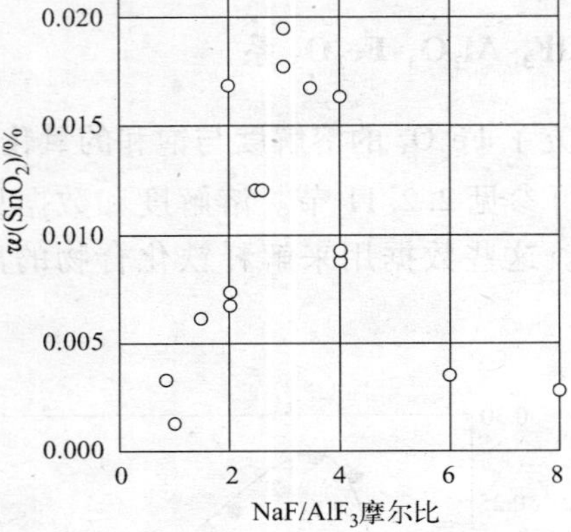

图 2.22　在 $NaF-AlF_3-Al_2O_3$(饱和)熔盐中,SnO_2 的溶解度与 NaF/AlF_3 摩尔比的关系

温度(1020 ± 2)℃,源自 Xiao 等[38]

2.3.8　$NaF-AlF_3-Al_2O_3-CaF_2$ 系(其中添加 NiO 和 $NiFe_2O_4$)

De Young[53] 研究了 $NaF-AlF_3-Al_2O_3-CaF_2$ 熔盐中 Fe_2O_3、NiO 和 $NiFe_2O_4$ 的溶解度与温度及组成的关系。当熔盐中含有 1.5% 和 6.5% Al_2O_3,NaF/AlF_3 摩尔比为 1.5 ~ 3 时,Fe_2O_3 和 NiO 的溶解度可分别用以下式子表示(参见 10.1.2 节):

$$\lg w(\mathrm{Fe}) = 4.71 - 7080/T \tag{2.9}$$

与

$$\lg w(\mathrm{Ni}) = 6.27 - 9740/T \tag{2.10}$$

Fe_2O_3 和 NiO 两者的溶解度,随着熔盐中 Al_2O_3 浓度的减少而增加,特别是在低 Al_2O_3 浓度区。

2.3.9　$Na_3AlF_6-Al_2O_3-BaFCl$ 系

Lysenko 等[54] 采用 DTA 法研究了添加 BaFCl 对于冰晶石溶液的溶解度。其相图见图 2.23。

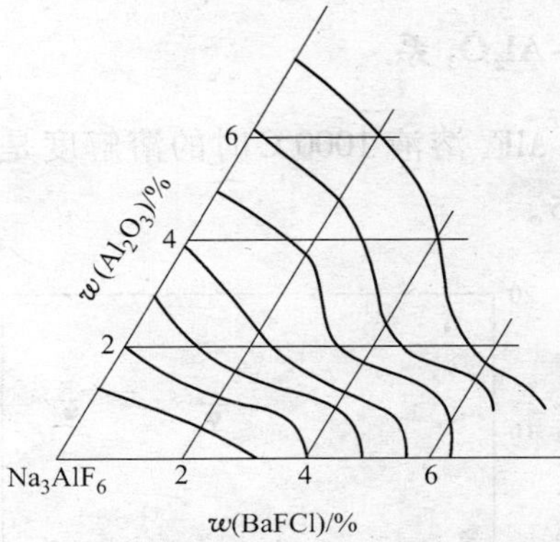

图 2.23 $Na_3AlF_6-Al_2O_3-BaFCl$ 相图的一部分[54]

2.4 其他体系

2.4.1 $KF-AlF_3$ 系

$KF-AlF_3$ 二元系作为可能的低熔点电解质会有意义，该系并未包含在本书第2版[1]中。Phillips 等[55]出版的相图见图2.24，其中加入最近 Danielik[56]得出的一个试验结果。Dobert 等[57,58]推导并讨论了 $KF-AlF_3$ 系的热力学性质和离子结构，另见4.2.1节和4.2.2节。

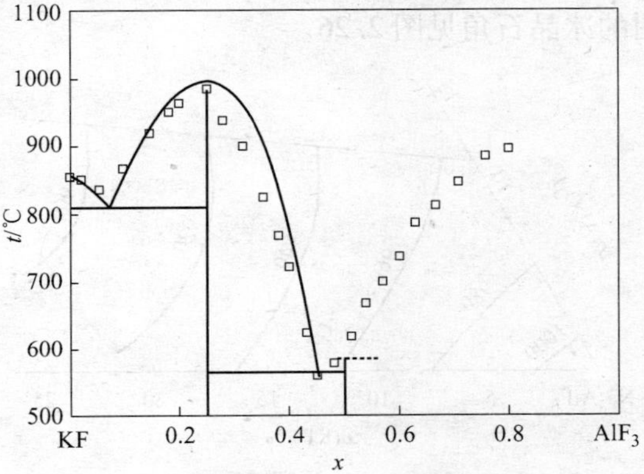

图 2.24 $KF-AlF_3$ 系相图

□—Phillps 的实验数据；液相线—源自 Danielik[56]

2.4.2　$KF-AlF_3-Al_2O_3$ 系

Al_2O_3 在 $KF-AlF_3$ 溶液 1000℃时的溶解度是由 Robert 等[58]给出的,见图 2.25。

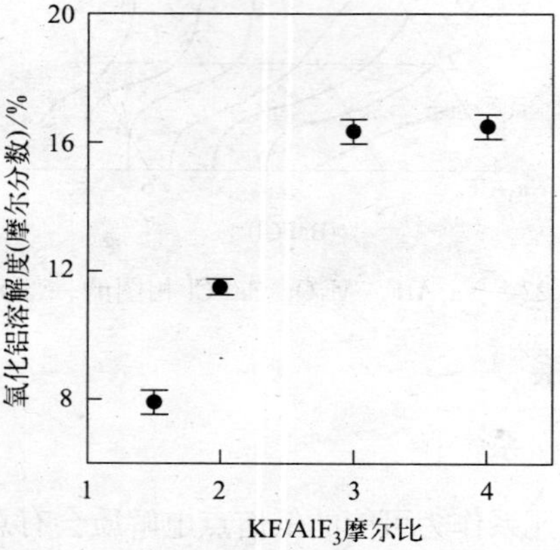

图 2.25　1000℃时,氧化铝在 $KF-AlF_3$ 熔盐中的溶解度[58]

Fernandez 等[24]测定了冰晶石在 $Na_3AlF_6-Al_2O_3-KF$ 系中初晶温度。相图的冰晶石角见图 2.26。

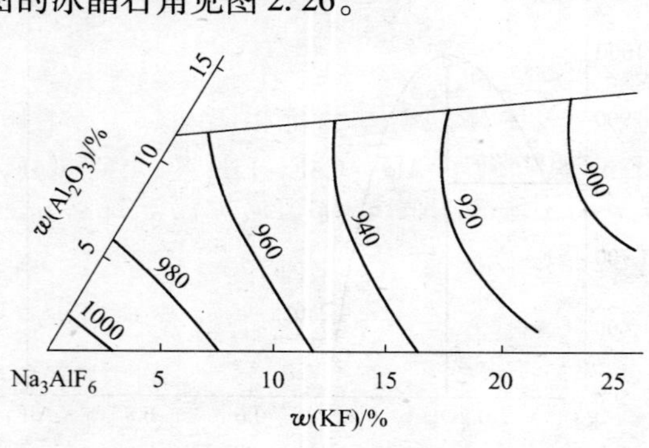

图 2.26　$Na_3AlF_6-Al_2O_3-KF$ 相图的一部分

源自 Fernandez 等[24]

Gabčová 和 Koštenská[59] 研究了 K_3AlF_6-Al_2O_3 体系的部分相图，Fellner 等[60] 研究了 Na_3AlF_6-K_3AlF_6-Al_2O_3 的初晶温度，结果见图 2.27。

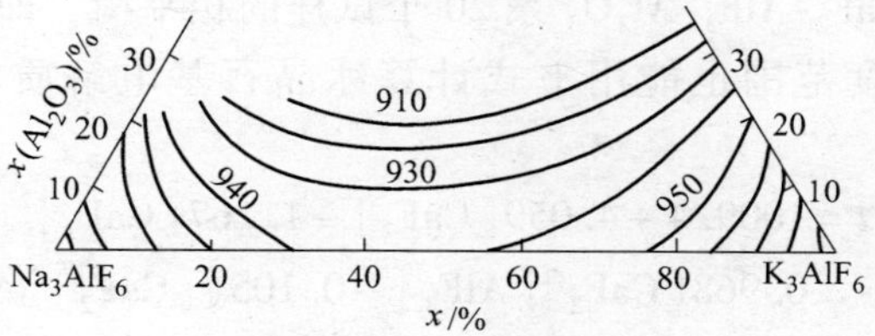

图 2.27 Na_3AlF_6-K_3AlF_6-Al_2O_3 相图的一部分
源自 Fellner 等[60]

2.4.3 Na_3AlF_6-LiF-Al_2O_3(5% CaF_2 或 MgF_2)系

Kašíková-Svobodová[61] 研究了 Na_3AlF_6-LiF-Al_2O_3 体系，熔液中经常添加 5% CaF_2 或 5% MgF_2，冰晶石和氧化铝的部分结晶区域绘示于图(原文缺，译者注)中。

2.5 相图计算

Fellner 等[62] 用常规计算方法计算了 LiF-NaF-AlF_3、Na_3AlF_6-Al_2O_3-NaCl-CaF_2 和 Na_3AlF_6-AlF_3-Al_2O_3-NaCl 系的相图。Saboungi[63] 提出了一种关于冰晶石基系统相图和热力学性质的计算机分析方法。Lin 等[64] 做了 AlF_3-CaF_2-LiF 系、AlF_3-CaF_2-NaF 系和 AlF_3-CaF_2-LiF-NaF 系的相图和热力学性质的计算机分析。这些相图可以从数据库[2] 查到。Peretz 等[65] 计算了 AlF_3-BaF_2-NaF 三元系的相平衡。

2.6 与生产过程有关液相线方程

前面已经描述了冰晶石基系统几个初晶温度方程。这些方程具有不同的精度，但是当浓度范围超过他们的规定时，便不能应用这些公式。Dewing 在 1970 年也许最早提出冰晶石－氧化铝基电解质初晶温度的方程[66]。

Lee 等[5] 扩大了 Craig 和 Brown[46] 的工作范围，研究了 Na_3AlF_6-CaF_2-AlF_3-Al_2O_3 系 20 个试样的相平衡。即使超过了所研究的浓度范围也能用下式计算冰晶石基电解质的液相线温度(℃)。

$$t = 1009.4 + 4.059[CaF_2] - 1.167[CaF_2]^2 + 0.968[CaF_2][AlF_3] - 0.105([CaF_2][AlF_3])^2 + 0.073[CaF_2]^2[AlF_3] + 0.002[CaF_2]^2[AlF_3]^2 - 4.165([AlF_3] - 0.054[AlF_3])^2 - 5.33[Al_2O_3] \quad (2.11)$$

式中，方括号内表示诸化合物的适用浓度，当浓度为 3.8% ~ 12.25% CaF_2，5% ~20% AlF_3 时，等式成立。在引用的文献中也对氧化铝溶解度进行了研究，其结果见相关图表。

Taberaux[6] 用差热分析法(DTA)测量液相线温度，建立了 CaF_2、MgF_2、LiF、Al_2O_3、MgCl 和 $MgCl_2$ 等电解质添加剂引起冰点降低与化学组成改变的关系。按照电解质中 NaF/AlF_3 的质量比共划分成 4 个区间，总计有 200 个[2] 测量点。在每个区间上，初晶温度(在文章中初晶温度用 t_{fp} 表示)。用下式计算：

$$y = a + bw_1 + cw_2 + dw_3 \qquad t_{fp} = 1099^{(y+2)} \quad (2.12)$$

用方括号表示添加剂含量，%；BR 表示电解质的质量比($BR = 1/2CR$)。采用物相的界面曲线回归法推导、拟合出 4 个方程(r^2 是关系系数的平方)：

$BR = 0.90 \sim 1.00 \qquad r^2 = 0.87$

$$y = 0.81194 + 0.16945BR - 0.0040069[Al_2O_3] - 0.0010169[CaF_2] - 0.0042363[MgF_2] - 0.0028831[LiF] - 0.0010135[NaCl] \quad (2.13)$$

$BR = 1.00 \sim 1.15 \qquad r^2 = 0.938$

$$y = 0.85372 + 0.11933BR - 0.0013469[Al_2O_3] -$$

$$0.0010950[CaF_2] - 0.003505[MgF_2] -$$
$$0.0034611[LiF] - 0.0027745[NaCl] \quad (2.14)$$

$BR = 1.15 \sim 1.35 \qquad r^2 = 0.977$

$$y = 0.94153 + 0.043975BR - 0.0014558[Al_2O_3] -$$
$$0.0012954[CaF_2] - 0.0028191[MgF_2] -$$
$$0.0039698[LiF] - 0.002529[NaCl] \quad (2.15)$$

$BR = 1.35 \sim 1.50 \qquad r^2 = 0.994$

$$y = 0.98749 + 0.010764BR - 0.0021823[Al_2O_3] -$$
$$0.0012360[CaF_2] - 0.0025723[MgF_2] -$$
$$0.00359170[LiF] - 0.0023489[NaCl] \quad (2.16)$$

在霍尔－埃鲁电解槽中，通常的几种添加剂对于降低冰晶石的熔点具有线性的、叠加性的作用。

Fernandez 等[24]研究了 Na_3AlF_6-KF-Al_2O_3 三元系。在冰晶石边上的液相线温度(℃)可从下列式子计算出来，这里方括号表示各个组元的浓度：

$$t = 1011.9 - 6.640[Al_2O_3] + 0.212[Al_2O_3]^2 - 3.441[KF] -$$
$$0.138[KF]^2 + 0.005[KF]^3 + 0.130[Al_2O_3][KF] -$$
$$0.005[Al_2O_3]^2[KF] - 0.001[Al_2O_3][KF]^2 \quad (2.17)$$

在 KF 的组成为 $0 < w(KF) < 20\%$，$w(Al_2O_3) <$ 溶解度极限的范围内，相对标准差小于 0.07%。

Al_2O_3 在冰晶石中的溶解度极限与三元系 KF 浓度的关系是由上式给出，方括号表示各组元的浓度，%。

$$[Al_2O_3, \text{溶解度极限}] = 11.5 + 0.16[KF] - 1.24 \times 10^3[KF]^2 \quad (2.18)$$

Bullard 和 Przybycien[7]用 DTA 测定法测定 LiF 对于工业电解槽取来的试样的液相线温度的影响，试样的组成由化学分析法测定，讨论了所用的动力学方法与文献上的相平衡数据的关系。

Solheim 等[10]采用最佳的可用文献数据，以及用热分析法测得的初晶温度的新实验数据，提出了一个与铝电解有关的体系中，冰晶石的初晶温度(℃)与组成之间关系的经验公式。下式可推荐为一个现有的最佳式子[10]：

$$\begin{aligned} t = {} & 1011 + 0.50[\mathrm{AlF_3}] - 0.13[\mathrm{AlF_3}]^{2.2} - 3.45[\mathrm{CaF_2}]/ \\ & (1 + 0.0173[\mathrm{CaF_2}]) + 0.124[\mathrm{CaF_3}][\mathrm{AlF_3}] - \\ & 0.00542([\mathrm{CaF_2}][\mathrm{AlF_3}])^{1.5} - 7.93[\mathrm{Al_2O_3}]/ \\ & (1 + 0.0936[\mathrm{Al_2O_3}] - 0.0017[\mathrm{Al_2O_3}]^2 - \\ & 0.0023[\mathrm{AlF_3}][\mathrm{Al_2O_3}]) - 8.90[\mathrm{LiF}]/ \\ & (1 + 0.0047[\mathrm{LiF}] + 0.0010[\mathrm{AlF_3}]^2) - \\ & 3.95[\mathrm{MgF_2}] - 3.95[\mathrm{KF}] \end{aligned} \tag{2.19}$$

式中，t 为温度，℃；方括号表示 Na_3AlF_6-AlF_3-CaF_2-Al_2O_3-LiF-MgF_2-KF 系中各组元的质量分数。此式适用于 AlF_3、CaF_2、LiF 各组分均低于 20%，而 MgF_2 和 KF 均低于 5%，Al_2O_3 浓度达到饱和，冰晶石的熔点经测试为(1011 ±1)℃。

Skybakmoen 等[27]研究了氧化铝在冰晶石熔盐中的溶解度，用一个旋转的烧结刚玉盘侵入溶液中，测定其质量损失。在所得数据的基础上，建立一个描述溶解度的式子：

$$[\mathrm{Al_2O_3}]_{\mathrm{sat}} = A(t/1000)^B \tag{2.20}$$

式中，

$$\begin{aligned} A = {} & 11.9 - 0.062[\mathrm{AlF_3}] - 0.0031[\mathrm{AlF_3}]^2 - \\ & 0.50[\mathrm{LiF}] - 0.20[\mathrm{CaF_2}] - 0.30[\mathrm{MgF_2}] + \\ & 42[\mathrm{LiF}][\mathrm{AlF_3}]/(2000 + [\mathrm{LiF}][\mathrm{AlF_3}]) \end{aligned}$$

$$\begin{aligned} B = {} & 4.8 - 0.048[\mathrm{AlF_3}] + 2.2[\mathrm{LiF}]^{1.5}/(10 + [\mathrm{LiF}] + \\ & 0.001[\mathrm{AlF_3}]^3) \end{aligned}$$

式中，方程号表示 Na_3AlF_6-Al_2O_3（饱和）-AlF_3-CaF_2-MgF_2-LiF 中诸组元的质量分数；t 是温度，℃。在式(2.20)与温度 850 ~ 1000℃ 之间各实验点之间的标准偏差值为 0.29% Al_2O_3。

用式(2.19)和式(2.20)作图得到图 2.28 和图 2.29，绘示出 Na_3AlF_6-AlF_3-CaF_2-LiF-Al_2O_3 系的液相线与电解质中 AlF_3 和 Al_2O_3 浓度的关系，其中电解质中含有 5% CaF_2（图 2.28）和 5% CaF_2 +2% LiF（图 2.29）。

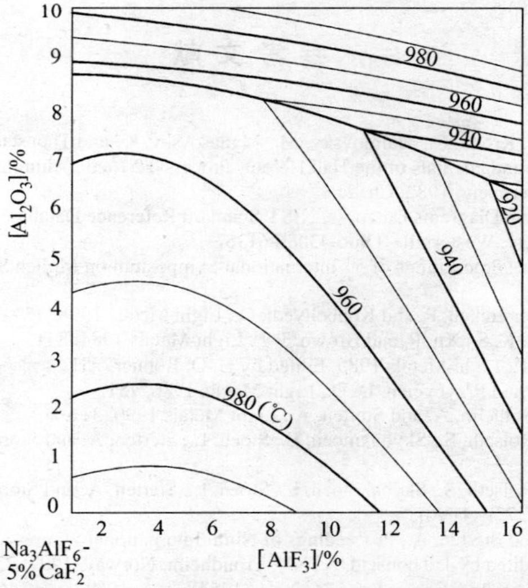

图2.28 在含5% CaF_2 的 Na_3AlF_6-AlF_3-CaF_2-Al_2O_3 系电解质中，AlF_3 和 Al_2O_3 含量与由式(2.19)和式(2.20)计算得到的液相线温度关系

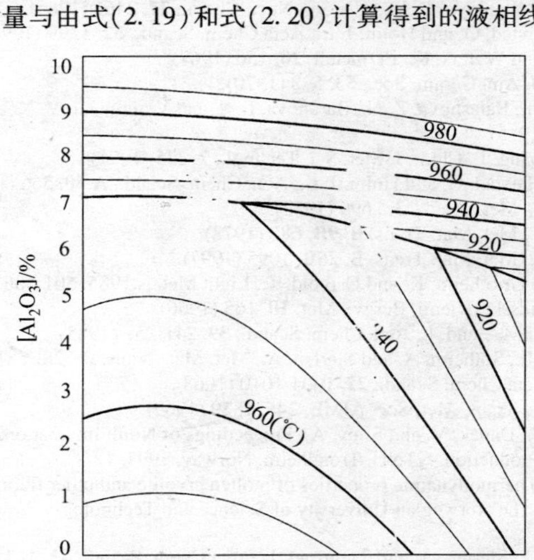

图2.29 在含5% CaF_2 和2% LiF 的 Na_3AlF_6-AlF_3-CaF_2-Al_2O_3 系电解质中，AlF_3 和 Al_2O_3 含量与由式(2.19)和式(2.20)计算得到的液相线温度关系

参考文献

1. Grjotheim, K., Krohn, C., Malinovský, M., Matiašovský, K. and Thonstad, J., "Aluminium Electrolysis. Fundamentals of the Hall.Héroult Process", 2-nd ed., Aluminium-Verlag, Düsseldorf, Germany, 1982, Ch. 2.
2. Phase Equilibria Diagrams Database, NIST Standard Reference Database 31, The American Ceramic Society, Westerville, Ohio 43086-6136.
3. Brown, J. J., Jr., Proceedings of 5th International Symposium on Molten Salts, Las Vegas 1986, 338-360.
4. Rolseth, S., Verstreken, P. and Kobbeltvedt, O., Light Metals 1998, 359-366.
5. Lee, S. S., Lei, K. S., Xu, P. and Brown, J. J., Light Metals 1984, 841.
6. Taberaux, A. T., Light Metals 1985. Edited by H. O. Bohner, 751.
7. Bullard, G. L. and Przybycien. D. D., Light Metals 1986, 751.
8. Røstum, Å.,. Solheim, A. and Sterten, Å., Light Metals 1990, 311.
9. Solheim, A., Rolseth, S., Skybakmoen, E., Støen, L., Sterten, Å. and Støre, T., Light Metals 1995, 751.
10. Solheim, A., Rolseth, S., Skybakmoen, E., Støen, L., Sterten, Å. and Støre, T., Metall. Mater. Trans. B, **27B**, 739 (1996).
11. Solheim, A. and Sterten, Å., Proceedings of Ninth International Symposium on Light Metals Production. Edited by J. Thonstad, NTNU, Trondheim, Norway, 1997, 225.
12. Howard, E. H., J. Am. Chem. Soc., **76**, 2041 (1954).
13. Mashovets, V. P., Dokl. Akad. Nauk. SSSR, **113**, 1290 (1957).
14. Garton, G. and Wanklyn, B. M., J. Inorg. Nucl. Chem., **27**, 2461 (1965).
15. Bruno, M., Herstad, O. and Holm, J. L., Acta Chem. Scand., **52**, 1399 (1998).
16. Ginsberg, H. and Wefers, K., Erzmetall, **20**, 156 (1967).
17. Foster, P. A., J. Am. Ceram. Soc., **53**, 598 (1970).
18. Anufrieva, N. I., Balashova, Z. N., Baranova, L. S. and Veretinskii, V. N., J. Non. Ferrous Met., **26,** 66 (1985).
19. Qui, Z. and Zhang, J., Chin., J. Met. Sci. Technol., **7**, 235 (1991).
20. Bjørseth, O., Herstad, O. and Holm, J. L., Acta Chem. Scand., **A 40**, 566 (1986).
21. Dewing, E. W., Met. Trans., **3,** 2699 (1972).
22. Dewing, E. W., Met. Mat. Trans, B, **9B**, 687 (1978).
23. Dewing, E. W., Met. Mat. Trans. B, **28B**, 1095 (1997).
24. Fernandez, R., Grjotheim, K. and Østvold, T., Light Metals 1985, 501-506.
25. Holm, J. L., Tidsskr. Kjemi, Bergv., Met. **10**, 165 (1966).
26. Sterten, A. and Maeland, I., Acta Chem. Scand., **39**, 241-257 (1985).
27. Skybakmoen, E., Solheim, A. and Sterten, A., Met. Mat. Trans. B., **28B,** 81-86 (1997).
28. Holm, J. L., Acta Chem. Scand., **22,** 1004-1010 (1968).
29. Dewing, E. W., Trans. Met. Soc. AIME, **245**, 1829 (1969).
30. Chrenková, M., Daněk, V. and Silný, A., Proceedings of Ninth International Symposium on Light Metals Production, NTNU, Trondheim, Norway, 1997, 1.
31. Holm, J. L., "Thermodynamic properties of molten cryolite and other fluoride mixtures", Dr. techn. Thesis, The Norwegian University of Science and Technology, Trondheim, Norway 1971, Ch. 5.
32. Johansen, H. G., Sterten, Å. and Thonstad, J., Acta Chem. Scand., **43**, 417 (1989).
33. Dewing, E. W., Rolseth, S., Støen, L. and Thonstad, J., Met. Mat. Trans. B, **28B**, 1099 (1997).
34. Dewing, E. W., Haarberg, G. M., Rolseth, S., Rønne, L., Thonstad, J. and Aalberg, N., Met. Mat. Trans. B, **26B**, 81 (1995).
35. Dewing, E. W. and Thonstad, J., Met. Mat. Trans. B, **28B**, 1257 (1997).

36. Diep, Q. B., "Structure and thermodynamics of cryolite-based melts with additions of Al_2O_3 and Fe_2O_3", Thesis, The Norwegian University of Science and Technology, Trondheim, Norway 1998.
37. Johansen, H. G., "Jern som forurensningselement i aluminiumelektrolysen", Thesis, The Norwegian University of Science and Technology, Trondheim, Norway 1975.
38. Xiao, H., Thonstad, J. and Rolseth, S., Acta Chem. Scand., **49**, 96 (1995).
39. Choi, J. H., Suh, G. W. and Paik, Y. H., J. Inst. Korean Inst. Met. Mater, **29**, 1283 (1991).
40. Sterten, Å. and Skar, O., Aluminium, **64**, 1051 (1988).
41. Rolin, M. and Bernard, M., Bull. Soc. Chim. France, 939 (1962).
42. Madhavan, T. P., Matiašovský, K. and Daněk, V., Chem. Zvesti, **25**, 253 (1971).
43. Hayakawa, Y. and Kido, H., J. Electrochem. Soc. Japan, **20**, 263 (1952).
44. del Campo, J. J., "La Electrolisis de la Alumina en la Criolita Funda", Thesis, Universidad de Oviedo, Escuela Tecnica Superior de Ingenieros de Minas, Oviedo, Spain 1984.
45. Bratland, D., del Campo, J. J., Grjotheim, K. and Thonstad, J., Light Metal 1982, 325-331.
46. Craig, D. F. and Brown, J. J. Jr., J. Am. Ceram. Soc., **63**, 254-261 (1980).
47. Millet, J. P. and Rolin, M., Rev. Int. Hautes Temp. Refract., 18, 287-292 (1981).
48. Kostyukov, A. A., Anufrieva, N. I., Balashova, Z. I. and Savinov, V. I., Light Metals 1983, 391-396.
49. Kostyukov, A. A., Anufrieva, N. I. and Balashova, Z. N., Travaux ICSOBA 1983, Vol. 13, No. 18, 5th Int. Cong. ICSOBA, Zagreb 1983, 989-995.
50. Baggio, S. and Massif, G. J., Appl. Cryst., **18**, 537-539 (1985).
51. Courbion, G. and Ferey, G., J. Solid State Chem., **76**, 426-431 (1988).
52. Hemon, A. and Courbion,G., J. Solid State Chem. **84**, 153-164 (1990).
53. DeYoung, D. H., Light Metals 1986, p. 299.
54. Lysenko, A. P. Sarkarov, R. A. and Moskvitin, V. I., Tsvetnyje Metally (Non-Ferrous Metals) **24** (9), 50-51 (1984).
55. Phillips, B., Warshaw, C. M. and Mockrin, J., J. Ceram. Soc., **49** (12), 631-634 (1966).
56. Danielik, V., Chem. Papers, accepted for publication.
57. Robert, E., Olsen, J. E., Gilbert, B. and Østvold, T., Acta Chem. Scand., **51**, 379-386 (1997).
58. Robert, E., Olsen, J. E., Daněk, V., Tixhon, E., Østvold, T. and Gilbert, B., J. Phys. Chem., **101** (46), 9447-9457 (1997).
59. Gabčová, J. and Koštenská, I., Proceedings of 6th Czechoslovak Aluminium Symposium., Banská Bystrica, 1988, 9-13.
60. Fellner, P., Chrenková, M., Gabčová, J. and Matiašovský, K., Chem. Papers, **44** (5), 677-684 (1990).
61. Kašíková-Svobodová, S., Malinovský, M. and Kašíková, Z., Proceedings of 5th Czechoslovak Aluminium Symposium, Banská Bystrica, 1984, 74-80.
62. Fellner, P., Chrenková-Paučírová, M. and Matiašovský, K., Chem. Zvesti, **30**, 805-812 (1976).
63. Saboungi, M. l., Lin, P. L. and Pelton, A. D., Met. Mat. Trans. B, **11B**, 493-801 (1980).
64. Lin, P. L., Pelton, A. D. and Saboungi, M. L., Met. Mat. Trans.B, **13B**, 61-69 (1982).
65. Peretz, P., Hatem, G., Gaune- Escard, M., and Hoch, M.,Thermochimica Acta, **262**, 45-54 (1995).
66. Dewing, E.W., J. Electrochem. Soc., **117**, 780 (1970).

3 热力学数据

3.1 引言

这一章主要是本书第 2 版[1] 第 3 章的继续，讨论了 1980 ~ 1999 年文献数据有关的问题。但为了给已讨论过的热力学体系更完整确切的描述，重新审定一些以前的论文。

本章总结的热力学数据是与霍尔－埃鲁槽的生产有关。铝电解质由常见的 NaF-AlF_3-CaF_2-Al_2O_3 体系的混合物组成。一些工厂使用 LiF 和 MgF_2，这使得熔盐结构更复杂。根据温度和溶液成分不同，从这种溶液中结晶出来最重要的中间混合物是 Na_3AlF_6、$Na_5Al_3F_{14}$和 $NaCaAlF_6$[2, 3]。视温度和溶液组成而异，含有 LiF 和 MgF_2 的电解质中也含有中间化合物，见本书第 2 版[1] 和本书的第 2 章。

本章的主要目的是为了提供关于单个或中间化合物生成焓和吉布斯能的若干更加可靠的数据，而这足以用来描述我们感兴趣的体系。这些数据描述了与常见混合物反应的标准活度有关的常数。但是，一些中间化合物的热力学数据不全，或者精度不足。重要的是确定关于固体和液体的 Na_3AlF_6 和 $Na_5Al_3F_{14}$一致的数据。尤其要把重点放在固体冰晶石上，因为在高温下[4 ~ 8]，无法对它进行化学计量。固体冰晶石在高温下会引起预熔效应，伴随产生小的固溶区[4 - 6]，这在 2. 2 节有更详细的描述。

另一个目的是测定和描述 NaF-AlF_3、NaF-AlF_3-Al_2O_3 和 NaF-AlF_3-Al_2O_3-CaF_2体系中所有化合物在不同液态温度下的活度数据等。这些数据也与平衡蒸气压数据和在溶液平衡中的固相（包括固溶度）有关。活度数据对于得出熔融电解质中多种结构模型的偏差也是很重要的。

对于相关体系的热力学、动力学知识和质量传递数据可能会帮助我们改善霍尔－埃鲁槽的生产操作。这些数据能帮助我们提高对有关电流效率、电能效率、热量和物料平衡、工艺优化以及影响槽内衬和阴极炭块腐蚀反应的理解。本章中没有涉及热力学数据对于这些工艺参数的耦合。

3.2 一元体系

某些热力学数据从已有的数据汇编[9~12]中可以找到。NaF、AlF_3、Al_2O_3、CaF_2、MgF_2和 LiF 的不同数据存在一些差异,但当考虑到这些数据具有一定的不确定性时,可以认为它们是相同的。这就意味着最佳的数据是很难挑选出的,并且没有任何的优先选择。但是,可以认为由于内在的一致性,一次应该只使用同一数据来源。中间化合物 Na_3AlF_6 和 $Na_5Al_3F_{14}$ 的热力学数据要进行一些仔细的处理,如从 1980 年以来已经发表的一些论文。目前还不知道其他中间化合物如 $NaCaAlF_6$ 的热力学数据,因此,也不能对它进行讨论。像 NaF 和 AlF_3 这样的化合物在不同体系中的热力学数据在 3.3.2 节中另行介绍。

(1) Na_3AlF_6。固体和液体冰晶石的热力学数据仍然存在一些问题。首先,随着温度趋近于熔点,所有固体化合物的非化学计量的成分都有稳定的增长[4~8]。其次,尚未明确的高温热容量造成不确定性。另外 Albright[13]、O'Brien 和 Kelley[14]、Holm 和 Grønvold[15]给出的冰晶石的热焓数据是不一致的。Frank[16]指出 O'Brien 和 Kelley 使用的温标有误,并对冰晶石和氟化钠的热焓值做了更正。但是 Douglas 和 Ditmars[17]发现 Frank 所做的更正也是不正确的。Stull 和 Prophet[18], Chase[9]和 Robie 等人[10]在温度明显需要更正的情况下,还是在他们的数据表格[5,19]中充分地保留了 O'Brien 和 Kelley 的数据。

Anovitz 等人[19]采用了低温隔热和高温微分扫描的热量测定方法,测量了冰晶石在 7～1000K 之间的热容。在更高的温度时他们选用了 O'Brien 和 Kelley[14]的数据,并做了温度修正,本书将对此进行详细的研究。在表 3.1 中再次给出一些热力学数据。

表 3.1　给定温度下，冰晶石的热力学数据（引自 Anovitz 等人的研究[19]）

T/K	c_p /J·mol^{-1}·K^{-1}	$s_T^\ominus - s_0^\ominus$ /J·mol^{-1}·K^{-1}	$(H_T^\ominus - H_{298K}^\ominus)/T$ /J·mol^{-1}·K^{-1}	$-(G_T^\ominus - H_{298K}^\ominus)/T$ /J·mol^{-1}·K^{-1}	$\Delta_f G_T^\ominus$ /kJ·mol^{-1}
298.15	217.4	238.5	0.000	238.5	−3 144.92
300.00	217.8	239.8	1.342	238.5	−3 143.92
400.00	238.8	305.5	58.161	247.3	−3 088.43
500.00	251.6	360.3	95.692	264.6	−3 031.84
600.00	262.3	407.0	122.52	284.5	−2 975.80
700.00	281.1	448.7	143.68	305.0	−2 920.49
800.00	316.0	488.3	162.84	325.5	−2 866.02
836.50	333.9	502.9	169.90	332.9	−2 846.36
836.50	276.8	512.7	179.80	332.9	−2 846.36
900.00	279.9	533.1	186.75	346.3	−2 813.09
1000.00	284.7	562.8	196.31	366.5	−2 760.38
1100.00	289.5	590.2	204.56	385.6	−2 707.84
1153.00	292.0	603.8	208.52	395.3	−2 680.22
1153.00	300.4	605.6	210.34	395.3	−2 680.22
1200.00	300.4	617.6	213.87	403.7	−2 649.70
1290.00	300.4	639.3	219.91	419.4	−2 578 98
1290.00	394.7	727.3	308.09	419.4	−2 578.98
1300.00	394.7	730.5	308.76	421.8	−2 574.56
1400.00	394.7	759.8	314.89	444.9	−2 508.49

需要注意的是，Anovitz 等人[19]认为在 1153K 时，β－γ 冰晶石的转化可描述为预熔转变。其预熔转变温度比 $NaF-Na_3AlF_6$ 体系的共晶温度低 8～11K，见第 2 章。1153K 的温度正好与三元体系 $NaF-Na_3AlF_6-\beta-Al_2O_3$ 的共晶温度一致。还有一点需要注意的是，冰晶石的熔化温度为 1290K，这与 O'Brien 和 Kelley[14]修改的数据相一致，但熔解温度显然高了 5～7K。

Dewing[5]研究并修改了 O'Brien、Kelley[14]、Holm 和 Grønvold[15]的数据，得出了下列相应的焓和熵：

$Na_3AlF_6(\alpha)$（298.15～838 K）

$$H_T^\ominus - H_{298/K}^\ominus = 219.80(T-298.15) + 0.0767(T-298.15)^2$$

$$S_T^\ominus \sim S_{298K}^\ominus = 174.064\ln(T/298.15) + 0.153(T - 298.15)$$

Na_3AlF_6(β)(838 ~ 1161 K)

$$H_T^\ominus - H_{298K}^\ominus = -102\,621 + 299.5T$$

$$S_T^\ominus \sim S_{298K}^\ominus = 271.247 + 299.5\ln(T/838)$$

Na_3AlF_6(预熔和熔化)(838 ~ 1284 K)

$$H_T^\ominus - H_{298K}^\ominus = -63986 + 265.701T + 465537(1288 - T)$$

$$S_T^\ominus \sim S_{298K}^\ominus = 368.059 + 361.442(1288 - T) - 0.2806\ln((1288 - T)/T) + 265.701\ln(T/1161)$$

Na_3AlF_6(液相)(1284 ~ 1400K)

$$H_T^\ominus - H_{298K}^\ominus = 436.383T - 166758$$

$$S_T^\ominus \sim S_{298K}^\ominus = 486.795 + 436.383\ln(T/1284)$$

Dewing [5] 还修正了 O'Brien 和 Kelley [14] 相应的 NaF 的数据如下:

NaF(固)(298 ~ 1269K)

$$H_T^\ominus - H_{298K}^\ominus = 47.556(T - 298.15) + 0.00951(T - 298.15)^2$$

$$S_T^\ominus \sim S_{298K}^\ominus = 41.885\ln(T/298.15) + 0.0190(T - 298.15)$$

NaF(液)(1269 ~ 1400 K)

$$H_T^\ominus - H_{298K}^\ominus = -549 + 70.11T$$

$$S_T^\ominus \sim S_{298K}^\ominus = 105.343 + 70.11\ln(T/1269)$$

需要注意的是,高温下冰晶石发生预熔是与非化学计量的成分有关,这是真实,而不是由于杂质造成的假象。

从几篇论文中得出了固体冰晶石在高温时,标准吉布斯自由能数据具有一致性。最终,Dewing [5] 给出了下列数值,冰晶石:$S_{298K}^\ominus = 243.080\ J \cdot mol^{-1} \cdot K^{-1}$ 和 $\Delta_f H_{298K}^\ominus = -3313893\ J \cdot mol^{-1}$;NaF:$\Delta_f H_{298K}^\ominus = -576317\ J \cdot mol^{-1}$。并强调,应把 $S_{298K}^\ominus$ 仅仅看做是当使用上式时产生的高温结果参数,而非 $S_{298K}^\ominus$ 本身的最佳值。

Dewing [5] 得出了在 1293 K 时从氟化物组成形成液态冰晶石的如下标准吉布斯自由能($J \cdot mol^{-1}$):

$$3NaF(l) + AlF_3(s) = Na_3AlF_6(l) \qquad (3.1)$$

$$\Delta G^{\ominus} = -44684 - 53.544T \quad (3.2)$$

在随后的一篇论文中，Dewing [6] 扩展并更新了一些数据，在1978年出版的资料[4]中描述了非化学计量的固体冰晶石是均匀分布的。暗示着 Na^+ 阳离子、Na^+ 离子空穴□和 AlF_4^- 离子，这些非化学计量成分按照下式取代 $(AlF_6)^{3-}$：

$$3Na^+ + (AlF_6)^{3-} = Na^+ + 2\square + (AlF_4)^- + 2NaF$$

为了能够推出非化学计量区域[6]，在液相区，将该模型方程与 NaF 和 AlF_3 的活度数据结合起来，同时伴有 NaF 和 AlF_3 侧的液相线均呈现峰值。可使用下式来确定形成固体 Na_3AlF_6 的标准吉布斯自由能（$J \cdot mol^{-1}$）。此式中，有效的温度范围是大约在838K，即 α－β 冰晶石相变点与1284 K下的冰晶石同分熔化点之间。

$$3NaF(s) + AlF_3(s) = Na_3AlF_6(s) \quad (3.3)$$

$$\Delta G^{\ominus} = -63899 - 37.851T \quad (3.4)$$

把 NaF 的熔解焓和方程式(3.2)、式(3.4)相结合，Dewing 推出了冰晶石熔化的标准吉布斯能（$J \cdot mol^{-1}$）如下：

$$Na_3AlF_6(s) = Na_5AlF_6(l) \quad (3.5)$$

$$\Delta_{fus}G^{\ominus} = -119331 - 94.695T \quad (3.6)$$

从冰晶石的高热焓项给出了冰晶石的理论同分熔点1260 K，而其实际熔点为1284 K。文献认为这是非化学计量组成[6]。

式(3.1)～式(3.4)列在表3.3。表中同时还给出其他反应式和有关热力学数据，这些数据在下文还要讨论。

(2) $Na_5Al_3F_{14}$。固态亚冰晶石在740℃时产生包晶反应而分解，但相应的液相线温度大约在879℃[7,8]。

Stuve 和 Ferrante [20] 根据量热测量法，结合 $S^{\ominus}_{298K} = 483.5\ J \cdot mol^{-1} \cdot K^{-1}$，得出了亚冰晶石的低温热容。他们得出了较高温差下的量热数据，并结合其他一些文献数据，给出了固态亚冰晶石的焓变值：$\Delta_f H^{\ominus}_{298K} = (-7824 \pm 46)\ kJ \cdot mol^{-1}$。Chase 也选用了从1979～1998版的 JANAF 热力学表标准熵[9]。

根据 Dewing [5]的研究结果，后来 Stuve 和 Ferrante[20] 把 $Na_5Al_3F_{14}$ 的标准熵修改为 $S^{\ominus}_{298K} = 515.26\ J \cdot mol^{-1} \cdot K^{-1}$。Dewing [5]的文中也选用了这个值。对于下列反应，采用了基于电动势数据的第三计算法：

$$5NaF(s) + 3AlF_3(s) = Na_5Al_3F_{14}(s) \tag{3.7}$$

Dewing [5]推导了正确的反应焓变值，$\Delta H^{\ominus}_{298K} = -139013\ J \cdot mol^{-1}$。相应的从理论上形成固体亚冰晶石的标准焓为 $\Delta_f H^{\ominus}_{298K} = -7551870\ J \cdot mol^{-1}$。

Bruno 和 Holm [21]使用了焓增量数据，得出如下反应焓变值：$\Delta H^{\ominus}_{900K} = (-34.9 \pm 1.5)\ kJ \cdot mol^{-1}$：

$$\frac{5}{3}Na_3AlF_6(s) + \frac{4}{3}AlF_3(s) = Na_5Al_3F_{14}(s) \tag{3.8}$$

这与上面 Dewing 给出的从理论上形成固体亚冰晶石的标准焓为 $\Delta_f H^{\ominus}_{298K} = (-7539.5 \pm 12.0)\ kJ \cdot mol^{-1}$ 相一致。但该值与 JANAF 热力学数据表[9]中推荐的 $\Delta_f H^{\ominus}_{298K} = (-7581.4 \pm 16)\ kJ \cdot mol^{-1}$ 不一致。

Bruno 和 Holm [21]还得出了一些其他的反应焓，如表 3.3 所示。

(3) $NaAlF_4$。Bjørseth 等人[22]指出固体的 $NaAlF_4$ 是一个热力学不稳定的物相分，根据如下反应可知它加热时发生分解。

$$5NaAlF_4(s) = Na_5Al_3F_{14}(s) + 2AlF_3(s) \tag{3.9}$$

采用量热测量法，他们成功地得出了该反应的焓变值：$\Delta H^{\ominus}_{900K} = (-66.9 \pm 7)\ kJ \cdot mol^{-1}$。固体 $NaAlF_4$ 的标准生成焓为：$\Delta_f H^{\ominus}_{900K} = (-2083.2 \pm 3)\ kJ \cdot mol^{-1}$，但是对于从相应的固体氟化物 NaF 和 AlF_3 中形成 $NaAlF_4(s)$ 的反应的标准焓变值列于表 3.3 中，在该表中还有 Bruno 和 Holm [21]中的相应数据。

涉及 $NaAlF_4(l)$ 和 $NaAlF_4(g)$ 的反应热力学数据将在 3.3.2 节和 3.4 节中进行阐述。

(4) α-Al_2O_3 和 β-Al_2O_3。Sterten 等人[23]测量了下面原电池电动势与温度变化的关系。

$$(Pt)\ |O_2(g)|Li_3AlF_6(l),\ AlF_3(s),\ \alpha\text{-}Al_2O_3(s)\ \|$$
$$Li_3AlF_6(l),\ AlF_3(s),\ \alpha\text{-}Al_2O_3(s)|Al(l)$$

假设 Li^+ 为导电离子,那么槽反应式如下:

$$2Al(l) + 1.5O_2(g) = \alpha\text{-}Al_2O_3(s) \tag{3.10}$$

在 747 ~ 1002℃ 的温度范围内,生成固体 $\alpha\text{-}Al_2O_3$ 的标准吉布斯自由能和标准生成焓与 JANAF 热力学表 [9] 中的数据非常一致。同时说明氧电极, $Pt\ |\ O_2(g)\ |\ Na_3AlF_6,\ Al_2O_3$ 和 $Au\ |\ O_2(g)\ |\ Na_3AlF_6,\ Al_2O_3$ 具有可逆性。

Sterten 等人 [24] 在饱和氧化铝的 $NaF\text{-}AlF_3$ 体系中采用了 $\alpha\text{-}Al_2O_3$ 和 $\beta\text{-}Al_2O_3$ 之间的平衡,得出了 $Na_2O \cdot yAl_2O_3$($9 \leqslant y \leqslant 11$,通常指 $\beta\text{-}Al_2O_3$)的热力学数据。在图 3.2 中列出了一些数据。由于 $\beta\text{-}Al_2O_3$ 中的确切成分或成分区域并不非常清楚[24],所以表 3.2 中给出了 y 成分范围。

表 3.2 $Na_2O \cdot yAl_2O_3$($9 \leqslant y \leqslant 11$)的吉布斯自由能、焓和熵,
Al_2O_3 通常指 β 型(源于 Sterten 等人 [24])

T/K	$\Delta_f G^\ominus$/kJ · mol^{-1}	$\Delta_f H^\ominus$/kJ · mol^{-1}	$\Delta_f S^\ominus$/J · mol^{-1} · K^{-1}
1200	$-1295.103y - 485.100$	$-1691.662y - 844.950$	$-330.466y - 299.875$
1300	$-1262.099y - 455.512$	$-1690.482y - 834.608$	$-329.525y - 291.612$
1400	$-1229.188y - 426.689$	$-1689.215y - 825.532$	$-328.591y - 284.888$

在介绍热力学计算中的混合物之前,了解 $\beta\text{-}Al_2O_3$ 的确切配比成分也许是很重要的。

Brisley 和 Fray [25] 测定了从氧化物合成 $Na_2O \cdot yAl_2O_3(s)$ 的热力学数据。他们论述了基于现有文献数据的结果。通常在阴极炭块处会发现存在 $\beta\text{-}Al_2O_3$。

3.3 多元体系的热力学数据

3.3.1 混合焓

3.3.1.1 $NaF\text{-}AlF_3$ 混合物

通过常用的量热法,可以在 1011 ~ 1025 ℃ 的温度区间测量

$NaF-AlF_3$ 体系的热力学数据。Holm [26]测量了液态的 $NaF-Na_3AlF_6$ 混合体系焓，而 Hong 和 Kleppa [27]测量了液态 Na_3AlF_6 和固态 AlF_3 的相应数据。之后 Hong 和 Kleppa [28]扩展了测量方法，且得出液态 NaF 和固态 AlF_3 的焓。Sterten 和 Mæland [29]，Dewing [5]、Solheim 和 Sterten [8,30]采用了这些数据推导出 $NaF-AlF_3$ 体系的活度数据。图 3.1[30]示出了 $NaF-AlF_3$ 体系中混合焓数据与 AlF_3 的摩尔分数的函数关系[26~28]。

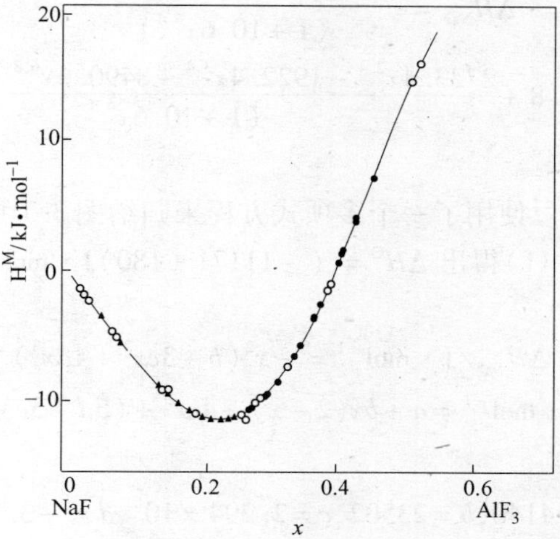

图 3.1 1025℃时 NaF(l) 和 AlF_3(s) 体系中混合焓与 AlF_3 摩尔分数的关系

源自 Solheim 等[30]；

数据重绘自：▲—Holm[26]；●—Hong 和 Kleppa[27]；

○—Hong 和 Kleppa[28]；见正文

为了符合由 1 mol 氟化物构成冰晶石的标准生成焓，对含有液态 Na_3AlF_6[26, 27]的焓数据做了相应的调整：

$$0.75\ NaF(l) + 0.25\ AlF_3(s) = 0.25\ Na_3AlF_6(l) \qquad (3.11)$$

通过试验和误差分析，可得到 $\Delta H^\ominus = -11.179\ kJ \cdot mol^{-1}$。图 3.2 中的固相线满足以下方程：

$$\Delta H_{mix}/\mathrm{kJ \cdot mol^{-1}} = -72.8x + \frac{801x^{3.4}}{1 + 10.6x^{4.4}} \quad (3.12)$$

当 $x \leqslant 0.5$ 时，标准偏差为 $\pm 0.161\ \mathrm{kJ \cdot mol^{-1}}$，由此可见其一致性。试验指出图 3.1 中曲线的右侧和外侧都在 AlF_3 体系的过饱和区范围内。

混合物中 NaF 和 AlF_3 偏摩尔热焓 $\mathrm{kJ \cdot mol^{-1}}$ 由方程式(3.12)得出：

$$\Delta H_{NaF} = \frac{-1922.4x^{3.4} + 16981.2x^{7.8}}{(1 + 10.6x^{4.4})^2} \quad (3.13)$$

$$\Delta H_{AlF_3} = -72.8 + \frac{2723.4x^{2.4} - 1922.4x^{3.4} - 8490.6x^{6.8} + 16981.2x^{7.8}}{(1 + 10.6x^{4.4})^2} \quad (3.14)$$

Dewing [5] 使用了一个多项式方程来归纳图 3.1 中的数据，并对于反应(3.11)得出 $\Delta H^{\ominus} = (-11171 \pm 180)\ \mathrm{J \cdot mol^{-1}}$，偏摩尔质量为：

$$\Delta H_{NaF}/\mathrm{J \cdot mol^{-1}} = -x^2(b + 3cx^2 + 4dx^3) \quad (3.15)$$

$$\Delta H_{AlF_3}/\mathrm{J \cdot mol^{-1}} = a + bx(2 - x) + 4cx^3 + (5d - 3c)x^4 - 4dx^5 \quad (3.16)$$

式中，$a = -74140$，$b = 23502$，$c = 2.294 \times 10^6$，$d = -3.139 \times 10^6$。

在试验不确定性的范围内，Dewing [5] 和 Solheim 等人[30] 数据之间的差异较小，但很明显。

3.3.1.2 NaF-AlF_3-Al_2O_3 混合物

Holm [31] 测量了 1014℃ 下 Na_3AlF_6-Al_2O_3 体系的摩尔焓和偏摩尔焓。发现，在 Na_3AlF_6 熔盐中，α-Al_2O_3 极限热焓为 280 $\mathrm{kJ \cdot mol^{-1}}$，在饱和时减至 90 $\mathrm{kJ \cdot mol^{-1}}$。

Phan-Xuan 等人 [32] 发现，在 1017℃ 时，在 Al_2O_3 溶解于 Na_3AlF_6 熔盐中的极限热焓大约为 257 $\mathrm{kJ \cdot mol^{-1}}$，在氧化铝浓度高于 6% 时减至大约 146 $\mathrm{kJ \cdot mol^{-1}}$。与冰晶石混合物相比含有 NaF 的熔盐会增加 Al_2O_3 的焓，而当加入 AlF_3 且氧化铝浓度较低

时会降低该值。但是,这样的数据分布规律性不强。

Julsrud [33] 发现,在 1022 ℃时无限稀释氧化铝的 Na_3AlF_6-α-Al_2O_3熔盐中,氧化铝偏摩尔溶解热约为 290 kJ·mol^{-1}。在氧化铝饱和时,该值减至 130 kJ·mol^{-1}。当 NaF/AlF_3摩尔比超过混合物 Na_3AlF_6 组成,且氧化铝浓度较高时,偏摩尔热将稍有降低。

Yagoubi 等人[34] 的结果表明在 1290 K 时,Na_3AlF_6 中 α-Al_2O_3 的溶解偏摩尔焓随着氧化铝浓度的增加而降低,但当冰晶石熔盐中过剩的 AlF_3 占 23% 时,该值与氧化铝浓度无关。

不同的数据来源[31~34],其值也不尽相同,但该值与氧化铝浓度和 NaF/AlF_3 摩尔比的变化趋势之间的关系是一致的。显然,很有必要对液态 NaF-AlF_3-Al_2O_3(CaF_2)体系的偏摩尔焓数据进行一致性方面的整理检验工作。

3.3.2 活度数据

3.3.2.1 NaF-AlF_3混合物

Sterten 和 Mæland [29]得出了 NaF-AlF_3 体系中 NaF、AlF_3、$NaAlF_4$和 Na_3AlF_6 的活度与温度及组成之间关系的一致数据。数据主要来源于 Holm [26] 及 Hong 和 Kleppa [28] 的量热数据,Kuxmann 和 Tillessen [35] 及 Kvande [36] 的蒸气压数据,Na_3AlF_6-Al_2O_3 体系[29] 及 NaF-AlF_3-Al_2O_3 的相应的活度数据[24]。如表 3.3 所示,从活度数据[29] 中也得出几种反应的吉布斯自由能变化。

在 298.15 K 时,液体 Na_3AlF_6 的标准生成焓是 $\Delta H^{\ominus}_{298K}$ = (-3249600 ± 4000) J·mol^{-1}[29]。通过熔化热 $\Delta H^{\ominus}_{m}$ = 106745 J·mol^{-1}[29],可计算得出在 Na_3AlF_6-Al_2O_3体系中的液相线。这个值是温度大约在 1000℃时非化学计量冰晶石的熔化热平均值。

正如 3.2 节中所阐述的那样,Dewing [5] 根据文献数据得出 Na_3AlF_6 和 NaF 的焓和熵,并将其与电化学和化学平衡数据相结合得出了反应式(3.1)和式(3.2)由氟化物合成 Na_3AlF_6 的吉布斯自由能。根据 NaF-AlF_3体系的初晶温度数据、Na 在液态铝和熔盐平衡中的含量数据，可得出在1020℃时，所有液体混合物的生成吉布斯自由能、焓变和熵变值。表3.4中给出了活度和一些其他的热力学数据。

Dewing [5]指出，由于Holm [26]在图3.2中重新绘制的热容数据与理想基线数据偏离太大，所以很难推出NaF和AlF_3活度与温度之间的关系。Holm的数据都来自于液滴量热测试法，并且与Dewing [5]论述的明显不同。但是，我们没有理由相信他们是错的。

基于Hong和Kleppa [28]综合的热容方面的数据、Ratkje [37]的液相温度数据、Solheim等人[7]和Dewing [38]的数据及蒸气压数据等[35, 39~42]数据，Solheim和Sterten [8]最终给出了二元体系NaF-AlF_3的活度数据和热力学数据。这些数据见下式[8]：

$$\ln a_{i,T} = \ln_{a_i,T_{\mathrm{ref}}} + \frac{\Delta H_i}{R}\left[\frac{1}{T} - \frac{1}{T_{\mathrm{ref}}}\right] \tag{3.17}$$

式中，T_{ref}为参比温度，可设定为1300 K。

表3.3 反应式(*A*)~(*J*)标准焓($\Delta H^{\ominus}$/J·mol^{-1})和标准熵($\Delta S^{\ominus}$/J·mol^{-1} K^{-1})

$3\ NaF(s) + AlF_3(s) = Na_3AlF_6(s)$ (A)

$3\ NaF(l) + AlF_3(s) = Na_3AlF_6(s)$ (B)

$3\ NaF(l) + AlF_3(s) = Na_3AlF_6(l)$ (C)

$5\ NaF(s) + 3AlF_3(s) = Na_5Al_3F_{14}(s)$ (D)

$5\ NaF(l) + 3AlF_3(s) = Na_5Al_3F_{14}(s)$ (E)

$5\ NaF(l) + 3AlF_3(s) = Na_5Al_3F_{14}(l)$ (F)

$NaF(s) + AlF_3(s) = NaAlF_4(s)$ (G)

$NaF(l) + AlF_3(s) = NaAlF_4(l)$ (H)

$NaF(l) + AlF_3(s) = NaAlF_4(g)$ (I)

$NaF(l) + 2AlF_3(s) = NaAl_2F_7(g)$ (J)

参考文献	反应式	$\Delta H^{\ominus}$/J·mol^{-1}	$\Delta S^{\ominus}$/J·mol^{-1}·K^{-1}	备 注
Dewing[6]	(A)	−63899	37.851	(900~1284 K)
Chase et al. [9]	(A)	−63826	38.034	1200 K
Solheim et al. [8]	(B)	−160000	−38.800	(1000~1284 K)
Sterten et al. [24]	(B)	−151745	−29.000	非化学计量的冰晶石
Chase et al. [9]	(B)	−162751	−39.894	1200 K
Sterten et al. [29]	(C)	−45000	54.135	(1230~1300 K)

续表 3.3

参考文献	反应式	$\Delta H^{\ominus}/J \cdot mol^{-1}$	$\Delta S^{\ominus}/J \cdot mol^{-1} \cdot K^{-1}$	备　注
Dewing[5]	(C)	-44684	53.544	1300 K
Solheim et al.[8]	(C)	-44532	51.326	(970~1400 K)
Chase et al.[9]	(C)	-50561	47.427	1300 K
Bruno et al.[21]	(D)	-129500		900 K
Chase et al.[9]	(D)	-181385	14.421	900 K
Solheim et al.[8,47]	(E)	-251780	-32.600	1000 K
Chase et al.[9]	(E)	-336491	-106.560	1000 K
Solheim et al.[8]	(F)	-20234	192.221	(900~1350 K)
Chase et al.[9]	(F)	-81067	145.192	1100 K
Bjørseth et al.[22]	(G)	-6900		900 K
Bruno et al.[21]	(G)	-12500		900 K
Sterten et al.[24]	(H)	27167	72.830	(1000~1350 K)
Sterten et al.[29]	(H)	26060	73.500	(1000~1350 K)
Solheim et al.[8]	(H)	28329	73.612	(1000~1350 K)
Sterten et al.[29]	(I)	187100	173.200	(1000~1350 K)
Solheim et al.[8,47]	(I)	188300	172.300	(1000~1350 K)
Chase et al.[9]	(I)	188179	165.918	(1000~1300 K)
Solheim et al.[8,47]	(J)	303200	252.000	(1000~1350 K)

表 3.4　1293 K，不同摩尔分数的 AlF_3(x_2)在 NaF-AlF_3 液相系中的部分活度、偏焓、偏熵数据（下标 1 和 2 分别表示化合物 NaF 和 AlF_3，活度的标态是指液态的 NaF 和固态的 AlF_3；源自 Dewing[5]）

x_2	$\log a_1$	$\log a_2$	$\Delta H_1/A$	$\Delta H_2/A$	$\Delta S_1/B$	$\Delta S_2/B$
0.01	-0.005	-6.412	-2	-73663	0.090	65.782
0.03	-0.016	-5.823	-26	-72521	0.284	55.391
0.05	-0.028	-5.525	-98	-70839	0.465	50.994
0.07	-0.046	-5.256	-259	-68338	0.675	47.778
0.09	-0.063	-5.053	-568	-64818	0.776	46.610
0.11	-0.087	-4.843	-1090	-60144	0.817	46.198
0.13	-0.112	-4.658	-1897	-54249	0.674	47.220

续表 3.4

x_2	$\log a_1$	$\log a_2$	ΔH_1/A	ΔH_2/A	ΔS_1/B	ΔS_2/B
0.15	-0.148	-4.440	-3 059	-47 125	0.458	48.554
0.17	-0.196	-4.185	-4 644	-38 821	0.158	50.105
0.19	-0.241	-3.980	-6 708	-29 433	-0.573	53.427
0.21	-0.293	-3.771	-9 293	-19 107	-1.527	57.415
0.23	-0.358	-3.543	-12 420	-8 026	-2.761	61.618
0.25	-0.432	-3.307	-16 090	3 587	-4.174	66.091
0.27	-0.519	-3.059	-20 271	15 482	-5.739	70.542
0.29	-0.610	-2.824	-24 898	27 379	-7.568	75.242
0.31	-0.706	-2.601	-29 868	38 978	-9.585	79.947
0.33	-0.805	-2.390	-35 036	49 963	-11.679	84.399
0.35	-0.908	-2.190	-40 206	60 004	-13.704	88.333
0.37	-1.015	-2.000	-45 129	68 765	-15.471	91.480
0.39	-1.125	-1.821	-49 500	75 904	-16.747	93.569
0.41	-1.238	-1.651	-52 951	81 097	-17.249	94.332
0.43	-1.354	-1.491	-55 044	84 004	-16.644	93.508
0.45	-1.513	-1.288	-55 271	84 311	-13.772	89.867
0.47	-1.720	-1.046	-53 046	81 720	-8.090	83.222
0.49	-2.074	-0.664	-47 701	75 953	2.817	71.445
0.51	-2.560	-0.177	-38 480	66 759	19.243	55.023
0.53	-2.800	0.045	-24 538	53 918	34.627	40.832

注：A—$J \cdot mol^{-1}$；B—$J \cdot mol^{-1} \cdot K^{-1}$。

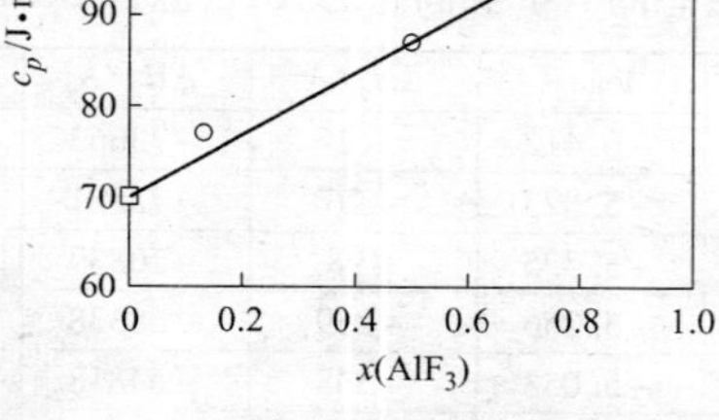

图 3.2 NaF-AlF_3 系中热容与 AlF_3 摩尔分数的关系

○—Holm 的数据[26]；□—Chase 的数据；——— —NaF 和 AlF_3 为零时的偏热容

根据基本的热力学知识：

$$\Delta H_{NaF} = \Delta H_{mix} - x_2 \frac{d\Delta H_{mix}}{dx_2} \tag{3.18}$$

及

$$\Delta H_{AlF_3} = \Delta H_{mix} + (1 - x_2)\frac{d\Delta H_{mix}}{dx_2} \tag{3.19}$$

这里的 x_2 是 AlF_3 的摩尔分数。Hong 和 Kleppa[28]中的量热数据能够完全适合以下方程式：

$$\Delta H_{mix}/kJ \cdot mol^{-1} = [(82 - 73x_2)^{1.7} + 37\,000x_2^{3.2}]^{\frac{1}{1.7}} - 385x_2^3 - 82 \tag{3.20}$$

从中可推导出来下式：

$$\frac{d\Delta H_{mix}}{dx_2} = \frac{[(82 - 73x_2)^{1.7} + 37\,000x_2^{3.2}]^{-\frac{0.7}{1.7}}}{1.7}[-124.1(82 - 73x_2) + 118\,400x_2^{2.2}] - 1155x_2^2 \tag{3.21}$$

参考的活度可适合以下方程式：

$$\ln a_{NaF(1300K)} = -\frac{1}{r}\sum_{i=1}^{N}\frac{\alpha_i r^{-(\delta_i+1)}}{\beta_i + r^{-\delta_i}} \tag{3.22}$$

式中，r 是 NaF/AlF_3 的摩尔比，α_i、β_i和 δ_i是常数，且

$$\ln a_{AlF_3(1300K)} = -\ln r - 5.943 + \sum_{i=1}^{N}\alpha_i\left[\frac{r^{-\delta_i}}{\beta_i + r^{-\delta_i}} + \frac{1}{\delta_i}\ln(\beta_i + r^{-\delta_i})\right] \tag{3.23}$$

可见，对于二元系，方程式(3.22)和式(3.23)都满足 Gibbs-Duhem 方程。至少 $N=4$ 时，方程中得到的数据才能更好地与实验数据匹配。表 3.5 给出不同 N 值的 α_i、β_i 和 δ_i 值。

表 3.5 方程式(3.22)和式(3.23)所用参数的值(源自 Solheim 和 Sterten[8])

N	α_i	β_i	δ_i
1	1.55	0.4	0.8
2	1.25	0.00045	5
3	0.55	0.01	6
4	1.70	0.5	12

反应中 NaF 活度的标准状态是液态，AlF_3 的标准状态是固态。假设 NaF 和 AlF_3 混合的偏热容为零时，可以得出方程(3.17)。根据 Holm [26] 图 3.2 中的数据，则这种假设是不成立的。另外，需要强调的是，有了这些数据，能够完全地再现 NaF-AlF_3[8] 体系在整个测试区间的液相温度。

表 3.6 中有来自 Solheim 和 Sterten [8] 的一些活度数据、偏摩尔焓和偏摩尔熵的数据。由以上的方程式计算出数值并可直接与 Dewing [5] 论文中的相应数据作出对比。可见这两组数据还是稍有出入的。

Solheim and Sterten [8] 根据冰晶石液相线提出固体 Na_bAlF_{3+b} 的非化学计量成分可以表示为：

$$B = 3 - 0.124\left[\frac{T-1163}{121}\right]^2 \quad (\text{其中 } T \text{ 的取值范围在 } 1163 \sim 1285\text{K}) \tag{3.24}$$

根据以下反应式：

$$b\ \text{NaF (l)} + AlF_3(\text{s}) = Na_bAlF_{3+b}(\text{s}) \tag{3.25}$$

建立的标准吉布斯能变化是：

$$\Delta G^{\ominus}/\text{J}\cdot\text{mol}^{-1} = -160000 + 12000\left(\frac{3-b}{0.124}\right) + \left[38.800 - 8.5\left(\frac{3-b}{0.124}\right)\right]T \tag{3.26}$$

根据这个方程式，由于化学计量成分的变化，反应(3.25)中 $\Delta H^{\ominus}$ 的值在 $-160000\ \text{J}\cdot\text{mol}^{-1}$（温度为 1163 K 时）和 $-148000\ \text{J}\cdot\text{mol}^{-1}$（温度为 1285 K 时）之间不等，这个值与 Sterten 和 Mæland [29] 得到的当温度接近熔点时的平均值 $-151745\ \text{J}\cdot\text{mol}^{-1}$ 相差无几。

从方程式(3.26)中很容易得出形成假设化学计量的冰晶石($b=3$)的相应的吉布斯能变化是，

$$\Delta G^{\ominus}/\text{J}\cdot\text{mol}^{-1} = -160000 + 38.800T \tag{3.27}$$

$$3\text{NaF(l)} + AlF_3(\text{s}) = Na_3AlF_6(\text{l}) \tag{3.28}$$

表 3.6 1293K，不同摩尔分数的 $AlF_3(x_2)$ 在 NaF-AlF_3 熔盐体系中的活度、偏焓、偏熵数据（下标 1 和 2 分别表示化合物 NaF 和 AlF_3，活度的标态是指液态的 NaF 和固态的 AlF_3，数据源于 Solheim 和 Sterten[8]）

x_2	$\log a_1$	$\log a_2$	ΔH_1/A	ΔH_2/A	ΔS_1/B	ΔS_2/B
0.01	−0.005	−6.334	0	−72 988	0.092	64.821
0.03	−0.016	−5.729	−9	−72 591	0.303	53.528
0.05	−0.030	−5.400	−61	−71 389	0.521	48.174
0.07	−0.045	−5.157	−206	−69 151	0.704	45.252
0.09	−0.063	−4.952	−508	−65 715	0.812	43.975
0.11	−0.085	−4.758	−1 038	−60 972	0.816	43.925
0.13	−0.112	−4.554	−1 874	−54 865	0.703	44.742
0.15	−0.149	−4.326	−3 092	−47 402	0.471	46.161
0.17	−0.197	−4.078	−4 761	−38 659	0.084	48.180
0.19	−0.252	−3.828	−6 931	−28 786	−0.543	51.027
0.21	−0.311	−3.593	−9 629	−18 006	−1.502	54.851
0.23	−0.372	−3.376	−12 848	−6 601	−2.822	59.523
0.25	−0.435	−3.174	−16 545	5 105	−4.461	64.709
0.27	−0.504	−2.980	−20 646	16 774	−6.325	70.015
0.29	−0.578	−2.788	−25 043	28 083	−8.298	75.089
0.31	−0.660	−2.597	−29 613	38 749	−10.266	79.685
0.33	−0.748	−2.409	−34 219	48 543	−12.136	83.663
0.35	−0.842	−2.227	−38 726	57 299	−13.827	86.950
0.37	−0.941	−2.052	−43 007	64 915	−15.253	89.490
0.39	−1.045	−1.882	−46 944	71 346	−16.304	91.210
0.41	−1.159	−1.711	−50 437	76 592	−16.823	91.995
0.43	−1.293	−1.527	−53 397	80 687	−16.550	91.628
0.45	−1.467	−1.305	−55 753	83 691	−15.032	89.709
0.47	−1.711	−1.019	−57 441	85 680	−11.671	85.778
0.49	−2.028	−0.676	−58 410	86 735	−6.351	80.026
0.51	−2.368	−0.336	−58 615	86 945	0.004	73.672
0.53	−2.684	−0.044	−58 015	86 396	6.509	67.665

注：A—$J \cdot mol^{-1}$；B—$J \cdot mol^{-1} \cdot K^{-1}$。

反应的标准吉布斯能从方程式（3.17）~式（3.23）可计算如下，

$$\Delta G^{\ominus}/J \cdot mol^{-1} = -44532 - 51.326T \quad (3.29)$$

基于方程式（3.27）和式（3.29），假设的化学计量 Na_3AlF_6 的熔化热和熵为：

$$\Delta_{fus}H^{\ominus} = 115468\ J \cdot mol^{-1} \text{和} \Delta_{fus}S^{\ominus} = -90.126\ J \cdot mol^{-1} \cdot K^{-1} \tag{3.30}$$

这与文献[1]报道的数据一致。这个数据与假设的熔点是1281 K时一样。这个值与前面3.2节中描述的和Dewing [5]得出的温度在1260 K时的值截然不同。

表3.3总结了Solheim等人[8]得出的一些其他的标准反应焓和熵的变化，此外还有来自别处的相应的数据。

3.3.2.2 $NaF-AlF_3-Al_2O_3$ 混合物

Sterten等人[24]主要基于电动势测量法和Gibbs-Duhem公式 $\sum n_i d\mu_i = 0$ 得出了饱和的 $NaF-AlF_3-Al_2O_3$ 熔盐体系中NaF和 AlF_3 的活度数据。其与温度和摩尔分数 $r = n_{NaF}/n_{AlF_3}$ 的关系式如下：

$$r^* \leqslant r \leqslant 1.24$$

$$\ln a_{AlF_3} = \frac{F}{RT}\left[0.9(r^* - r) + \ln\left[\frac{(3+r)(0.3+0.9r^*)}{(3+r^*)(0.3+0.9r)}\right]^{1.361} + \ln\left[\frac{3+r}{3+r^*}\right]^{2.7}\right] \tag{3.31}$$

式中，F 为法拉第电解常数；R 为理想气体常数（$8.31433\ J \cdot mol^{-1} \cdot K^{-1}$）；$r^*$ 是氧化铝饱和熔体中的氟化钠和氟化铝的摩尔比。

$$1.24 < r < 15$$

$$\ln a_{NaF} = \ln a_{NaF}(r=1.24) + \frac{F}{RT}\left[-1.493 + \ln\left[\frac{(3+r)}{(0.3+0.9r)}\right]^{1.361}\right] \tag{3.32}$$

由方程式(3.31)可计算得出上式中 $\ln a_{AlF_3}(r=1.24)$ 的数值。

$$15 > r > 1.24$$

$$\ln a_{NaF} = \frac{F}{RT}[-0.423 + 3.63\ln r + 0.454\ln(3+r) - 4.084\ln(0.3+0.9r)] - 0.106 \tag{3.33}$$

$$1.24 \geqslant r \geqslant r^*$$

$$\ln a_{NaF} = \frac{F}{RT}[-1.724 + 3.63\ln r + 1.354\ln(3+r) -$$

$$4.084\ln(0.3+0.9r)]-0.106 \tag{3.34}$$

在指定的温度下，r^* 的数值可由方程式(3.35)计算得出：

$$T/\mathrm{K}=3282\ln\left[\frac{0.3}{r^*}+0.9\right]-271.2r^*+801 \tag{3.35}$$

反应中 NaF 活度的标准状态是液态，AlF_3 活度的标准状态是固态。方程式(3.31)～式(3.35)的有效范围是：饱和氧化铝的 $NaF\text{-}AlF_3\text{-}Al_2O_3$ 熔盐体系中摩尔分数范围为 $15>r>r^*$，温度低于 1300 K。

Sterten 等人[24]从活度数据计算出一些反应的标准焓和标准熵的数据，见表 3.3。

Brisley 和 Fray[43]使用了钠－β－氧化铝探针测试了在平衡状态下的铝液和冰晶石混合物熔盐中的钠的活度。他们结合以下的方程式和 Gibbs-Duhem 公式而得出了氧化铝饱和溶液中 NaF 和 AlF_3 的活度数据。这些数据和文献[24，44]的数据大体一致。

$$3NaF(l)+Al(l)=AlF_3+3Na(l) \tag{3.36}$$

根据文献数据，Dewing[45]在 1974 年推导出了 $Na_3AlF_6\text{-}Al_2O_3$ 体系中氧化铝的活度计算公式，适用范围是在 1300 K 下，Al_2O_3 的浓度从 1% 到饱和。

$$a_{Al_2O_3}=\left[\frac{w(Al_2O_3)}{w(Al_2O_3(sat))}\right]^{2.77} \tag{3.37}$$

Dewing 和 Thonstad[46]在随后的研究中认为该计算公式是错的。他们对文献数据做了新的分析整理，得出如表 3.7 所示的活度数据，表中还有以下将要讨论的一些数据。

需要强调的是，当 Dewing 和 Thonstad[46]得出这些数据的时候，已经考虑到了固体冰晶石中含有非化学计量成分所造成的影响。如果以氧化铝为溶质，在稀溶液中将活度的对数与浓度对数作图，该直线的斜率 3，而在浓溶液中该斜率为 1.5。在此基础上，Dewing 和 Thonstad 根据表 3.7 中的活度数据给出如下公式

$$x(Al_2O_3)=\alpha(a_{Al_2O_3})^{1/3}+\beta(a_{Al_2O_3})^{2/3} \tag{3.38}$$

式中，x 是指在 $Na_3AlF_6\text{-}Al_2O_3$ 体系中氧化铝的摩尔分数。平衡常

数 α 和 β 分别为 0.0772 ± 0.0025 和 0.159 ± 0.0048。式(3.38)只适用于二元体系，且温度为 1293 K。

根据文献数据和 Gibbs-Duhem 方程，Solheim 和 Sterten[47] 得出了在 $NaF\text{-}AlF_3\text{-}Al_2O_3$ 熔盐体系中氧化铝活度与温度关系的数学模型。

表 3.7 $Na_3AlF_6\text{-}Al_2O_3$ 体系在 1293K 下液态部分的活度数据（冰晶石在标态下是液态，氧化铝标准态是固态。c 代表氧化铝浓度，a_1 和 a_2 是 Dewing 和 Thonstad[46] 得出的关于冰晶石的活度数据，带括号的(a_1)和(a_2)是 Solheim 和 Sterten[47] 得出的活度数据）

c/%	a_1	(a_1)	a_2	(a_2)
0.00	1.000	1.000	0.00000	0.00000
0.25	0.985	0.985	0.00018	0.00015
0.29	0.983	0.983	0.00027	0.00023
0.42	0.975	0.975	0.00082	0.00064
0.76	0.958	0.957	0.00369	0.00320
1.40	0.929	0.926	0.0150	0.0149
1.93	0.908	0.902	0.0289	0.0315
2.56	0.877	0.876	0.0603	0.0585
3.50	0.847	0.841	0.105	0.1105
6.25	0.762	0.756	0.295	0.317
6.43	0.752	0.751	0.324	0.333
7.02	0.744	0.735	0.348	0.384
9.06	0.692	0.684	0.523	0.576
10.62	0.652	0.648	0.682	0.732

Duhem 方程为：

$$x_1 \mathrm{d}\ln a_{NaF} + x_2 \mathrm{d}\ln a_{AlF_3} + x_3 \mathrm{d}\ln a_{Al_2O_3} = 0 \tag{3.39}$$

式中，下标符号 1，2，3 分别指 NaF、AlF_3、Al_2O_3 的摩尔分数；NaF 的标准状态是液态；AlF_3 的标准状态是固态；α-Al_2O_3 标准状态是固态。

活度与温度的关系可以用以下较为简单的方程式表示，其中 T_{reff} 为 1300K[47]。

$$\ln a_{i,T} = \ln a_{i,T_{ref}} + \frac{\Delta H_i}{R}\left[\frac{1}{T} - \frac{1}{T_{ref}}\right] \tag{3.40}$$

NaF 和 AlF_3混合物的偏摩尔焓计算要考虑两方面：一方面，当熔盐中由 NaF 为液体、AlF_3 为固态混合物构成时，以液态 NaF-AlF_3(l)为基准；另一方面，要考虑熔盐含有 Al_2O_3(s)，且混合物中 NaF 和 AlF_3的比率 $r = x_1/x_2$ 是固定的情形。

$$\Delta H_{NaF} = \Delta H_{NaF^*} + \Delta H_{NaF(Al_2O_3)} \tag{3.41}$$

$$\Delta H_{AlF_3} = \Delta H_{AlF^*} + \Delta H_{AlF_3(Al_2O_3)} \tag{3.42}$$

式中，* 指 NaF-AlF_3 二元系。在含有氧化铝的 NaF/AlF_3 比率 $r = x_1/x_2$的混合物中，偏摩尔焓标为 $\Delta H_{Al_2O_3}$。由方程式(3.18)~式(3.21)可以计算出无氧化铝溶液中 $\Delta H_{Al_2O_3}$和 $\Delta H_{AlF_3^*}$ 的值。由于缺少文献数据，Solheim 和 Sterten [47] 推测了符合方程式(3.41)和式(3.42)中第二种情形时的 NaF 和 AlF_3 的偏摩尔焓，且得出关系式：

$$\Delta H_{NaF(Al_2O_3)} \approx \Delta H_{AlF_3(Al_2O_3)} \approx \varepsilon_2 - \varepsilon_2(1 + \varepsilon_3 x_3)e^{-\varepsilon_3 x_3} \tag{3.43}$$

可以得出相应的氧化铝的方程式：

$$\Delta H_{Al_2O_3} = 87 + 0.7875(r-1)^2[1 + (59 - 60x_3)e^{-60x_3}] \tag{3.44}$$

方程式(3.40)中的相应活度可由以下一系列方程式推导出来：

$$\ln a_{NaF(1300K)} = \ln a_{NaF^*(1300K)} + \beta_1 x_3 + \beta_2 x_3^2 \tag{3.45}$$

$$\ln a_{AlF_3(1300K)} = \ln a_{AlF_3^*(1300K)} - r(\beta_1 x_3 + \beta_2 x_3^2) + (1+r)\left\{3\ln(1-x_3) - \frac{\alpha_1}{\alpha_2+1}\left[\frac{1}{\alpha_2}\ln(1+\alpha_2 x_3) + \ln(1-x_3)\right]\right\} \tag{3.46}$$

$$\ln a_{Al_2O_3(1300K)} = 11.16 + 3\ln x_3 - \frac{\alpha_1}{\alpha_2}\ln(1+\alpha_2 x_3) \tag{3.47}$$

在无氧化铝溶液中的 NaF^* 和 $AlF_3{}^*$ 之间的活度要通过方程式(3.17)~式(3.23)来计算。方程式(3.43)~式(3.47)中的符号，有的是常量，有的是变量，见表 3.8。

方程式(3.43)~式(3.47)中 r 的有效范围是 1.4 ~3 之间；温度从初晶温度一直到 1050℃。需要强调的是，Al_2O_3 的标准状

态是固态 α-Al_2O_3，这就意味着在饱和状态下活度是一致的。

Solheim 和 Sterten [47] 提出了数学模型方程式(3.40)～式(3.47)，都很好地描述了在 NaF-AlF_3-Al_2O_3 体系中冰晶石和氧化铝的初晶温区。从这些方程式中得出的活度数据与先前的数据和 emf 数据相吻合。结合 Holm 的数据[31]，可推导出了其摩尔热和偏摩尔热数据。

表 3.8 方程式(3.43)～式(3.47)中与 NaF/AlF_3 摩尔比(r)有关的常量和变量值(数据源自 Solheim 和 Sterten[8])

符 号	单 位	常量或表达式
α_1	—	$103.1+3.3r-1.7(3-r)^5$
α_2	—	54
β_1	—	$-3.95+1.5r-0.5(3-r)^6+0.023(3-r)^{10}$
β_2	—	−13
ε_1	$J \cdot mol^{-1}$	87 000
ε_2	$J \cdot mol^{-1}$	$787.5(r-1)^2$
ε_3	—	60

Solheim 和 Sterten [47] 从以上的方程式计算出的相应的活度数据，与 Dewing 和 Thonstad [46] 研究 Na_3AlF_6-Al_2O_3 体系得到的数据(表 3.7 中所示)是很一致的。由方程式(3.43)～式(3.47)[47] 计算出来的其他活度数据见表 3.9。

表 3.9 (980℃)不同氧化铝的浓度和 NaF/AlF_3 摩尔比的熔盐体系中，由等式(3.40)～式(3.47)中计算得出的活度数据(数据主要是基于 Solheim 和 Sterten[47] 的文献)

NaF/AlF_3	$w(Al_2O_3)$/%	a_{NaF}	a_{AlF_3}	$a_{Al_2O_3}$
2.4	1	0.2350	0.001869	0.0109
2.4	2	0.2344	0.001803	0.0547
2.4	3	0.2336	0.001749	0.1259
2.4	4	0.2326	0.001705	0.2163
2.4	6	0.2301	0.001639	0.4358
2.2	1	0.1943	0.002898	0.0107
2.2	2	0.1933	0.002813	0.0544
2.2	3	0.1922	0.002746	0.1268
2.2	4	0.1909	0.002692	0.2200
2.2	6	0.1878	0.002617	0.4492

续表 3.9

NaF/AlF_3	$w(Al_2O_3)/\%$	a_{NaF}	a_{AlF_3}	$a_{Al_2O_3}$
2.0	1	0.1540	0.004718	0.0106
2.0	2	0.1527	0.004617	0.0551
2.0	3	0.1512	0.004542	0.1300
2.0	4	0.1496	0.004488	0.2279
2.0	6	0.1460	0.004428	0.4719

表3.3 中是由氟化钠和氟化铝反应形成各种产物的热力学数据。反应式(A)[6,9]、(B)[8,9]和(C)[5,8,29]的反应焓变和熵变数据具有统一性。只有反应(C)[9]有所不同，这就清楚地表明对于液态 Na_3AlF_6 的 JANAF 表需要做出调整和修正。反应(D)[9,21]、(E)[8,9,47]和(F)[8,9]的相应数据具有相当的分散性，不确定性大。如果接受 Bruno 和 Holm[21]关于反应(D)的数值 $\Delta H^{\ominus} \approx -130\ \mathrm{kJ \cdot mol^{-1}}$，那么反应(E)中的预计热焓变化应该是 $\Delta H^{\ominus} \approx -285\ \mathrm{kJ \cdot mol^{-1}}$。这意味着表3.3 中有关固态和液态 $Na_5Al_3F_{14}$ 的大多数热力学数据需要改进。而 $NaAlF_4$ 的热力学数据看起来大体是一致的，稍微的一些偏差都在实验允许的误差范围内。

3.3.2.3 $NaF-AlF_3-Al_2O_3-MF_x$ 混合物

Dewing[48]测出了在 1020℃ 时，铝与熔融混合物 $NaF-AlF_3-LiF$ 平衡系中钠和锂的含量，并给出了计算三元系中活度数据的理论推导方程。$Li_3AlF_6-Na_3AlF_6$ 的活度系数 γ_i 可以通过以下方程式由摩尔分数(x_i)计算得出：

$$\begin{aligned}\log \gamma_{AlF_3} &= -3.034 + 3.342x_{LiF} - 0.848(x_{LiF})^2 \\ \log \gamma_{NaF} &= -0.246 - 1.114x_{LiF} - 0.283(x_{LiF})^2 \\ \log\gamma_{LiF} &= 0.158 - 0.266x_{LiF} - 0.283(x_{LiF})^2\end{aligned} \tag{3.48}$$

研究发现，由于 $NaAlF_4$ 分压的增大和 AlF_3 活度的增大，当向 Na_3AlF_6 加入 Li_3AlF_6 时可以发现蒸气压力增加了，而在 $LiAlF_4$ 处于气态时观察不到此现象。

Kvande 和 Xiang[49]基于相图数据探讨了 $LiF-Na_3AlF_6$ 大致的离子形态，也得出了 LiF、NaF、Na_3AlF_6、Na_2AlF_5 和 $NaAlF_4$ 的摩尔分数、活度和活度系数数据。

Dewing 和 van der Kouwe [50]基于铝中钠和镁的平衡浓度(当 NaF/AlF_3 摩尔比为2.5～4,MgF_2的摩尔分数达到0.13(质量分数为15 %)),得出了 $NaF-AlF_3-MgF_2$体系在1020℃时的一些活度数据。如果 NaF 是碱性的,AlF_3 是酸性的,那么可以发现 MgF_2 也是酸性的。

Dewing [51] 探讨了向熔融 Na_3AlF_6 体系中加入第三种混合物时 NaF 和 AlF_3 的活度变化,并得出了一些理论公式。$\partial \ln a_2/\partial x_3$ 定义了添加剂,在这里 a_2是 AlF_3 活度,而 x_3是添加剂的摩尔分数。对于一个中性的添加剂该值为 -1。正值表现为酸性,据推测 AlF_3 的值是 +27.9。NaF 为碱性,其值为 -27.9。据发现 BeF_2和 MgF_2为强酸性,其值为 +11。CaF_2则是一种弱酸,值为 +2;LiF、SrF_2、BaF_2和 1/3(Al_2O_3)都是弱碱性,其值的范围在 -2 和 -3 之间。以上介绍了一些基于蒸汽压、电动势数据和一些其他研究方法得出了"优选"试验数据。尽管数据的变化趋势清晰,值得注意的是采用一些文献介绍的数据来计算 $\partial \ln a_2/\partial x_3$ 所得到的值并不统一,对于某给定的混合物无法取得一致。Dewing 指出在这个领域里需要做更细致的研究。

Johansen 等人[52] 使用以下原电池测量电动势研究了在1020℃时熔融态 $Na_3AlF_6-FeF_2$体系的热力学数据:

$$\mathrm{Pt}|\mathrm{Fe}|\mathrm{FeF_2\text{-}Na_3AlF_6}|\ \mathrm{H_2(g),HF(g)}|\mathrm{Pt} \qquad (3.49)$$

研究发现电极过程是可逆的,将摩尔分数作为浓度单位,在无限稀释溶液中 FeF_2(l) 的活度系数是0.17。

Dewing 和 Desclaux [53] 从文献数据中得出了在铝的稀溶液中 Ce 的活度系数如下:

$$\log\gamma_{\mathrm{Ce}} = -\frac{11356}{T} + 4.261 \qquad (3.50)$$

其中 Ce 的标准状态是液态。他们还检测出生成 CeF_3的标准吉布斯自由能和在熔融 Na_3AlF_6 中的活度系数。这里 CeF_3是一种酸,以形成 Na_2CeF_5的方式溶解在冰晶石中。

Dewing 等人[54]研究了 ZnO 和 $ZnAl_2O_4$在1020℃的冰晶石 - 氧化铝溶液的溶解度。该部分在溶解反应中作讨论。

$$3ZnO + 2AlF_3 = 3ZnF_2 + Al_2O_3 \quad (3.51)$$

$$3ZnAl_2O_4 + 2AlF_3 = 3ZnF_2 + 4Al_2O_3 \quad (3.52)$$

以纯液体为标准状态,ZnF_2在稀溶液中的活度系数为0.14。实验得出在Al_2O_3质量分数为(1.45 ± 0.2)%时ZnO(s)和$ZnAl_2O_4$(s)达到溶解平衡,并推出氧化铝的相应的平衡活动数据为0.0336,这个值与二元体系$Na_3AlF_6 - Al_2O_3$[46]中氧化铝浓度为2.1%(质量分数)时一致,但与实验值稍有不同。

在系列文献中,Fellner和其合作者[55~57]基于NaF-$NaAlF_4$体系的摩尔分数推出了一个特殊的模型。他们根据Holm[31]、Hong和Kleppa[27]的论文得出了两种混合物形成的偏热焓,重现性很好。并得出了NaF-$NaAlF_4$体系的初晶温度、蒸气压和熔盐组成之间的关系[56]。钠在铝中的溶解平衡可以通过NaF-$NaAlF_4$-Al体系存在的反应进行描述:

$$Al + 4NaF = 3Na_{(在Al中)} + NaAlF_4 \quad (3.53)$$

方程式中的平衡常数使用了NaF和$NaAlF_4$的摩尔分数。该式也适用于NaF-$NaAlF_4$-Al_2O_3-Al和NaF-$NaAlF_4$-CaF_2-Al体系。根据增加新的混合物可以推测出Al_2O_3和CaF_2只有很微弱的作用。这两个体系的试验数据均能够用于模拟方程式(3.53)求出平衡常量。NaF-$NaAlF_4$-Al_2O_3-Al体系中钙在铝中的平衡量可以通过相似的方法从下式中推出:

$$2Al + 3CaF_2 + 2NaF = 3Ca_{(在Al中)} + 2NaAlF_4 \quad (3.54)$$

使用电解质混合物的摩尔分数[56]和钙在铝中的含量数据也可以用于计算模型方程(3.54)的平衡常量。

3.3.2.4 KF-AlF_3 混合物

Gustavsen和Østvold[58]测出了在液体KF-AlF_3体系中的总蒸气压和冷凝态蒸气的成分,并可推出$KAlF_4$(g)分压。根据吉布斯-杜亥姆方程(Gibbs-Duhem)方程,通过这些数据,他们得出了$KAlF_4$和KF的活度与$KAlF_4$ - KF体系中组成的关系。也可以由喇曼光谱推出熔盐的离子摩尔分数而得到活度系数。

3.4 蒸气压力和热力学数据

3.4.1 引言

测量冰晶石溶液的蒸气压力一般有两种方法，沸点法和蒸发法。冰晶石基固体混合物的蒸气压常用努森(Knudsen)流逸法和高温质谱法来确定。

3.4.2 NaF-AlF_3(-Al)混合物的蒸气压力

3.4.2.1 NaF(l)

固态和液态 NaF 的蒸气状态主要包括 NaF(g) 和它的二聚物 Na_2F_2(g)，分压可以通过如 JANAF 热力学表[9]上热力学数据来计算：

$$\log p_{\mathrm{NaF}} = -\frac{12134}{T} + 8.846 \tag{3.55}$$

$$\log p_{\mathrm{Na_2F_2}} = -\frac{10702}{T} + 7.515 \tag{3.56}$$

式中，p 单位为 Torr，1Torr = 133.322 Pa。这两个方程式适用于上述液态 NaF(特别过冷态)的分压计算，其使用温度为：1200 K < T < 1400 K。

3.4.2.2 AlF_3(s)

AlF_3 的蒸气状态主要包括 AlF_3(g)和它的二聚物 Al_2F_6(g)。Kvande [59]测定上述固态 AlF_3 总的蒸气压力和骤冷态的平均摩尔质量。通过这些数据他推导出在温度为：1306K < T < 1482K 范围内的蒸气压(Torr)计算公式：

$$\log p_{\mathrm{AlF_3}} = -\frac{(14472 \pm 91)}{T} + (12.119 \pm 0.065) \tag{3.57}$$

$$\log p_{\mathrm{Al_2F_6}} = -\frac{(18202 \pm 77)}{T} + (13.689 \pm 0.055) \tag{3.58}$$

由公式计算得到的数据与从 JANAF 表[9]中推导出来的数据完全一致。

3.4.2.3 AlF_3(s) - Al(l)

对于下列反应：

$$AlF_3(s) + 2Al(l) = 3AlF(g) \quad (3.59)$$

Kvande [59] 推导出以下蒸气压(Torr)计算式 (1239 K < T < 1384K)：

$$\log p_{AlF} = -\frac{(11222 \pm 300)}{T} + (10.387 \pm 0.228) \quad (3.60)$$

该式基于假设 $AlF_3(s) + Al(l)$ 的蒸气状态主要包含 $AlF_3(g)$ 和其二聚物 $Al_2F_6(g)$ 及 $AlF(g)$ 。式(3.59)和式(3.60)得到的结果同样也是与从 JANAF 热力学表[9] 推导出的值完全一致。Kvande 测定骤冷气体样品的平均摩尔质量之后认为 $AlF_2(g)$ 的含量很少,低于 10 %(摩尔分数)。通过 JANAF 热力学表[9] 来看,在 1300 K 时, $AlF_2(g)$ 的分压估计为总压的 6% 左右。关于铝的蒸气状态也会在第 8 章第 4 节介绍。

3.4.2.4 $Na_3AlF_6(l)$

Kuxmann 和 Tillessen [35] 测量了 NaF-AlF_3 体系中若干组成的总蒸气压力。对于 Na_3AlF_6,他们推导出在 1284 ~ 1475K 范围内的蒸气压(Torr)方程式：

$$\log p_{tot} = -\frac{10399}{T} + 8.695 \quad (3.61)$$

Johansen [60] 用沸点法在 1350K < T < 1425K 限制范围内推导出下列关于 Na_3AlF_6 溶液的蒸气压(Torr)方程式：

$$\log p_{tot} = -\frac{10096}{T} + (8.516 \pm 0.014) \quad (3.62)$$

Kvande [40] 用沸点法和蒸发失重法在 1336K < T < 1443K 的温度范围内推导出液态 Na_3AlF_6 的总蒸气压(Torr)公式：

$$\log p_{tot} = -\frac{(10031 \pm 177)}{T} + (8.444 \pm 0.128) \quad (3.63)$$

在 1280 ~ 1400 K 的温度范围的情况下,蒸气的平均摩尔质量基本不随温度的改变而改变,为(127.4 ± 2.3) g · mol^{-1}。这个数值与 $NaAlF_4(g)$ 的摩尔质量 126 g · mol^{-1} 基本一样,就是说明 $NaAlF_4(g)$ 为构成该体系蒸气的主要气体。

Guzman 等人 [41] 应用沸点法确定在 1363 ~ 1453 K 温度范围

内的冰晶石溶液的总压力(Torr):

$$\log p_{\text{tot}} = -\frac{(10336 \pm 843)}{T} + (8.660 \pm 0.559) \quad (3.64)$$

值得注意的是由不同方程式(3.61)~式(3.64)所表述得到的液态冰晶石的蒸气压结果一样。

3.4.2.5 $NaAlF_4$(l)

Kuxmann 和 Tillessen、[35] 用沸点法测定了 1152 ~1473 K 温度下液态 $NaAlF_4$的总蒸气压(Torr),得出的表达式为:

$$\log p_{\text{tot}} = -\frac{8568}{T} + 8.247 \quad (3.65)$$

Kvande [39] 根据沸点法推导出的蒸气压(Torr)的方程为:

$$\log p_{\text{tot}} = -\frac{(8655 \pm 100)}{T} + (8.331 \pm 0.075) \quad (3.66)$$

温度适用范围为:1242 K < T < 1456 K。在 1273 K 条件下,由流逸法测量得到摩尔质量为(142 ±7) g · mol^{-1}。这就表示除了 $NaAlF_4$之外,还存在至少一种其他高摩尔质量的物质。方程式(3.65)和 式(3.66) 具有高度的一致性。

3.4.2.6 NaF(l) - AlF_3(s)

Kvande [39] 在 1239 ~1438K 温度条件下,用沸点法得出NaF(l)- AlF_3(s)中饱和 AlF_3 溶液的总蒸气压。通过蒸发失重测量法在 1273 K 条件下测得气态 NaF(l)/AlF_3(s)的平均摩尔质量为(152 ±7) g · mol^{-1}。

$$\log p_{\text{tot}} = -\frac{10066 \pm 49}{T} + (9.566 + 0.038) \quad (3.67)$$

图 3.3 根据文献[35,39,40,59,60]给出 NaF- AlF_3 系列的总压与温度之间的关系。与文献[8]的活度数据(图中的点划线)得到的结果相比,两者结构一致。

3.4.2.7 NaF(s)-Na_3AlF_6(s),Na_3AlF_6(s)-$Na_5Al_3F_{14}$(s)和 $Na_5Al_3F_{14}$(s)-AlF_3(s)的气态的种类和分压

有关 NaF-AlF_3 体系中固体混合物的蒸气压力数据并不多。Grjotheim 等人 [61] 应用蒸发失重法推导出两种不同的状态化合物

的蒸气压(Torr):

对于 $Na_5Al_3F_{14}(s)-AlF_3(s)$体系为:

$$\log p^* = -\frac{14584}{T} + 14.415 \tag{3.68}$$

对于 $Na_3AlF_6(s)-Na_5Al_3F_{14}(s)$体系为:

$$\log p^* = -\frac{14319}{T} + 13.903 \tag{3.69}$$

式中,p^*为假设 $NaAlF_4(g)$是唯一的蒸气种类计算得到的蒸气压。Grjotheim 等人[61]依据 Sidorov 和 Kolosov[62]的质谱研究数据,还推导出了单体和二聚物的分压函数。但是,在 Kolosov 等人[63]在新的研究工作中,对二聚物 $Na_2Al_2F_8(g)$的分压力修正为 910 K 时 $Na_5Al_3F_{14}(s)-AlF_3(s)$状态总压的(5.7 ± 3.5) %。这个数据与原先论文[61,62]的 30% 相比较,这就意味着 Grjotheim 等人[61]推导出来的单体和二聚物分压需要更正。

根据方程式(3.68)得到的 $NaAlF_4$总体蒸气压数据在图 3.3 中以线Ⅰ来表示。如果这条线与 $Na_5Al_3F_{14}(s)-AlF_3(s)$系列的实际的总蒸气压一致,那由此线外推可得到共晶成分,如图所示。但是从方程式(3.69)得到图 3.3 中外推线Ⅱ,该线并非预料中的包晶线,这说明 $NaF-AlF_3$ 系列的蒸气压数据并不完全一致。

Kolosov 等人[63]采用质谱法和分子速率法推导出下列关于固态 $NaAlF_4(g)$分压(Torr)的方程式。

$Na_5Al_3F_{14}(s)-AlF_3(s)$:

$$\log p_{NaAlF_4} = -\frac{(14401 \pm 454)}{T} + 14.026 \tag{3.70}$$

这个方程式温度使用范围为:767 K < T < 835 K。Kolosov 等人[63]同样给出了一些关于固态 $NaF(s)-Na_3AlF_6(s)$ 和 $Na_3AlF_6(s)-Na_5Al_3F_{14}(s)$ 的数据。包括上面提到的 $NaAlF_4(g)$ 和二聚物 $Na_2Al_2F_8(g)$ 之间的气态平衡。

在大部分的 $NaF-AlF_3$ 体系中主要的气体种类为 $NaAlF_4(g)$,这是大家所共识的。这一点也很容易表示为大部分液态体

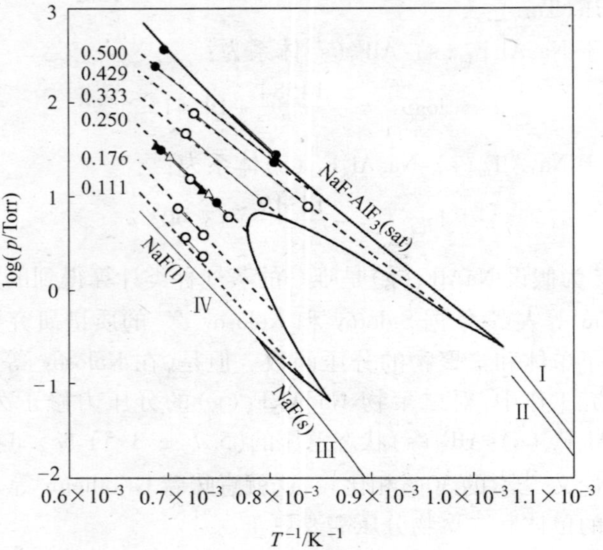

图 3.3　NaF-AlF_3 体系的总体蒸气压和温度的倒数关系

——Solheim and Sterten[8] 的活度数据；○—○—Kuxmann and Tillessen[35]；●—●—来自 Kvande[39,40,59] 相关研究；△—△—Johansen[60] 获得的活度数据；线Ⅰ和线Ⅱ为由方程式(3.68)和式(3.69)得到的 $NaAlF_4$(g)的表观总压；Ⅲ和Ⅳ指示线通过 Chase[9] 相关研究得出。黑实线是从 Solheim 等人[7] 得出的体系的液相线；这些数字指示在液态混合物 NaF-AlF_3 中 AlF_3 的摩尔分数

系[5,8,29] 组成范围中，总蒸气压与氟化铝和氟化钠的活度之积 $a_{NaF}a_{AlF_3}$ 成比例。Kvande [39,40,64,65] 认为不同的液态混合物区存在 Na_2AlF_5(g)、$Na_2Al_2F_8$(g) 和 $NaAl_2F_7$(g)。存在 Na_2AlF_5(g) 和 $Na_2Al_2F_8$(g) 可以由 Kolosov 等人[63] 对固态 NaF(s)-Na_3AlF_6(s) 和 $Na_5Al_3F_{14}$(s)-AlF_3(s) 体系的质谱研究结果证实。Kvande [39,40] 由平均摩尔质量测定和物质守恒方程得到的分压分别由方程式(3.63)、式(3.66)和式(3.67) 描述。Na_3AlF_6(l) 和 $NaAlF_4$(l)的蒸气压数据结果在图 3.4 给出。

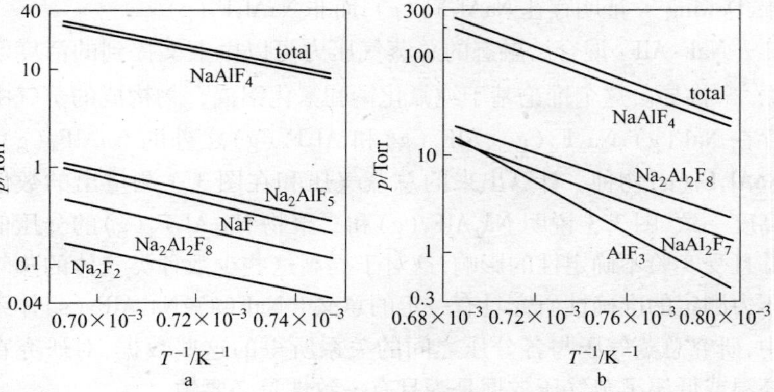

图 3.4 液态 Na_3AlF_6(a)和液态 $NaAlF_4$(b)的总压和分压
由 Kvande[39,40] 重新绘制

Zhou 等人[66]不认同 Kvande 的气体判断方法，他们认为光谱测量得到的 $Na_2AlF_4^+$ 基团几乎全部源自于二聚物 $Na_2Al_2F_8$(g)。他的论断部分基于 Kolosov 等人[63]、Sidorov 等人[67]和 Guzman[68]原始论文的结果。在质谱研究的论文中[68]，900 ℃下，NaF(s)-Na_3AlF_6(s) 和 Na_3AlF_6(s)蒸气体系中并没有检测到 $Na_2AlF_4^+$，说明部分组成的 NaF-AlF_3 体系中不存在 Na_2AlF_5(g)和二聚物 $Na_2Al_2F_8$(g)。但是，700 ℃ 等摩尔分数的 Na_3AlF_6(s) 和 AlF_3(s) 混合物中存在少量的 $Na_2AlF_4^+$。Guzman[68]认为 $Na_2AlF_4^+$ 仅仅源自于二聚物 $Na_2Al_2F_8$(g)，二聚物 $Na_2Al_2F_8$(g)被认为和其他少数气态物一样，总压随含量增大而增大。

Kuxmann、Tillessen[35]和 Kvande[39]报道在组成为 $NaAlF_4$ 一侧，蒸气压随着熔体中 AlF_3 浓度的增长而快速增长，见图 3.3。这就意味着在该组成范围内蒸气相组成中 AlF_3 比 $NaAlF_4$(g) 含量更高。Kvande 证实单体 $NaAl_2F_7$(g)的存在符合他的实验数据[39]。基于热力学模型，$Al_2F_7^-$ 离子或者中性物质 $NaAl_2F_7$(l)被证明存在于富含 AlF_3 的溶液中。这种实验数据推理看起来较为合理，但是没有存在 $NaAl_2F_7$(g)光谱学证据。根据Kvande[39]关于蒸气的摩尔质量计算结果，Dewing[5]证明存在 $NaAl_3F_{10}(g)$，而非 $NaAl_2F_7(g)$。

NaF-AlF_3 混合熔融态的总蒸气压力可以由上文提到的活度数据[5,8]推导。这个推论基于纯氟化钠和氟化铝混合物构成的蒸气中存在 NaF(g)、$Na_2F_2(g)$、$AlF_3(g)$ 和 $Al_2F_6(g)$ 之外的 $NaAlF_4(g)$、$NaAl_2F_7(g)$ 物种。计算出来的总蒸气压和在图 3.3 测量出的数值高度一致，图 3.3 说明 $Na_2AlF_5(g)$ 和二聚物 $Na_2Al_2F_8(g)$ 的分压低并且受实验不确定性的影响，这对于提高这些少数种类气体的蒸气压力测定的准确性研究具有一定的意义。NaF(s)-$Na_3AlF_6(s)$ 体系中，研究总蒸气压与各分压之间的关系所得的这些数据，对研究在高温或低温下蒸气压数据是否具有一致性是必要的。

3.4.3 NaF-AlF_3-Al_2O_3-MF_x 混合物的蒸气压力

3.4.3.1 NaF-AlF_3-Al_2O_3 混合物

Kvande[36]应用沸点法和蒸发失重法来研究液态冰晶石－氧化铝混合物的蒸气压。沸点法测量的结果见表 3.10。

表 3.10 在 Na_3AlF_6-Al_2O_3 体系中不同的氧化铝摩尔分数条件下，由方程式 $\log p_{tot} = -A/T + B$ 表达的蒸气压力（＊表示在 1000℃ 条件下推断出来的蒸气压力，来自 Kvande[36] 相关研究）

x	A	B	温度范围/℃	$^*p_{tot}$/Torr
0.00	10 031 ±177	8.444 ±0.128	1063～1170	3.7 ±0.1
0.050	10 619 ±362	8.817 ±0.259	1098～1158	3.0 ±0.1
0.098	10 513 ±577	8.712 ±0.411	1111～1156	2.8 ±0.1
0.143	10 641 ±519	8.773 ±0.368	1113～1155	2.6 ±0.1
0.186	10 575 ±416	8.708 ±0.295	1106～1164	2.5 ±0.11
0.340	10 847 ±76	8.794 ±0.053	1131～1191	

结果显示随着氧化铝含量的增加体系蒸气压是逐渐减少的。不考虑氧化铝含量的影响，气态组成物的平均摩尔质量为(126.9 ± 2.0) $g \cdot mol^{-1}$。这一数据很清楚地表明摩尔量为 126 $g \cdot mol^{-1}$ 的 $NaAlF_4(g)$ 是气态冰晶石－氧化铝混合物中主要的成分。

3.4.3.2 NaF-AlF_3-MF_x 混合物

Johansen[60]测量出液态 Na_3AlF_6-FeF_3 和 Na_3AlF_6-FeF_2 体系的

蒸气压。在研究的摩尔分数 $0 < x_{(FeF)} < 0.1$ 范围内，总压力几乎是随着铁添加剂含量的增加而呈直线增长。两个体系压力的增长或许从本质上来讲，是与溶液中 $NaAlF_4$ 活度的增长是一致的，而不依赖铁化合物分压的增长。

Guzman 等人通过使用沸点法研究了不同的氟化物添加剂对冰晶石溶液蒸气压的影响。在 1027 ℃条件下，氟化物添加剂含量对蒸气压的影响关系如图 3.5 所示。

注意一下添加剂 CaF_2 和摩尔分数小于 0.1 的 MgF_2，对于总蒸气压没有任何的影响。含 RbF、BeF_2 和 CsF 的二元系熔体的高蒸气压现象是由于这些纯物质在高温下本身的蒸气压就很高。除了包含 RbF、CsF 和可能含 KF 的二元熔体外，蒸气中主要的蒸气组成物质为 $NaAlF_4$。

Zhou 等人[66]用沸点法测量 Na_3AlF_6-MgF_2 溶液的蒸气压。这些数据与 Guzman 等人[41]测定的相应的数据大体一致，虽然蒸气压所对应温度稍微有点不同。

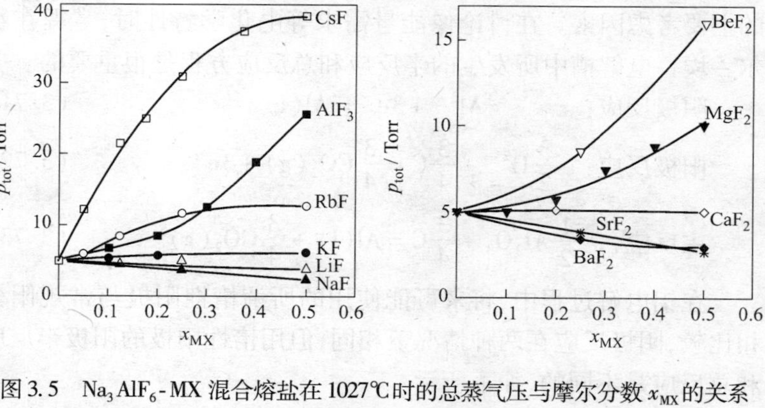

图 3.5 Na_3AlF_6-MX 混合熔盐在 1027℃时的总蒸气压与摩尔分数 x_{MX} 的关系

由 Cuzman 等人[41]重新绘制(从方程式中外推得到的数据点超过其有效数值范围)

Gilbert 等人[71,72]已经确定 NaF-AlF_3-CaF_2 和 NaF-AlF_3-MgF_2 液态混合物体系中的蒸气压。当添加 CaF_2 到 Na_3AlF_6 溶液中时，

蒸气压没有改变，而添加 MgF_2 时，蒸气压增加很大。当把 CaF_2 添加到 $NaAlF_4$ 溶液中时，可以明显观察到蒸气压减少，而添加 MgF_2 到 $NaAlF_4$ 溶液中时，对蒸气压没有影响。NaF/AlF_3 摩尔比的减少使蒸气压增大。

3.4.3.3 $KF-AlF_3-Al_2O_3$ 混合物

Gustavsen 和 Østvold [58] 确定出 $KF-AlF_3$ 体系溶液蒸气压和淬冷蒸气的成分。他们同样推导了 $KAlF_4-KF$ 体系中主要气态物 $KAlF_4(g)$ 的分压和对应的 $KAlF_4$ 和 KF 的活度数据。

Robert 等人 [73] 测定出了不同氧化铝浓度、固定 KF/AlF_3 摩尔比的液态 $KF-AlF_3-Al_2O_3$ 体系中蒸气压和温度的关系。与相对应的 $NaF-AlF_3-Al_2O_3$ 体系一样，$KF-AlF_3-Al_2O_3$ 体系的蒸气压随着氧化铝含量的增加而减小。

3.5 能量需求

在生产金属铝的过程中，能量消耗是评估整个过程的经济性的主要考虑因素。在讨论像能量需求等电化学特性时，掌握在霍尔－埃鲁电解槽中所发生的半反应和总反应方程是很重要的。

阴极反应：
$$Al^{3+} + 3e^- = Al(l) \tag{3.71}$$

阳极反应：
$$\frac{3}{2}O^{2-} + \frac{3}{4}C = \frac{3}{4}CO_2(g) + 3e^- \tag{3.72}$$

主反应：
$$\frac{1}{2}Al_2O_3 + \frac{3}{4}C = Al(l) + \frac{3}{4}CO_2(g) \tag{3.73}$$

在铝电解过程中，将来可能使用的所谓惰性阳极与常规阳极相比较，阴极反应在两种情况下相同，但用惰性阳极的阳极半反应和总反应是不同的，如下所示：

阳极反应：
$$\frac{3}{2}O^{2-} = \frac{3}{4}O_2(g) + 3e^- \tag{3.74}$$

主反应：
$$\frac{1}{2}Al_2O_3 = Al(l) + \frac{3}{4}O_2(g) \tag{3.75}$$

表观的电能消耗量 $W_{el}(kW \cdot h \cdot kg^{-1})$ 通常由下列方程式定义：

$$W_{el}=\frac{UF|v_e|}{3600M_{Al}x_{Al}v_{Al}}=2.980\frac{U}{x_{Al}} \tag{3.76}$$

在方程式(3.71)中,U 为槽电压;F 是法拉第常数(96 485 C · mol^{-1});$|v_e|=3$ 和 $v_{Al}=1$ 是得失电子和生成物的化学计量数;M_{Al}是 Al 的摩尔质量;x_{Al}是铝的电流效率。不用考虑槽设计,方程(3.76) 可以用两个参数来描述总电能消耗,即能量消耗的降低既可以通过降低槽电压来实现,也可以通过增加电流效率来实现。

下面谈谈热力学计算。

不需改变先前的热力学计算中使用的混合物的热力学数据[1]。下面给出的计算过程与本书第2版相同。

3.5.1.1 惰性阳极电解槽

在1000℃下,反应式(3.75)的标准吉布斯自由能量 $\Delta G^{\ominus}$ 大约是640 kJ · mol^{-1}。然而标准焓变更大, $\Delta H^{\ominus}\approx 845$ kJ · mol^{-1}。为维持反应温度恒定,反应所需要的最小能量决定于焓变大小。在1000℃的恒温反应生产1 kg 铝要求8.69 kW · h · kg^{-1}(Al)电能,基于理论上电流效率100%,$x_{Al}=1.0$。在实践中生产中会消耗更多的能量,因为热量流失到环境中是不可避免的,并且必须通过欧姆发热、电极极化热、寄生电极及普通的化学反应来维持热平衡。

3.5.1.2 霍尔-埃鲁电解槽

在1000 ℃,反应(3.73)的标准的焓变大约是550 kJ · mol^{-1}。该温度下生产1 kg 铝的最小理论能耗为5.64 kW · h · kg^{-1}(Al),不用碳做还原剂(惰性阳极),分解氧化铝的最小理论能耗为8.69 kW · h · kg^{-1}(Al)。在霍尔-埃鲁电解槽中,碳的消耗可以节省电能。

真实的能量需求与电流效率有关。考虑到计算方程式(3.73)和电流空耗,然后得到下列物质平衡方程[1,74],

$$\frac{1}{2}Al_2O_3(s,T)+\frac{3}{4x_{Al}}C(s,T)=Al(l,T)+\frac{3}{4}\left(2-\frac{1}{x_{Al}}\right)CO_2(g,T)+\frac{3}{2}\left(\frac{1}{x_{Al}}-1\right)CO(g,T) \tag{3.77}$$

相对应的电荷转移数为 $3F/x_{Al}$。

考虑到将氧化铝和炭阳极从室温加热到电解工作温度 T 需要能量。因此，ΔH_{tot}，即每生产 1 kg 铝所要求的焓，表达如下式所示：

$$\Delta H^{\ominus}_{tot} = \frac{1000}{27}\left[\Delta H^{\ominus}_{T}(3.77) + \frac{1}{2}(H^{\ominus}_{T} - H^{\ominus}_{298K})_{Al_2O_3} + \frac{3}{4x_{Al}}(H^{\ominus}_{T} - H^{\ominus}_{298K})_{C}\right] \tag{3.78}$$

在 977℃(1250 K)下将各有关能量计算项与电流效率的关系计算如下：

$$\Delta H^{\ominus}_{1250\ K}(3.77) = \frac{1}{x_{Al}}(126.000 + 422.280x_{Al})\ kJ \cdot mol^{-1} \tag{3.79}$$

$$(H^{\ominus}_{1250\ K} - H^{\ominus}_{298\ K})_{Al_2O_3} = 109.730\ kJ \cdot mol^{-1} \tag{3.80}$$

$$(H^{\ominus}_{1250\ K} - H^{\ominus}_{298\ K})_{C} = 17.410\ kJ \cdot mol^{-1} \tag{3.81}$$

将上述式子代入方程式(3.78)，可求出最小电耗与电流效率的函数关系：

$$\Delta H^{\ominus}_{tot} = \frac{139.180}{x_{Al}} + 477.240\ kJ \cdot mol^{-1}(Al)$$

$$= \frac{1.43}{x_{Al}} + 4.91\ kW \cdot h \cdot kg^{-1}(Al) \tag{3.82}$$

当 100 % 的电流效率时($x_{Al} = 1$)，$\Delta H^{\ominus}_{tot} = 6.34\ kW \cdot h \cdot kg^{-1}$ (Al)。对应上述提到的能量需求 5.64 $kW \cdot h \cdot kg^{-1}$(Al)，该值没有将反应物从室温加热到 977 ℃的能量计算进去。

当谈到霍尔 - 埃鲁电解槽的热平衡，也要考虑其他因素，比如电流产生的欧姆热和布达尔副反应产生的反应热。

$$C + CO = 2CO \tag{3.83}$$

这个反应在使用自焙阳极电解槽中可能特别重要。因为 CO_2 在阳极界面中产生，它们中的一部分根据反应(3.83)有选择性地与黏结剂沥青在孔隙和裂缝表面直接起反应，具体见 10.3 节。

在霍尔 - 埃鲁电解槽中热的产生和散失不是均匀地分布。电极反应和相应的过电压将会在铝阴极表面和炭阳极表面引起局部的温度梯度，详细内容参照 7.1.7 节。这意味着电解槽中详细的温度分布不能从简单的计算中获得。另外一个困难是电解槽种类不同，这意味着组成电解槽各部分如电极、电解质(包括液态和固态)和保温材料等都有着不同的热导率。为了获得电解槽详细的温度分布数据,需要应用数值仿真与模拟技术,此内容不在本书的讨论范围。

参考文献

1. Grjotheim, K., Krohn, C., Malinovský, M., Matiašovský, K. and Thonstad, J., "Aluminium Electrolysis. Fundamentals of the Hall-Héroult Process", 2-nd ed., Aluminium-Verlag, Düsseldorf, Germany, 1982, Ch. 3.
2. Craig, D. F. and Brown, J.J.Jr., J. Am. Ceram. Soc., **63**, 254 (1980).
3. Hemon, A. and Courbion, G., J. Solid State Chem., **84**, 153 (1990).
4. Dewing, E.W., Met. Trans. B, **9B**, 687 (1978).
5. Dewing, E.W., Met. Trans. B, **21B**, 285 (1990).
6. Dewing, E.W., Met. Mat. Trans. B, **28B**, 1095 (1997).
7. Solheim, A., Rolseth, S., Skybakmoen, E., Støen, L., Sterten, Å. and Støre, T., Met. Mat. Trans. B, **27B**, 739 (1996).
8. Solheim, A. and Sterten, Å., Proceedings of Ninth International Symposium on Light Metals Production. Edited by J. Thonstad, NTNU, Trondheim, Norway, 1997, 225.
9. Chase, M.W. Jr., J. Phys. Chem. Ref. Data, NIST-JANAF Thermochemical Tables, Monograph No 9, American Chemical Society, 1998.
10. Robie, R.A., Hemingway, B.S. and Fisher, J.P., "Thermodynamic properties of minerals and related substances", U.S. Geol. Surv. Bull. 1452 (revised 1979).
11. Barin, I., "Thermochemical Data of Pure Substances", 3rd Edition, Weinheim 1995.
12. Knacke, O., Kubaschewski, O. and Hasselmann, K., "Thermochemical Properties of Inorganic Substances", 2nd Edition, Springer-Verlag 1991.
13. Albright, D.M., "The high temperature thermodynamic properties of cryolite". Ph.D. thesis, Carnegie-Mellon University, 1956.
14. O'Brien, C.J. and Kelley, K.K., J. Am. Chem. Soc., **79**, 5616 (1957).
15. Holm, B.J. and Grønvold, F., Acta Chem. Scand., **27**, 2043 (1973).
16. Frank, W.B., J. Phys. Chem., **65**, 2081 (1961).
17. Douglas, T.B. and Ditmars, D.A., J. Res. Natl. Bur. Stand., **71A**, 185 (1967).
18. Stull, D.R. and Prophet, H., JANAF Thermochemical Tables. National Standard Reference Series, U.S. Nat. Bur. Standards. 37 (1971).
19. Anovitz, L.M., Hemingway, B.S., Westrum, E.F., Metz, G.W. and Essene, E.J., Geochim. Cosmochim. Acta, **51**, 3087 (1987).
20. Stuve, J.M. and Ferrante, M.J., Bureau of Mines Report of Investigations/1980. United States Department of the Interior.
21. Bruno, M. and Holm, J.L., Acta Chem. Scand., **53**, 373 (1999).
22. Bjørseth, O., Herstad, O. and Holm, J.L., Acta Chem. Scand., **A 40**, 566 (1986).
23. Sterten, Å., Haugen, S. and Hamberg, K., Electrochim. Acta, **21**, 589 (1976).
24. Sterten, Å., Hamberg, K. and Mæland, I., Acta Chem. Scand. **A 36**, 329 (1982).
25. Brisley, R.J. and Fray, D.J., Met. Trans. B, **14B**, 435 (1983).
26. Holm, J.L., High Temp. Sci., **6**, 16 (1974).
27. Hong, K.C. and Kleppa, O.J., High Temp. Sci., **8**, 299 (1976).
28. Hong, K.C. and Kleppa, O.J., J. Phys. Chem., **82**, 176 (1978).
29. Sterten, Å. and Mæland, I., Acta Chem. Scand., **A 39**, 241 (1985).
30. Solheim, A. and Sterten, Å., To be published.

31. Holm, J.L., "Thermodynamic properties of molten cryolite and other fluoride mixtures", Dr techn. Thesis, The Norwegian University of Science and Technology, Trondheim, Norway 1971, Ch. 5.
32. Phan-Xuan, D., Castanet, R., Lafitte, M. and Goret, J., Light Metals 1975, 159.
33. Julsrud, S. "Some oxy-anion complexes in alkali-fluoride melts", Thesis, The Norwegian University of Science and Technology, Trondheim, Norway 1983, Ch. 4.
34. Yagoubi, M., Bertaud, Y. and Castanet, R., J. Thermal Anal., **36**, 589 (1990).
35. Kuxmann, U. and Tillessen, U., Erzmetall, **20**, 147 (1967).
36. Kvande, H., "Thermodynamics of the system NaF-AlF_3-Al_2O_3-Al", Thesis, The Norwegian University of Science and Technology, Trondheim, Norway 1979.
37. Ratkje, S.K., "Complex formations in alkali-aluminium fluoride melts", Thesis, The Norwegian University of Science and Technology, Trondheim, Norway 1974.
38. Dewing, E.W., Met. Trans., **3**, 495 (1972).
39. Kvande, H., High Temp. – High Pressures, **15**, 51 (1983).
40. Kvande, H., High Temp. – High Pressures, **15**, 63 (1983).
41. Guzman, J., Grjotheim, K. and Østvold, T., Light Metals 1986, 425.
42. Olsen, J., "Structure and thermodynamics of alkali fluoride – aluminium fluoride melts with additions of calcium fluoride, magnesium fluoride and alumina. Vapour pressure, solubility and Raman spectroscopic studies". Thesis, The Norwegian University of Science and Technology, Trondheim, Norway 1996.
43. Brisley, R.J. and Fray, D.J., Met. Trans. B, **15B**, 135 (1984).
44. Yoshida, K. and Dewing, E.W., Met. Trans., **3**, 683 (1972).
45. Dewing, E.W., Can. Metall. Quart., **13**, 607 (1974).
46. Dewing, E.W. and Thonstad, J., Met. Mat. Trans B, **28B**, 1089 (1997).
47. Solheim, A. and Sterten, Å., Light Metals 1999, 445.
48. Dewing, E.W., Met. Trans. B, **18B**, 409 (1987).
49. Kvande, H. and Xiang, F.N., Acta Chem. Scand., **A 41**, 245 (1987).
50. Dewing, E.W. and van der Kouwe, E. Th., Met. Trans. B, **20B**, 671 (1989).
51. Dewing, E.W., Met. Trans. B, **20B**, 675 (1989).
52. Johansen, H.G., Sterten, Å. and Thonstad, J., Acta Chem. Scand., **43**, 417 (1989).
53. Dewing, E.W. and Desclaux, P., Met. Trans. B, **21B**, 861 (1990).
54. Dewing, E.W., Rolseth, S., Støen, L. and Thonstad, J., Met. Mat. Trans. B, **28B**, 1099 (1997).
55. Danielik, V., Gabčová, J. and Fellner, P., Molten Salt Forum, **5-6**, 229 (1998).
56. Danielik, V., Fellner, P. and Gabčová, J., Tenth Aluminium Symposium. A Slovak-Norwegian Symposium, Stará Lesná - Žiar nad Hronom, Slovakia, Sept. 21-23, 1999, 28.
57. Danielik, V., Gabčová, J. and Fellner, P., Chem. Papers, **53**, 233 (1998).
58. Gustavsen, Ø.T. and Østvold, T., Light Metals 1999, 461.
59. Kvande, H., High Temp. – High Pressures, **14**, 245 (1982).
60. Johansen, H.G., "Jern som forurensningselement i aluminiumelektrolysen", Thesis, The Norwegian University of Science and Technology, Trondheim, Norway 1975.
61. Grjotheim, K., Motzfelt, K. and Rao, D.B., Light Metals 1971, 223.
62. Sidorov, L.N. and Kolosov, E.N., Russ. J. Phys. Chem., **42**, 1382 (1968).
63. Kolosov, E.N., Shol'ts, V.B. and Sidorov, L.N., Russ. J. Phys. Chem., **48**, 1303 (1974).
64. Kvande, H., High Temp. – High Pressures, **15**, 667 (1983).
65. Kvande, H., High Temp. – High Pressures, **15**, 685 (1983).
66. Zhou, H., Herstad, O. and Østvold, T., Light Metals 1992, 511.
67. Sidorov, L.N., Erokhin, E.V., Akishin, P.A. and Kolosov, E.N., Dokl. Akad. Nauk SSSR **173**, 370 (1967).
68. Guzman, J., "Vaporization of molten fluorides", Thesis, The Norwegian University of Science and Technology, Trondheim, Norway 1975.
69. Sterten, Å. Electrochim. Acta, **25**, 1673 (1980).

70. Solheim, A. and Sterten, Å., Tenth Aluminium Symposium. A Slovak-Norwegian symposium, Stará Lesná - Žiar nad Hronom, Slovakia, Sept. 21-23, 1999, 13.
71. Gilbert, B., Robert, E., Tixhon, E., Olsen, J.E. and Østvold, T., Light Metals 1995, 181.
72. Gilbert, B., Robert, E., Tixhon, E., Olsen, J.E. and Østvold, T., Inorg. Chem., **35**, 4198 (1996).
73. Robert, E., Olsen, J.E., Daněk, V., Tixhon, E., Østvold, T. and Gilbert, B. J. Phys. Chem., B **101**, 9447 (1997).
74. Sterten, Å. and Solli, P.A., J. Appl. Electrochem., **25**, 809 (1995).

4 冰晶石基熔体中的结构单体

4.1 引言

冰晶石熔体的离子结构讨论了 70 多年[1]。$NaF-AlF_3-Al_2O_3-CaF_2$构成的四元系是由不同的离子形式组成的一个复杂混合物，范围从简单的带正电的钠离子到庞大的配合铝和铝－氧－氟配合阴离子。复杂阴离子的详细结构至今仍有争议。

首先对 $NaF-AlF_3-CaF_2$ 三元系中主要固体化合物的晶体结构做一个简短的描述也许是有益的。这些化合物是 NaF、Na_3AlF_6、$Na_5Al_3F_{14}$、AlF_3、CaF_2和 $NaCaAlF_6$。固体 $NaAlF_4$是亚稳态的且不与 $Na_5Al_3F_{14}$和 AlF_3 相对应，详见 2.2.1.1 节。

固体 NaF 或矿物氟盐有卤盐结构，氟离子构成面心立方点阵，钠离子占据全部八面体间隙。

固体 Na_3AlF_6（钠冰晶石）的晶体结构由孤立的八面体 AlF_6^{3-} 在六个顶点与 Na^+结合，形成一个规则的八面体，这个八面体状的 Na^+形成一个高度扭曲的、不规则的菱形晶体结构，在 β－冰晶石阶段，转变温度高于 563℃时，α-变位的非立方的单斜晶系对称结构就会变成真正的立体对称结构。

固体 $Na_5Al_3F_{14}$（亚冰晶石）晶体呈层状结构，两种类型的八面体结构独立$[Al_3F_{14}]_n^{5n-}$层与 c 轴垂直。在此结构中，三分之一的 AlF_6^{3-} 八面体共享四个角，另外的三分之二共享两个角。这个结构的一个特征是 Al—F—Al 键排在角上。

Bruno 等人[3]最近又对 $NaAlF_4$的固体结构重新进行研究。发现 X 射线谱图显示，对应的四方晶胞包含八个单元结构，$Na_8Al_8F_{32}$。这个单元在大小上与亚冰晶石包含的两个单元结构

$Na_{10}Al_6F_{28}$类似。$NaAlF_4$结构中所有的八面体状的 AlF_6^{3-} 与 Al—F—Al 键共享四角。$\alpha-AlF_3$晶体呈斜方六面体结构，是通过改变氟(F)原子以及 Al 的配位形成的，在这个立体空间网状结构中，AlF_6^{3-} 八面体共享这些角。

通常，Na_3AlF_6、$Na_5Al_3F_{14}$、$NaAlF_4$和 AlF_3 的固体化合物结构中包含 AlF_6^{3-}。在这个八面体结构的聚合变化中，随着这种固体混合物中 AlF_3 的含量增加，Al—F—Al 键就会随之增加。

萤石结构的固体 CaF_2 在其晶体内含有金属离子，也就是说，氟离子位于这个立方体结构的角上，氟的配位数是 4，是四面体的。

Hemon 和 Courbion[4] 通过 X 射线粉末衍射数据的研究确定了 β-$NaCaAlF_6$的结构，他们发现所有这些阳离子在一个层状结构中都呈八面体结构，在第一层，每个 AlF_6^{3-} 八面体结构被 CaF_6^{4-} 切断三个边缘，在第二层，每个 AlF_6^{3-} 八面体结构被 NaF_6^{5-} 切断三个边缘，每个 NaF_6^{5-} 的八面体与 AlF_6^{3-} 八面体结构结合在一起，Hemon 和 Courbion[4] 通过对 $\alpha-NaCaAlF_6$的晶包参数进行研究发现在大约高于 655℃时趋于稳定。

当需对冰晶石基熔体的物理化学性质、电化学反应的律速步骤、电解质体系和反应界面相关的一般化学反应进行解释时，了解冰晶石体系熔盐中物质的离子结构及其组成显得非常重要。

4.2 冰晶石基熔体的离子模型

在冰晶石基熔体中，离子模型可以方便地参考以下基本体系：(1) NaF-AlF_3；(2) NaF-AlF_3-Al_2O_3；(3) 添加剂；(4) 杂质化合物。

4.2.1 NaF-AlF_3熔盐中的离子

讨论相关熔融冰晶石的离子模型[1] 离不开以下的离解平衡方程：

$$AlF_6^{3-} = AlF_3 + 3F^- \qquad (4.1)$$

但其解离方式在1980年以后未发现有任何研究所证实。Gilbert 等人[5] 没有找出 AlF_3作为单体存在于 NaF-AlF_3混合物熔盐中的任何光谱证据。

人们似乎通常接受，溶解的 Na_3AlF_6几乎完全地被离解成为离子单体。下面这个主要平衡以钠作为唯一的阳离子，一直争论到1980 年。

$$AlF_6^{3-} = AlF_4^- + 2F^- \qquad (4.2)$$

这种离解方式可以很好解释冰点测定数据中出现的冰晶石峰[6~10]，且与得到的密度数据[11~14]、量热法数据[15,16]、热力学数据[17]和喇曼光谱数据[5]相一致。从不同数据得出[1]，化学计量组成的熔融 Na_3AlF_6 离解度 α 的范围为：$0.20 < \alpha < 0.35$，详见本书第2 版[1]。

可以确定的是，在1980 年，多数研究人员一般接受了由方程(4.2)为代表的离子模型。不同的离子结构的不确定性的主要原因与不同的阴离子浓度有关，不同阴离子浓度和其组成和温度呈函数关系。

1999 年，Solheim 和 Sterten[18] 根据经过修订更正后的活度数据[19]对 NaF-AlF_3 体系做了一个系统的热力学模型。得到了与模型方程(4.2)有关的不同的化合物的活度与组成之间的关系图，见图4.1，图中包括所有典型化合物的活度。

除了 Cochran[20] 介绍的方程式(4.2)中的离子之外，早在1967 年，Temkin[21] 描述了一个理想的模型中存在亚冰晶石阴离子 $Al_3F_{14}^{5-}$：

$$AlF_6^{3-} + 2AlF_4^- = Al_3F_{14}^{5-} \qquad (4.3)$$

他再现了 NaF-AlF_3体系的相图，与没有 $Al_3F_{14}^{5-}$ 的模型相比，他得到的数据与蒸气压数据能够更好地吻合。不同的化合物组成图的浓度与最近 Solheim 和 Sterten[18]的图的吻合性较好。

Dewing[22] 根据他的 NaF 和 AlF_3 活度数据的热力学模型得出的结论是：$NaAlF_5$（或 AlF_5^{2-}，此处 $NaAlF_5$ 应为 Na_2AlF_5，原书可能有误，译者注）应该是主要基团。他的模型可用平衡方程(4.2)

和以下平衡方程描述：

$$AlF_6^{3-} = AlF_5^{2-} + F^- \tag{4.4}$$

不同的化合物的活度与组成的关系如图 4.2 所示。活度的总和接近 1，这可以表明一个几乎理想的系统。通过假设活度为摩尔分数，所计算的熔体的组成接近真实熔盐的熔体构成。

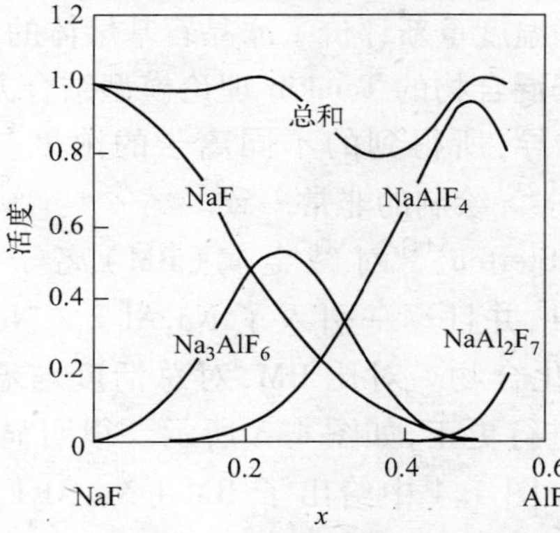

图 4.1 根据式(4.2)得出的模型，1000℃ 的 NaF-AlF_3 体系中不同各物质的活度与 AlF_3 摩尔分数关系

数据源自 Solheim 和 Sterten[18]

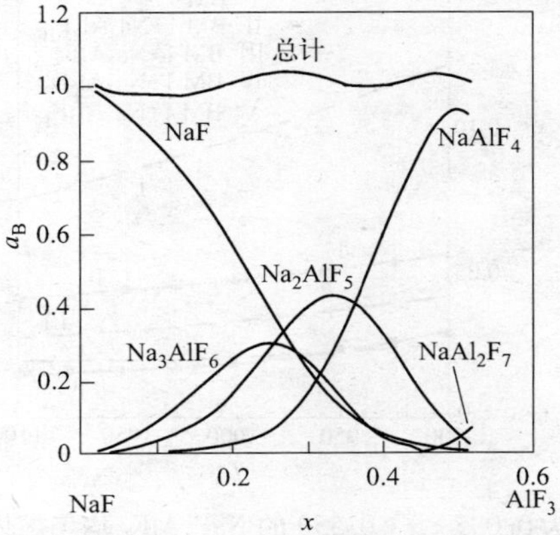

图 4.2 1020℃ 的 NaF-AlF_3 体系中不同各物质的活度与 AlF_3 摩尔分数 x 关系

数据源自 Dewing[22]

Feng 和 Kvande [23] 对液态 NaF-AlF_3体系的文献数据进行探讨并且认为熔盐中 Na_2AlF_5 是重要组分。但是，Dewing [22] 在 Na_2AlF_5 的组成与浓度的相图上发现，体系中 Na_2AlF_5 的含量相当低。

Zhou、Herstad 和 Østvold [24] 根据接近冰晶石峰附近成分的蒸气压数据和初晶温度重新评价了冰晶石基熔体的离子结构。他们通过理想的离子混合物的 Temkin 理论模型结合方程式（4.2）和式(4.4)进行推导，所得到的不同离子的浓度与组成的相图和 Feng 与 Kvande [23] 绘制的非常一致。

Solheim 和 Sterten[18] 对碱金属（BM）离子结构给出模型(4.2)，见图 4.1，并且逐一引入了 $Na_4Al_2F_{10}$、Na_2AlF_5、$Na_3Al_2F_9$ 和 $Na_5Al_3F_{14}$等化合物。对比 BM，对总活度与温度之间函数关系的标准偏差进行更正，如图 4.3 所示。很明显，所有的体系均接近理想状态。图 4.4 中给出了 BM + $Na_3Al_2F_9$ 化合物的活度数据。化合物 BM + Na_2AlF_5 活度与组成之间的关系曲线与 Dewing[22] 给出的类似，尽管 Na_2AlF_5 的活度比图 4.2 中给出的数值有点低。

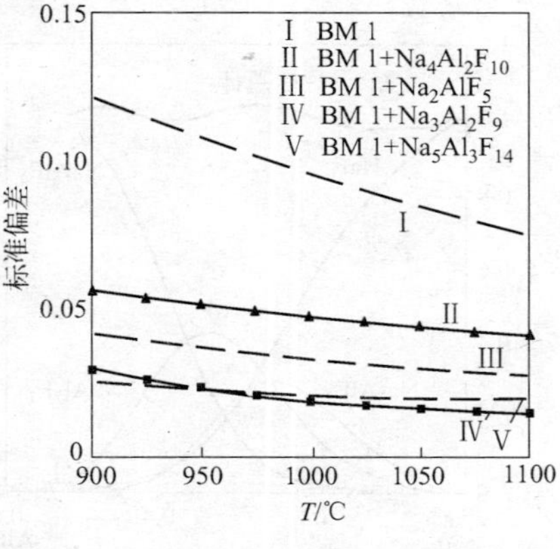

图 4.3　总活度为 $0.005 < x < 0.550$ 的 NaF-AlF_3 均匀熔体中，不同结构离子模型的标准偏差和温度（局部过冷）之间的关系图[18]

（参见正文，x—AlF_3 的摩尔分数）

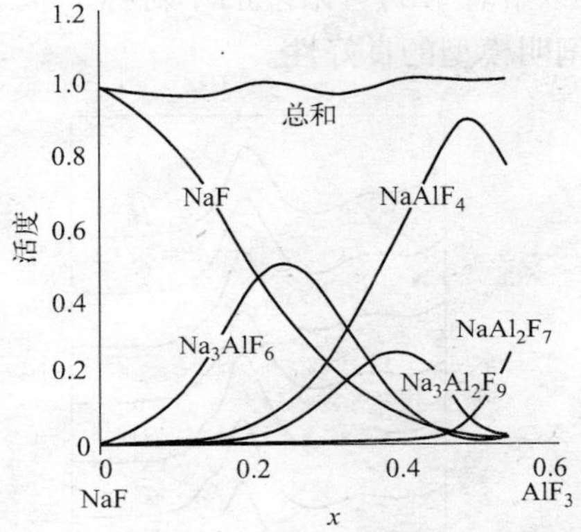

图 4.4 1000℃时，不同化合物在 BM + $Na_3Al_2F_9$ 模型中的活度和 NaF-AlF_3 体系中 AlF_3 摩尔分数 x 之间的关系

Gilbert 和 Materne[25] 将熔盐盛装在一个无窗口电导池中，采用喇曼光谱研究 NaF-AlF_3 的混合物熔体的离子结构。在喇曼谱图 555 cm^{-1}处，过去被认为是 AlF_6^{3-} 离子振动带，Gilbert 和 Materne 则认为是 AlF_5^{2-} 离子振动产生。在 515 cm^{-1}处出现较弱的伴峰，并与 555 cm^{-1}处的峰重叠得很厉害，此峰被认为是 AlF_6^{3-} 离子特征峰。在图 4.5 中给出不同熔体组成的喇曼图谱。

研究者[5,25~33] 普遍认可，在 622 cm^{-1}处的波峰为 AlF_4^- 离子振动产生。在富含 NaF 的熔盐中，在 555 cm^{-1} 会出现伴峰。使用三波匹配分析法[25] 来确认图谱曲线相关波峰强度，推论出离子的浓度与熔体成分函数关系。发现在 1007℃ 下，AlF_6^{3-} 的最大摩尔分数是 $x \approx 0.20$。在最近两篇论文中[32,33]，Gilbert 和他的合作者使用了另一种图谱曲线解析法，推论出在 1050℃ 下，AlF_6^{3-} 的最大摩尔分数是 $x \approx 0.05$。图 4.6 给出了研究得到的不同离子浓度[32]。当考虑到更多数量的组成结构时，相应的 Raoultian 活度系数[33] 与理想状态存在较大的偏差。对比其他方法间接得到的所有其他值，图 4.6 中给出 AlF_6^{3-} 的较低的最大摩尔分数。在 $x = 0.25$ 组成成分附近，难以解释 AlF_6^{3-} 浓度的不对称形状。在更低 x 值的许多数据可以阐明模型的良好性。

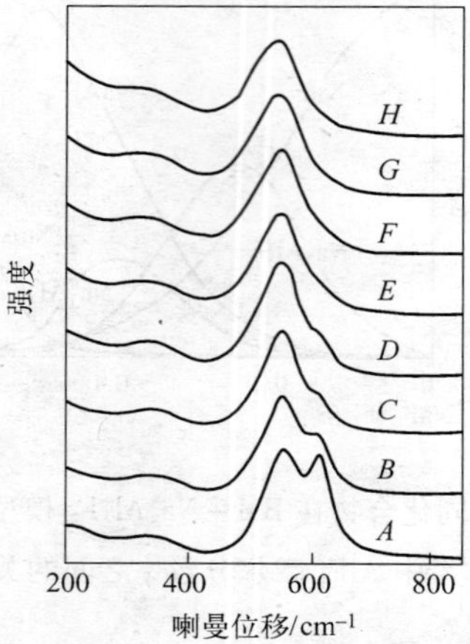

图 4.5　熔融的 NaF-AlF_3 混合物在 1050℃ 的喇曼光谱

氟化铝的摩尔分数为：$A=0.355$，$B=0.313$，$C=0.271$，$D=0.25$，$E=0.224$，$F=0.201$，$G=0.178$，$H=0.151$，引自 Gilbert 等人的文献[32,33]

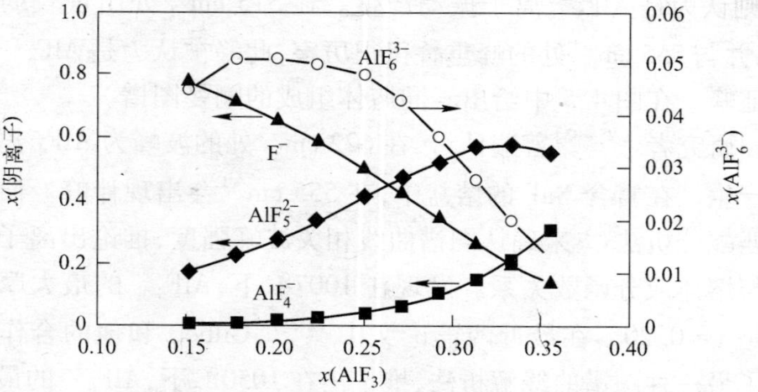

图 4.6　根据喇曼光谱数据得到的 NaF－AlF_3 熔体中在 1323 K 时的离子浓度

x 为 AlF_3 的摩尔分数，据 Gilbert 等人文献重新绘制[33]

Tixhon 等人[28]和 Robert 等人[29]对 KF-AlF_3 进行的喇曼光谱研究。认为熔盐中主要包含 AlF_5^{2-} 和 AlF_4^- 氟－铝离子团和少量

的 AlF_6^{3-} 离子团。LiF – AlF_3 熔盐体系中仅含有 AlF_6^{3-} 和 AlF_4^- 离子团。离子计数增长法可用来确定能够稳定存在的是 AlF_5^{2-} 离子[28]。不同的阳离子 Li^+、Na^+ 和 K^+，明显影响对应化合物的活度和其离解平衡的离解常数。

Brooker 和同事[30,31,34]在 556 cm^{-1} 和 622 cm^{-1} 发现的两条谱带与喇曼光谱对应的离子 AlF_6^{3-}、AlF_4^- 相对应。在含 10% 摩尔分数冰晶石的熔融 CsCl 体系中进行细致的喇曼研究[34]，通过 Cs^+ 离子计数研究氟铝配合离子的结构。均质光谱发现在 557 cm^{-1} 和 623 cm^{-1} 出现波带，但在约 515 cm^{-1} 处没有发现如 Gilbert 和他的合作者们[32,33]在 NaF – AlF_3 混合物中发现的波带。但是，在几个小时的曝光后，在接近 500 cm^{-1} 处出现一个宽带。这条带被认定为是溶解在石英容器中的氧化物杂质[34]。Brooker 和他的合作者们[30,31,34]指出，这条波带曲线应该用均质光谱解析，均质光谱基线自然平坦，因为瑞利波波动强度被大大抑制，且去极化成分和热本底被消除。并强调，在离子体系中，如 AlF_5^{2-} 出现五配价铝原子是很不正常的[34]。

Brooker[35]观察到，当 Na_3AlF_6 溶解到 MCl(M = Cs, Rb, K, Na 和 Li)熔体中时，在 400 ~ 700 cm^{-1} 的范围内，仅有两种对称的拉伸振动。与固体化合物中类似的波带，光谱研究认为是 AlF_6^{3-} 和 AlF_4^-。AlF_6^{3-} 和 AlF_4^- 摩尔比大约为 4∶1(除了锂体系)。在所研究的体系中，没有找到 AlF_5^{2-} 是重要物质存在的证据。在 AlF_6^{3-} 峰值半高宽测量显示存在大量的阳离子效应，从 Li^+ 到 Cs^+ 其宽度又逐渐变窄。

Brooker 等人[36]对加入 AlF_3 或 Na_3AlF_6 的共晶体组成 Li-Na-KF 混合物(FLINAK)进行了详细的喇曼光谱研究，得到了包括高达约 750℃ 液体混合物和低到约 25℃ 凝固化合物的实验数据。在大约 455℃ 下，发生从固态到液态的转化，在峰值位置、半高宽和相对的强度没有明显的变化。在液相中检测出来的振动波带认为是 AlF_6^{3-}。根据 Gilbert 和他的合作者们[25,28,32,33]的报告，对于液态 NaF-AlF_3 和 KF-AlF_3 体系，$AlF_6{}^{3-}$ 波带低频侧没有明显伴峰。这个结果与传统认为的熔融冰晶石中主要物质是 $AlF_6{}^{3-}$ 相符，见模型方程(4.2)。但是没有证据显示在研究的体系中存在五配价铝配合物的存在。

Ratkje 等人在讨论可能的 AlF_5^{2-} 离子几何结构时提出应该存在两个振动波带。而实际上，光谱学图谱和热力学证据并没有证实存在 AlF_5^{2-}。

Stebbins 等人[38]使用核磁共振(NMR)技术研究固相和液相 NaF-AlF_3-Al_2O_3 体系的结构，得到了很好的光谱数据解释熔融混合物离子结构为：含四配价和六配价的 Al 阳离子，五配价存在可能性相对很低。

Lacassagne 等人[39]在固/液相过渡时，对冰晶石 ^{27}Al、^{23}Na 和 ^{19}F 进行核磁共振研究。随着化学位移的增加，在熔体中铝离子的平均配价数降低明显，这一现象支持 Gilbert 和 Materne[25]有关存在 $AlF_5{}^{2-}$ 离子观点。

Robert 等人[40]通过激光加热，进行核磁共振研究了含 ^{27}Al 的 NaF-AlF_3 熔体的离子结构。实验得到的和由 Raman 模型 $AlF_6{}^{3-}$、$AlF_5{}^{2-}$ 和 $AlF_4{}^{-}$ 计算得到的化学位移之间的匹配是合理的。但是，计算基于假设 AlF_6^{3-} 的化学位移在固态和液态时是相同的。Brooker 和他的合作者们表明，这个假设是靠不住的。

已有的对冰晶石基熔体中离解平衡的研究方法包括：分子动力学(MD)模拟[41]、量子化学计算[42~46]和计算机模拟(蒙特卡洛法)[47]。反应方程式(4.2)似乎是普遍倾向的离解模型[41,42,45,46]，但是又有人却提出在低浓度下可能存在 $AlF_5{}^{2-}$[43]，甚至认为 $AlF_5{}^{2-}$ 是主要的离子团[44]。

Bouyer 等人[47,48]采用分子模型进行研究，建立 NaF-AlF_3 熔体中的四、五和六配价铝配合物的结构模型。由两个模型描述了离子的成分分布，通过分析计算方程式(4.2)和式(4.4)导出如

图 4.7和图 4.8 所示的数据图。

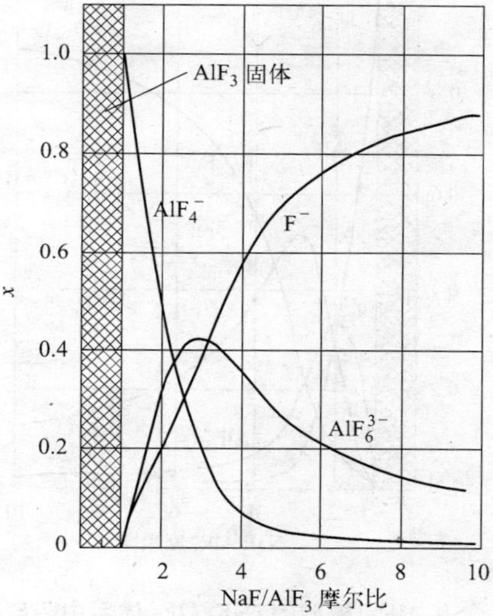

图 4.7 1012℃,根据模型式(4.2)得到体系 $NaF-AlF_3$ 的阴离子摩尔分数 x 与 NaF/AlF_3 摩尔分数之间关系[47]

在富含 AlF_3 的熔体中，除了 $NaAlF_4$构成之外，其他离子平衡也需要被考虑：

$$2AlF_4^- = Al_2F_7^- + F^- \tag{4.5}$$

离子团 $Al_2F_7^-$ 是否存在尚未有光谱数据核实，而且它的存在主要从热力学模型[17,22,49] 推导出来。因为蒸气相中含有 $NaAl_2F_7(g)$ [19,50],因而认为熔盐中存在 $Al_2F_7^-$ 的推理是合理的。

可以认为目前对 $NaF-AlF_3$熔体的离子结构没有达成共识。下面提供几个模型供探讨，即

模型一：F^-，AlF_6^{3-}，AlF_4^- 和 $Al_2F_7^-$；

模型二：F^-，AlF_6^{3-}，AlF_5^{2-}，AlF_4^- 和 $Al_2F_7^-$；

模型三：F^-，AlF_6^{3-}，$Al_2F_{10}^{4-}$，AlF_4^- 和 $Al_2F_7^-$；

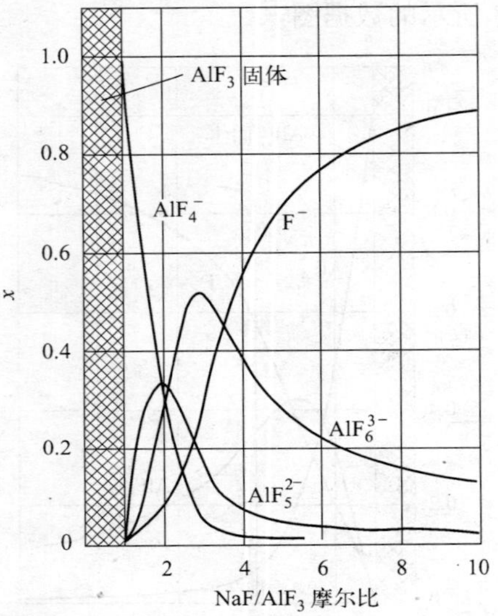

图 4.8 1012℃,含有 AlF_5^{2-} 模型的 NaF-AlF_3 体系中阴离子摩尔分数 x 与 NaF/AlF_3 摩尔分数之间关系[47]

模型四：F^-，AlF_6^{3-}，$Al_3F_{14}^{5-}$，AlF_4^- 和 $Al_2F_7^-$；

模型五：F^-，AlF_6^{3-}，$Al_2F_9^{3-}$，AlF_4^- 和 $Al_2F_7^-$；

模型一的离子结构好像被广泛接受，但并不存此模型，如前所述，即使喇曼光谱研究认为存在 AlF_5^{2-} 的数据，也难以断定是否真的存在。模型二不仅存在争议，而且离解度也有争议。有可能由离子 $Al_2F_{10}^{4-}$，$Al_3F_{14}^{5-}$ 和 $Al_2F_9^{3-}$ 等产生的喇曼波位移尚未有文献评述和讨论。这样的振动带也许很微弱，但也有可能部分喇曼峰在 555 ~620 cm^{-1} 处被重叠掩藏了。需要更多有关一定温度下 NaF − AlF_3系统光谱学信息才能够描述其离子结构问题。显然，还需更多的研究工作对所给出的几种模型进行统一。

4.2.2 熔融 NaF-AlF_3-Al_2O_3混合物中的离子体

由于添加 Al_2O_3[51, 52] 和 $NaAlO_2$[51] 导致的冰晶石冰点降低的

研究表明氧化铝产生三个新质点，而 $NaAlO_2$ 只提供了两个。结果表明，在低氧化物浓度下含氧配合物只含有一个氧原子。其他几个二元系 $Na_3AlF_6-M_xO_y$ [53] 中从对冰晶石液相曲线的分析得出了同样结论。较小的预熔化作用[52, 54, 55]和小范围的固溶区[54, 55]对冰点降低影响不大。

Førland 和 Ratkje [56] 在体系富含 NaF 的一侧进行的冰点测定清楚地表明，低氧化物含量下形成了桥式结构的 Al—O—Al 的配合离子。同时也讨论了非桥式的 O = Al 结构的可能性，而在氧化物含量高时，形成双氧桥式结构配合离子 $Al\begin{matrix}\diagup O \diagdown\\ \diagdown O \diagup\end{matrix}Al$。

Gilbert 等人 [57] 从喇曼光谱数据得出结论，非桥式 O = Al 结构不存在于高氧化铝溶液中。他们也认为存在桥式结构配合离子 Al—O—Al。

由 Sterten [17] 研究饱和氧化铝的 $NaF-AlF_3$ 混合物的热力学模型表明，主要含氧单体是 $Al_2OF_6^{2-}$ 和 $Al_2O_2F_4^{2-}$。Na^+ 是熔体中唯一的阳离子。研究得到了所有含氧和不含氧的阴离子的摩尔分数与熔盐组成的关系。上述研究基于以下理想状态，即各阴离子摩尔分数的总和应该接近 1，通过计算得到的 NaF/AlF_3 摩尔比应该和它的实际值相等或接近，且所获得的氧化铝溶解度极限应该接近真实的溶解度极限。计算的含氧配合阴离子摩尔分数如图 4.9 所示。

含氧离子团一般可用下列平衡表示，主要的配合离子团中氟原子数量随着熔体中氟化钠的增加而增加。

$$\begin{aligned} Al_2OF_6^{2-} + 2xF^- &= Al_2OF_{6+2x}^{(2x+2)-} \\ Al_2O_2F_4^{2-} + 2xF^- &= Al_2O_2F_{4+2x}^{(2x+2)-} \end{aligned} \qquad (4.6)$$

有关含量配合离子团的综述性评论截至 1980 年。此后更具体的总结可参阅本书[1]的第 2 版。

根据冰点测量法和量热法得到的数据，Julsrud [58] 讨论了相互影响三元系 $NaF-Na_3AlF_6-Na_2O-Al_2O_3$ 中可能存在的含氧离子团，得出的结论认为存在 $AlOF_x^{1-x}$（$3 \leqslant x \leqslant 5$），$Al_2OF_x^{4-x}$（$6 \leqslant x$

≤10）和 $Al_2O_2F_x^{2-x}$（4 ≤x≤ 8）三种结构。

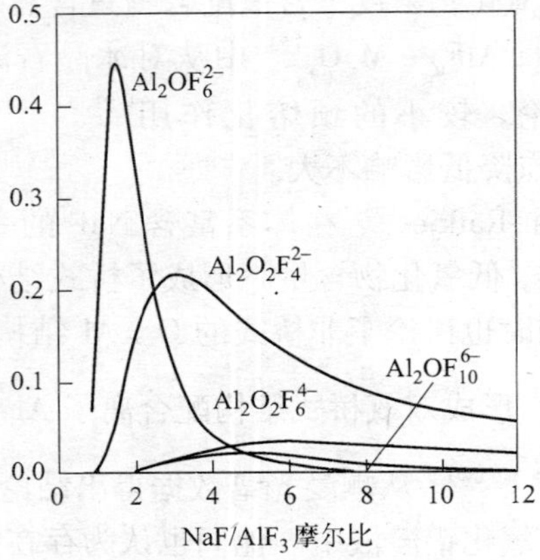

图 4.9　在 1012℃条件下，在 $NaF-AlF_3-Al_2O_3$（饱和）熔体中，含氧离子团的摩尔分数 x 与 NaF/AlF_3 摩尔比[17]的关系

Kvande[59]依据文献数据讨论了 $Al_2OF_6^{2-}$、$Al_2OF_8^{4-}$ 和 $Al_2O_2F_4^{2-}$ 三种类型的配合离子。在低的氧化铝浓度下，存在三种配合离子，而在高的氧化铝浓度下，主要存在 $Al_2O_2F_4^{2-}$ 配合离子。

Gilbert 等人[32]的喇曼光谱数据显示 $Al_2OF_6^{2-}$ 配合离子在低的氧化铝浓度下形成，而 $Al_2O_2F_4^{2-}$ 在高的氧化铝浓度下占主导地位。Robert 等人[58]发表了 $MF-AlF_3-Al_2O_3$（M = Li，Na，K）三元系熔体的离子结构和热力学数据。除了 AlF_6^{3-}、AlF_5^{2-}、AlF_4^- 离子外，他们还提出 $Al_2OF_6^{2-}$ 存在于低的氧化铝浓度下，高氧化铝浓度出现 $Al_2O_2F_4^{2-}$。他们还认为在 $KF-AlF_3$ 二元系中，当氧化铝溶解度达到极限时出现了一个含氧量更高的配合离子 $Al_3O_4F_4^{3-}$。然而，对喇曼数据的解释并非易事，因为不可能从熔体的喇曼光谱数据直接掌握明确的离子结构和浓度关系。

Brooker 等人[61]采用喇曼光谱研究得到了 500℃下，共晶 LiF-NaF-KF 熔体中溶解氧化钠和部分低浓度的氟化铝或冰晶石的数据。光谱图出现新的波带,这些波带为铝-氧-氟配合离子$Al_2OF_6^{2-}$的特征峰。此外,在凝固态中捕获到$Al_2OF_6^{2-}$,并在25℃时测量其结构。测量结果和先前在较高温度下将氧化铝溶解在冰晶石熔体中相比较,发现氧化铝的溶解性高并且来自氧化物的特征波谱和铝-氧-氟配合离子波谱重叠,造成判断困难。

Bache 和 Ystenes [62] 利用红外吸收光谱和 X 射线衍射技术对添加氧化铝的等摩尔冰晶石和亚冰晶石急冷样品进行研究。光谱显示氧化铝不存在于平衡混合物中,在急冷过程中,除了较多的亚稳态的铝氧氟存在外,α-Al_2O_3也存在于急冷样品中。

邱竹贤和谢刚 [63] 对冰晶石-氧化铝熔体结构进行计算机仿真,提出 $AlOF_x^{1-x}$(x 取值从 5~2), $Al_2OF_6^{2-}$ 和 $Al_2OF_{10}^{6-}$ 是重要的含氧配合物。

Picard 等人 [64] 采用特殊计算技术对 Na_3AlF_6-Al_2O_3 熔体可能存在的铝氧氟配合离子进行了系统的结构、能量和振动研究。其结论是在这些熔体中 $AlOF_2^-$、$Al_2OF_6^{2-}$ 和 $Al_2O_2F_4^{2-}$ 是最稳定的含氧离子。

Belashchenko 等人 [65] 对 Na_3AlF_6-Al_2O_3 熔体结构进行了分子动力学计算机模拟研究。结果表明, 在 Al^{3+} 附近有相同 F^- 离子的配位结构接近于八面体, 可看成为 AlF_6^{3-} 单体。甚至发现存在 7 个和 8 个 F^- 的离子配体, 但是没有发现 AlF_4^-。随着氧化铝浓度的增加配合物也不断增加,根据对应的—Al—O—Al—的线性链式结构,可推论出含氧配合物的结构。

Daněk 和 Østvold [66] 在一台商用 LECO 分析仪中研究在冰晶石样品中 Al_2O_3 的碳热还原反应。在 400 s 内从 1000 ℃加热到 2500 ℃氧化物逐步发生了反应。不同的步骤归因于不同的个体,即 $Al_2OF_6^{2-}$、$Al_2OF_8^{4-}$ 和 $Al_2O_2F_4^{2-}$。

一般认为, 在 NaF-AlF_3-Al_2O_3 三元系中,在低氧化铝浓度和高酸度时主要存在 $Al_2OF_6^{2-}$,高铝氧化铝浓度和低酸度各自单独的条件下主要存在 $Al_2O_2F_4^{2-}$,虽然证明其存在的只有不很充分的光谱证据。该体系中氧原子以链式结构 Al—O—Al 和桥式结构

$\mathrm{Al}\genfrac{}{}{0pt}{}{\diagup \mathrm{O} \diagdown}{\diagdown \mathrm{O} \diagup}\mathrm{Al}$ 存在。同样有理由相信，由方程式(4.6)可知，这些配合离子中氟原子的数量可能随着 NaF 浓度的增加而增加。在该体系中是否存在其他含氧配合离子仍是一个未解决的问题。

4.2.3 冰晶石基熔体中常见添加剂的离子模型

霍尔－埃鲁铝电解槽使用的氧化铝中都含有氧化钙杂质。正常铝电解槽中氟化钙的含量为 4% ~6%。有些工业电解槽的电解质中还含有 1% ~3% 的氟化锂和高达 4% 的氟化镁。如前所述，氟化铝其实也是一种添加剂。这些添加剂的主要用途是通过改善电解质的物化特性来提高电流效率。

LiF 加入冰晶石熔体中便增加了一个额外离子 Li^+，它在熔盐中并不形成配合物[1]。Dewing [22] 认为在 Na_3AlF_6的稀溶液中，LiF 是作为“分子”存在的，即 Li^+ 和 F^- 长期稳定结合。但是，在这样的体系中，固溶区将影响初晶温度[1, 51,67]。

对 Na_3AlF_6-CaF_2 [1,68] 体系的冰点测定数据表明，当少量的 CaF_2增加到熔体中时产生一个新质点。固体 Na_3AlF_6 [69] 中有较少的 CaF_2 固溶体存在，在无限稀释条件下不会影响理论凝固点降低。

Kvande 和 Feng [70] 计算出了不同的结构模型的 NaF-CaF_2和 Na_3AlF_6-CaF_2体系中的液相线。他们认为 CaF_2被加入到熔融的 NaF 中时，可能会形成 CaF_3^- 离子，依照下列平衡，在 Na_3AlF_6-CaF_2 熔体中 CaF_3^- 和 CaF^+可能会同时出现。

$$2CaF_2 = CaF_3^- + CaF^+ \tag{4.7}$$

Robert 等人 [71] 通过喇曼光谱研究了 CaF_2 添加到 NaF 熔体和 NaF-AlF_3混合物中的作用。在熔融的 NaF-CaF_2 二元系中观察到类似晶格振动引起的强度较弱但很宽的、去极化波段，不能排除 Ca-F 复合体存在的可能性。低碱度下 CaF_2是熔融冰晶石中的主要原料。在更多的碱性混合物中这个作用变得越来越微弱。在 NaF-AlF_3为溶剂的氟化钙稀溶液中，存在 Ca^{2+} 和 CaF^+阳离子，这与在 NaF 中的形态相类似。在随后的报道中,Gilbert 等人[32]阐明, CaF_2作为一个碱性添加剂提供 F^- 离子。在酸性熔体中,其将通过平衡反应式(4.2) 和式(4.4)左移。但是, 结合更加详细光谱研究数据和蒸气压力数据, Gilbert 等人[33]提出以下 CaF_2 离解方程:

$$CaF_2 + (3-n)AlF_5^{2-} = CaF_n(AlF_5)_{3-n}^{(4-n)-} + (2-n)F^- \quad (4.8)$$

式中,n 可取值 0、1 和 2,对应有三个不同的 Ca-Al-F 配合离子。

Bouyer 等人[48]认为从 Hartree-Fock 和密度函数演算可知:在冰晶石熔体中添加氟化钙将形成 $CaAlF_6^-$ 离子,他们提出了符合两个和三个氟原子桥式结构的两个配合离子团: $F_2CaF_2AlF_2$ 和 $FCaF_3AlF_2$。在给出的配合物中,钙是与 4 个氟离子配合,铝与 5 个氟离子结合,并分别由两个和三个氟原子桥式连接。

NaF – MgF_2相位图含有固体化合物 $NaMgF_3$[72,73]。Koštenská 和 Kottáš[73]也声称发现了证据,证明在 1100 K 附近有固体化合物 Na_2MgF_4稳定存在的一个小区域。

Fellner 等人[74]计算出 NaF-MgF_2和 Na_3AlF_6-MgF_2 体系的理论液相线。与 MgF_3^-和 Mg^{2+}离子比较,MgF_4^{2-}离子存在的可能性更大, 特别是在这两个体系中 MgF_2浓度较低时。

Fellner[75]对熔融的 NaF-AlF_3-MgF_2三元系做了热力学分析。他采用 Cochran[18]模型对含亚冰晶石阴离子的 NaF-AlF_3 体系进行研究。认为存在 MgF_3^- 和 MgF_4^{2-} 离子,该体系是一个几乎理想的系统。

Koštenská 等人[76]的热力学模型显示出 MgF_4^{2-}和 MgF_3^-可能出现在 NaF-MgF_2 二元系中高 NaF 含量一侧。

Dewing 和 van der Kouwe[77]将活度数据进行热力学处理后提出,在 NaF-AlF_3-MgF_2 三元系中 MgF_4^{2-}和 $Mg_2F_6^{2-}$是主要的含镁单体类型。

Zhou 等人[78]根据形成 MgF_4^{2-}和 MgF_3^-配合物的条件和方程

式(4.2) 及式(4.4)建立的模型与二元系 Na_3AlF_6-MgF_2 实验得到的蒸气压和液相线温度高度一致。

Gilbert 等人[33]的蒸气压模型和喇曼光谱数据均表明:当向 NaF-AlF_3 熔体中添加任何含量的 MgF_2 化合物时,MgF_2 为酸性添加剂,并认为 MgF_2 按下式与熔盐中的 AlF_5^{2-} 进行缔合:

$$MgF_2 + nF^- + (2-n)AlF_5^{2-} = MgF_{2+n}(AlF_5)_{2-n}{}^{(4-n)-} \quad (4.9)$$

式中, n 取值为0, 1 和2, 对应于三个不同配合物。所有配合物均通过氟离子将镁原子与铝原子进行桥式连接。值得注意的是式(4.8)和式(4.9)描述的在酸–碱性质中的差异(增加 MgF_2 后 F^- 的缔合或解离)。Gilbert 等人[33]用喇曼光谱研究分析 NaF-MgF_2 熔融体,发现存在四面体结构 MgF_4^{2-}。对于组成中氟化镁含量大于 25% 时,新的喇曼波段显示存在桥式结构体,可能是 $Mg_2F_6^{2-}$。在 NaF-AlF_3-MgF_2 熔体中存在该配合离子并不应引起人们的关注。

Tixhon 等人[79]获得了液态体系 NaF-AlF_3-NaCl 和 KF-AlF_3-KCl 的喇曼光谱数据。在较高浓度的 NaCl 和 KCl 中,甚至高至 $x_{NaCl} = x_{KCl} = 0.7$,也未发现铝氯氟种类结构。用光谱对 AlF_6^{3-}、AlF_5^{2-}、AlF_4^-、Cl^- 和 M^+ 等离子进行研究 ,这里 M^+ 代表 Na^+ 或 K^+。增加 MCl 含量,液态体系中 AlF_4^- 的浓度提高。对于 KF-AlF_3-KCl 体系,理想的 Temkin 浓度计算与喇曼实验图谱高峰强度数据相吻合。不能对 NaF-AlF_3 – NaCl 体系进行相应的计算,是由于认为这个体系是非理想态的。

4.2.4 冰晶石基熔体中杂质的离子结构模型

杂质通过氧化铝原料的添加、炭素阳极的消耗以及其他的化学物质的添加(主要是氟化铝)等方式进入槽内。少量杂质可能来自阴极和侧块材料的磨损。如果杂质定期进入电解质中,则可长时间后便形成稳定的杂质浓度(见第10章)。在电解质中有许多杂质,有些可能参与了氧化还原反应使电流效率下降(见第9章)。虽然可通过冰点测定法和热力学模型得到一些信息,但在很大程度上对这些不同种类杂质离子的结构仍未了解。

Sterten 和 Skar[53] 研究了 Na_3AlF_6-NiO、Na_3AlF_6-Cr_2O_3、Na_3AlF_6-Cu_2O、Na_3AlF_6-TiO_2和 Na_3AlF_6-ZrO_2等体系在冰晶石侧相图。添加少量 NiO、Cr_2O_3、Cu_2O、TiO_2和 ZrO_2的液相线各自生成了2、5、3、2 和 3 个新质点。除了添加 TiO_2形成 Ti-O-Al 配合离子外，其他几种添加剂添加后，氧原子形成了 Al-O-Al 配合离子(多数可能是 $Al_2OF_6^{2-}$)。

Xiao 等人[80]研究了 SnO_2 在 NaF-AlF_3-Al_2O_3 熔体中的溶解度。热力学模型显示：在低的氧化铝浓度时含锡化合物主要是 $Sn_2O_2F_8^{4-}$(也可能是 $SnOF_4^{2-}$ 单体)；在高的氧化铝浓度下是 $SnAlO_2F_6^{3-}$。可能的连接方式为：$[F_4SnO_2AlF_2]^{4-}$和$[F_4SnO_2-AlF_2]^{3-}$，其中氧原子通过桥式方式连接。

Koštenská[81]和 Danielik 等人[82]研究了下面的离子平衡：

$$FSO_4^{3-} = F^- + SO_4^{2-} \qquad (4.10)$$

在 NaF－Na_2SO_4体系中，Na_3FSO_4是一种固体化合物。对熔融冰晶石中的 FSO_4^{3-} 的稳定性进行了讨论并且估计其浓度低于 SO_4^{2-}浓度[81]。

基于结构的考虑，当提到 Papst[84] 的工作时，Danielik 等人[82,83]认为 FSO_4^{3-}不存在。Kleppa 和 Julsrud[85] 研究了这个体系的热力学特性提出：剩余熵也许归结于电荷不对称或小的 F^-离子和大的 SO_4^{2-}阴离子尺寸上的巨大区别。

Bratland 等人[86]讨论了在 Na_3AlF_6-$Na_4P_2O_7$体系中一些离子模型和相图数据的拟合性。他们提出了下面的平衡方程来对 $Na_4P_2O_7$侧数据进行解释：

$$\begin{aligned} AlF_6^{3-} &= AlF_4^- + 2F^- \\ P_2O_7^{4-} + F^- &= PO_4^{3-} + PO_3F^{2-} \end{aligned} \qquad (4.11)$$

他们认为只有在冰晶石侧含有 Al-O-F 配合离子。

Ødegård 等人[87,88]确定了 Al_4C_3 在冰晶石熔体中的溶解度与组成和温度的函数关系。假定下面的生成物只含有唯一的含碳阴

离子 $CAl_3F_8^{3-}$ 的前提下，溶解度可以进行定量计算。

$$Al_4C_3(s) + 5AlF_3 + 9NaF = 3CAl_3F_8^{3-} + 9Na^+ \quad (4.12)$$

饱和浓度可以通过平衡常数、已知的 NaF 和 AlF_3 的活度数据、理想含碳阴离子的等计算得到。在图 4.10 中给出实验数据的拟合曲线。

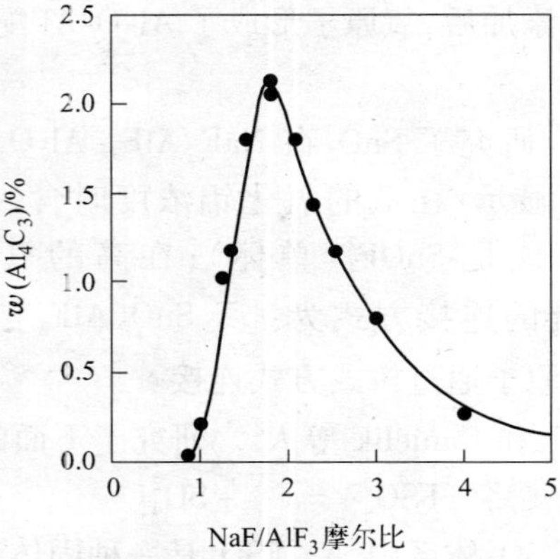

图 4.10 在 $NaF-AlF_3-Al_4C_3$ 体系中，1020℃ Al_4C_3 的溶解度和摩尔比间的关系

实线是在以 $Na_3CAl_3F_8$ 为溶质单体的假设条件下计算出的，依据 Ødegård 等人[87]的研究

Diep[89]进行了在不同的组成和温度下 $NaF-AlF_3-Fe_2O_3(s)-O_2(g, 1\ atm(1\times10^5\ Pa))$ 体系 Fe_2O_3 的熔点测定和溶解度测量。冰点测定数据显示 $NaF-AlF_3-O_2(g, 1\ atm)$ 体系中添加少量的 Fe_2O_3，新产生 5 个新质点。可以用下面的平衡解释 Fe_2O_3 的溶解：

$$1/2Fe_2O_3(s) + 3AlF_3 + 6NaF = Na_3FeF_6 + 3/2Na_2Al_2OF_6 \quad (4.13)$$

$$1/2Fe_2O_3(s) + 3AlF_3 + 12NaF = Na_3FeF_6 + 3/2Na_6Al_2OF_{10} \quad (4.14)$$

$$1/2Fe_2O_3(s) + 3/2AlF_3 + 9/2NaF = Na_3FeF_6 + 3/4Na_2Al_2O_2F_4 \quad (4.15)$$

不同化合物（纯物质作为标准状态）模拟出的活度列在图 4.11 和图 4.12 中。值得注意的是 Na_3FeF_6 的活度与组成关系可

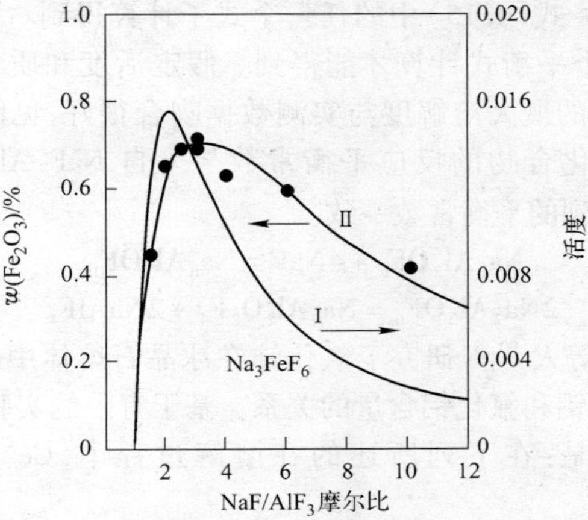

图 4.11　实心圆为在体系 $NaF-AlF_3-Fe_2O_3(s)$ 中，于 1020℃时，Fe_2O_3 的最大溶解度和 NaF/AlF_3 摩尔比关系

Ⅰ—模型得到的 Na_3FeF_6 的活度；Ⅱ—从模型计算得到的 Fe_2O_3 的极限溶解度；引自 Diep[89] 的研究结论

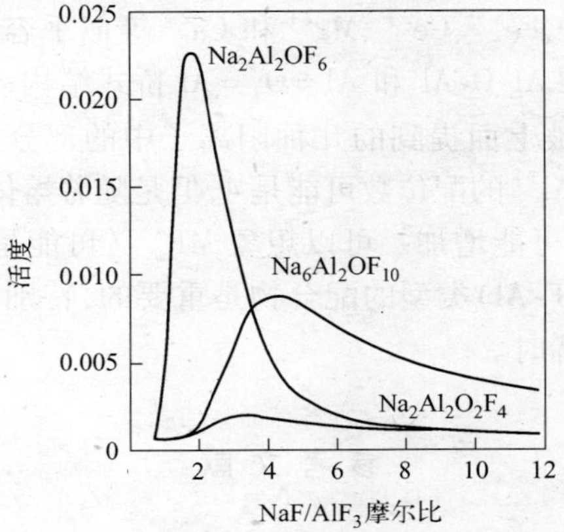

图 4.12　由模型得到的在 $NaF-AlF_3-Fe_2O_3(s)$ 体系中在 1020℃不同含氧化合物的活度与 NaF/AlF_3 摩尔比的关系

源自 Diep[89] 的研究成果

由式(4.13)~式(4.15)中的任一个式子计算得到。而氧含量则需要由这三个平衡式计算才能得到。假定活度和质量分数成正比,计算得出的最大溶解度与实测数据吻合很好,见图4.11。下列生成含氧化合物的反应平衡常数与来自 $NaF-AlF_3-Al_2O_3$ 体系[89]模型得到的平衡常数一致。

$$Na_2Al_2OF_6 + 4NaF = Na_6Al_2OF_{10} \tag{4.16}$$

$$2Na_2Al_2OF_6 = Na_2Al_2O_2F_4 + 2NaAlF_4 \tag{4.17}$$

Dewing 等人[90,91]研究了氧化铈在冰晶石熔体中的溶解度和氧分压、氧化铝和氟化铝含量的关系。基于有限的实验数据,他们得到的结论是:在下列所述的在溶解过程中,Ce^{4+} 完全还原为 Ce^{3+}。

$$4\ CeO_2 + 8\ NaF + 4\ AlF_3 = 4Na_2CeF_5 + 2Al_2O_3 + O_2 \tag{4.18}$$

来自于冰点测定法和循环伏安研究的额外信息印证了所提的溶解过程。

在霍尔-埃鲁电解槽中常用的添加剂和带入的杂质使得熔融 $NaF-AlF_3-Al_2O_3$ 体系肯定含有大量的配合阴离子。强磁阳离子如 Al^{3+}、Ti^{4+}、Sn^{4+}、Fe^{3+}、Ce^{3+}、Mg^{2+} 和 Ca^{2+} 等似乎容易通过 O^{2-} 和 F^- 配合,形成如 Al-O-Al 和 $Al=O_2=Al$ 桥式结构氧桥配合物,其中的 Al^{3+} 可能被上面提到的几种阳离子中的部分进行置换。在这些配合物中 Al^{3+} 的配位数可能是4,但是随着熔体中 F^- 的活度的增加,配位数可能增加。可以想象 MF_z^{n-z}(可能是通过 F^- 进行桥式连接的 M-F-Al)类型的配合物是重要的,特别是当氧化物浓度接近于无限稀时。

参 考 文 献

1. Grjotheim, K., Krohn, C., Malinovský, M., Matiašovský, K. and Thonstad, J., "Aluminium Electrolysis. Fundamentals of the Hall-Héroult Process", 2-nd ed., Aluminium-Verlag, Düsseldorf, Germany, 1982, Ch. 4.
2. Dirken, P.J., Jansen, J.B.H. and Schuiling, R.D., American Mineralogist, **77**, 718 (1992).
3. Bruno, M., Herstad, O. and Holm, J.L., Acta Chem. Scand., **52**, 1399 (1998).

4. Hemon, A. and Courbion, G., J. Solid State Chem., **84**, 153 (1990).
5. Gilbert, B., Mamantov, G. and Begun, G.M., J. Chem. Phys. **62**, 950 (1975).
6. Grjotheim, K. "Contribution to the Theory of the Aluminium Electrolysis", Kgl. Norske Videnskabers Selskabs Skrifter, nr. 5, 1956, F. Bruns Bokhandel, Trondheim 1956.
7. Brynestad, J., Grjotheim, K. and Urnes, S., Met. Ital., **52**, 495 (1960).
8. Rolin, M., Bull. Soc. Chim. France, 671, 677 and 681 (1960).
9. Rolin, M. and Bernard, M., Bull. Soc. Chim. France, 423, 429 and 939 (1962).
10. Rolin, M. and Rey, M., Bull. Soc. Chim. France, 2785, 2791 and 2794 (1966).
11. Frank, W.B. and Foster, L.M., J. Phys. Chem., **64**, 95 (1960).
12. Vetyukov, M.M., Fiz. Khim. Rasplav. Solei i Shlakov, Akad. Nauk. SSSR., Uralsk. Filial, Inst. Electrokhim., Tr. Vses. Soveshch., Sverdlovsk 77 (1960).
13. Paučírová, M., Matiašovský, K. and Malinovský, M., Rev. Roumaine Chim., **15**, 201 (1970).
14. Sato, Y., Kojima, A. and Ejima, T., J. Japan Institute of Metals, **41**, 1249 (1977).
15. Holm, J.L., Inorg. Chem., **12**, 2062 (1973).
16. Hong, K.C. and Kleppa, O.J., J. Phys. Chem. **82**, 176 (1978).
17. Sterten, Å., Electrochim. Acta, **25**, 1673 (1980).
18. Solheim, A. and Sterten, Å., Tenth Aluminium Symposium. A Slovak-Norwegian symposium. Stará Lesná - Žiar nad Hronom, Slovakia, Sept 21-23, 1999, p. 13.
19. Solheim, A. and Sterten, Å., Proceedings of Ninth International Symposium on Light Metals Production. Edited by J. Thonstad, NTNU, Trondheim, Norway, 1997, 225.
20. Cochran, C.N., Trans. Met. Soc. AIME, **239**, 1056 (1967).
21. Temkin, M., Acta Physiochem., **20**, 411 (1945).
22. Dewing, E.W., Proceedings of the 5th International Symposium on Molten Salts, Edited by M.L. Saboungi, D.S. Newman, K. Johnson and D. Inman, The Electrochemical Society Inc., Pennington, NJ, 1986, 262.
23. Feng, N.X. and Kvande H., Acta Chem. Scand., **A 40**, 622 (1986).
24. Zhou, H., Herstad, O. and Østvold, T., Light Metals 1992, 511.
25. Gilbert, B. and Materne, T., Appl. Spectrosc., **44**, 299 (1990).
26. Solomons, C., Clarke, J.H.R. and Bockris, J.O'M., J. Chem. Phys. **49**, 455 (1968).
27. Ratkje, S.K. and Rytter, E., J. Phys. Chem., **78**, 1499 (1974).
28. Tixhon, E., Robert, E. and Gilbert, B., Appl. Spectrosc., **48**, 1477 (1993).
29. Robert, E., Olsen, J.E., Gilbert, B. and Østvold, T., Acta Chem. Scand., **51**, 379 (1997).
30. Brooker, M. H., Johnson, J., Shabana, A. and Wang, J., Proceedings of Ninth International Symposium on Molten Salts, Edited by C. L. Hussey, D. S. Newman, G. Mamantov and Y. Ito, Electrochem. Soc., Vol. 94-13, Pennington, NJ, 1994, 235.
31. Brooker, M. H., Proceedings of The International Harald A. Øye Symposium. Edited by M. Sørlie, T. Østvold and R. Huglen, NTNU, Trondheim, Norway, 1995, 431.
32. Gilbert, B., Robert, E., Tixhon, E., Olsen, J. E. and Østvold, T., Light Metals 1995, 181.
33. Gilbert, B., Robert, E., Tixhon, E., Olsen, J. E. and Østvold, T., Inorg. Chem., **35**, 4198 (1996).
34. Brooker, M. H., Proceedings of Ninth International Symposium on Light Metals Production. Edited by J. Thonstad, NTNU, Trondheim, Norway, 1997, 325.
35. Brooker, M. H., Proceedings of 11th International Symposium on Molten Salts, Edited by P.C. Trulove, H.C. DeLong, G.R. Stafford and S.Deki, Electrochem. Soc., Vol. 98-11, Pennington, NJ, 1998, 597.
36. Brooker, M.H., Berg, R.W., von Barner, J.H. and Bjerrum, N.J., Submitted to Inorg. Chem.
37. Ratkje, S. K., Cyvin, S. J. and Hafskjold, B., Appl. Spectrosc., **47**, 375 (1993).
38. Stebbins, J., Farnan, I., Dando, N. and Tzeng, S-Y., J. Am. Ceram. Soc., **75**, 3001 (1992).
39. Lacassagne, V., Bessada, C., Ollivier, B., Massiot, D., Florian, P. and Coutures, J.-P., C. R. Acad. Sci. Paris, t. 325, Série II b, 91 (1997).
40. Robert, E., Lacassagne, V., Bessada, C., Massiot, D., Gilbert, B. and Coutures, J.-P., Inorg. Chem. **38**, 214 (1999).

41. Perichta, P. and Liška, M., Extended Abstracts of 8th Al Symposium, Slovak - Norwegian Conference on Aluminium Smelting Technology, Donovaly - Žiar nad Hronom, Slovakia, Sept. 24. - 27., 1995, 191.
42. Akdeniz, Z. and Tosi, M. P., Phys. Chem. Liq., **21**, 127 (1990).
43. Akdeniz, Z., Tankeshwar, K. and Tosi, M. P., Phys. Chem. Liq., **23**, 259 (1991).
44. Akdeniz, Z., Çiçek, Z., Pastore, G. and Tosi, M. P., Modern Phys. Letters B, **12**, 995 (1998).
45. Micov, M., Turi Nagy, L., Tunega, D., Liška, M. and Perichta, P., Theor. Chem. Acc., **99**, 378 (1998).
46. Qiu, Z. and Xie, G., Light Metals 1990, Edited by C. M. Bickert, 325.
47. Bouyer, F., Picard, G. and Legendre, J.-J., Int. J. Quant. Chem., **52**, 927 (1994).
48. Bouyer, F., Picard, G. and Legendre, J.-J., Int. J. Quant. Chem., **16**, 507 (1997).
49. Dewing, E.W., Met. Trans., **3**, 495 (1972).
50. Kvande, H., High Temperatures-High Pressures, **15**, 51 (1983).
51. Holm, J.L., "Thermodynamic properties of molten cryolite and other fluoride mixtures", Dr techn. Thesis, The Norwegian University of Science and Technology, Trondheim, Norway 1971, Ch. 5.
52. Sterten, Å. and Mæland, I., Acta Chem. Scand., **A 39**, 241 (1985).
53. Sterten, Å. and Skar, O., Aluminium, **64**, 1051 (1988).
54. Dewing, E.W., Met. Trans., **B 9**, 687 (1978).
55. Dewing, E.W., Met. Trans., **3**, 2699 (1972).
56. Førland, T. and Ratkje, S. K., Acta Chem. Scand., **27**, 1883 (1973).
57. Gilbert, B., Mamantov, G. and Begun, G.M., Inorg. Nucl. Chem. Letters, **12**, 415 (1976).
58. Julsrud, S., "Some Oxy-Anion Complexes in Alkali-Fluoride Melts", Thesis, The Norwegian University of Science and Technology, Trondheim, Norway, 1983.
59. Kvande, H., Light Metals 1986, Edited by R. E. Miller, 451.
60. Robert, E., Olsen, J. E., Daněk, V., Tixhon, E., Østvold, T. and Gilbert, B., J. Phys. Chem. B, **101**, 9447 (1997).
61. Brooker, M.H., Berg, R.W., von Barner, J.H. and Bjerrum, N.J., Submitted to Inorg. Chem.
62. Bache, Ø. and Ystenes, M., Acta Chem. Scand. **43**, 97 (1989).
63. Qiu, Z. and Xie, G., Light Metals 1989, Edited by P. G. Campbell, 315.
64. Picard, G. S., Bouyer, F. C., Leroy, M., Bertaud, Y. and Bouvet, S., J. Mol. Struct. (Teochem), **368**, 67 (1996).
65. Belashchenko, D.K., Ostrovski, O.I. and Saposznikova, S.Yu., Met. Mat. Trans., B, **29B**, 105 (1998).
66. Daněk, V. and Østvold, T., Proceedings of Ninth International Symposium on Light Metals Production. Edited by J. Thonstad, NTNU, Trondheim, Norway, 1997, 9.
67. Kvande, H. and Feng, N.X., Acta Chem. Scand., **A 41**, 245 (1987).
68. Holm, J.L., Acta Chem. Scand., **22**, 1004 (1968).
69. Chrenková, M., Daněk, V. and Silný, A., Proceedings of Ninth International Symposium on Light Metals Production. Edited by J. Thonstad, NTNU, Trondheim, Norway, 1997, p. 1.
70. Kvande, H. and Feng, N.X., Acta Chem. Scand., **A 41**, 146 (1987).
71. Robert, E., Materne, T., Tixhon, E. and Gilbert, B., Vib. Spectrosc., **6**, 71 (1993).
72. Holm, J.L., "Undersøkelser av struktur og faseforhold for en del systemer med tilknytning til aluminiumindustrien," Thesis, The Norwegian University of Science and Technology, Trondheim, Norway, 1963.
73. Koštenská, I. and Kottáš, P., Proceedings of 5th Czechoslovak Aluminium Symposium, Banská Bystrica, Czechoslovakia, 1984, 96.
74. Fellner, P., Grjotheim, K. and Kvande, H., Acta Chem. Scand., **A 38**, 699 (1984).
75. Fellner, P., Proceedings of 6th Czechoslovak Aluminium Symposium, Banská Bystrica, Czechoslovakia, 1988, 1.

76. Koštenská, I., Lubyová, Z. and Kottáš, P., 6th Conference Socialist Countries on Molten Salt Chemistry, Smolenice, 1988, 58.
77. Dewing, E.W. and van der Kouwe, E. T., Light Metals 1989, 297.
78. Zhou, H., Herstad, O. and Østvold, T., Light Metals 1992, 511.
79. Tixhon, E., Robert, E. and Gilbert, B., Vib. Spectrosc., **13**, 91, (1996).
80. Xiao, H., Thonstad, J. and Rolseth, S., Acta Chem. Scand., **49**, 96, (1995).
81. Koštenská, I., Proceedings of 4th Czechoslovak Aluminium Symposium, Banská Bystrica, Czechoslovakia, 1980, p. 115.
82. Danielik, V., Gabčová, J. and Fellner, P., Molten Salt Chemistry and Technology 5. Edited by H. Wendt, Trans Tech Publications, Vols. 5-6, 1998, 229.
83. Danielik, V., Gabčová, J. and Fellner, P., Chem. Papers **53**, 233 (1999).
84. Papst, A., American Mineralogist AMMIA, **58**, 116 (1973).
85. Kleppa, O.J. and Julsrud, S., Acta Chem. Scand., **A 34**, 655 (1980).
86. Bratland, D., Kvande, H. and Wei, Q.B., Acta Chem. Scand., **41**, 377 (1987).
87. Ødegård, R., Sterten, Å. and Thonstad, J., J. Electrochem. Soc., **134**, 1088 (1987).
88. Ødegård, R., Sterten, Å. and Thonstad, J., Light Metals 1987, Edited by R.D. Zabreznik, p. 295.
89. Diep, Q. B., "Structure and thermodynamics of cryolite-based melts with additions of Al_2O_3 and Fe_2O_3", Thesis, The Norwegian University of Science and Technology, Trondheim, Norway 1998.
90. Dewing, E.W., Haarberg, G.M., Rolseth, S., Rønne, L. and Thonstad, J., Met. Mat. Trans. B, **26B**, 81 (1995).
91. Dewing, E.W. and Thonstad, J., Met. Mat. Trans. B, **28B**, 1257 (1997).

5 物化性质

5.1 密度

5.1.1 引言

熔融冰晶石和含冰晶石混合物的密度无论从理论和技术的观点来讲都是重要的。实验测定的单一氟化物及其混合物的密度在对这些熔体许多性质研究方面也是重要的。在铝的电解生产过程中,电解质密度影响金属铝从电解质中分离出来,对目前的电解槽设计,电解质必须有较低的密度,便于熔融铝的产生。

冰晶石基混合物的密度在本书第 2 版[1] 中的 5.1 节讨论过。由于用于测量密度的方法——流体静力重量法没有改变,所以在过去的 20 年里这个参数都没有经过彻底的修正。通常用熔融氯化钠密度校对该装置。当用水标定重锤的体积时, 熔融氯化钠的密度要与由 Janz[2] 推荐的文献数据进行比较。这种方法的重现性很高(对于熔融氯化钠是 0.2%)并且对于测量冰晶石溶液密度方法的准确度为 0.4%。主要误差来自于金属溶液构成的不确定性——这是由于不知道合成冰晶石中氧化铝的含量和溶解中的蒸发量造成的。测量方法的不精确会导致冷凝在悬挂线上固体物影响测量准确度。用于测量冰晶石基熔盐密度的方法和校对过程在 Fernandez [3] 中有详细论述。

有几个经验和半经验公式可用于描述熔盐的密度和/或摩尔体积与成分和温度关系。用密度进行描述生产上更实用,摩尔体积更多是用于理论研究。

本章将以表格和经验公式的形式展现当今大部分的新成果。数据、表格比绘图形式更精确,也方便于实验所得的数据和原有的经验公式进行比较。

5.1.2 熔融的冰晶石和含冰晶石熔盐的密度

Fernandez 等人[3] 已经研究了以下熔融混合物的物化性质：Na_3AlF_6-KF、K_3AlF_6-Na_3AlF_6和 Na_3AlF_6-KF-Al_2O_3。Na_3AlF_6-Al_2O_3体系的密度数据总结见表 5.1.1。

表 5.1.1 Fernandez 等人[3]得出的 Na_3AlF_6-Al_2O_3混合物的密度 d_{exp} 和公式(5.1.8)计算的密度 d_{calc}

Al_2O_3 含量/%	温度/℃	实验密度 d_{exp}/g·cm^{-3}	计算密度 d_{calc}/g·cm^{-3}	误差/%
5.00	1066.1	2.013	2.021	−0.41
	1017.0	2.059	2.063	−0.17
	1086.6	1.997	2.005	−0.37
	999.7	2.076	2.078	−0.07
	1042.2	2.038	2.041	−0.16
	1009.8	2.067	2.069	−0.09
	1079.4	2.004	2.010	−0.32
10.00	1063.3	1.994	2.000	−0.31
	998.6	2.050	2.054	−0.22
	1090.0	1.975	1.979	−0.18
	971.7	2.075	2.078	−0.14
	1030.9	2.024	2.027	−0.15
	984.5	2.064	2.067	−0.13
	1015.4	2.038	2.040	−0.10
	1068.5	1.993	1.996	−0.15
12.50	1113.7	1.949	1.949	0.02
	1086.5	1.969	1.970	−0.05
	1131.9	1.936	1.934	0.08
	1048.8	2.002	2.000	0.08
	1102.2	1.960	1.958	0.13
	1171.7	1.909	1.904	0.25
	1070.5	1.986	1.983	0.16
	1152.4	1.922	1.919	0.17

续表 5.1.1

Al_2O_3 含量/%	温度/℃	实验密度 d_{exp}/g · cm^{-3}	计算密度 d_{calc}/g · cm^{-3}	误差/%
15.00	1098.9	1.963	1.949	0.72
	1137.7	1.937	1.919	0.94
	1051.8	1.996	1.987	0.48
	1120.6	1.948	1.932	0.83
	1059.3	1.992	1.980	0.58
	1095.5	1.967	1.952	0.79
	1074.5	1.983	1.968	0.75
	1112.6	1.950	1.938	0.61
	1088.5	1.969	1.957	0.61
	1131.1	1.937	1.924	0.68
	1052.1	1.997	1.986	0.54
	1171.4	1.908	1.894	0.76
	1100.2	1.960	1.948	0.62
	1070.1	1.982	1.972	0.52
	1151.8	1.923	1.908	0.77

Fernandez 和 Østvold[4] 采用阿基米得法研究了熔融氟化物和含有冰晶石的氟盐混合物的密度。测量的碱金属氟化物（LiF、NaF、KF）的密度精确度高于 ±0.5%。密度大体上要比从前报道的数据高 1%。对于纯熔融物质，其密度（g · cm^{-3}）与温度呈线性函数给出：

$$d = a - bt \tag{5.1.1}$$

式中，a 和 b 的系数在表 5.1.2 中给出。

表 5.1.2　公式（5.1.1）中熔融纯物质[4]的密度（g · cm^{-3}）的系数

盐	a ± SD	(b ± SD) × 10^5
LiF	2.169 ± 0.015	42.3 ± 1.5
NaF	2.635 ± 0.001	66.5 ± 1.0
KF	2.503 ± 0.007	68.9 ± 0.8
Na_3AlF_6	3.097 ± 0.018	98.2 ± 1.7
$NaAlF_4$	2.294 ± 0.020	68.6 ± 2.1
K_3AlF_6	2.767 ± 0.020	88.0 ± 1.9
$KAlF_4$	2.231 ± 0.009	79.5 ± 1.1

采用大量的实验技术对经过精选的冰晶石和其混合物(降低氧化铝杂质的不确定性)进行密度测定得到最好数据,发表在有关论文[3,4]中。

Fernandez 和 Østvold[4]研究的二元系密度与摩尔体积的关系数据如表5.1.3所示。密度与摩尔体积的关系如下:

$$V_m = x_1 V_1^0 + x_2 V_2^0 + V^E \tag{5.1.2}$$

式中,V_m是混合物的摩尔体积;V_1^0和x_1是组元i的摩尔体积和摩尔分数;V^E是二元的过剩摩尔体积,用如下公式表达:

$$V^E = x_2(1 - x_2)(A + Bx_2) \tag{5.1.3}$$

式中,x_2为添加剂的摩尔分数;参数A和B与温度呈线性关系:

$$\begin{aligned} A &= A_1 + A_1(t - 1000) \\ B &= B_1 + B_1(t - 1000) \end{aligned} \tag{5.1.4}$$

式中,A_1,A_2,B_1和B_2的系数见表5.1.3。

表5.1.3 公式(5.1.3)和式(5.1.4)中对应的A_1、A_2、B_1和B_2的系数

体 系	A_1	$A_2 \times 10^3$	B_1	$B_2 \times 10^3$	Rel. SD/%
Na_3AlF_6-LiF	0.240	6.323	-4.278	-9.538	0.05
Na_3AlF_6-NaF	-3.447	2.771	-1.154	-10.42	0.15
Na_3AlF_6-KF	-0.7358	-0.000363	-0.5142	6.365	0.05
Na_3AlF_6-Al_2O_3	34.130	-5.012	10.871	45.22	0.13
Na_3AlF_6-MgF_2	4.720	-7.909	-1.092	-3.899	0.04
Na_3AlF_6-K_3AlF_6	3.976	-2.094	-3.619	15.03	0.06
Na_3AlF_6-CaF_2	-5.581	-0.4512	1.610	8.405	0.07
Na_3AlF_6-$NaAlF_4$	-18.333	15.65	-2.573	-67.77	0.09
K_3AlF_6-KF	-2.100	5.950	-2.532	-7.360	0.06
K_3AlF_6-Al_2O_3	46.477	-0.2629	-18.389	98.44	0.13
K_3AlF_6-$KAlF_4$	-19.039	0.5835	-23.188	34.17	0.02

Fernandez 和 Østvold[4]还研究了一些多组元体系的密度。密度数据如表5.1.4、表5.1.5和表5.1.6所示。

表 5.1.4 Na_3AlF_6-KF-Al_2O_3体系描述的温度和密度关系方程式(5.1.1)中的系数

$w(AlF_3)$/%	$w(Al_2O_3)$/%	a	$b\times10^4$
4.9	2.0	3.008	9.36
4.8	4.0	2.945	8.90
4.7	6.0	2.922	8.78
4.5	10.0	2.874	8.45
9.8	2.0	2.950	9.12
9.5	5.0	2.870	8.56
9.0	10.0	2.789	7.91

表 5.1.5 Na_3AlF_6-CaF_2-Al_2O_3体系温度和密度关系方程式(5.1.1)中的系数

$w(CaF_2)$/%	$w(Al_2O_3)$/%	a	$b\times10^4$
4.90	2.0	3.030	9.18
4.75	5.0	2.966	8.70
4.50	10.0	2.880	8.11
9.80	2.0	3.047	8.94
9.50	5.0	3.003	8.68
9.00	10.0	2.904	7.94

表 5.1.6 Na_3AlF_6-AlF_3-CaF_2-Al_2O_3体系温度和密度关系方程式(5.1.1)中的系数

$w(AlF_3)$/%	$w(CaF_2)$/%	$w(Al_2O_3)$/%	a	$b\times10^4$
1.96	1.96	0	3.120	9.77
1.88	5.89	0	3.135	9.79
1.80	9.82	0	3.160	9.83
5.89	1.88	0	3.080	9.70
5.66	5.66	0	3.115	9.75
5.43	9.46	0	3.155	9.86
9.82	1.80	0	3.041	9.50
9.46	5.43	0	3.094	9.70
9.06	9.09	0	3.139	9.83
4.90	4.90	2	3.057	9.51
4.75	4.75	5	2.974	8.90
4.50	4.50	10	2.924	8.59

图 5.1.1 给出添加剂对二元 Na_3AlF_6-MX 混合物密度的影响变化。

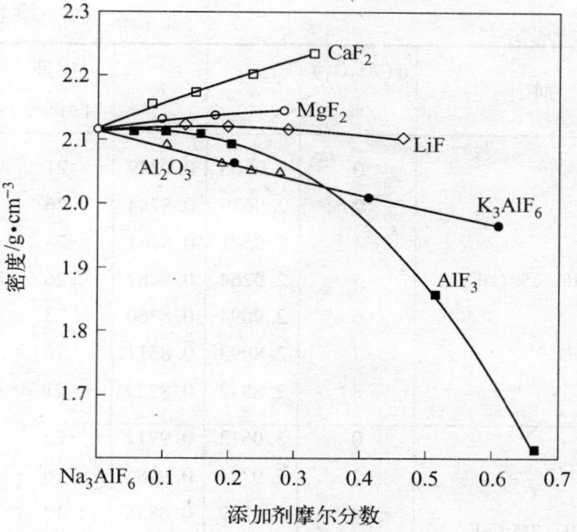

图 5.1.1 Na_3AlF_6-MX 体系在 1000℃ 时的密度

据 Fernandez 和 Østvold[4]

Chrenková 和 Fellner[5] 已经发布了 Na_3AlF_6-K_3AlF_6-Al_2O_3 体系的密度数据：K_3AlF_6 在 1000℃ 时的密度为 1.828 g · cm^{-3}，但 Fernandez 等人[3]公布的值为 1.891 g · cm^{-3}。造成这种误差可能是研究的体系含有挥发性较大的 K_3AlF_6 而引起的。

Itoh 和 Nakamura[6] 发布了关于 Na_3AlF_6-AlF_3-CaF_2-Al_2O_3 溶液密度的数据。这个数据适合于公式(5.1.1)，公式参数如表 5.1.7 中所示。

表 5.1.7 Na_3AlF_6-AlF_3-CaF_2-Al_2O_3 体系温度和密度关系方程式(5.1.1)中的系数（据 Itoh 和 Nakamura[6]）

溶 剂	$w(Al_2O_3)$ /%	a	b	序号（测试号）	温度范围 /℃
Na_3AlF_6-6% AlF_3-3% CaF_2	0	2.9701	0.8792	16	1000 ~ 1100
	2	2.9054	0.8379	12	990 ~ 1100
	4	2.9050	0.8464	19	980 ~ 1100
	6	2.8780	0.8280	25	980 ~ 1100
	8	2.8652	0.8252	22	980 ~ 1100

续表 5.1.7

溶 剂	$w(Al_2O_3)$ /%	a	b	序号（测试号）	温度范围 /℃
Na_3AlF_6-6% AlF_3-6% CaF_2	0	3.0366	0.9279	21	990~1100
	2	2.9679	0.8744	26	980~1100
	4	2.9571	0.8741	23	980~1100
	5	2.9264	0.8487	26	980~1100
	6	2.9094	0.8360	23	980~1100
	7	2.8993	0.8311	26	980~1100
	8	2.8842	0.8229	21	980~1100
Na_3AlF_6-9% AlF_3-3% CaF_2	0	3.0513	0.9711	22	990~1100
	2	2.9724	0.9085	26	980~1100
	4	2.9359	0.8838	13	980~1100
	5	2.9243	0.8786	25	980~1100
	6	2.8959	0.8565	13	980~1100
	7	2.8709	0.8371	13	980~1100

Olteanu 等人[7,8]研究了 LiF 和/或 MgF_2在温度大约为 940℃时对冰晶石溶液在物化性质方面的影响。电解质由混合物 Na_3AlF_6-AlF_3（$CR=2.35$）+2.5% Al_2O_3 +5% CaF_2构成。声明描述实验数据的方程式的精度为±1%。遗憾的是在引用论文中所公布的数据没有和其他作者的结果相比较。在图中的数据似乎与文献[1]中早期的数据一致。

Karnaukhov 等人[9]研究了 Na_3AlF_6-Al_2O_3-B_2O_3的物理化学性质。当硼化合物作为炭阳极燃烧的抑制剂时，在电解槽里会产生氧化硼。氧化硼可以降低铝中重金属的含量。含有氧化硼的电解质可以用来生产铝硼母合金。研究发现，氧化硼的增加会降低溶液的密度，每加入一个百分点的 B_2O_3会降低密度大约为 0.0024 $g\cdot cm^{-3}$。

Daněk 等人[10]给出 Na_3AlF_6-AlF_3-LiF-Al_2O_3熔融体系密度（$g\cdot cm^{-3}$）的经验方程式。

$$d = 2.938 - 8.466 \times 10^{-4}t - 3.373 \times 10^{-4}w^2(AlF_3) - 3.201 \times 10^{-3}w(LiF) - 4.762 \times 10^{-3}w(Al_2O_3) + 2.781 \times 10^{-4}w(AlF_3)w(LiF) \quad (5.1.5)$$

由于在专著论文[1]中未列出该推导公式所用的数据，我们给出 Daněk 等人[10]的密度数据，见表 5.1.8。密度与温度的关系见公式(5.1.1)。同样的数据和公式也可在 Chrenková 等人[11]论文中找到，他的研究以冰晶石基熔盐为研究对象。

表 5.1.8 Na_3AlF_6-AlF_3-LiF-Al_2O_3 体系的方程式(5.1.1)中系数 a,b 值和标准偏差 σ(据 Daněk 等人[9])

组成/%				a	$b\times10^4$	$\sigma\times10^4$
Na_3AlF_6	AlF_3	LiF	Al_2O_3			
98.52	—	—	1.48	3.001	9.140	3.5
96.99	—	—	3.01	2.968	8.900	2.18
93.79	—	—	6.21	2.913	8.520	4.12
90.37	—	—	9.63	2.852	8.060	3.10
86.70	—	—	13.30	2.767	7.320	4.20
95.27	—	2.94	1.79	2.949	8.694	3.30
93.49	—	2.89	2.62	2.940	8.700	4.25
89.80	—	2.77	7.43	2.916	8.640	5.30
85.90	—	2.65	11.45	2.840	8.000	5.10
92.39	—	7.44	2.26	2.928	8.602	3.80
88.18	—	7.26	4.56	2.912	8.577	7.40
83.84	—	6.91	9.25	2.828	7.898	2.10
81.77	—	15.16	3.07	2.795	7.575	4.33
79.18	—	14.68	6.14	2.752	7.277	4.20
65.84	—	32.54	1.62	2.763	7.760	5.18
64.78	—	32.01	3.21	2.634	6.584	3.67
80.52	13.8	5.68	—	2.910	8.607	4.18
77.36	15.47	7.17	—	2.999	9.576	3.89
69.23	19.77	11.00	—	2.975	9.450	4.12
69.07	27.63	3.50	—	2.784	8.600	5.11
66.43	26.27	7.00	—	2.832	8.812	3.45
65.00	26.00	9.00	—	2.852	8.900	5.18
60.71	24.28	15.01	—	2.996	9.800	2.48
48.73	30.63	20.64	—	2.933	9.257	3.57
42.45	33.98	23.60	—	2.957	9.650	4.33
22.31	44.61	33.08	—	2.838	8.599	6.80

续表 5.1.8

组成/%				a	$b\times10^4$	$\sigma\times10^4$
Na_3AlF_6	AlF_3	LiF	Al_2O_3			
91.08	7.28	—	1.64	2.941	8.814	2.15
89.52	7.15	—	3.33	2.848	8.042	3.12
86.26	6.89	—	6.85	2.810	7.855	4.12
82.80	6.61	—	10.59	2.791	7.780	4.67
82.55	8.25	7.65	1.55	2.871	8.176	3.77
81.27	8.69	7.50	3.14	2.923	8.752	2.85
78.40	7.84	7.27	6.49	2.839	8.096	3.68
75.42	7.54	6.99	10.05	2.792	7.767	2.55
74.68	14.93	6.92	3.47	2.921	9.027	4.78
71.85	14.35	6.66	7.14	2.871	8.702	5.10
65.00	26.00	7.00	2.00	2.844	8.600	4.85
64.98	17.33	16.06	1.63	2.834	8.140	3.73
63.88	17.03	15.78	3.30	2.747	7.777	4.37
61.57	16.42	15.21	6.80	2.777	7.760	3.12
58.52	23.09	14.46	3.03	2.820	8.240	5.87
56.20	22.47	13.89	7.44	2.811	8.300	5.89
45.59	27.35	25.35	1.71	2.841	8.350	4.35
44.77	26.86	24.89	3.47	2.862	8.697	6.57
41.65	33.31	23.16	1.88	2.942	9.600	7.18
40.84	32.66	22.70	3.80	2.898	9.230	8.12
24.05	38.48	35.14	1.81	2.861	8.720	5.78
23.60	37.75	34.99	3.66	2.766	7.864	6.44
21.87	43.73	32.42	1.97	2.866	9.000	4.90
21.42	42.84	31.76	3.98	2.862	9.000	5.20

5.1.3 实验数据的处理和应用

本章节将讨论另外几篇关于冰晶石熔盐密度的论文。这些论文并没有给出新的实验数据，但是他们在现有的文献数据基础上给出了关于密度和摩尔体积的经验公式和半经验公式。

Kvande 和 Rϕrvik[12] 发布了电解质密度、电解质温度和电解质成分之间的经验公式：

$$d = 2.64 - 0.0008t + 0.18w(NaF)/w(AlF_3) - 0.008w(Al_2O_3) + 0.005w(CaF_2) + 0.008w(MgF_2) - 0.004w(LiF) \quad (5.1.6)$$

Utigard[13] 的公式为：

$$d = 3.00 - 0.006w(AlF_3) - 0.009w(Al_2O_3) + 0.004w(CaF_2) - 0.009t \quad (5.1.7)$$

这些论文[13]讨论了在液相线温度下，密度随着成分的变化情况。但是，需要提到的是，这些数据和其他文献中的数据不一致（相差15%）。

Fellner 等人[14]使用溶液的摩尔体积来估算熔融体系 Na_3AlF_6-AlF_3-LiF-CaF_2-MgF_2-Al_2O_3 的密度，这种方法确实可以计算出密度。在随后的论文中 Fellner 等人[15]提出 KF 对于溶液密度的影响模型基于下列的假设：

LiF 与 AlF_3作用产生 Li_3AlF_6。如果加入 KF，则与 AlF_3作用产生 K_3AlF_6。剩余的 AlF_3与 Na_3AlF_6作用产生 $NaAlF_4$。那么以冰晶石为基的溶液的摩尔体积（$cm^3 \cdot mol^{-1}$）可以根据公式（5.1.8）来计算：

$$V = [1 + 4.3754 \times 10^{-4}(t - 900)] \times [95.693x(Na_3AlF_6) + 73.0x(Li_3AlF_3) + 74.303x(NaAlF_4) - 20.0x(Na_3AlF_6)x(NaAlF_4) + 25.4x(CaF_2) + 21.1x(MgF_2) + 130.8x(K_3AlF_6) + 57.5x(Al_2O_3)] \quad (5.1.8)$$

其中，$x(i)$是混合物的成分摩尔分数；t 为温度，℃。公式（5.1.8）中的参数由文献中的数据决定。公式（5.1.8）的适用范围是：0～28% AlF_3，0～10% Al_2O_3，0～8% CaF_2，0～8% MgF_2，0～5% LiF，0～5% KF。公式（5.1.8）可用来估算温度在850～1050℃之间、含有过量 AlF_3的电解质的密度。公式（5.1.8）和实验数据的误差为±1%。

由公式（5.1.8）计算的结果在图5.1.2和图5.1.3绘出。前一个图中，温度为960℃、980℃和1000℃，电解质组成为 Na_3AlF_6-11% AlF_3-5% CaF_2（0～10%）Al_2O_3。并给出电解质和熔融铝液之间的密度差。后一个图，绘制了在1000℃时，Na_3AlF_6-（0～20%）AlF_3-5 % CaF-（0～10%）Al_2O_3体系的密度等温线。

Solheim[16]发布了关于熔融体系 NaF-LiF-AlF_3-CaF_2-Al_2O_3 的密度的经验公式：

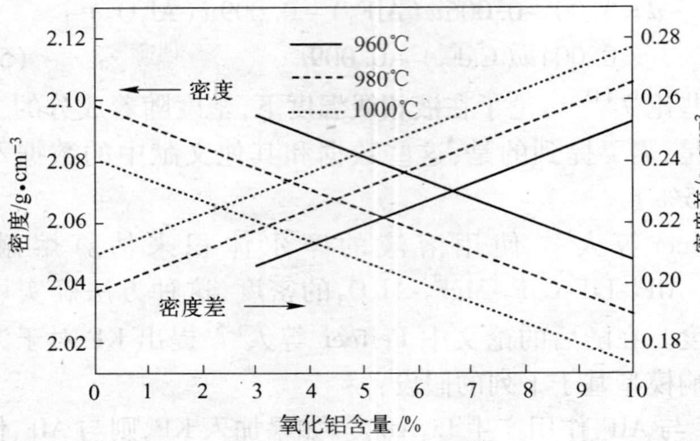

图 5.1.2　对于体系 Na_3AlF_6-11 % AlF_3-5 % CaF_2-(0 ~ 10%) Al_2O_3 的密度和熔融铝液与电解质之间的等密度差线

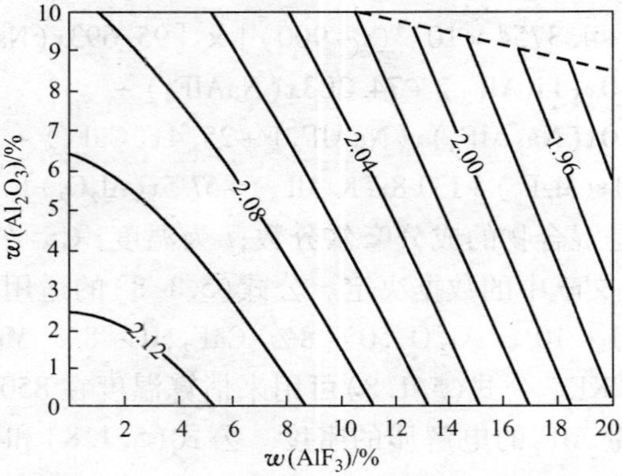

图 5.1.3　根据公式(5.1.8)得出 1000℃, Na_3AlF_6-(0 ~ 20%) AlF_3-5% CaF_2-(0 ~ 10%) Al_2O_3 体系的密度等温线(短划线为氧化铝溶解度极限)

$$\rho_t = \rho_{1000} - b(t - 1000) \tag{5.1.9}$$

$$\rho_{1000} = \frac{x_{NaF}}{x_{NaF} + x_{LiF}}\left[(1946 + 1113x_{AlF_3})^{-3.6} + \left(\frac{x_{AlF_3}}{859}\right)^{3.6}\right]^{-1/3.6} +$$

$$\frac{x_{LiF}}{x_{NaF} + x_{LiF}}\left[(1730 + 1655x_{AlF_3})^{-2.6} + \left(\frac{x_{AlF_3}}{940}\right)^{2.6}\right]^{-1/2.6} +$$

$$x_{NaF}x_{LiF}(27-490x_{AlF_3})+\frac{780x_{CaF_2}}{1+0.06x_{CaF_2}}-\frac{9000x_{Al_2O_3}x_{AlF_3}}{1+12x_{Al_2O_3}}+$$

$$1200x_{LiF}x_{Al_2O_3}+5000x_{LiF}x_{CaF_2}$$

$$b=0.64x_{NaF}+0.49x_{LiF}+0.39x_{CaF_2}-1.8x_{Al_2O_3}+$$

$$\frac{1.7x_{AlF_3}+1.5x_{AlF_3}^2}{1+140x_{NaF}x_{AlF_3}^5+290x_{LiF}x_{AlF_3}^7}$$

式中,ρ 为密度,$g \cdot cm^{-3}$;t 为温度,℃;x 为摩尔分数。

公式(5.1.9)是基于本章引用的实验数据,在本书第2版[1]中已有总结。对于文献中二元、三元和某些四元体系的数据与设想的密度公式做出了综合的比较。公式(5.1.9)得出的密度和根据公式(5.1.8)由摩尔分数计算出的密度很相近。这两种方法中,公式(5.1.8)和公式(5.1.9)的适用范围相差小于1%。

参考文献

1. Grjotheim, K., Krohn, C., Malinovský, M., Matiašovský, K. and Thonstad, J., "Aluminium Electrolysis. Fundamentals of the Hall-Héroult Process", 2-nd ed., Aluminium-Verlag, Düsseldorf, Germany, 1982, p. 128-138.
2. Janz, G. J., J. Phys. Chem. Ref. Data, **9**, 791-826 (1980).
3. Fernandez, R., Grjotheim, K. and Østvold, T., Light Metals 1986, 1025-1032.
4. Fernandez, R. and Østvold, T., Acta Chem. Scandinavica **43**, 151-159 (1989).
5. Chrenková, M. and Fellner, P., Chemical Papers **45**, 205-211 (1991).
6. Itoh, K. and Nakamura, E., Sumitomo Light Metal Technical Reports, **34** (3), 27-35 (1993).
7. Olteanu, M., Borcan, R., Constantinescu, M., and Zuca, S., Rev. Roumaine de Chimie **39** (6), 673-680 (1994).
8. Olteanu, M,. Borcan, R., Busila, M., Pavel, P., and Zuca, S., Rev. Roumaine de Chimie, **39** (7), 763-768 (1994).
9. Karnaukhov, E. N., Kulesh, M. K., Ryzhov, V. A., Vetyukov, M. M., Senin, V. N. and Butolin, A. V., Non Ferrous Met. Research, **6** (1), 16-17 (1978).
10. Daněk, V., Chrenková, M., and Silný, A., Proceedings of The International Harald Øye Symposium (Eds. M. Sørlie and T. Østvold), Trondheim, Norway, 1995.
11. Chrenková, M., Daněk, V., Silný, A. and Utigard, T. A., Light Metals 1996, 227-232.
12. Kvande, H. and Rørvik, H., Light Metals 1985, 671-678.
13. Utigard, T.A., Light Metals 1993, 239-245.
14. Fellner, P., Silný, A., and Chrenková, M., Proc. of VII-th Aluminium Symposium, Slovakia, 1993, 25-30.
15. Fellner, P. and Silný, A., J. Chem. Eng. Data, **40**, 1076-1078 (1995).
16. Solheim, A., Aluminium Transaction, **2**, 162-168 (2000).

5.2 表面张力

5.2.1 引言

电解质表面张力之所以重要是由于它对两相界面的张力有影响。在本书第2版[1]的5.2节中已经讨论了1980年以来熔融冰晶石中铝的表面张力和界面张力的数据。

电解质和阳极之间的界面张力影响着气泡的大小及电解质对炭阳极气孔的渗透力。它直接影响着炭渣与电解质的分离。电解质的表面张力也影响着铝/电解质界面和铝珠的沉降分离。电解质和熔融铝液的密度差异较小。由表面钠(或其他表面活性物质)的不均匀分布而造成的表面张力局部分布不均匀能够促进传热传质和改变流体的流动模式。当界面形成表面梯度时,流体将会发生从低表面张力到高表面张力的运动。这种效应被称为 Marangoni 效应(马兰戈尼效应,因界面张力梯度引起的液体流动,译者注)。Utigard 等人[2]在实验室中证实了这种效应的存在。Utigard 等人[2,3]讨论了马兰戈尼效应及电解铝中的界面情况和电流效率之间的关系。

5.2.2 表面张力

Bratland 等人[4]采用拉环法研究了二元系:Na_3AlF_6-Al_2O_3(Al_2O_3质量分数为0.4%~12%)和 Na_3AlF_6-CaF_2(CaF_2质量分数为0~15%)在1000~1100℃下的表面张力。其结果可用下列公式来表示:

$$\sigma = 264.3 - 0.1318t - 4.6\log(w(Al_2O_3)) - (3.29 - 0.00329t)w(Al_2O_3) \quad (5.2.1)$$

$$\sigma = 274.8 - 0.1392t - (0.19 - 0.00056t)w(CaF_2) \quad (5.2.2)$$

式中,σ 为表面张力;t 为温度,℃;w 为添加剂的浓度,%。对应的标准偏差为0.2%。

Fernandez 和 Østvold[5]采用拉环法研究了氟化物及含冰晶石

的氟化物混合物的表面张力。表面张力的标准偏差为0.5%。表面张力测试法的精确度估计为±1.5%。熔融冰晶石Na_3AlF_6的表面张力与温度的函数关系用方程式表示为：

$$\sigma = 273.74 - 0.138t \quad (5.2.3)$$

式中，t为温度，℃。

熔融K_3AlF_6的表面张力与温度之间的函数关系用方程式表示为：

$$\sigma = 208.63 - 0.108t \quad (5.2.4)$$

式中，t为温度，℃。

图5.2.1绘制出NaF-AlF_3混合物的表面张力等温线。此混合物体系的组成对铝电解用电解质的表面张力具有决定性的影响作用，即冰晶石基熔盐的表面张力随摩尔比的降低而降低。

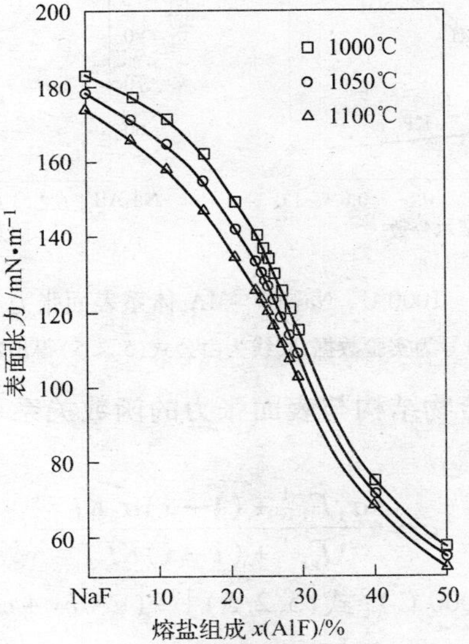

图5.2.1　NaF-AlF_3混合物表面张力等温线[5]

在引用的著作[5]中测定了以下纯熔融物质的表面张力：NaCl（此物质被用来标定测量方法的精确度），LiF，NaF，KF，

Na_3AlF_6，K_3AlF_6，$NaAlF_4$。同时也研究了下列包含 Na_3AlF_6 的二元系的表面张力，如：Na_3AlF_6-X（X = Al_2O_3，LiF，KF，K_3AlF_6，MgF_2，CaF_2）。KF-AlF_3、K_3AlF_6-Al_2O_3 二元系，Na_3AlF_6-AlF_3-Al_2O_3、Na_3AlF_6-AlF_3-CaF_2、Na_3AlF_6-Al_2O_3-CaF_2 三元系和 Na_3AlF_6-AlF_3-Al_2O_3-CaF_2 四元系的表面张力也都进行了研究。添加剂对熔融冰晶石的表面张力 σ 的影响见图 5.2.2。

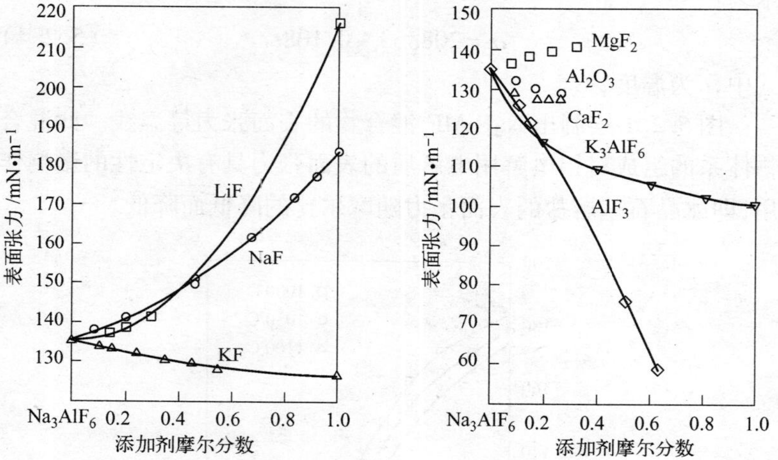

图 5.2.2　1000℃，Na_3AlF_6-MA_x 体系表面张力等温线[5]

带符号为实验数据，实线为由公式(5.2.5)得出数据

温度及混合物结构与表面张力的函数关系可以表述为下列公式：

$$\sigma = \frac{x\sigma_1 \Gamma_1^{-1} + (1-x)\sigma_2 K\Gamma_2^{-1}}{x\Gamma_1^{-1} + (1-x)K\Gamma_2^{-1}} \tag{5.2.5}$$

$$\sigma_x(t) = \sigma_x(1000℃)[\text{式}(5.2.5)] + (a + bx + cx^2)(t - 1000) \tag{5.2.6}$$

式中，x 为 Na_3AlF_6 或 K_3AlF_6 的摩尔分数；K 为可调整的参数。在含 Na_3AlF_6 和 K_3AlF_6 的二元体系里，x 为 Na_3AlF_6 的摩尔分数。公式(5.2.5)和式(5.2.6)的系数在表 5.2.1 中给出。

表 5.2.1 式(5.2.5)和式(5.2.6)中用于计算表面张力[5]关系的系数

二元系		K	$-a$	$-b$	c
Na_3AlF_6	-LiF	0.40	0.0855	0.1605	0.1080
	-NaF	1.56	0.0913	0.1587	0.112
	-KF	6.61	0.0861	0.1051	0.0532
	-$NaAlF_4$	0.86	0.0461	0.1566	0.065
	-K_3AlF_6	3.39	-0.108	-0.045	-0.075
K_3AlF_6	-KF	1.27	-0.0861	0.0747	0.0528
	-$KAlF_4$	0.91	0.0488	0.0761	0.0166

用于三元、四元体系的表面张力数据与温度的函数关系可用下式表示：

$$\sigma = c - dt \tag{5.2.7}$$

用于多元体系研究的系数 c 和 d 在表 5.2.2 ~ 表 5.2.4 中可以查到。

表 5.2.2 熔融 Na_3AlF_6-AlF_3-Al_2O_3 系[5]中温度与表面张力关系的系数

$w(AlF_3)$/%	$w(Al_2O_3)$/%	c	d
4.9	2.0	222.9	0.102
4.8	4.0	199.9	0.0804
4.7	6.0	199.0	0.793
4.5	10.0	208.9	0.0877
9.8	2.0	198.2	0.0875
9.5	5.0	193.4	0.0824
9.0	10.0	205.2	0.0921

表 5.2.3 熔融 Na_3AlF_6-CaF_2-Al_2O_3[5]系中的表面张力与温度之间关系的系数

$w(CaF_2)$/%	$w(Al_2O_3)$/%	c	d
4.90	2.0	247.3	0.114
4.75	5.0	236.7	0.105
4.50	10.0	225.5	0.0952
9.80	2.0	265.2	0.130
9.50	5.0	235.5	0.103
9.00	10.0	220.5	0.0895

表 5.2.4　熔融 Na_3AlF_6-AlF_3-Al_2O_3 体系中表面张力与温度之间的关系的系数

$w(AlF_3)$/%	$w(CaF_2)$/%	$w(Al_2O_3)$/%	c	d
1.96	1.96	—	264.4	0.131
1.88	5.89	—	270.0	0.135
1.80	9.82	—	273.3	0.137
5.89	1.88	—	253.4	0.128
5.66	5.66	—	258.2	0.131
5.43	9.46	—	260.3	0.132
9.82	1.80	—	243.6	0.127
9.46	5.43	—	249.5	0.130
9.06	9.09	—	254.2	0.134
4.90	4.90	2.0	234.7	0.110
4.75	4.75	5.0	222.9	0.0999
4.50	4.50	10.0	210.5	0.0877

Bratland 等人[4]给出的数据在 Fernandez 和 Østvold[5]数据的实验误差之内。Fernandez 等人[6]也发布了含 KF 的冰晶石基熔盐（Na_3AlF_6-KF、Na_3AlF_6-K_3AlF_6、Na_3AlF_6-KF-Al_2O_3）的表面张力数据。

Daněk 等人[7]采用拉环法研究了含有 AlF_3、LiF、KF、CaF_2 和 Al_2O_3 的低温电解质的表面张力。表面张力与温度之间的线性关系可用下式表示：

$$\sigma = a - bt \tag{5.2.8}$$

所研究的电解质的成分及公式(5.2.8)的参量见表 5.2.5 和表 5.2.6。

表 5.2.5　公式(5.2.8)[7]系数 a、b 的标准偏差

（对应的二元和三元体系及混合物构成用质量分数(%)来表示）

Na_3AlF_6	AlF_3	LiF	KF	CaF_2	Al_2O_3	a	b	SD	温度范围/℃
80.00	20.00					181.1	0.0934	0.8	946 ~ 1047
72.00	28.00					152.0	0.0760	0.9	875 ~ 976
77.60	19.40	3.0				187.2	0.0925	0.6	927 ~ 1026
75.20	18.80	6.0				194.3	0.0940	0.5	928 ~ 1028
69.84	27.16	3.0				168.9	0.0862	0.7	875 ~ 1026
65.45	25.45	9.1				196.0	0.0964	0.4	847 ~ 950

续表 5.2.5

Na_3AlF_6	AlF_3	LiF	KF	CaF_2	Al_2O_3	a	b	SD	温度范围/℃
77.60	19.40		3.0			193.5	0.1043	0.6	952 ~ 1051
75.20	18.80		6.0			191.3	0.0997	1.2	951 ~ 1052
68.40	26.60		5.0			154.7	0.0805	1.1	851 ~ 950
65.15	25.34		9.51			166.0	0.0884	0.5	876 ~ 978
78.40	19.60			2.0		183.3	0.0918	0.7	948 ~ 1049
76.80	19.20			4.0		186.0	0.0908	0.6	948 ~ 1046
69.84	27.16			3.0		158.8	0.0809	0.8	875 ~ 975
67.81	26.37			5.82		155.8	0.0770	0.3	875 ~ 1000
78.40	19.60				2.0	188.3	0.0962	0.6	923 ~ 1047
76.80	19.20				4.0	186.2	0.0923	0.5	922 ~ 1022
75.20	18.80				6.0	183.7	0.0875	0.3	923 ~ 1023
70.56	27.44				2.0	157.2	0.0817	1.5	852 ~ 951
69.18	26.90				3.92	168.1	0.0899	0.6	853 ~ 976
67.85	26.38				5.77	156.4	0.0758	0.7	876 ~ 1002

表 5.2.6 公式(5.2.8)[7] 的系数 a、b 的标准偏差

(四元和更多元体系及混合物构成用质量分数(%)来表示)

Na_3AlF_6	AlF_3	LiF	KF	CaF_2	Al_2O_3	a	b	SD	温度范围/℃
76.80	19.20	2.0	2.0			188.1	0.0927	0.9	923 ~ 1025
75.20	18.80	2.0	4.0			206.3	0.1106	0.6	923 ~ 1022
75.20	18.80	4.0	2.0			214.1	0.1144	0.5	921 ~ 1022
73.73	18.43	3.92	3.92			225.3	0.1248	0.8	923 ~ 1024
69.12	26.88	2.0	2.0			165.8	0.0866	0.5	873 ~ 950
67.11	26.10	4.85	1.94			164.7	0.0790	0.4	851 ~ 953
65.20	25.36	4.72	4.72			184.1	0.0951	0.2	853 ~ 951
73.60	18.40	2.0	4.0	2.0		190.8	0.0918	0.3	924 ~ 1024
72.16	18.04	1.96	3.92	3.92		207.6	0.1083	0.6	923 ~ 1023
65.52	25.48	4.0	4.0	1.0		171.8	0.0855	0.7	851 ~ 950
66.24	25.76	4.0	2.0	2.0		176.5	0.0897	0.3	850 ~ 976
64.80	25.20	4.0	2.0	4.0		192.9	0.1052	0.4	850 ~ 977
70.40	17.60	3.0	5.0	3.0	1.0	199.6	0.0991	0.7	923 ~ 1026
69.02	17.25	2.94	5.89	2.94	1.96	212.7	0.1113	0.6	925 ~ 1026
70.40	17.60	3.0	3.0	3.0	3.0	178.8	0.0768	0.6	898 ~ 997
63.36	24.64	3.0	5.0	3.0	1.0	171.4	0.0825	0.3	876 ~ 976
62.12	24.16	2.94	5.88	2.94	1.96	191.9	0.1044	0.7	875 ~ 977
62.4	24.26	3.81	3.81	2.86	2.86	174.7	0.0856	0.2	873 ~ 974

对表5.2.5和表5.2.6中表面张力的数据进行回归可得到回归方程式(5.2.9)。回归方程的系数及标准偏差如表5.2.7所示。

$$\sigma = a_1 + a_2 t + a_3 w(\mathrm{AlF_3}) + a_4 w(\mathrm{AlF_3})t + a_5 w^2(\mathrm{AlF_3}) + a_6 w(\mathrm{AlF_3})w(\mathrm{LiF})t + a_7 w(\mathrm{AlF_3})w(\mathrm{CaF_2})t + a_8 w(\mathrm{AlF_3})w(\mathrm{Al_2O_3})t + a_9 w(\mathrm{LiF})w(\mathrm{KF}) + a_{10} w(\mathrm{CaF_2})w(\mathrm{Al_2O_3})t + a_{11} w(\mathrm{AlF_3})w(\mathrm{LiF})w(\mathrm{KF})t \quad (5.2.9)$$

式中,t 为温度,℃;w 表示添加剂的质量分数,%。

表5.2.7　拟合的系数 $a_1 \sim a_{11}$ 及其标准偏差[7]

a_i	$a_i \pm SD$
a_1/mN · m^{-1}	266.69 ± 10.15
a_2/mN · m^{-1} · ℃	$(-1.257 \pm 0.011) \times 10^{-1}$
a_3/mN · m^{-1}	-4.754 ± 0.426
a_4/mN · m^{-1} · ℃	$(1.546 \pm 0.439) \times 10^{-3}$
a_5/mN · m^{-1}	$(3.002 \pm 0.165) \times 10^{-2}$
a_6/mN · m^{-1} · ℃	$(8.738 \pm 0.520) \times 10^{-5}$
a_7/mN · m^{-1} · ℃	$(2.078 \pm 0.555) \times 10^{-5}$
a_8/mN · m^{-1} · ℃	$(2.702 \pm 0.569) \times 10^{-5}$
a_9/mN · m^{-1}	1.007 ± 0.175
a_{10}/mN · m^{-1} · ℃	$(-3.507 \pm 0.614) \times 10^{-4}$
a_{11}/mN · m^{-1} · ℃	$(-4.318 \pm 0.794) \times 10^{-5}$
σ 的 SD/mN · m^{-1}	1.76

由上可知,在酸性环境中(研究的 $CR = 1.85$ 和 1.52)随着 LiF 的添加量的增大,表面张力有明显的增大;随着 Al_2O_3 和 CaF_2 的添加,表面张力增加幅度减小。在酸性溶液中 KF 对表面张力的影响不是很显著。

Daněk 和 Østvold[8] 通过最大气泡压力法测得 MF-AlF_3(Li, Rb, Cs)二元系熔盐的表面张力数据。在整个被研究的体系中随着 AlF_3 含量的增加,表面张力在减小。

5.2.3 冰晶石熔盐中铝的界面张力

Dewing 和 Desclaux[1,9]通过毛细下降法在氧化铝管中研究铝和饱和氧化铝冰晶石熔盐的界面张力。界面张力与熔盐组成和温度之间的关系如下方程式：

$$\gamma = 705.4 - 348.6BR + 61.9BR^2 + 0.140t + 9.8w(\mathrm{MgF_2}) \tag{5.2.10}$$

式中，BR 为 NaF/AlF_3的比；t 为温度，℃；w 为质量分数，%。界面张力的标准偏差是 27 $mN \cdot m^{-1}$。同时还发现 CaF_2的添加对界面张力影响不是很显著。

Utigard 和 Toguri[10] 使用座滴法和 X 射线照相技术相结合的方法，测试了含有不同添加剂的冰晶石熔盐与铝液之间的界面张力。同 Daněk 和 Østvold[8] 测定结果的一致，他们发现界面的张力受 NaF/AlF_3 比影响很大。1304 K 时，冰晶石组成的熔盐中的界面张力为 481 $mN \cdot m^{-1}$，当 NaF/AlF_3摩尔比为 1.5 时，界面张力升高到 650 $mN \cdot m^{-1}$。标准偏差是 7.0%。由于以前对相似体系的研究显示温度对界面张力的影响很小，所以在此没有研究。添加氧化铝界面张力增大（w 指质量分数，%）：

体系：$(90\%\ Na_3AlF_6 + 10\%\ NaF)\text{-}Al_2O_3$

$$\gamma = 440 + 6.2w(\mathrm{Al_2O_3}) \quad SD = 40\ \mathrm{mN \cdot m^{-1}} \tag{5.2.11}$$

体系：$Na_3AlF_6\text{-}Al_2O_3$

$$\gamma = 487 + 8.7w(\mathrm{Al_2O_3}) \quad SD = 42\ \mathrm{mN \cdot m^{-1}} \tag{5.2.12}$$

体系：$(95\%\ Na_3AlF_6 + 5\%\ AlF_3)\text{-}Al_2O_3$

$$\gamma = 533 + 10.7w(\mathrm{Al_2O_3}) \quad SD = 17\ \mathrm{mN \cdot m^{-1}} \tag{5.2.13}$$

体系：$(90\%\ Na_3AlF_6 + 10\%\ AlF_3)\text{-}Al_2O_3$

$$\gamma = 577 + 5.7w(\mathrm{Al_2O_3}) \quad SD = 30\ \mathrm{mN \cdot m^{-1}} \tag{5.2.14}$$

据发现，KF 是表面活性物质，能够降低界面张力。向冰晶石中加入 LiF 加大界面张力，x 为摩尔分数（%），在 $Na_3AlF_6\text{-}LiF$ 体系中，

$$\gamma = 481 + 1.8x(\mathrm{LiF}) \quad SD = 16\ \mathrm{mN \cdot m^{-1}} \tag{5.2.15}$$

Utigard 等人[11]还研究了有关界面张力的一些理论问题。樊占国和 Østvold[12]采用拉环法研究了铝液和熔融 $NaF-AlF_3-Al_2O_3$ 系之间的界面张力。研究的 $n(NaF)/n(AlF_3)$ 摩尔比在 2 ~ 5 之间，氧化铝含量从 0 到饱和不等，温度的范围在 1000 ~ 1100℃。在 1000℃ 时，纯 Na_3AlF_6-Al 体系的界面张力是(508 ± 1) $mN \cdot m^{-1}$。在碱性条件下($CR > 3$)，随着温度的增加界面张力增加，但是在酸性体系中($CR < 3$)，变化的趋势正好相反。实验数据可用下面的方程式表达：

$$\gamma = A + Bt \tag{5.2.16}$$

式中，t 为温度，℃；A 和 B 为常数，见表 5.2.8。

表 5.2.8 熔融 $NaF-AlF_3$ 和液态铝之间的界面张力 ($\gamma/mN \cdot m^{-1}$) 的拟合方程式(5.2.16)[12]

摩尔比 $n(NaF)/n(AlF_3)$	$A(\pm SD)$	$B(\pm SD)$	$\gamma/mN \cdot m^{-1}$ (1000℃)	标准差 SD /$mN \cdot m^{-1}$	温度范围 /℃
1.5	—	—	614	—	1001 ~ 1022
2.0	733.5(13.5)	−0.161(0.013)	573	0.9	1008 ~ 1088
2.4	558.3(12.8)	−0.021(0.012)	537	0.9	1009 ~ 1089
3.0	574.7(8.1)	−0.067(0.008)	508	0.6	1012 ~ 1083
4.0	223.8(41.1)	0.263(0.040)	487	2.9	994 ~ 1078
5.0	144.1(49.1)	0.315(0.047)	459	5.9	988 ~ 1080

樊占国和 Østvold[12]还研究了含 5%、10% 氧化铝和饱和氧化铝的冰晶石基熔盐和铝液之间的界面张力。在 $n(NaF)/n(AlF_3) < 4$ 时，界面张力稍有增加，在 $n(NaF)/n(AlF_3) = 5$ 时，随着氧化铝含量的增加，界面张力减少。通过数据的拟合得到方程(5.2.16)。方程中的参数如表 5.2.9 所示。

Utigard[13]把之前发表的论文界面张力的数据[9,10,12]和所用的实验技术进行了比较。虽然引文中的一些实验是在饱和氧化铝的情况下进行的，但在纯 $NaF-AlF_3$ 熔盐中也进行了其他实验，表面张力与熔盐质量比可用下列方程式描述[12]：

表 5.2.9 通过 $NaF-AlF_3-Al_2O_3$ 熔盐和铝液的界面张力拟合方程式(5.2.16)[12]

$w(Al_2O_3)$ /%	摩尔比 $n(NaF)/n(AlF_3)$	$A(\pm SD)$	$B(\pm SD)$	γ/mN·m^{-1} (1000℃)	SD /mN·m^{-1}	温度范围 /℃
5	1.5			644	—	1001~1013
	2.0			590		1001~1010
	2.5			540		1000
	3.0	696.3(108.5)	−0.186(0.104)	510	6.8	1007~1089
	5.0	353.5(50.6)	0.081(0.049)	434	3.7	1006~1069
10	2.5			560		1008~1088
	3.0	884.6(38.1)	−0.350(0.024)	535	2.5	1000~1093
	3.5	822.6(82.9)	−0.315(0.079)	508	7.7	1008~1091
	4.0	825.9(69.8)	−0.341(0.065)	485	4.8	1009~1094
铝饱和液	1.6			625		1000
	2.0			580		1000
	2.5	1145.7(69.4)	−0.552(0.067)	594	5.4	1000~1062
	3.0	662.9(49.7)	−0.113(0.047)	550	6.8	1003~1095
	3.5	578.9(17.9)	−0.067(0.017)	512	1.8	1000~1080
	4.0	319.0(10.9)	0.155(0.010)	474	1.0	1009~1080
	5.0	310.6(24.5)	0.116(0.023)	427	2.7	1000~1098
	6.0	176.9(39.8)	0.237(0.038)	414	3.8	1000~1078

$$\gamma = 800 - 180BR \tag{5.2.17}$$

式中,BR 指槽中 NaF/AlF_3 的质量比,范围在 0.9~1.6 之间。实验发现,在既定的 NaF/AlF_3 质量比熔盐中,Al_2O_3、CaF_2、LiF 和 NaCl 使界面张力增加,而 KF 使界面张力减少。基于对于文献数据的回归分析,得出如下方程式[13]:

$$\gamma = 700 - 88(BR)^2 + 7.3w(Al_2O_3) + 4.6w(LiF) \tag{5.2.18}$$

需要强调的是上述这些界面张力的测量数据都在没有通入电流的条件下得到的。Utigard 和 Toguri[14] 发现阴极电流密度为 0.6 A·cm^{-2},含有 5%~10% AlF_3、5% CaF_2 和 5% Al_2O_3 的电解质的界面张力为(690±60) mN·m^{-1}。同时也发现如果切断电流,界面张力立即下降,这说明在铝的表面有过剩的正电荷。界面张力突然下降后,又随着时间逐渐增加。这种现象被解释为:在电解过程中界面有过剩的 NaF 聚集,并且在电解停止时,NaF 便从界面慢慢地扩散开。

Grjotheim 等人[15]研究了熔融盐电解中的界面现象。在电解过程中,采用透明的石英电解槽来观察氧化铝、气体和金属的溶解。在邱竹贤等人[16]和 Grjotheim 等人[15]定性研究了熔融盐电解过程中炭电极的湿润性和界面现象。从中可见,炭电极湿润性受到了电极极化的影响很大。

5.2.4 电解质对炭材料润湿

由于固体的表面不存在离子的迁移,所以固/液界面不同于液/液界面的界面现象。不过,仍然需要考虑表面张力与固体表面的关系,并且我们可以估计这个张力的大小。同时存在液/气界面张力,固/液界面张力和固/气界面张力,它们决定了气/液界面和固体表面之间的接触角(见图 5.2.3)。

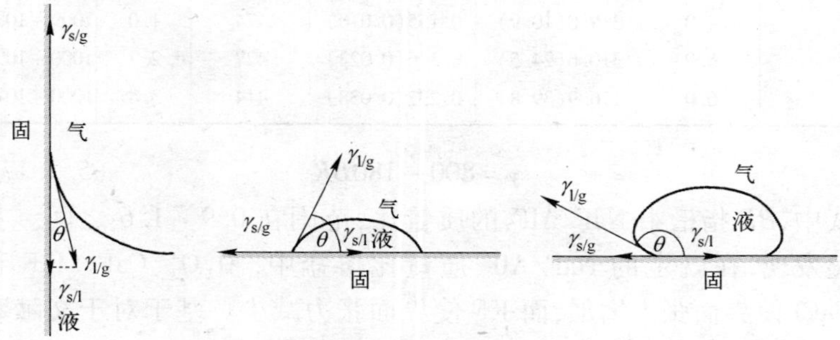

图 5.2.3 三相接触图示和湿润角的定义

通过三相形成的界面夹角,我们称之为湿润角,这是液体湿润固体表面的一个度量。根据力的作用平衡原理,很容易分析这种作用在液滴表面的三种张力的矢量平衡关系。如图 5.2.3 所示,为垂直方向的力达到平衡关系:

$$\gamma_{s/l} + \gamma_{l/g} \cdot \cos\theta = \gamma_{s/g} \quad (5.2.19)$$

事实上,这就是 Young 方程式[17]。如果固体的表面是粗糙的,Young 方程式[17]适用于各种固体表面[18]。

$$\gamma_{l/g} \cdot \cos\theta = r(\gamma_{s/g} - \gamma_{s/l}) \tag{5.2.20}$$

这里,r 代表真实的固体接触面积。这个问题在专论[19]中有详细论述。

邱竹贤等人[16,20]使用微型电解槽研究了熔融冰晶石 - 氧化铝熔盐与炭电极的湿润性。实验装置见图 5.2.4。

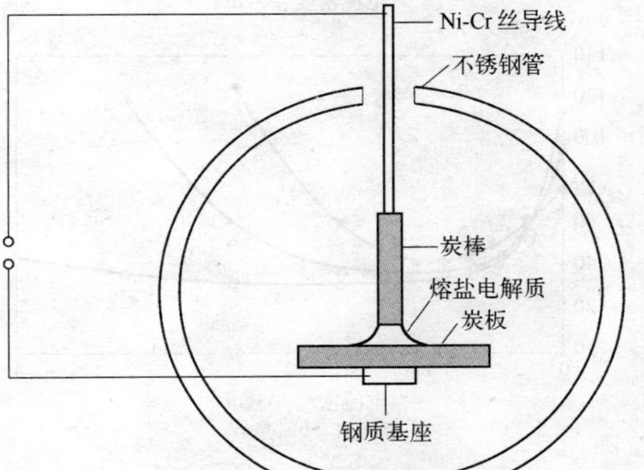

图 5.2.4 邱竹贤等人[16,20]使用的微型电解槽示意图

通过这种微电解槽得出的结果可以被定性地描述如下:当对炭板进行阴极极化,电解几分钟后,熔滴渐渐地在炭板上散开,呈现一种要脱离阳极的趋势。当对炭板进行阳极极化,电解质对炭棒湿润性很好,此时炭棒充当阴极。只在电解初期,熔盐与炭阳极具有良好的湿润性。在引用的论文[16, 20]中,有照片记录这种定性实验现象。

从图 5.2.5 中可见,电流密度对熔盐与炭湿润性的影响是相当大的。氧化铝对湿润角的影响见图 5.2.6。

在所有研究的情形中,随着温度的增高,湿润性在增加。当向熔融冰晶石 - 氧化铝熔盐中加入金属铝,在 3 min 内熔滴就在

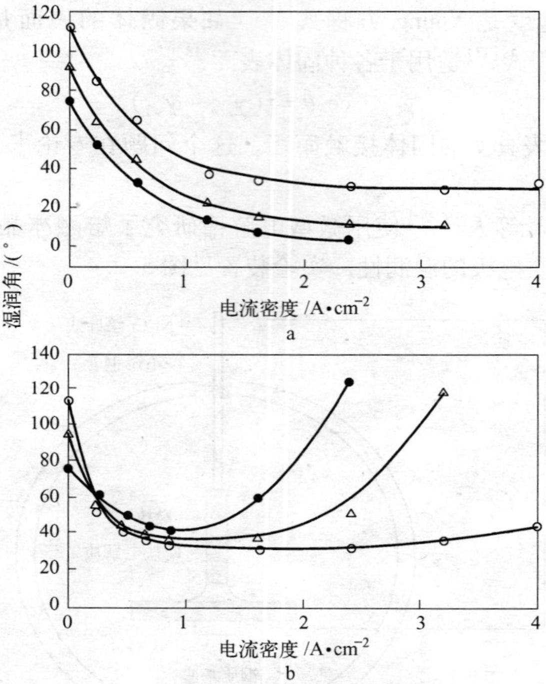

图 5.2.5　电流密度对于石墨和电解质熔盐湿润角的影响

a—炭板阴极化；b—炭板阳极化[16, 20]

○—1 min；△—3 min；●—5 min

（温度为1000℃，摩尔比为2.75，氧化铝质量分数为5.5%）

炭板上迅速摊开。

需要指出的是，得到这样的结果主要与所使用了炭素材料的特性有关。三种炭素材料：石墨板、石油焦基炭板、无烟煤基板的影响见图5.2.7。

邱竹贤等人[16, 20]对这种现象解释如下：由于阴极发生电化反应而造成的阴极极化改善了电解质对炭的湿润，而阳极由于产生阳极气体而使得湿润性降低。

Utigard 和 Toguri[21]在研究润湿性时，在小型的试验用槽里，对霍尔－埃鲁电解过程进行了 X 射线观察。他们发现，温度在

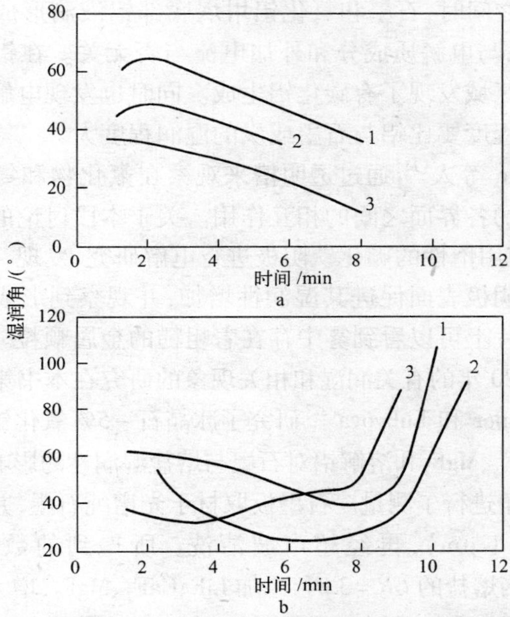

图 5.2.6 湿润角对氧化铝浓度及电解时间的影响

a—炭板阴极化;b—炭板阳极化

$t = 1000℃$;$CR = 2.75$;$j = 0.8\ A \cdot cm^{-2}$

1—3.4% Al_2O_3;2—7.3% Al_2O_3;3—9.8% Al_2O_3

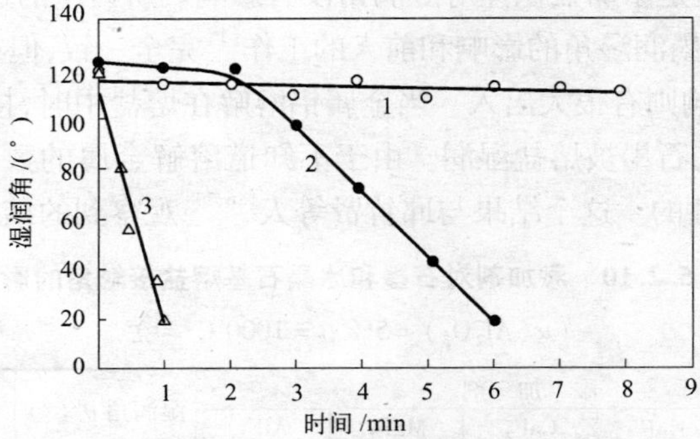

图 5.2.7 不同炭素材料的湿润性

1—石墨板;2—石油焦基板;3—无烟煤基板[16, 20]

(温度为 1000℃,CR 为 2.75,氧化铝质量分数 5.5%)

150～170℃之间时，石墨和氧化铝坩埚底部铝液滴形成接触角为150°和170°，与电解质成分和外加电流与否无关。在铝液滴和石墨坩埚接触区域发现了有碳化铝生成。同时也发现电解质与石墨或炭的湿润程度要比铝与石墨或炭的湿润程度大。

Grjotheim 等人[15]通过透明槽来观察在氟化物和氯化物熔盐电解过程中的各界面之间的相互作用。关于本段讨论的湿润性话题，研究者使用惰性的硼化钛阴极进行电解研究，发现一些小铝滴黏附在惰性阴极表面促进其湿润性增加，并观察到形成了紫色的铝雾。从照片上可以看到雾中存在着粗糙的金属颗粒。

截至1980年的有关润湿和相关现象的研究在本书第2版[1]已作讨论。Fellner 和 Lubyova[22]研究了冰晶石－5%氧化铝基熔盐中添加 LiF、CaF_2、MgF_2和溶解铝对石墨与熔盐湿润性的影响。采用座滴法对润湿角进行了测量。石墨板取材于光谱纯石墨，并用金刚石纸抛光（$d < 1$ μm），再经超声波清洗。所得到的数据总结在表5.2.10。当熔盐的 $CR = 3$ 时，添加 LiF、CaF_2、MgF_2，增大石墨板和熔盐之间的湿润角。添加 AlF_3（降低 CR）会减小接触角，当 CR 降到2.5的时候，进一步增加氟化铝的含量对石墨的润湿影响很小。和在中性熔盐中一样，在酸性熔盐中（$CR = 2$）添加 CaF_2、MgF_2能增大湿润角。但是添加氟化锂对湿润角没有影响。所讨论的这篇论文中 CR 对于石墨润湿角的影响和前人的工作[1]完全一致，但有关 CaF_2、MgF_2的影响则有很大出入。当金属铝溶解在熔盐中时，接触角小于90°。因此，石墨被熔盐湿润。由于不知道溶解金属的数量，这个结果只是定性的。这个结果与邱竹贤等人[16,20]观察到的结果一致。

表5.2.10 添加剂对石墨和冰晶石基熔盐接触角的影响

（$w(Al_2O_3) = 5\%$；$t = 1000$℃[22]）

添加剂					湿润角 θ/(°)	差值/(°)
LiF	NaF	CaF_2	MgF_2	AlF_3		
—	—	—	—	—	112.0	3.2
2	—	—	—	—	114.3	1.9
3	—	—	—	—	123.0	1.7

续表 5.2.10

添加剂					湿润角 θ/(°)	差值/(°)
LiF	NaF	CaF_2	MgF_2	AlF_3		
5	—	—	—	—	127.7	1.1
—	3.66	—	—	—	99.4	1.9
—	—	3	—	—	119.3	2.1
—	—	8	—	—	120.8	2.5
—	—	—	3	—	120.0	2.0
—	—	—	8	—	129.6	1.1
—	—	—	—	7.04	103.9	3.2
—	—	—	—	15.84	104.4	6.1
5	3.66	—	—	—	112.7	0.8
—	3.66	8	—	—	113.0	1.2
—	3.66	—	8	—	120.7	1.5
5	—	—	—	15.84	103.8	2.7
—	—	8	—	15.84	125.0	1.2
—	—	—	8	15.84	115.4	0.8

参考文献

1. Grjotheim, K., Krohn, C., Malinovský, M., Matiašovský, K. and Thonstad, J., “Aluminium Electrolysis. Fundamentals of the Hall-Héroult Process“, 2-nd ed., Aluminium-Verlag, Düsseldorf, Germany, 1982, p. 138-146.
2. Utigard, T., Rolseth, S., Thonstad, J. and Toguri, J.M., Proc. Int. Symp. “Production and Electrolysis of Light Metals“, Halifax, Canada, Aug. 26-29, 1989, 189-200.
3. Utigard, T. and Toguri, J.M., Light Metals 1991, 273-280.
4. Bratland, D., Ferro, C.M. and Østvold, T., Acta Chem. Scandinavica, **A37**, 487-491 (1983).
5. Fernandez, R. and Østvold, T., Acta Chem. Scandinavica, **43**, 151-159 (1989).
6. Fernandez, R. Grjotheim, K. and Østvold, T., Light Metals 1986, 1025-1032.
7. Daněk, V., Patarák, O. and Østvold, T., Canadian Metal. Quarterly, **34**, 129-133 (1995).
8. Daněk, V. and Østvold, T., Acta Chem. Scandinavica, **49**, 411-416 (1995).
9. Dewing, E.W. and Desclaux, P., Met. Trans., **8B**, 555-561 (1977).
10. Utigard, T. and Toguri, J.M., Met. Trans., **16B**, 333-338 (1985).
11. Utigard, T., Toguri, J.M. and Grjotheim, K., Canadian Metal. Quarterly, **26**, 129-135 (1987).
12. Zhanguo Fan and Østvold, T., Aluminium, **67**, 287-291 (1991).
13. Utigard, T., ICSOBA 1992.
14. Utigard, T. and Toguri, J.M., Met. Trans., **17B**, 547-552 (1986).
15. Grjotheim, K., Kvande, H., Qiu Zhuxian and Fan Liman, Aluminium **65**, 157-162 (1989).
16. Qiu Zhu-Xian, Wei Qing-Bin and You Kwan-Tsung, Aluminium, **59**, 670-673 (1983).
17. Young, T., Phil. Trans. Roy. Soc. (London) **95**, 65 (1805).
18. Wenzel, R.N., J. Phys. Coll. Chem., **53**, 1466 (1946).
19. Defay, R., Prigogine, I., Bellemans, A. and Everett, D.H., Surface Tension and Adsorption, Longmans, London 1966, 14-20.
20. Qiu Zhu-Xian, Wei Qing-Bin and Yuo Kwan-Tsung, 7th Int. Leichtmetalltagung, Leoben - Wien 1981, 256-257.
21. Utigard, T. and Toguri, J.M., 8th Int. Leichtmetalltagung, Leoben-Wien 1987, 133-137.
22. Fellner, P. and Lubyová, Ž., Chem. Papers **45**, 201-204 (1991).

5.3 电导率

5.3.1 引言

冰晶石基及其混合物熔盐的电导率本书第 2 版 5.3 节已经专门阐述过[1],测量电导率的电导池结构和标准(校对)方法非常重要。1969 年,Robbins[2] 已经发表文章讨论过电导率测量所用的实验研究方法。在最近的 20 年,在测量电导率方面出现了很多技术改进,但基本上使用 BN 多晶作为电导池的结构材料,同时电子技术的进步对测量技术产生很大的促进作用。

Peterson[3] 曾发表了用热解氮化硼电导池测得的冰晶石熔盐电导率的有关数据。Wang 等人[4] 发明了一种移动电极技术来测定电导率。这种管状电导池是由热解的氮化硼组成,这种技术主要用来测量多组分的冰晶石体系混合物[5]。Thonstad 等人[6] 用一种热解氮化硼电导池来测量铝电解过程中的电解质电导率。类似的电导池随后被 Fellner 等人[7,8] 和 Híveš 等人[9,10] 用作冰晶石熔盐体系电导率的进一步研究。正如在下述文献中[3~10] 提到的,这种用氮化硼电导池测得的冰晶石混合物的电导率应该是可靠的。

5.3.2 熔融的冰晶石及其混合物的电导率

Wang 等人[4] 已经对熔融的冰晶石添加 AlF_3、Al_2O_3、CaF_2、MgF_2及 LiF 得到的混合物的电导率做过测量。在其测量的结果基础上得到了冰晶石熔盐体系电导率的多次回归方程。Wang 等人[4] 用作测定电导率的冰晶石电解质的成分如表 5.3.1 所示。

表 5.3.1 Wang 等人[4] 测定的冰晶石电解的成分

组 成	范围/%	变化值/%
$n(NaF)/n(AlF_3)$	2.2 ~ 2.9	2.20, 2.55, 2.90
Al_2O_3	0 ~ 6.0	0, 3.0, 6.0
CaF_2	0 ~ 8.0	0, 4.0, 8.0
MgF_2	0 ~ 8.0	0, 4.0, 8.0
LiF	0 ~ 8.0	0, 4.0, 8.0

其冰晶石电解质的熔点在900～1000℃的范围内波动。共测153个数据点,其电导率数据通过回归方程描述如下:

$$\begin{aligned}\ln\kappa = &1.9105 + 0.1620 \cdot CR - 17.38\times10^{-3}w(Al_2O_3) - \\ &3.955\times10^{-3}w(CaF_2) - 9.227\times10^{-3}w(MgF_2) + \\ &21.55\times10^{-3}w(LiF) - 1.7457\times10^{3}/T \qquad (5.3.1)\end{aligned}$$

式中,κ 为电导率,$\Omega^{-1}\,cm^{-1}$;w 为混合物添加剂的质量分数,%;CR 为 NaF/AlF_3摩尔比;T 为温度,K。式(5.3.1)中 $\ln\kappa$ 的标准误差是±0.0232。

式(5.3.1)与 Choudhary 发表的电导率方程[4]在格式上是一样的。文献[4]中比较了这两个方程。

当用冰晶石电解质的质量比(BWR)代替摩尔比时,方程变为:

$$\begin{aligned}\ln\kappa = &1.9362 + 0.3092BWR - 17.55\times10^{-3}w(Al_2O_3) - \\ &4.132\times10^{-3}w(CaF_2) - 3.980\times10^{-3}w(MgF_2) + \\ &8.123\times10^{-3}w(LiF) - 1.7511\times10^{3}/T \qquad (5.3.2)\end{aligned}$$

式中,w 为添加剂混合物的质量分数,%;熔盐质量比 BWR 定义为(n 为物质的量,mol):

$$BWR = 0.5[n(NaF) + n(LiF) - n(MgF_2)]/nAlF_3$$

Fellner 等人用多晶 BN 管状电导池测量了冰晶石熔盐和其二元混合物 Na_3AlF_6-Al_2O_3、Na_3AlF_6-AlF_3、Na_3AlF_6-CaF_2、Na_3AlF_6-MgF_2和 Na_3AlF_6-Li_3AlF_6的电导率[7],测量温度范围是从熔点到1090℃,电导率与温度和添加剂浓度关系有下述关系:

$$\kappa = (0.15 + 0.00085t)(2.80 + b_i x_i) \qquad (5.3.3)$$

式中,组成 x_i为添加剂的摩尔分数,%;t 为温度,℃;参数 b_i的测量的标准偏差和添加剂组成适用范围列于表5.3.2。

文献[7]对电导率相关的文献数据进行了综合评价。对实验方法和电导池常数的测定也作了详细的讨论。

同时,Fellner 等人[8]也研究了低熔点电解质体系 Na_3AlF_6-Li_3AlF_6-AlF_3的电导率和添加剂 Al_2O_3、CaF_2和 MgF_2对其电导率的影响。该体系的电导率方程式为:

表 5.3.2　冰晶石基二元混合物的电导率方程式(5.3.3)的参数 b_i 及其有效适用范围

(Fellner 等人的测量值[7])

组　成	$b_i \times 10^2$	标准差 $\sigma/\Omega^{-1}\cdot cm^{-1}$	范围(摩尔分数)/%
Al_2O_3	−2.53	0.015	0 ~ 17
AlF_3	−1.66	0.022	0 ~ 50
CaF_2	−0.76	0.023	0 ~ 30
MgF_2	−1.07	0.031	0 ~ 30
Li_3AlF_6	+0.97	0.022	0 ~ 40

$$\kappa = 7.22\exp(-1204.3/T) + 0.97x(Li_3AlF_6) - 1.66x(AlF_3) - 0.942x(Li_3AlF_6)x(AlF_3) \quad (5.3.4)$$

式中，$x(i)$ 为添加剂的摩尔分数；其他添加剂对 Na_3AlF_6-Li_3AlF_6-AlF_3 体系电导率的影响可以通过变化方程式(5.5.3)中的第二项，即 $\sum x_i b_i$，来体现。b_i 的数值与表 5.3.2 中一致。

Híveš 等人[9,10]研究了冰晶石分别与 Al_2O_3、AlF_3、CaF_2、KF、Li_3AlF_6、MgF_2 等二元混合物和三元混合物 Na_3AlF_6-Al_2O_3-CaF_2(MgF_2)、Na_3AlF_6-AlF_3-KF(Li_3AlF_6)的电导率，采用的是多晶 BN 管状电导池。实验方法同 Fellner 等人[7]所用之法。电导池常数约为 40 cm^{-1}。两组数据画在图 5.3.1 中。实验共测得 193 个数据，实验数据用回归方程拟合为：

$$\kappa = 7.22\exp(-1204.3/T) - 2.53x(Al_2O_3) - 1.66x(AlF_3) - 0.76x(CaF_2) - 0.206x(KF) + 0.97x(Li_3AlF_6) - 1.07x(MgF_2) - 1.80x(Al_2O_3)x(CaF_2) - 2.59x(Al_2O_3)x(MgF_2) - 0.942x(AlF_3)x(Li_3AlF_6) \quad (5.3.5)$$

式中，T 代表温度，K；$x(i)$ 为添加剂的摩尔分数。标准偏差为 0.026 $\Omega^{-1}\cdot cm^{-1}$(即约为 1%)。

基于实践上常用质量分数表示电解质的组成，为此，上式变为：

$$\ln\kappa = 1.977 - 0.0200w(Al_2O_3) - 0.0131w(AlF_3) - 0.0060w(CaF_2) - 0.0106w(MgF_2) - 0.0019w(KF) + 0.0121w(LiF) - 1204.3/T \quad (5.3.6)$$

式中,T 为温度,K;$w(i)$ 为质量分数,%。然而,该式求得的电导率最大相对误差达到 2.5%。因而方程式(5.3.5)能够较为精确(准确)描述冰晶石基混合熔盐的电导率。

Itoh 和 Nakamura[12] 研究了 Na_3AlF-AlF_3-CaF_2-Al_2O_3 熔盐的电导率,使用纯铂金电导池。所得到的数据与最可靠的文献数据值[4,7~11]一致。

Daněk 等人[13] 和 Chrenková 等人[14] 发表了 Na_3AlF_6-AlF_3-LiF-Al_2O_3 熔盐系的电导率($\Omega^{-1}\cdot cm^{-1}$)数据方程:

$$\begin{aligned}\kappa = & -7.332 + 1.742\times10^{-2}t - 7.313\times10^{-6}t^2 - \\ & 1.866\times10^{-4}c_{AlF_3}^2 - 2.824\times10^{-5}c_{AlF_3}t + \\ & 4.613\times10^{-2}c_{LiF} + 2.046\times10^{-4}c_{LiF}^2 - \\ & 4.695\times10^{-5}c_{Al_2O_3}t + 2.462\times10^{-4}c_{AlF_3}c_{LiF} + \\ & 2.003\times10^{-3}c_{AlF_3}c_{Al_2O_3} - \\ & 5.546\times10^{-5}c_{AlF_3}c_{Al_2O_3}c_{LiF} \end{aligned} \tag{5.3.7}$$

该方程的数据使用带有铂金旋转圆盘电极(直径 5 mm)的电导池测量得到。上述电导率方程使用的条件是:温度范围 850 ~ 1050℃,添加剂的浓度(%):$c(AlF_3)=0\sim30$;$c(LiF)=0\sim30$;$c(Al_2O_3)=0\sim10$(或到氧化铝溶解度极限)。该方程的标准偏差为 0.0394 $\Omega^{-1}\cdot cm^{-1}$。

Olteanu 等人[15,16] 研究 LiF 和 MgF_2 添加剂对 Na_3AlF_6-AlF_3($CR=2.35$)+2.5% Al_2O_3 +5% CaF_2 熔盐体系电导率的影响。研究结果与最近的他人研究结果吻合得不太好。

Wang 等人[17] 研究了含有碳化铝(Al_4C_3)的冰晶石熔盐的电导率,其使用的是可变长度的电导池。碳化铝在冰晶石电解质中的溶解可达到 0.2%,与熔盐的独特的化学组成和温度有关,其 Al_4C_3 溶解度增加 0.1% 使电解质的电导率下降 1.1%。

1000℃时各种添加剂对冰晶石熔盐电导率的影响作用见图 5.3.1。添加剂在多组元体系中对电导率的变化趋势的影响与二元系中影响是一致的。图 5.3.2 是添加剂 Al_2O_3 浓度对 Na_3AlF_6

$+11\%\ AlF_3+5\%\ CaF_2$熔盐系电导率的影响，图中对 Wang 等人[4]和 Híveš 等人[9,10]的结果作了比较。

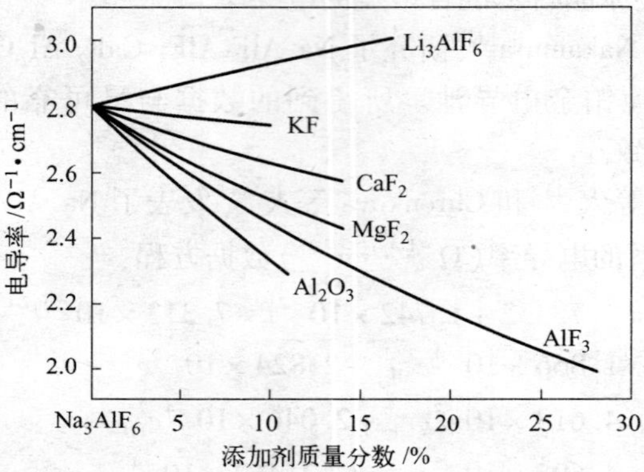

图 5.3.1 Na_3AlF_6-MX 熔盐体系 1000℃的等温电导率图

（源自 Híveš 等人[9,10]）

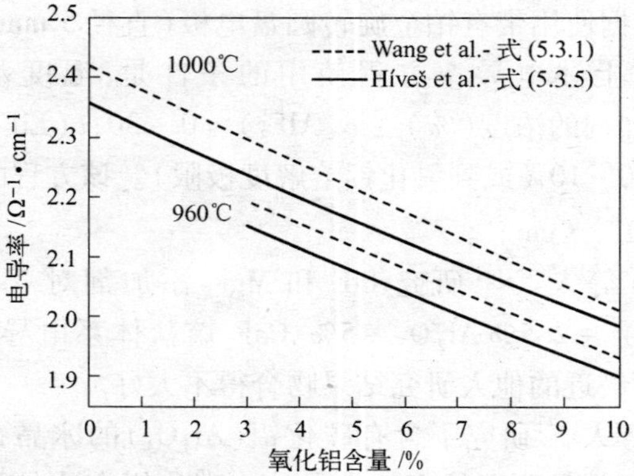

图 5.3.2 Na_3AlF_6-11% AlF_3-5% CaF_2 -（0 ~ 10%）Al_2O_3熔盐体系在 960℃、1000℃时的等温电导率

实线—Híveš 等人[9,10]；点划线—Wang 等人[4]

图 5.3.3 是 Na_3AlF_6-5% CaF_2-（0 ~ 20）% AlF_3-（0 ~ 10）% Al_2O_3 的电导率等值图。图 5.3.4 是在过热度为 10K 时，电导率

随 AlF_3 浓度的变化曲线图，其熔盐组成为 Na_3AlF_6 + 5% CaF_2 + 3% Al_2O_3 + (0 和 3%) LiF。图中电导率随 AlF_3 的添加和温度的下降而下降。添加 LiF 在一定程度上能消除上述影响。

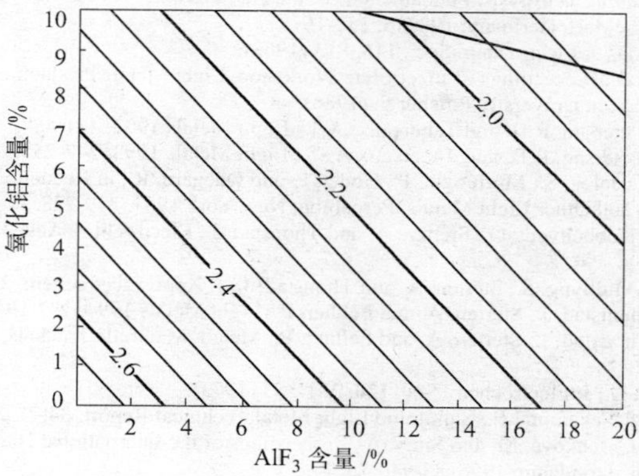

图 5.3.3 Na_3AlF_6-5% CaF_2-(0～10%) Al_2O_3-(0～20%) AlF_3 的电导率等值图

源自 Híveš 等人[9,10] 的研究；粗线—氧化铝溶解度极限

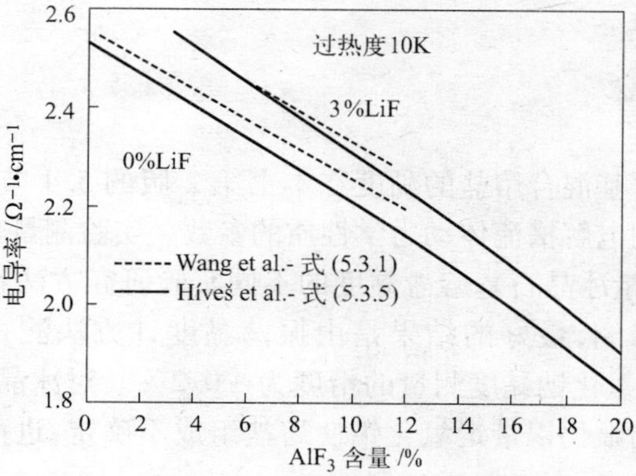

图 5.3.4 过热度 10 K，Na_3AlF_6 + 5% CaF_2 + 3% Al_2O_3 + (0 和 3%) LiF 熔盐体系的电导率随 AlF_3 浓度的关系曲线图

实线—Híveš 等人[9,10]；点划线—Wang 等人[4]

参 考 文 献

1. Grjotheim, K., Kroh Grjotheim, K., Krohn, C., Malinovský, M., Matiašovský, K. and Thonstad, J., "Aluminium Electrolysis. Fundamentals of the Hall-Héroult Process", 2^{-nd} ed., Aluminium-Verlag, Düsseldorf, Germany, 1982, p. 152-167.
2. Robbins, G.D., J. Electrochem.Soc., **116**, 813 (1969).
3. Peterson, R.D., Proceedings of Electrolyte Workshop, Light Metals Production Group, Carnegie-Mellon University Pittsburgh (1986).
4. Wang, X., Peterson, R.D. and Tabereaux, A.T., Light Metals 1992, 481-488.
5. Wang, X., Peterson, R.D. and Tabereaux A. T., Light Metals 1993, 247-255.
6. Thonstad, J., Jarek, S., Müftüoglu, P., Godet, P. and Ødegard, R., in Reduction and Casting of Aluminium and Other Light Metals, Pergamon, New York 1987, 219-228.
7. Fellner, P., Kobbeltvedt, O., Sterten, Å. and Thonstad, J., Electrochim. Acta **38**, 589-592 (1993).
8. Fellner, P., Midtlyng, S., Sterten, Å. and Thonstad, J., J. Appl. Electrochem. **23**, 78-81 (1993).
9. Híveš, J., Thonstad, J., Sterten, Å. and Fellner, P., Light Metals 1994, 187-194.
10. Híveš, J., Thonstad, J., Sterten, Å. and Fellner, P., Metall. Materials Trans. B, **27B**, 255-261 (1996).
11. Choudhary, G., J. Electrochem. Soc. **120**, 381-383 (1973).
12. Itoh, K., and Nakamura, E., Sumitomo Light Metal Technical Report, **34**(7), 27-35 (1993).
13. Daněk, V., Chrenková, M. and Silný, A., Proceedings of the International Harald A. Øye Symposium, Trondheim 1995, 83-94.
14. Chrenková, M., Daněk, V., Silný, A. and Utigard T.A., Light Metals 1996, 227-232.
15. Olteanu, M., Borcan, R., Constantinescu, M. and Zuca, S., Rev. Roum. Chim. **39**, 673-680 (1994).
16. Olteanu, M., Borcan, R., Busila, P. and M., Zuca, S., Rev. Roum. Chim. **39**, 763-768 (1994).
17. Wang, L., Tabereaux, A.T. and Richards, N.E., Light Metals 1994, p. 177 -185.

5.4 黏度

5.4.1 引言

冰晶石基混合熔盐的黏度在本书第 2 版的 5.4 节中阐述过。黏度是影响电解槽流体动力学性质的参数。实验测量其数值非常有必要，测量冰晶石基熔盐黏度的不同实验研究方法在所应用的书中均有介绍，最好的结果是由振荡黏度计方法测得的。文献[1]报道的氯化钠黏度测量的精度为 ±0.2%。对冰晶石熔盐，挥发和挥发的氟化铝带走氧化铝使熔盐组成不确定，进而造成其黏度数据不确定，有点偏高。

5.4.2 熔融冰晶石及其混合物的黏度

第 2 版中[1]已为读者推荐了较为可靠的 Brockner 等人[2]研

究的 NaF-AlF_3(0~35%)熔盐体系的黏度数据。新的独立测量实验已确定该陈述的有效性[3]。由 Brockner 等人[2]的研究结果得到表 5.4.1，由 NaF-AlF_3体系的阿累尼乌斯方程系数描述温度与黏度之间的关系：

$$\eta = A\exp[B(1/T - 1/T_m)/R]$$

式中，η 为黏度，mPa·s；A，B 为常量；T 为温度，K；R 为气体常数，8.314 J·mol^{-1}·K^{-1}。

表 5.4.1 NaF-AlF_3熔盐系黏度的阿累尼乌斯方程(5.4.1)参数[2]

(T 为温度，K；T_m是实验平均温度)

$x(AlF_3)$/%	温度范围/K	A	$B\times10^{-3}$	T_m/K	rel. SD/%
0	1273~1373	1.330	26.47	1322	0.03
5	1273~1373	1.465	29.67	1322	0.10
10	1223~1373	1.691	35.72	1308	0.10
15	1223~1373	1.891	42.38	1309	0.09
19.9	1273~1373	1.950	48.91	1323	0.13
24.6	1288~1388	1.902	51.92	1336	0.17
24.6	1288~1388	1.913	51.25	1330	0.21
24.8	1288~1372	1.936	51.42	1329	0.12
29.6	1273~1333	1.858	47.91	1303	0.75
34.6	1223~1313	1.677	41.32	1259	0.71

Tϕrklep 和 Øye[4,5]研究了 NaF-AlF_3-Al_2O_3熔盐系的黏度。这些现在可查到的黏度数据是非常好的。图 5.4.1 给出这些数据。具体详细的实验描述和装置，读者可以查阅他们的相关文章[4]。

NaF-AlF_3-LiF 熔盐系的黏度由 Fellner 和 Silny[3]研究完成。实验方法与 Brockner[2]相似，即，振荡黏度计法。表 5.4.2 给出了 840~1060℃温度范围内，含有过量 27.6% AlF_3和 7.0% LiF 的冰晶石基熔盐系的黏度数据，其中包括 Brockner[2]研究的过量氧化铝冰晶石熔盐的研究结果。在引文[3]中给出了一种描述 NaF-AlF_3-LiF 黏度的模型。表 5.4.2 是根据 Fellner 和 Silny 模型[3]计算的黏度，与实验数据吻合得很好。

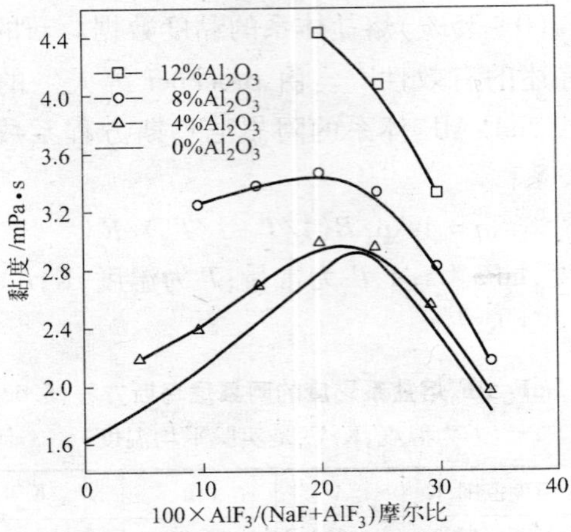

图 5.4.1 NaF-AlF_3-Al_2O_3混合物在1000℃下的等温黏度曲线图[4,5]

表 5.4.2 根据 Fellner 和 Silny 模型计算的 NaF-AlF_3-LiF 黏度值和实验值[3]

（带星号为 Brockner 等人的数据[2]）

$w(AlF_3)$ /%	w(LiF) /%	t/℃	黏度实验值 η(exp) /mPa·s	黏度计算值 η(cal) /mPa·s	误差/%
9.47*	0	997.00	2.069	2.050	0.90
		1017.70	1.910	1.949	-2.04
		1039.70	1.781	1.850	-3.85
		1058.60	1.682	1.770	-5.25
		1027.60	1.872	1.903	-1.67
		1003.10	2.052	2.020	1.58
		1011.00	1.995	1.981	0.71
		1049.70	1.752	1.807	-3.14
14.55	0	1004.80	1.740	1.796	-3.21
		997.50	1.768	1.829	-3.42
		988.80	1.824	1.869	-2.45
		979.60	1.885	1.913	-1.47
19.02*	0	980.60	1.714	1.660	3.13
		960.00	1.798	1.751	2.61
		1023.00	1.489	1.495	-0.43
		1040.70	1.431	1.434	-0.21
		1001.30	1.599	1.576	1.41

续表 5.4.2

$w(AlF_3)$ /%	$w(LiF)$ /%	t/℃	黏度实验值 $\eta(exp)$ /mPa·s	黏度计算值 $\eta(cal)$ /mPa·s	误差/%
		961.50	1.817	1.744	4.01
		950.70	1.895	1.794	5.31
		951.10	1.877	1.793	4.50
27.6	0	859.50	1.541	1.564	−1.48
		861.00	1.533	1.557	−1.55
		858.60	1.528	1.568	−2.62
		860.40	1.528	1.560	−2.06
		860.60	1.539	1.559	−1.27
		859.70	1.544	1.563	−1.22
		867.50	1.500	1.526	−1.76
		861.20	1.516	1.556	−2.62
		853.10	1.553	1.595	−2.69
		860.30	1.542	1.560	−1.17
		855.10	1.558	1.585	−1.73
		843.10	1.590	1.645	−3.45
9.35	3.5	984.10	2.418	2.324	3.90
		997.00	2.291	2.250	1.80
		1006.60	2.216	2.197	0.86
		1016.50	2.137	2.145	−0.36
		1026.70	2.063	2.093	−1.44
		1036.90	1.993	2.043	−2.50
		1030.10	2.037	2.076	−1.91
		1020.60	2.107	2.124	−0.79
		1010.80	2.183	2.175	0.39
19.4	3.0	995.00	1.799	1.795	0.23
		987.50	1.866	1.829	1.99
		978.50	1.920	1.871	2.55
		970.20	1.993	1.911	4.10
		960.60	2.031	1.960	3.52
		951.00	2.102	2.010	4.39
		942.10	2.195	2.058	6.24
		932.20	2.200	2.114	3.92

续表 5.4.2

$w(AlF_3)$ /%	$w(LiF)$ /%	t/℃	黏度实验值 $\eta(exp)$ /mPa · s	黏度计算值 $\eta(cal)$ /mPa · s	误差/%
25.7	7.0	863.10	2.529	2.483	1.83
		867.20	2.485	2.452	1.32
		873.40	2.418	2.407	0.44
		881.20	2.369	2.352	0.70
		887.20	2.239	2.311	-3.23
		893.10	2.282	2.272	0.43
		898.00	2.218	2.240	-1.01
		902.50	2.175	2.212	-1.69
		907.20	2.132	2.182	-2.36
		911.40	2.070	2.157	-4.19
		917.10	2.016	2.123	-5.29

Fellner 和 Silny[6] 和研究的 Na_3AlF_6-AlF_3-KF 熔盐体系的黏度使用的是前文介绍的扭转的振荡圆柱体黏度计。研究的熔盐含过量25%的 AlF_3 和 5.85% KF。研究的温度范围是 860 ~ 1030℃。精确度高于3%。研究得到：

$$\eta V = 800.130 - 0.585t - 3.314w(AlF_3) + 25.027w(KF) - 35.614w(Al_2O_3) - 1.726w(AlF_3)w(KF) + 2.577w(AlF_3)w(Al_2O_3) \quad (5.4.1)$$

式中，η 为黏度，mPa · s；V 为摩尔体积，$cm^3 \cdot mol^{-1}$；$w(AlF_3)$ 为过量的 AlF_3，%；t 为温度，℃。

Chrenkona 等人对 Na_3AlF_6-AlF_3-Li 熔盐体系黏度的研究结果可以通过下列方程表达，其实验数据在文献[3]中报道。

$$\eta = 2.954 + 1.087w(AlF_3) + 9.8747\times10^{-2}w(LiF) - 1.162\times10^{-2}w^2(LiF) + 2.549\times10^{-2}w(AlF_3)w(LiF) - 1.204\times10^{-3}w(AlF_3)t - 4.586\times10^{-5}w^2(AlF_3)t + 4.830\times10^{-8}w^2(AlF_3)t^2 - 2.553\times10^{-5}w(AlF_3)w(LiF)t \quad (5.4.2)$$

式中，η 为黏度，mPa · s；t 为温度，℃；w 为添加剂含量，%。

Hertzberg 等人[8]做了添加剂氟化钙对 Na_3AlF_6-AlF_3-Al_2O_3 系的影响研究发现，5% 的 CaF_2 添加到摩尔比 $CR = 2.33$ 的 1000℃熔盐中，黏度增大 10.4%。

Olteanu 等人[9,10]测量了 LiF 和 MgF_2 对组成为 $Na_3AlF_6 + 10\% AlF_3 (CR = 2.35) - 2.5\% Al_2O_3 + 5\% CaF_2$ 的冰晶石－氧化铝电解质熔盐密度、电导率和黏度的影响，黏度数据拟合成下列方程式表示（添加剂浓度为质量分数，%；温度单位为℃；黏度 η，mPa · s）：

$$\eta = 74.2543 - 133.047 \times 10^{-3} t + 61.45 \times 10^{-6} t^2 - 4.12425 w(\mathrm{LiF}) + 38.438 \times 10^{-4} w(\mathrm{LiF}) t + 139.465 \times 10^{-3} w^2(\mathrm{LiF}) \quad (5.4.3)$$

$$\eta = 153.6226 - 293.501 \times 10^{-3} t + 14.254 \times 10^{-6} t^2 + 6.33901 w(\mathrm{MgF_2}) - 59.657 \times 10^{-4} w(\mathrm{MgF_2}) t - 188.239 \times 10^{-3} w^2(\mathrm{MgF_2}) \quad (5.4.4)$$

电解质的黏度随 MgF_2 添加量的增大而增大，随 LiF 的减小而减小。

参考文献

1. Grjotheim, K., Krohn, C., Malinovský, M., Matiašovský, K. and Thonstad, J., "Aluminium Electrolysis. Fundamentals of the Hall-Héroult Process", 2nd ed., Aluminium-Verlag, Düsseldorf, Germany, 1982, p. 167-175.
2. Brockner, W., Tørklep, K. and Øye, H.A., Ber. Bunsenges. Phys. Chem., **98**, 935 (1994).
3. Fellner, P. and Silný, A., Ber. Bunsenges. Phys. Chem., **83**, 12 (1979).
4. Tørklep, K. and Øye, H.A., Light Metals 1979, 373-384.
5. Tørklep, K. and Øye, H.A., Electrochim. Acta, **25**, p. 229-235 (1980).
6. Fellner, P. and Silný, A., J. Chem. Eng. Data, **40**, 1076 (1995).
7. Chrenková, M., Daněk, V., Silný, A. and Utigard, T.A., Light Metals 1996, p. 227-232.
8. Hertzberg, T., Tørklep, K. and Øye, H.A., Light Metals 1980, 159-170.
9. Olteanu, M., Borcan, R., Constantinescu, M., and Zuca, S., Rev. Roumaine de Chimie, **39** (6), 673-680 (1994).
10. Olteanu, M., Borcan, R., Busila, M., Pavel, P., and Zuca, S., Rev. Roumaine de Chimie, **39** (7), 763-768 (1994).

5.5 迁移数

这一章仍然采用本书第 2 版所用的标题[1]。但本章节不仅涉及迁移数，还涉及迁移系数。由于不同文献对迁移数和迁移系数有不同的术语，在此对两概念作以下定义[2~4]。离子的移动，必须提到(涉及)参考系。在研究体系中是否形成离子的浓度梯度对问题的讨论也很重要。

离子 j 的迁移数 t_j 定义为离子在均匀溶液中所传输电流的分数,即不存在浓度梯度。t_j 也被叫做“传输数”或“电子传输数”。该数值总为正,但并不指示电流的方向性。当体系中的其他粒子或中性溶剂是基准体系时,迁移数称为内迁移数,有多孔塞或隔膜时称为外迁移数。体系中各迁移数之和为 1。迁移数只表达了电流在电解质中的传输过程,并没有涉及电极反应。

另外,迁移系数 $t_{AX,H}$ 描述质量和电荷的传输,并包括电极反应。这一参数对于用原电池的电动势研究热力学数据是有必要的。迁移系数有可能是负值,它们的和也不是固定的。下标 H 表示 Hittorf 实验类型。当基准体系为多孔塞时,使用下标 P。有关该部分的详细讨论和例子可以参阅 Ratkje 等人的文章[4]。

本书第 2 版已经讨论了冰晶石熔盐中各种传输的现象和基本数据[1]。此部分数据基于 Frank 和 Foster[5]、Tual 和 Rolin[6,7] 及 Dewing[8] 等人的研究结果。Frank 和 Foster 采用放射性同位数法研究冰晶石氧化铝中的传输现象,钠的迁移数 t_{Na^+} 为 0.99。Tual 和 Rolin 应用 Hittorf 法研究得到同样的结论,即,中性或碱性电解质中 Na^+ 的迁移数接近 1。随着熔盐酸度的增加,Na^+ 的迁移数下降,这说明 F^- 离子参与了电子的传导。即使在 7%($CR=2.5$)的 AlF_3 含量,Na^+ 离子的迁移数也没低于 0.9。Dewing[8] 研究了 1030 K 的 Li_3AlF_6 熔盐,发现 Li^+ 的迁移数为 $t_{Li^+}=0.957\pm0.08$。这支持了冰晶石基熔盐中电荷主要靠阳离子传输完成的观点。

Sterten 等人[9] 报道了用电动势法测量摩尔比为 2~3 的冰晶石基熔盐的 Na^+ 的迁移数为 0.96~0.99。

在 Ratkje 已发表的文章中介绍了铝电解用电解质中的迁移系数和迁移数的基础性研究工作[4]。基于电动势测量迁移数作为一种新的研究方法受到关注。在引文数据中将会重点讨论到该方面内容。Ratkje 的主要研究结果是,$NaF\text{-}AlF_3\text{-}Al_2O_3$(饱和)熔盐中,$Na^+$ 和 F^- 的迁移数之和为 1,但随摩尔比的下降而增高。在

摩尔比 $CR = 3$ 时为 0.88 + 0.07。这种迁移数反映 Na^+ 和相关 Al^{3+} 及 $Al_2O_2F_4^{2-}$ 配合离子的运动，迁移数的下降意味着在这种配合离子中有电荷的转移。

参考文献

1. Grjotheim, K., Krohn, C., Malinovský, M., Matiašovský, K. and Thonstad, J., "Aluminium Electrolysis. Fundamentals of the Hall-Héroult Process", 2nd ed., Aluminium-Verlag, Düsseldorf, Germany, 1982, p. 175-178.
2. Førland, K.S., Førland, T. and Ratkje, S.K., "Irreversible Thermodynamics. Theory and Application", Wiley, Chichester 1988.
3. Newman, J.S., "Electrochemical Systems" 2nd Edition, Prentice-Hall, Englewood Cliffs, NJ, 1991.
4. Ratkje, S.K., Rajabu, H. and Førland, T., Electrochim. Acta, **38**, 415-423 (1993).
5. Frank, W.B. and Foster, L.M., J. Phys. Chem., **61**, 1531-1536 (1957).
6. Tual, A. and Rolin, M., Electrochim. Acta, **17**, 1945 (1972).
7. Tual, A. and Rolin, M., Electrochim. Acta, **17**, 2277 (1972).
8. Dewing, E. W., J. Electrochem. Soc., **123**, 1289 (1976).
9. Sterten, Å., Hamberg, K. and Mæland, I., Acta Chem. Scand, **A36**, 329 (1982).

5.6 铝电解质中的扩散现象

铝电解中的各种扩散现象的理论背景在本书第 2 版的 5.6 节中已经讨论过。扩散的一般原理和数学模型方面的例子在 Crank[2] 的专论中可以找到。冰晶石的相互扩散系数需要了解传质现象。

混合物熔盐中的扩散现象是一个比较复杂的问题。Dewing[3] 研究了 LiF-AlF_3熔盐的相互扩散问题。扩散系数被认为由 AlF_3 作为扩散介质。Dewing 用电化学方法和扩展的理论，使非理想密度行为的 LiF-AlF_3熔盐也可进行研究。非理想条件测得的数据结果对分析有影响，因为熔盐组成的变化会引起体积的改变，同时，较负地偏离了理想状态。计时电位分析实验研究 LiF-AlF_3体系的结果为[3]：

$$x(AlF_3) = 13.6\%$$

$$D = \exp([-3980 \pm 221]/T - [15.904 \pm 0.184]) \quad (5.6.1)$$

式中，D 为扩散系数，$m^2 \cdot s^{-1}$；T 为温度，K。标准偏差在 $1128 < T < 1273K$ 范围内为 ±3.9%。

$$x(AlF_3) = 25\%$$

$$D = \exp([-5532 \pm 266]/T - [14.609 \pm 0.225]) \quad (5.6.2)$$

上式标准偏差 ±3.3%。

由于高浓度 AlF_3 条件下计时电位分析法不适用，因此采用铜阴极电解后的瞬间电动势－时间来评价扩散系数，对该实验方法的理论和细节读者可以阅读 Dewing 的文章[3]。在大约 1270 K，$x(AlF_3) = 68.5\%$ 时，菲克定律中 D 值非常高，达到 $10^{-7}\ m^2 \cdot s^{-1}$。根据 Dewing 的研究[3]，认为体系中很强的热力学驱动力所致，因为 D 与 $\delta \ln c/\delta \ln a$ 是一个热力学扩散率，其正常范围在 $(0.5 \sim 5) \times 10^{-9}\ m^2 \cdot s^{-1}$ 之间。

Burgman 和 Sides[4~6] 对霍尔－埃鲁电解质的扩散率问题进行了一系列的讨论。文章[5,6] 评价了以前的有关冰晶石熔盐扩散率的一些工作，他们用旋转圆盘电极研究饱和冰晶石熔盐中的传质问题。在钼质圆柱形旋转电极上涂覆一薄层铝作为阴极。文章[4] 对研究结果并没有进行讨论，因为在阴极放电期间生成一种黑色沉积物，这种黑色物是由于组成 BN 中的 B 引起的。对浓差过电位与电解质组成、电流密度、旋转速率的关系都作了测量。从质量传输系数方面分析了浓差过电位。用扩散模型估计各组分的浓度，在此基础上计算传质系数。基于实验数据分析的基础上，建立了 AlF_6^{3-} 和 AlF_4^- 总浓度的计算模型。该模型为：

$$c(AlF_x^{3-x}) = \rho(100 - w(Al_2O_3) - w(CaF_2) - IMP)/(100M(NaF)(CR+2)) \tag{5.6.3}$$

式中，ρ 为熔盐密度；$M(NaF)$ 是 NaF 的相对分子质量；w 为氧化铝、氟化钙和杂质的质量分数；CR 为 NaF/AlF_3 的摩尔比。1000℃ 测得的氟化铝在饱和氧化铝熔盐中的有效扩散系数见表 5.6.1。

表 5.6.1　有效扩散系数

摩尔比	1.8	2.3	3.0	4.0
$D/cm^2 \cdot s^{-1}$	$(11.1 \pm 1.1) \times 10^{-5}$	$(11.4 \pm 1.7) \times 10^{-5}$	$(5.4 \pm 0.8) \times 10^{-5}$	$(4.4 \pm 0.9) \times 10^{-5}$

D 被冠以有效扩散率是因为它代表了通过界面的平均传质数量。反映了所使用的浓度模型、迁移的影响、非零界面速率和由电解质组成改变引起电解质的变化。

参考文献

1. Grjotheim, K., Krohn, C., Malinovský, M., Matiašovský, K. and Thonstad, J., "Aluminium Electrolysis. Fundamentals of the Hall-Héroult Process", 2nd ed., Aluminium-Verlag, Düsseldorf, Germany, 1982, p. 178-185.
2. Crank, J., "The Mathematics of Diffusion", Oxford University Press, London, 1970.
3. Dewing, E.W., J. Electrochem. Soc., **131**, 1073-1078 (1984).
4. Burgman, J.W. and Sides P.J., Light Metals 1987, 233-238.
5. Burgman, J.W. and Sides P.J., Light Metals 1988, 673-681.
6. Burgman, J.W. and Sides P.J., Electrochim. Acta, **34**, 841-850 (1989).

5.7 热导率

无论是熔盐态或是固态，电解质的热传导速率对了解铝电解槽侧部的炉棒的形成和稳定性是极为重要的。电解槽边部凝固的电解质能保护电解槽侧壁材料免受碱渗透和腐蚀。通过控制电解质的热对流速率，槽侧部的凝固电解质层厚度可以调整改变。因为热传导这种现象对工业生产具有重大意义，因而受到广泛研究。

热传递也就是热导率，随着对工业电解质热导率数值观点的改变，同样也引起人们对铝电解槽侧部传热系数的观点跟着改变。对于一个给定几何形状和液体流速的体系，其传热系数 h 和热导率 λ 有如下关系[1]：

$$h = \text{const}\lambda^n \tag{5.7.1}$$

式中，幂级数 n 在 1/2 到 3/4 之间，该值与对流类型有关。本节我们将讨论冰晶石基熔盐的热导率数据。

Kolenda 等人[2]通过一种修改后的热脉冲技术测量了液态电解质的热物理性能。对于 Na_3AlF_6 + 10% Al_2O_3 熔盐，1000℃测得的热扩散率为 0.00228 $cm^2 \cdot s^{-1}$。结果分散程度不超过 ±15%。该数值有如下关系：

$$\lambda = a\rho c_p \tag{5.7.2}$$

式中，a 为热扩散率；ρ 为密度；c_p为恒压热容；λ 为热导率。

Smirnov 等人研究了[3]碱金属氯化物熔盐的热导率与温度之间的关系。后面将采用同样的实验装置研究冰晶基的热导率，在此简短介绍其所用方法——共轴圆柱法。铂金圆柱体之间的缝隙是1.2 mm,圆柱体之间的对流热传递实际上已经被消除。热流由位于圆形通道中轴线的电加热器加热产生。当圆柱体间的热流达到稳定状态后,热导率满足下列方程:

$$\lambda = W\ln(r_2/r_1)/(2\pi l\Delta T) \tag{5.7.3}$$

式中,W 为热流;r_1,r_2为内外圆柱体的半径,m;l 为高度;ΔT 为温度差,K。在引用文章[3]中有详细描述说明。研究结果为,碱金属氯化物熔盐及其混合物的热导率与温度呈直线关系。

$$\lambda = \lambda_0 + bT \pm \Delta\lambda \tag{5.7.4}$$

式中,T 为开尔文温度;方程(5.7.4)的参数通过最小二乘法方法求得。0.95级偏方差计算纯盐的数据列于表5.7.1中。

表5.7.1 碱金属氯化物熔盐热导率 λ(W·(m·K)$^{-1}$)计算方程(5.7.4)中 λ_0和 b 值的计算结果

熔 盐	T/K	λ_0	$b\times10^4$	$\Delta\lambda$
LiF	1130~1240	-0.99	21.0	0.030
NaF	1260~1350	-0.88	16.0	0.029
KF	1130~1270	-0.52	10.0	0.018
RbF	1090~1245	-0.15	6.2	0.011
CsF	980~1250	0.01	4.0	0.009

Khokhlov 等人[1,4,5]已经发表了 NaF-AlF_3-CaF_2-Al_2O_3熔盐体系的热导率数据。所得的结果与 Mozhaev 等人[6]、Polyakov 和 Mozhaev[7]、Veneraki 等人[8]在冰晶石熔盐中测得到的结果不太一致。最新得到的数据比老数据大一倍[1,4,5]。这主要是由于早期的研究采用石墨为结构材料,石墨在高温熔盐中灰分损失形成炭灰。此条件下,铂金材料更适用于该试验。

研究发现[1,4,5],热导率随摩尔比 CR、CaF_2浓度的增加而增加,随氧化铝浓度减小,就概括于表5.7.2中。为阐明一般变化趋势,一些数据以图表的形式呈现,如图5.7.1~图5.7.3。正常电解质组成的热导率为0.8 W·(m·K)$^{-1}$,与 Kolenda 等人[2]公布的结果相差不大。

表 5.7.2 熔盐 $NaF-AlF_3-CaF_2-Al_2O_3$ 体系中，热导率 λ($W \cdot m^{-1} \cdot K^{-1}$) 计算方程(5.7.4)中常数 λ_0 和 b 的值

CR	$w(CaF_2)$ /%	$w(Al_2O_3)$ /%	T/K	λ_0 /$W \cdot m^{-1} \cdot K^{-1}$	$b \times 10^4$ /$W \cdot m^{-1} \cdot K^{-2}$	SD /$W \cdot m^{-1} \cdot K^{-1}$
(NaF)	0	0	1276.0 ~ 1348.0	−0.968	16.60	0.010
13.286	0	0	1235.0 ~ 1293.0	−1.441	18.94	0.018
6.692	0	0	1200.0 ~ 1282.0	−0.816	13.55	0.010
4.263	0	0	1240.5 ~ 1311.0	−0.378	9.72	0.008
3.000	0	0	1296.0 ~ 1371.0	0.593	1.58	0.017
2.704	0	0	1285.5 ~ 1314.0	0.435	2.67	0.006
2.448	0	0	1283.5 ~ 1316.2	0.412	2.83	0.008
2.226	0	0	1263.3 ~ 1316.0	0.468	2.18	0.005
2.030	0	0	1251.0 ~ 1299.0	0.342	3.00	0.004
1.778	0	0	1124.0 ~ 1288.5	0.531	1.26	0.013
1.500	0	0	1096.0 ~ 1289.0	0.534	1.17	0.006
1.000	0	0	1179.8 ~ 1280.2	0.444	1.60	0.010
3.000	0	2	1281.4 ~ 1320.8	0.701	0.35	0.010
3.000	0	4	1273.1 ~ 1321.1	0.794	−0.61	0.009
3.000	0	6	1265.8 ~ 1322.2	0.292	3.00	0.008
3.000	0	8	1257.8 ~ 1320.2	0.692	−0.25	0.010
3.000	0	10	1258.4 ~ 1307.5	0.666	−0.10	0.009
3.000	3	0	1281.0 ~ 1322.0	0.207	5.21	0.002
3.000	6	0	1276.1 ~ 1322.1	0.347	4.50	0.002
3.000	9	0	1259.7 ~ 1322.5	0.395	4.55	0.002
3.000	12	0	1250.1 ~ 1331.2	0.227	6.70	0.005
2.330	0	3	1255.9 ~ 1313.3	0.647	0.64	0.011
2.312	0	6	1238.7 ~ 1299.4	0.549	1.18	0.010
2.059	0	3	1224.0 ~ 1289.0	0.678	0.03	0.012
2.034	0	6	1213.3 ~ 1274.5	0.425	1.88	0.015
2.306	7	0	1267.2 ~ 1323.6	−0.183	8.57	0.008
2.059	3	0	1243.7 ~ 1303.6	0.594	1.26	0.004
2.026	7	0	1241.1 ~ 1288.7	0.710	0.98	0.005
2.189	5	2	1226.0 ~ 1281.6	0.608	1.72	0.005
2.174	5	4	1236.8 ~ 1288.7	0.280	4.10	0.003
2.151	5	7	1214.7 ~ 1271.8	−0.033	6.41	0.003

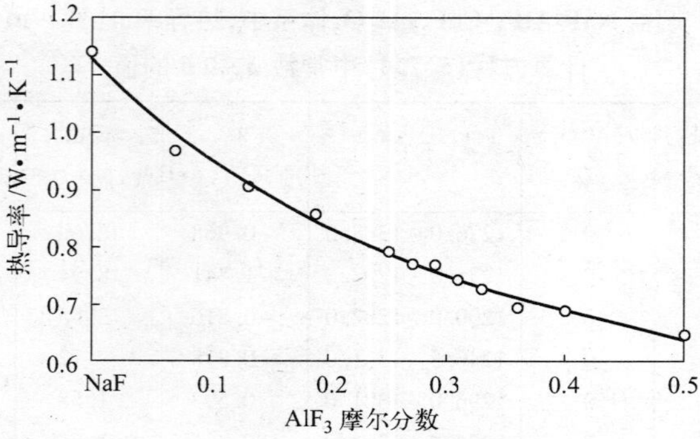

图 5.7.1　NaF-AlF_3熔盐体系在 1000℃ 的热导率[1]

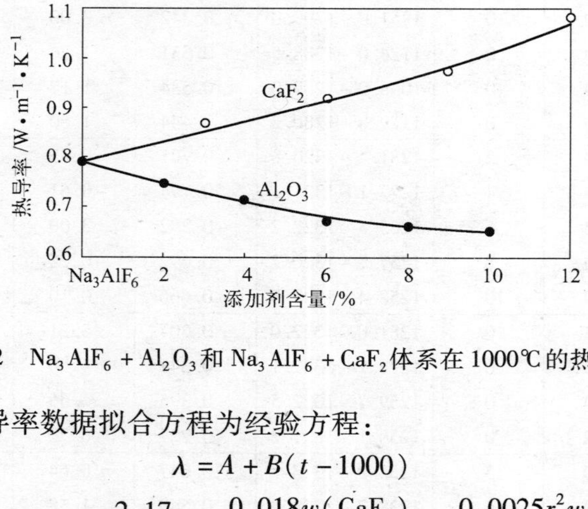

图 5.7.2　$Na_3AlF_6 + Al_2O_3$和 $Na_3AlF_6 + CaF_2$体系在 1000℃ 的热导率[1]

热导率数据拟合方程为经验方程：

$$\lambda = A + B(t - 1000) \tag{5.7.5}$$

其中 $A = 1.13 - \dfrac{2.17}{r + 3.4} + \dfrac{0.018w(CaF_2)}{1 - 0.02w(CaF_2)} - \dfrac{0.0025r^2 w(Al_2O_3)}{1 + 0.006w(Al_2O_3)}$

$$B = 0.0001 + 0.002\left(1 - \frac{1}{r}\right)^4 (1 + 0.04w(CaF_2) - 0.11w(Al_2O_3) + 0.04w(CaF_2)w(Al_2O_3))$$

式中，t 为温度，℃；r 为 NaF/AlF_3 摩尔比；w 为质量分数；方程(5.7.5)和 159 个试验点的标准偏差是 0.018 W·(m·K)$^{-1}$。

热导率新的研究数据与最近研究铝电解槽热传递的数据相一

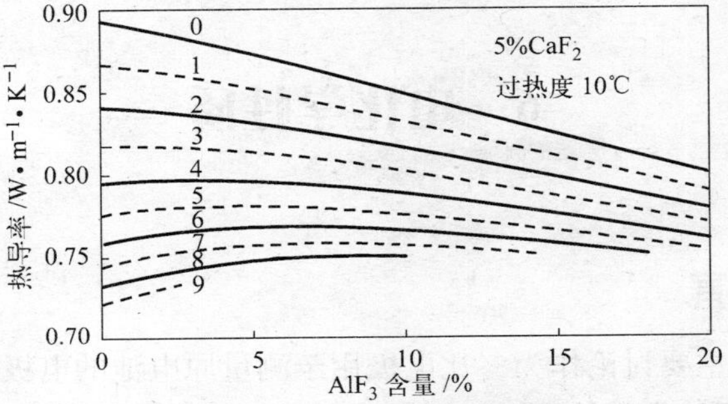

图 5.7.3　方程(5.7.5)热导率计算值在不同氧化铝浓度下与 AlF_3 浓度的变化关系[15]

熔盐中含 5% CaF_2，氧化铝浓度从 0 到饱和的一系列曲线均画于图中

致[1,9~13]。传热系数的平均值在 800 ~ 1200 W ·$(m^2 \cdot K)^{-1}$，与早期较低的估计值[14]相比更实际了一些。

参考文献

1. Khokhlov, V.A., Filatov, E.S., Solheim, A., and Thonstad, J., Light Metals 1998, 501-506.
2. Kolenda, Z., Nowakowski, J., and Oblakowski, R., Int. J. Heat Mass Transfer, **24**, 891 (1981).
3. Smirnov, M.V., Khokhlov, V.A. and Filatov, E.S., Electrochim. Acta, **32**, 1019-1026 (1987).
4. Khokhlov, V.A, Filatov, E.S., Thonstad, J., Rye, K., and Solheim A., VIII. Al-Symposium, Donovaly, Slovakia, 1995, 121-125.
5. Khokhlov, V.A., Filatov, E.S., Solheim A., and Thonstad, J., Proceedings of the 9th International Symposium on Light Metals Production, Tromsø - Trondheim, Norway, 1997, p. 17-23.
6. Mozhaev, V.M., Polyakov, P.V., and Kurilov, A.Yu., Sov. J. Non. Ferrous Metals, **15**, 38 (1974).
7. Polyakov, P.V. and Mozhaev, V.M., High Temperatures, **13**, 661 (1975).
8. Veneraki, I.E., Deshko, V.I., and Khlebnikov, O.E., Inzhenerno-Fiz. Zhurnal, **30**, 929 (1976).
9. Taylor, M. P., The Influence of Process Dynamics on the Heat Balance and Cell Operation in the Electrowinning of Aluminium, Ph.D. Thesis, University of Auckland, New Zealand, 1984.
10. Taylor, M.P. and Welch, B.J., Light Metals 1985, 781.
11. Frazer, K.J., Taylor, M.P., and Jenkin, A.M., Light Metals 1990, 221.
12. Gan, Y.R. and Thonstad, J., Light Metals 1990, 421.
13. Warczok, A., Utigard, T., and Descleaux, P., The Savard/Lee Symposium on Bath Smelting, Montreal, 1992 (Proceedings, p. 325).
14. Solheim, A. and Thonstad, J., J. Metals **36** (3), 51-55 (1984).
15. Solheim, A., Rolseth, S., Skybakmoen, E., Støen, L., Sterten, Å. and Støre, L., Met. Trans. B, **27B**, 739 (1996).
16. Skybakmoen, E., Solheim, A., and Sterten, Å., Met. Trans. B, **28B**, 81 (1997).

6 电化学性质

6.1 引言

本章主要讨论作为参比电极用于测量原电池的电极系统。同时,本章用较小的篇幅讨论被广泛应用于热力学研究的工作电极、电极的双电层电容。本书的第 2 版,对 1980 年以前的此部分研究已作阐述[1],有些相关部分内容在本章节将会再次讨论。

(1) 原电池。原电池被广泛用于研究化学平衡和热力学性质,下文将给出相关的例子,第 3 章已提及过热力学数据。

(2) 参比电极。当电流通过一个热力学研究体系时,作为参比电极没有电流通过,即参比电极只是与工作电极搭配使用。通过测量参比电极和工作电极之间的电势差以了解整个电池体系的电化学性质。一般说来(假设)参比电解的电动势是稳定不变的,通过测量两端的电势差,可以掌握工作电极的电动势变化,包括从工作电极到参比电极之间的回路欧姆电压降。最常用于测量欧姆电压降的方法是快速变频和交流阻抗的瞬间断电法,本书第 2 版已讨论过如何减小欧姆电压降的方法。

不同的电极材料可分以下三种:

(1) 气体电极,即气体流动导体,如 O_2、CO_2、CF_4。

(2) 氧化物电极,如氧化锆基膜电极。

(3) 金属电极,如液态铝或合金电极。

6.2 原电池和参比电极

6.2.1 气体电极

本书第 2 版中已提到过 Pt/O_2、C/CO_2、C/CO 和 C 电极。自

1980 年后,后三种电极很少有人在使用,因而再次重点谈谈(析)氧电极及另两种新电极体系。

第 2 版书已经描述[1],Sterten 等人[2]在金属铝对电极和氧电极之间插入氧化铝刚玉隔板构成原电池体系研究 Pt/O_2 电极行为,这种方法可以消除由于溶解金属铝的去极化影响。采用两只氧气体电极,与氧分压相对应的反电动势符合能斯特方程。

所构成的电池为:

$$Al \mid Na_3AlF_6, Al_2O_3(sat) \mid Pt, O_2 \tag{6.1}$$

产生的反电动势之值太小,其可能原因是熔盐中金属铝溶解,导致金属浓度梯度。当采用锂冰晶石替代钠冰晶石后,此问题消除,所测得数据与文献报道相一致[3]。黄金也可以用作正极材料取代铂做电极,氧气体阳极可用于测量一些热力学数据[4]。

在第 7 章 1.7 节中讲到,可以用氧电极研究在冰晶石熔盐中的帕尔帖(也叫塞贝克)效应。

Grini Johansen 等人[5]研究过以下原电池:

$$Pt \mid Fe \mid FeF_2, Na_3AlF_6 \mid HF, H \mid Pt \tag{6.2}$$

其电池反应是:

$$Fe(s) + 2HF(g) = FeF_2(diss) + H_2(g) \tag{6.3}$$

通过向 HF 熔盐中鼓入氢气形成 HF-H_2 混合气体,研究发现电极具有可逆性,所得到的热力学数据见第 3 章。然而这种电极使用时比较麻烦,因为必须十分小心地处理好 HF。

Nekrasov 等人[6]在低熔点电解质 LiF-NaF-KF(FLINAK)和过量 20% 氟化物盐、含相同阳离子的氟 - 氯混合盐中研究 C,CF_4 气体电极,工作温度为 640 ~ 800℃,用多孔石墨隔开的双室原电池可写为:

$$CF_4, He \mid (LiF\text{-}NaF\text{-}KF)_{eut} \mid\mid (LiF\text{-}NaF\text{-}KF)_{eut} \mid CF_4 \tag{6.4}$$

CF_4 和 He 气体混合使用,测量时发现,用 CF_4 分压计算所得热力学数据与能斯特方程相符。很难断定这种电极是否适用于在 1000℃ 左右的冰晶石熔盐体系,用于研究冰晶石熔盐体系的阳极效应(见 7.3 节)。

6.2.2 氧化物电极

氧化锆具有稳定立方晶格,且在较宽的温度范围内,其电子导电性很弱,几乎可以忽略,但是由于氧离子的迁移而具备很高的离子导电性,因而在固体电解质中常用作氧的传感器。氧化锆隔膜电极中经常掺杂一些氧化物,如 Y_2O_3、CaO 或 MgO,用于测量高温熔盐中氧离子浓度(O^{2-})的变化。一般的氧化锆管中均置有一支参比电极,管中参比电极的氧化物活度需要稳定,在熔盐中,这支电极和另一支参比电极之间的电动势由熔盐中的氧离子(O^{2-})活度决定。能斯特方程表达式如下:

$$E = E_c + 2.3RTp_{O^{2-}}/2F \tag{6.5}$$

式中,E_c 为电势常量,由两支参比电极之间的电势值定。用于测量冰晶石 - 氧化铝熔盐中的电势值的简化能斯特方程可表示为:

$$E = E_c + 2.3RTa_{Al_2O_3}/6F \tag{6.6}$$

式中,$a_{Al_2O_3}$是氧化铝在本体冰晶石中的活度。由于氧化锆是氧离子(O^{2-})导体,由方程(6.6)可假定溶解的氧化铝产生游离态的氧离子(O^{2-})。但据我们所知,氧化铝溶解于电解质中形成氧 - 氟 - 铝配合离子(见第 4 章)。可以确认的是在电解质中氧化铝溶解后氧离子(O^{2-})的浓度很小,尽管如此,如果溶解状态的氧化铝活度与氧离子活度之间能够形成一定的比例关系,那么就可以用氧化锆电极测定冰晶石熔盐中溶解氧化铝的浓度。

Bader 和 Berecz[7] 通过掺杂氧化钙,使氧化锆电极稳定,不同内参比电极的氧化锆电极用于测量氧化铝在 1050℃ 冰晶石熔体中的浓度。电动势的测量是采用金属钼丝做引线的铝参比电极,其内参比电极有:MoO_2/Mo,O_2/Pt 和 Na_3AlF_6-Al_2O_3(1%)/Al/Mo。研究得到重现性较好的结果,并能记录稳定的电动势长达好几分钟。使用 MoO_2/Mo 参比电极测量时,当氧化铝浓度从 1% 变化到饱和状态时,其相应电动势变化了 118 mV。通过计算,温度为 1050℃时,氧化铝的标准电动势为 2.168 V。

Rolseth 等人[8]用 Cr/CrO_3做内参比电极,以掺杂氧化钇稳定氧化锆的膜电极,测量其与冰晶石氧化铝熔体中铝电极之间的电势。其目的是找到电动势与氧化铝浓度之间的关系,但能电势稳定的时间短暂(仅为几秒钟)。

6.2.3 金属电极

液态铝作参比电极的研究报道在本书第 2 版中也作了阐述。液体铝电极常将液态铝放置于烧结氧化铝管或热压氮化硼管中,本体电解质熔盐通过管子开的小口进入管中。

炭质材料不能用于铝电极管盛置液铝用,因为炭材质与铝发生反应形成碳化铝,且炭容易被钠渗透。

许多研究者认为,尽管电势的波动或漂移的情形也时有发生,但用铝电极做参比电极还是能够得到稳定且令人满意的实验结果。电势的波动或漂移的原因较为复杂,可能是连接的导线如钨丝或钼丝溶解于铝液中形成金属间化合物造成,电极附近的熔盐组成或电解质中溶解铝的变化都有可能影响铝电极的行为。

铝电极的电动势反应方程为:

$$Al^{3+} + 3e^- = Al \tag{6.7}$$

$$Al^{3+} + 2F^- + 2e^- = AlF_2^- \tag{6.8}$$

$$AlF_2^- + e^- = Al + 2F^- \tag{6.9}$$

$$Na^+ + e^- = Na\ (\text{在 Al 中}) \tag{6.10}$$

当熔盐中的溶解铝浓度达到饱和时,上述反应达到平衡,此时可以测定这些反应的电势。铝电极的电势测定受熔盐中 NaF/AlF_3比的影响,与氧化铝浓度也有关,但影响较小些(见第 3 章)。

Burgman 等人[9]设计了一种“湿钼钩”,将铝、冰晶石 - 氧化铝装到氧化铝管中,用钼丝做导线。在电解质中用氧化铝管保护钼丝,钼丝能被铝液接触,钼丝和氧化铝管之间的缝隙用高温陶瓷密封。通过氧化铝侧壁传导的是 Na^+离子的迁移。两支这样的电极之间的电势能够稳定在 5 mV,时间长达 8 h 之久,实验发现铝电极是可逆的。钨和钼也使用过,但相比之下钼电极更稳定。

Sterten 和 Mæland[10] 使用钼热浸熔铝涂层后作为铝参比电极,用于研究冰晶石氧化铝熔盐系。这种铝涂层可以在 700℃下使用。与常规铝参比电极(冰晶石 - 氧化铝和铝封装在氧化铝管构成)相比,该电极非常稳定,重现性好。

Sadoway[11] 开发了一种铝参比电极,该电极特点是铝漂浮于冰晶石基电解质之上,因而钼丝与电极的连接更简单。

Flem[12],Xu 与 Kjelstrup[13] 和 Kjelstrup 等人[14] 通过测量不同温度下电极之间的电动势,以便测出饱和氧化铝的冰晶石熔盐的可逆热效应。一支小型的氧化铝管中放置少量铝液,电极通过 TiB_2-BN 复合材料(50%:50%)导杆连接,TiB_2-BN 用氧化铝刚玉管保护,TiB_2-BN 与铝液不反应,由于接触处用的材料是惰性的,这种设计将能提供可靠的可逆铝电极。

Haarberg 和其合作者[15,16] 使用液态的金属钠合金电极来修正 Na 的活度,基于这种思想理念,通过测量 Na 电极和铝电解之间的电动势,以测量电解质的组成(如 NaF/AlF_3 之比)。Bi-Na 和 Pb-Na 合金电极都被使用过,相应的 Pb-Na 电极的原电池为:

$$W,Al\,|\,NaF - AlF_3\text{-}Al_2O_3(sat)\,|\,Pb\text{-}Na(x_{Na} \sim 0.05),W \tag{6.11}$$

其总电池反应是:

$$3NaF + Al = 3Na + AlF_3 \tag{6.12}$$

电动势方程表达式:

$$E = E^{\ominus} + \frac{RT}{nF}\ln\frac{a_{AlF_3}a_{Na}^3}{a_{NaF}^3 a_{Al}} \tag{6.13}$$

假设 Al 和 Na 的活度为常数,方程(6.13)可简化为:

$$E = E_c - \frac{RT}{nF}\ln\frac{a_{AlF_3}}{a_{NaF}^3} \tag{6.14}$$

式中,E_c 为电势常量。从方程中可以看到,摩尔比的改变将导致电动势测量值的变化。通过测量电动势,从原理上可以记录电解质酸度的改变。酸度的变化使得电动势发生改变,而与温度无关。而电池的实际电动势(E)依赖于温度。精心控制实验操作条件可以获得重复性较好的结果。当添加 NaF 和 AlF_3 到 NaF-AlF-Al_2O_3 熔盐中时,电动势的变化值与理论值接近。电动势有时发生小变化是由于合金中的 Na 与电解质发生反应所致。然而,合金中较低的 Na 活度使得该反应被抑制。

还有另一种铝电极采用能盛置液态铝的多孔氮化铝(AlN)制成,也可以作为铝参比电极,但是由于使用过程中铝的渗漏,电势变化的响应时间应较慢。

6.2.4 固体电解质

氧化锆是高温常用的一种氧离子(O^{2-})导体固体电解质。在 6.1.3 节中已经对 ZrO_2 电极的使用情况介绍过。

固体氟化钙(CaF_2)作为电解质可用于研究铝合金的热力学问题。这种研究对于避免钠损失或微量元素挥发损失具有很重要的意义。Egan[17] 发表了有关使用 CaF_2 电极的研究。目前铝合金热力学研究使用(Ca-Sn 合金)和铝参比电极与库仑滴定结合,以 CaF_2 作为固体电解质[18]。这种 Al-Na 原电池可写为:

$$\text{Ta, Ca-Sn(l)} \mid \text{CaF}_2\text{(s)} \mid \text{NaF(s), Na-Al(l), Ta} \qquad (6.15)$$

其相应电池反应为:

$$CaF_2 + 2Na = Ca + 2NaF \qquad (6.16)$$

使用该方法的主要好处是在密闭真空条件下抑制了钠的挥发,同时可以得到 CaF_2 晶体。库仑滴定法使研究金属铝中微量钠及其影响成为可能。使用这种装置并做一些小的改动便可以研究 Al-Ca 和 Al-K 的热力学性质。探测铝中钠的活度也可设计相应的 CaF_2 固体电解质电池装置来进行。

Fray 和其合作者用一种替代方法测量液态铝中钠活度[19,20]。其使用的是一支装有 Na^+ 离子导体的 β-Al_2O_3 管电极,用于测量液体铝和内含参比电极的 β-Al_2O_3管之间的电势。参比电极材料是一种含有氧化铜－氧化亚铜(或是由 Na_2O_2和 Co_3O_4烧结而成的 Na_xCoO_2固体)的 α 和 β 氧化铝。实验重现性很好,作者们也报道了一些有关的热力学数据。

研究发现,该材料与杂质之间的相互作用较强,但试验设计无法解决钠的挥发问题,高温条件下 β-Al_2O_3的低导电性也影响测量结果。

6.3 动力学研究用工作电极

为了研究电极反应的动力学问题,有必要对所谓的工作电极或指示电极进行研究。这种电极本身应该是惰性的,不参与研究条件下的各种反应。

此处只能对工作电极做较为简略的综述,这种电极的行为将在 7.1.5 节中讨论。

在纯 NaF-AlF_3熔盐中,电化学窗口受限于电解质的分解、铝的沉积及氟化物的挥发等因素,1000℃的分解电压大约是 4.5 V。在含有溶解氧化铝的熔盐中进行的许多实验结果说明,1000℃的饱和氧化铝－冰晶石熔盐中的分解电压在 2.2 V 左右。很难找到理想的电极材料可用于冰晶石基的熔体研究,特别是阴极区由于合金的生成和金属钠的沉积限制了材料的使用。

铂电极是一种研究阳极反应非常好的电极材料,但是铂能够与铝形成合金,不能在接近阴极铝沉积的区域测量电势。同样,金属铂也能与电解质中的其他杂质金属形成合金,在有溶解态铝存在的环境中不能使用 Pt 电极,以免与金属铝和钠合金化。

炭材料的应用非常广泛,特别适用于研究阳极过程(见 7.2 节)。石墨和玻璃炭均被用于研究铝的析出,但结果因形成碳化铝和生成金属钠受到影响。在研究铝沉积的过程中发现,由于金属钠渗透到碳的结构中,使得金属钠沉积可逆电位变得更正。

尽管在 1000℃,金属钨在铝中的溶解度达到 10%,但金属钨可在阴极周围使用。Duruz[21] 证实了金属钨可以用于研究铝的沉积和氧化。铝在金属钨中的扩散在较短时间内可以忽略,即,铝在钨的表面的活度为常数。稳态下的试验发现由于金属钨的溶解使测定结果为偏差，比铝正 1.2 V 左右,由于溶解或形成化合物,钨的阳极行为研究受到限制。

由于和铝的湿润性好,又具有惰性,二硼化钛是惰性阴极的最佳材料,是研究铝沉积优良的可选之材，Raj 和 Skyllas-Kzacos[22] 用其研究铝的电沉积和重熔,但是在阳极附近会发生硼和钛的阳极溶解。

6.4 双电层结构

在两相接触处,即电极浸到电解质中,正常情况下,电极和电解质界面处两相的电势和净电荷不同,两相界面电荷数量相等,极性相反,形成所谓的双电层(D. L.),该体系扮演双电层电容器(电容用 $C_{d.l.}$ 表示)的角色,电容 $C_{d.l.}$ 可以测量。

电容 $C_{d.l.}$ 与双电层的电荷数直接有关

$$C_{d.l.} = (dq/dE) \qquad (6.17)$$

当电流通过界面时,在一定条件下发生额外电子累集现象,使电子增多,造成所谓的伪电容,使得 $C_{d.l.}$ 看似增大了。一般伪电容会随电流密度的改变而改变,且远大于 $C_{d.l.}$。

通过交流阻抗法可以测量双电层电容,另外,也可以通过应用电流脉冲,记录电势初始上升段斜率,即,电化学反应之前放电曲线的偏移量。

$$C_{d.l.} = i/(dE/dt) \qquad (6.18)$$

6.4.1 铝电极

本书第 2 版中给出的有关铝电极的双电层电容数据不太确定,其值在 12 ~ 20 F · cm^{-2}之间。

在 7.1.4 节中,在铝界面发生的阴极反应速度非常快,每平方厘米的交换电流密度达到好几安培。对于如此快的反应可以在双电层电感中观测到(请勿与外线路电感混淆)。这种电感的物理意义不是很清楚,但通过补偿电池阻抗,把阻抗诱导到高频上,可测到电层电感。图 6.1 画出简单的一步电化学反应的等效电路图。

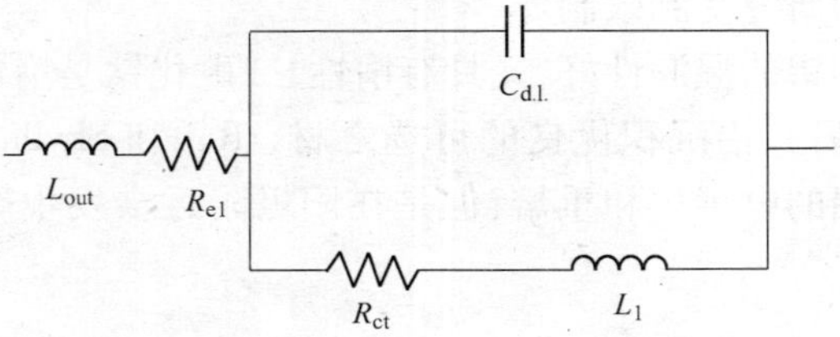

图 6.1 包含双电层电感和电容的快速电化学一步反应的等效电路图
L_{out}—外电路电感;R_{el}—电解质电阻;$C_{d.l.}$—电容;L_1—d. l. 电感;
R_{ct}—电子转移电阻;源自 Thonstand 等人[23]

根据 Thonstad 等人[23,24]研究,电感的数量级在 1.1×10^{-7} H。

6.4.2 炭电极

与铝电极相比,炭电极不是可逆电极,炭电极可以在较小电流变动下,在相当宽的电势范围内被极化。有关炭阳极和石墨阳极的双电层电容的详细测量和研究结果在本书第 2 版中已做介绍[1]。电势值和电解质组成、炭质量的关系数据也均已测过。在玻璃炭电极上测得的其最低双电层电容值为 9 μF · cm^{-2}。在电势比铝电极高 0.9 V[27]时,热解石墨电极上测得的双电层电容值最小值为 20 μF · cm^{-2};在摩尔比为 2.5 时,出现最小电容值,此摩尔比条件下,$C_{d.l.}$ 随温度和氧化铝浓度的增加而增大[26]。

然而,$C_{d.l.}$ 在原子规整排列的石墨电极上的值为 20 ~ 70 μF · cm^{-2},但在工业用阳极炭材料上,其 $C_{d.l.}$ 值为好几百(μF · cm^{-2}),这也许说明了这种阳极材料被铝所湿润表面更大之故[25]。

Jarek 和 Orman[29] 用热解石墨作电极，测量了 $C_{d.l.}$ 与电流密度的关系。$C_{d.l.}$ 值随电流密度的增加而增大，从 0.05 A · cm^{-2} 的 47 μF · cm^{-2} 增加到 1.2 A · cm^{-2} 时的 320 μF · cm^{-2}。这种增大现象归咎于不断变粗糙的电极表面，其结果也增大电解质消耗。在随后的工作中，该作者[30] 发现即使用光谱纯石墨作电极，其结果与热解石墨是一样的，但是，分级焙烧阳极作电极，双电层电容 $C_{d.l.}$ 值随电流密度的变化很小，其典型值为 200 μF · cm^{-2}。

Jarek 和 Thonstad[26,31] 在相对于铝电极高 1.2 V 的条件下，在没有极化的条件下把在冰晶石氧化铝熔体中浸泡过的商用预焙炭阳极试样作电极，所测量的 $C_{d.l.}$ 值变大。浸泡 2 h 后，$C_{d.l.}$ 值达到恒定 110 ~ 130 μF · cm^{-2}。预焙阳极疏松多孔（相对石墨的理论密度 2.55 g · cm^{-3}，其密度只有 1.55 g · cm^{-3}），一定程度上，使电解质渗透到阳极孔隙当中所造成。然而，当预焙阳极密度从 1.32 g · cm^{-3} 变到 1.61 g · cm^{-3} 时，$C_{d.l.}$ 并没有明显变化。$C_{d.l.}$ 随极化电势的增高而下降，如图 6.2 所示。这种技术可以进一步用于判断电解过程中阳极湿润表面的变化情况。本书将在 7.2.3.2 节予以讨论介绍，见图 7.11。

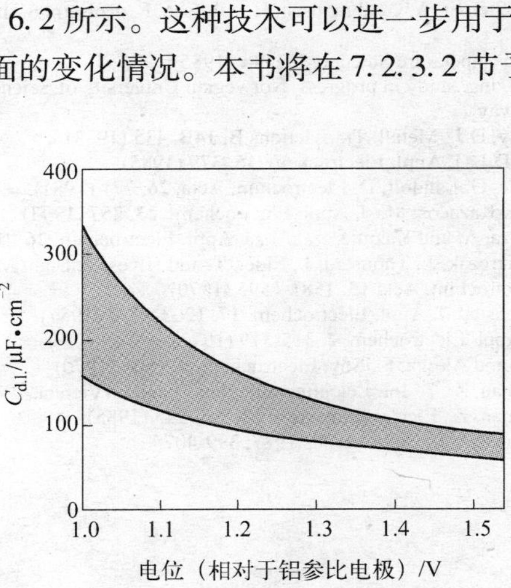

图 6.2 预焙炭阳极 1010℃ 的 Na_3AlF_6-Al_2O_3（饱和）中表面双电层电容 $C_{d.l.}$ 与相对于铝参比电极之极化电势之间的关系图

参考文献

1. Grjotheim, K., Krohn, C., Malinovský, M., Matiašovský, K. and Thonstad, J., "Aluminium Electrolysis. Fundamentals of the Hall-Héroult Process", 2-nd ed., Aluminium-Verlag, Düsseldorf, Germany, 1982, 443 pp.
2. Sterten, Å., Haugen, S. and Hamberg, K., Electrochim. Acta **21**, 589-592 (1976).
3. JANAF Thermochemical Tables, 2nd ed., NSRDS-Nat. Bur. Stand. 37, Washington, 1971.
4. Sterten, Å., Hamberg, K.and Mæland, I., Acta Chem. Scand. **A 36**, 329-344 (1982).
5. Grini Johansen, H., Sterten, Å. and Thonstad, J., Acta Chem. Scand., **43**, 417-420 (1989).
6. Nekrasov, V.N., Cherepanov, V.B., Ivanovskii, L.E. and Zaikov, Yu.P., Sov. Electrochem. **21**, 342-345 (1985).
7. Bader, I and Berecz, E., Acta Technica Acad. Sci. Hung., **101** (2), 113 (1988).
8. Rolseth, S., Gudbrandsen, H. and Haarberg, G.M., Proceedings Twelfth Int. Symp. Molten Salts, 196th Meeting of The Electrochemical Society, Honolulu, HI, 1999.
9. Burgman, J.W., Leistra, J.A., Sides, P.J., J. Electrochem. Soc. **133**, 596 (1988).
10. Sterten, Å., Mæland, I., Acta Chem. Scand. **A 39**, 241 (1985).
11. Sadoway, D.R., US Patent No 4,764,257 (1988).
12. Flem, B., "Peltier Heats in Cryolite Melts with Alumina", Dr.ing. thesis, Department of Physical Chemistry, The Norwegian Institute of Technology, 1996.
13. Xu, Q., Kjelstrup, S., Light Metals 1998, 539.
14. Kjelstrup, S., Qian, J., Haarberg, G.M., "The Peltier Heating of the Aluminium Cathode in Contact with Cryolite-Alumina Melts", Electrochem. Acta, **45**, 2707-2717 (2000).
15. Haarberg, G.M., Gudbrandsen, H., Sterten, Å, Proc. Int. Symp. Recent Metallurgical Advances in Light Metals Industries, 34th Annual Conf. of Metallurgists of CIM, Vancouver, Canada, 89-94 (1995).
16. Haarberg, G.M., Sterten, Å, Gudbrandsen, H., Olufsen, F., Rolseth, S., Light Metals 1998, 367-370.
17. Egan, J.J., High Temperature Science, **19**, 111 (1985).
18. Hansen, S.G., Dr. ing. study in progress, Norwegian University of Science and Technology, Trondheim, Norway.
19. Brisley, R.J., Fray, D.J., Metall. Transactions B, **14B**, 435 (1983).
20. Yao, P.C., Fray, D.J., J. Appl. Electrochem. **15**, 379 (1985).
21. Duruz, J.J., Stehle, G, Landolt, D, Electrochim. Acta, **26**, 771 (1981).
22. Raj, S.C., Skyllas-Kazacos, M., J. Appl. Electrochem., **23**, 257 (1993).
23. Thonstad, J., Kisza, A. and Kazmierczak, J., J. Appl. Electrochem. **26**, 101-112 (1996).
24. Kisza, A., Kazmierczak, J., Thonstad, J., Eidet, T. and Híveš, J., Light Metals 1999, 423-429.
25. Thonstad, J., Electrochim. Acta **15**, 1581-1595 (1970).
26. Jarek, S. and Thonstad, J. Appl. Electrochem. **17**, 1203-1212 (1987).
27. Thonstad, J., J. Appl. Electrochem. **2**, 315-319 (1973).
28. Vetyukov, M.M. and Akgva, F., Sov. Electrochem. **6**, 1806 (1970).
29. Jarek, S. and Orman, Z., 7th Int. Leichtmetalltagung, Leoben-Vienna, 1981, 248-249.
30. Jarek, S. and Orman, Z., Electrochim. Acta **30**, 341-345 (1985).
31. Jarek, S. and Thonstad, J., Light Metals 1987, 399-407.

7 电极过程

7.1 阴极过程

7.1.1 引言

在本书的第 2 版[1]中，曾经指出阴极反应受到的重视远少于阳极反应。现在虽然还是这样，但人们已经渐渐认识到研究阴极性能及其上可能发生的化学反应对生产过程保持槽平稳工作及获得高的电流效率是非常重要的。

根据 Thonstad 和 Rolseth[2]的研究结果，我们指出阴极过电压受传质过程控制[1]，亦即起因于浓差过电压。钠离子是电流的负载者，而铝被沉积出来，这导致阴极界面层中 NaF 富集，而 AlF_3变得贫乏，亦即界面层中 CR 比本体中的高些，这一点下文将要详细阐述。Sterten[3]指出，金属可溶于电解质，这个溶解过程影响界面层中总的传质过程，从而影响浓差过电压。

除了上面提到的传质过程影响浓差过电压，我们也在第 2 版中指出电子转移速率是非常快的，由它引起的过电压可以忽略不计。我们将在下面详细研究电子转移过程。

研究液态电极时，由于界面张力梯度而引起可变的表面曲率、湿润性离子运动等，因此，有些作者选用了固态电极加以研究，这里也将对一些这样的研究结果加以报道。

虽然工业槽的测量是有限的，但本章中也将报道其中的一些结果。另外，还将讨论金属中的钠含量以及钠含量与电流效率的关系。

7.1.2 放电电位

在本书的第 2 版中[1]，我们已经大幅讨论了金属铝和钠这两种金属究竟哪种是比较惰性的，以及哪种对阴极反应的放电动力学影响更大。我们认为,在冰晶石中,铝比钠的惰性高了大约 250 mV。当冰晶石与铝达到相平衡时,钠的活度为 0.05。从图 7.10 看出,在 $CR = 2.2 \sim 3$ 范围内,平衡时,铝中钠的含量约为 $(70 \sim 200) \times 10^{-4}\%$。而且,随着 CR 增大,钠活度也增大,铝中钠的含量也增大。

Thonstad 和 Rolseth[2] 研究发现,在高的电流密度时,极化曲线呈现波纹状,这表明该过程有气态钠的生成。Sterten 根据热力学数据推导出了 1 atm(101325 Pa)的气态钠相平衡时的表面浓度。在无氧化铝的熔盐中,$CR = 17.5$;在饱和氧化铝的熔盐中,$CR = 10$。实际值可能比这更高些。这是由于气体的析出往往需要更高过电压,因此气体析出通常是被抑制的。

7.1.3　阴极过电压

本书第 2 版[1] 给出了形成 Tafel 极化曲线,如过电压与 $\log i$ 的关系曲线时有用的稳态电压数据。这些数据表明,在阴极电流密度为 $0.4 \sim 0.7\ \mathrm{A \cdot m^{-2}}$,温度为 970 ~ 1010℃时,阴极过电压值为 50 ~ 100 mV。正如我们指出的一样,过电压是受传质过程控制的,这是浓度过电压[1]。过电压的大小取决于槽设计与槽内的对流形式。因此,搅动熔盐可大大减小过电压[2]。更为具体地说,过电压大小的决定性因素为反应物的传质系数,而反应物的传质系数又取决于扩散系数与界面层厚度层的比率。

如本书第 2 版中指出的,过电压可以通过下式来计算:

$$\eta_{\mathrm{cat}} = -\frac{RT}{3F}\left[\ln\left(\frac{a^{*}_{\mathrm{AlF_3}}}{a_{\mathrm{AlF_3}}}\right)\left(\frac{a_{\mathrm{NaF}}}{a^{*}_{\mathrm{NaF}}}\right)^{3}\right] \tag{7.1}$$

或者是:

$$\eta_{\mathrm{cat}} = -\frac{RT}{F}\ln\left(\frac{a_{\mathrm{Na}}}{a^{*}_{\mathrm{Na}}}\right) \tag{7.2}$$

在上述两个公式中,上角 * 为金属/电解质界面上的活度,其余的都是电解质中的活度。

这些式子简单地描述了在假设化学平衡是建立在界面上,不考虑电子反应过电压的情况下，界面层中浓度梯度对过电压的影响。Thonstad 和 Rolseth[2] 绘制出图 7.1，用来阐述在界面上的物质传输过程。图 7.1a 表示 Na^+ 离子把电流传送至界面，铝在界面上析出，以及 NaF 扩散回到本体中。这在各种有关此方面研究的报道中都有提到，而且显然是正确的。

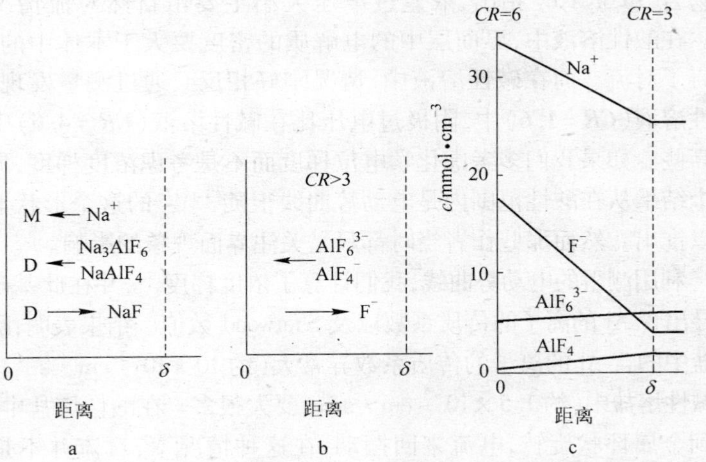

图 7.1 扩散(D)和迁移(M)引起的阴极扩散层中的传质过程示意图

a—正常的情况；b—单纯的离子传输；c—计算得到的冰晶石中的浓度梯度[2]

但是，进一步观察此过程（见图 7.1b 和 c），我们可以得到，界面层中的任何净移动都是靠铝的配合离子和 F^- 离子的运动来实现的。双电层中真正传送电荷的是氟离子，它在铝离子放电时离开阴极，以保持熔盐电中性。

这一过程可写成：

向电极扩散：

$$AlF_{4\ bulk}^- \longrightarrow AlF_{4\ surf}^- \tag{7.3}$$

电子转移反应：

$$AlF_{4\ surf}^- + 3e^- \longrightarrow Al + 4F_{surf}^- \tag{7.4}$$

电荷的逆电流方向迁移：

$$4F^-_{surf} \longrightarrow 4F^-_{bulk} \tag{7.5}$$

当 AlF_6^{3-} 离子或氧氟离子是电活性离子时，反应式(7.4)应该分写成两步还原反应，如 7.1.4 节中所示。

基于类似上面所提到的原理，Polyakov 等[4] 做了电动势的研究和过电压的测量。电动势的数据与文献[2]中报道的数据很好地吻合。Polyakov 指出，浓差过电压大小主要由自然对流情况决定。在酸性溶液中，界面层中的电解质的密度要大于本体中的，这阻碍了对流。而在碱性溶液中，情况刚好相反。通过测量发现，在酸性溶液($CR = 1.6$)中，阴极过电压比在碱性溶液($CR = 4.6$)中时要高些。如果我们多考虑化学电位梯度而不是考虑浓度梯度，那么这个结果从在酸性范围内是电动势曲线很陡[1,p217] 的这个形状上就可以推出。然而那些作者当时都只是关注界面现象的影响。

利用测得的电动势曲线，我们计算了浓度梯度[4]，并在此基础上推导出含 Al 的离子的传质系数以及 Sherwood 数值。结果表明，酸性熔盐中的含 Al 的离子的传质系数异常大(约 10×10^{-3} cm · s^{-1})，比在碱性熔盐中(约 1.5×10^{-3} cm · s^{-1})要大很多。在酸性熔盐中，观测到金属环状旋转，电流来回摆动，在这种情况下，对流并不是受自然对流控制，而是受界面对流控制的，这就是所谓的 Marangoni 效应。Marangoni 效应认为界面流动是由于电极上的界面张力的梯度引起的。

邱竹贤[5] 测定了不同 *CR* 和温度下的阴极过电压，如图 7.2 所示。和以往研究者们[1] 得到的图一样，他们得到的也是直线形 Tafel 线形图。阴极过电压随着 *CR* 和温度的降低而增大，但是还不清楚究竟什么是主要影响因素。阴极过电压与 *CR* 的关系跟 Polyakov 等[4] 的研究数据一致，而且如上文所述，过电压随着 *CR* 的降低而升高。

Sterten[3] 提出了一个阴极过电压的数学模型，他用 Thonstad 和 Rolseth[2] 及 Polyakov 等[4] 同一基本概念。他指出，应该考虑到金属的溶解。溶解的金属包括含铝的和含钠的质点(见 8.3.5 节)。如果钠的溶解反应较快，由于它的电子导电性(见 8.6 节)，

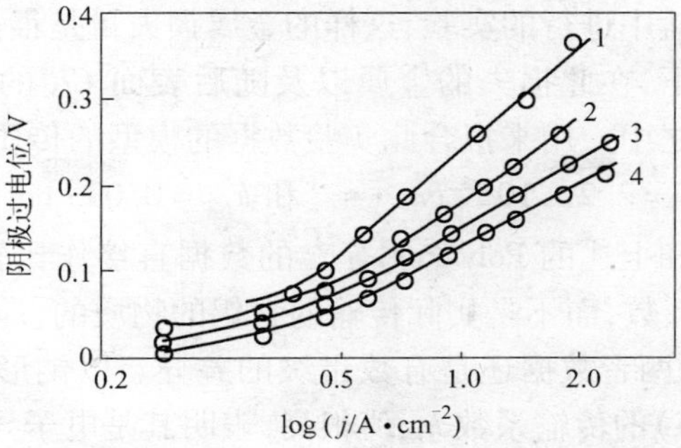

图 7.2 阴极过电压的 Tafel 曲线图[5]

1—CR = 1.0，880℃；2—CR = 2.0，930℃；

3—CR = 2.3，950℃；4—CR = 2.7，960℃；数据来自 Qiu 等[5]

在零电流时，应该往界面上低 CR 方向转移。当电流通过时，就含有两个互相竞争的传质过程。同时，过电压会低于其他的情况。Sterten 通过调整传质系数，能够估计此转移方向，从而使模型与实验数据相符，见图 7.3。

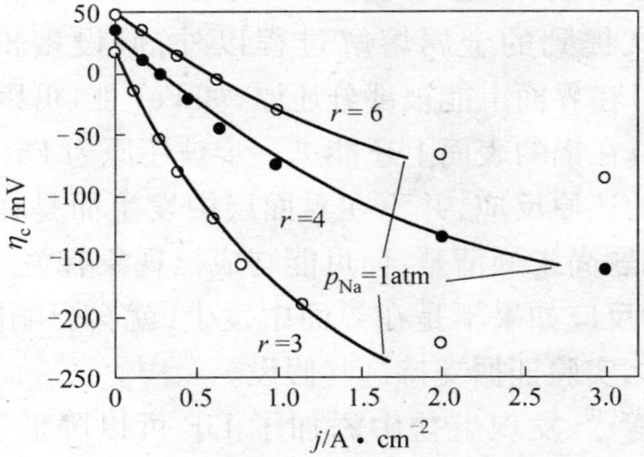

图 7.3 1000℃时，不同的 $CR(r)$ 下，Al-NaF-AlF_3 – Al_2O_3（饱和）系中阴极过电压与电流密度的关系

实验点—Thonstad 和 Rolseth[2] 测得；曲线—Sterten[3] 所作模型模拟所得（见正文）

此模型预测，在 Thonstad 和 Rolseth[2] 所做的实验中，电流产出率低到 50%，亦即生成的金属有一半损失在电解质中。由于是

在平静的熔盐中进行的实验,这样的金属损失量是很大的。然而,在这种情况下,在此损失的金属以及随后表面 *CR* 的偏移应该计入实验结果之中。用来拟合此实验数据的模型的传质系数,在 *CR* =3 时是 $k_{NaF}=2.2\times10^{-4}\ cm\cdot s^{-1}$ 和 $k_{Na}=0.033\ cm\cdot s^{-1}$。第一个数据不能和上述的 Polyakov 等[4]的数据直接作比较,因为它是 NaF 的传质系数,而不是实际传输的含铝的物质的,即使在对浓度加以校正时,两者数据还是有数量级的差异。以钠形式溶解的金属(见 8.6 节)的传输系数 k_{Na} 值很高,表明其是电子导电。

Sterten 在后来的文章[6]中表述相同的观点。钠离子作为电流负载者的作用在下述的阴极反应中体现出来:

$$2NaAlF_4+6Na^++6e^-=2Al+8NaF \qquad (7.6)$$

生成熔解的铝(Al(液态))的电化学反应如下:

$$2Na^++AlF_3+2e^-=NaAlF_2+NaF \qquad (7.7)$$

在 Sterten[7]以及 Sterten 和 Solli[8,9]的文章中,上述的阴极过电压模型被用来建立电流效率的模型,在 9.1.3 节中将讨论这一方面的问题。所以,这里只讨论此项模型的几个特点。

除了上文提到的金属熔解过程以外,假设多价杂质,像 Fe(Ⅲ)/Fe(Ⅱ)在界面上能被部分还原,如 Fe(Ⅲ)可以被还原为 Fe(Ⅱ),Fe(Ⅱ)在铝的表面上还能进一步被还原为 Fe(0)。Fe(Ⅲ)直到 Fe(0)的还原反应,并不在界面层中发生而是在金属表面上发生,这一问题尚未弄清楚,但可能与成核现象有关。在任何情形下,像这样的反应如果不是在界面中发生,就会影响阴极过电压。但还没有什么实验证据支持这些假设。

Fellner 等[10]发现熔盐中添加了 LiF 可以降低阴极过电压。如图 7.4 所示,在没有强制的对流下,石墨坩埚中测得的阴极过电压在 $0.5\ A\cdot cm^{-2}$时达到了 108 mV。但当加入 1% LiF 时,阴极过电压只有 92 mV。

7.1.4 电荷转移反应

很早以前人们就知道电荷转移反应速度是很快的,因此伴随

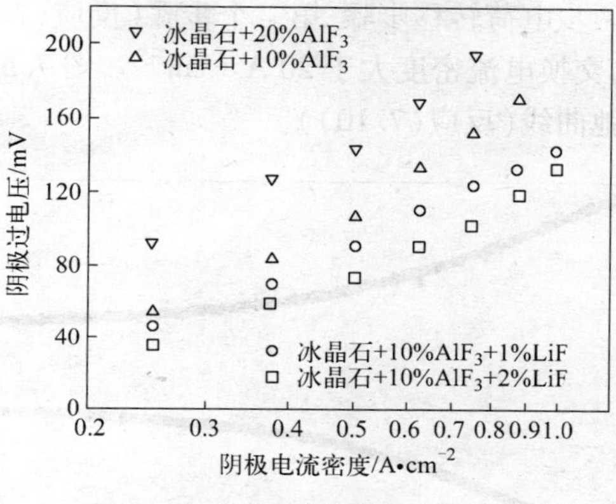

图 7.4 温度 1000℃时，阴极过电压与电流密度的关系
源自 Fellner 等[10]

着的电荷转移过电压应该只有几个毫伏。如在本书第 2 版所述，这结果是首先由 Piontelli 和 Montanelli 证明[12]，随后 Thonstad 和 Rolseth[2] 也证明了这个结果。后两位作者采用了所谓双脉冲技术，发现如果认为此电荷转移反应是一步三电子转移过程，则交换电流是在 12 $A \cdot cm^{-2}$这个级别上。这与用阻抗测量法[2] 所得的结果相似。

基于 Kisza[13,14] 发展的一种研究熔盐中快速反应的技术，Thonstad 和 Kisza[15]、Thonstad 等[16] 以及 Kisza 等[17] 采用阻抗谱法研究了阴极电荷转移反应。为了提高精度，采用松弛(relacation)测量法来补充测量，记录了电流中断时电位衰减情况。这些测量(阻抗和电位衰减)不能提供所参加反应的物质本性，所以提出的反应机理只能是个别的例证。

实验结果表明，先是进行一个化学反应步骤，随后进行两步电子转移反应步骤，机理可能如下：

$$AlF_6^{3-} = AlF_4^- + 2F^- \tag{7.8}$$

$$AlF_4^- + 2e^- = AlF_2^- + 2F^- \tag{7.9}$$

$$AlF_2^- + e^- = Al + 2F^- \tag{7.10}$$

对于这两步电荷转移步骤,第二个步骤(反应(7.10))反应是较快的,它的交换电流密度大于 20 A · cm^{-2}。图 7.5 是第二个放电步骤的松弛曲线(反应(7.10))。

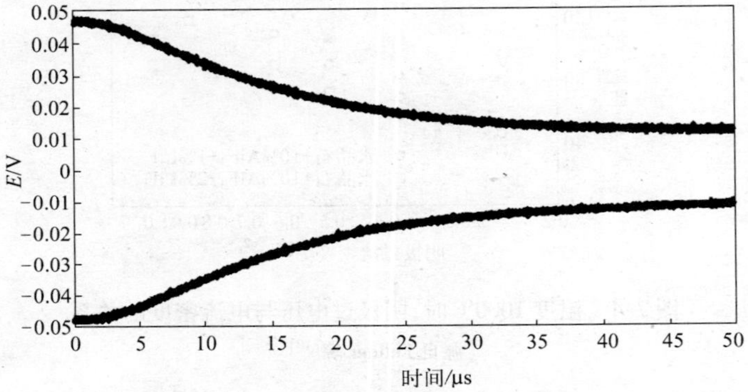

图 7.5　在微秒范围内,铝电极在冰晶石 –4% Al_2O_3熔盐中 1000℃时的阳极和阴极的松弛曲线

数据来自 Thonstad 等[16]

第一步电子转移步骤的反应速度取决于氧化铝的浓度。如图 7.6所示,随着氧化铝含量的增大,反应(7.9)的交换电流密度从 8 A · cm^{-2}变到 1 A · cm^{-2}。

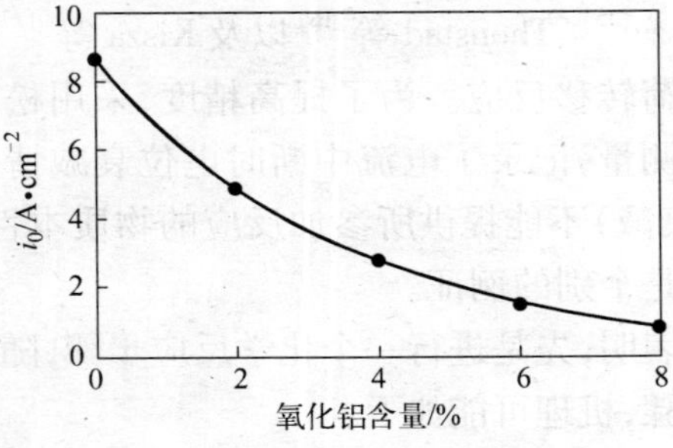

图 7.6　铝电极上交换电流密度与冰晶石 11% AlF_3 –5% CaF_2 熔盐中氧化铝含量(1000℃)的关系

数据来自 Kisza 等[17]

假定中间产物 AlF_2^- 与含铝物质的溶解质点一样(见 8.5 节),因此假定它是中间反应物是合乎逻辑的。Sterten[6] 提出反应(7.9)可作为在极化条件下(见式(7.7))生成溶解态铝的反应。

从 Thonstad 等[16] 的反应研究工作中推导出的前驱反应速度常数见反应(7.8),在 2000 ~ 8000 s^{-1} 范围,表明这是一个相当快的反应。用于解释阻抗谱图的等效电路中包含一个电感,这是高速反应所具有的典型特征。

7.1.5 在固体电极上沉积铝

对于电化学研究铝的沉积,使用固体电极有一定的优点,例如表面积固定,不含界面张力梯度引起的扩散。Duraz 等[18] 研究了 W、Ni、Pt 和 Au 在熔融的 NaF 和冰晶石中的循环伏安图,随后又做了基体的电子探针分析。结果表明,所有这些金属电极都和铝化合成合金,但是合金化程度不同。认为研究阴极反应最适合的金属电极为钨电极。低电流密度下沉积时阴极上未发现铝,这表明沉积出来的铝已经全部溶解到熔盐中了(见第 8 章)。

Duraz 和 Landolt[20] 研究了铝在钨电极上的电沉积过程,研究了两个竞争性反应,即铝的沉积($I_{沉积}$)和铝的溶解($I_{损失}$)。在一定的电流密度下($i < i_{损失}$,约为 50 mA · cm^{-2}),没有金属沉积,当电流密度达到在 150 mA · cm^{-2} 时,电流效率仍然很低的(约为 50%)。在通入阴极脉冲电流电解后,在开路时可以记录到电位的跳跃,表示铝的溶解过程停止了,其总时间与金属沉积量成正比。

Tellenbach 和 Landolt[21] 用的 TiB_2 旋转圆盘阴极,研究了铝的沉积和溶解。发现在高转速(500 ~ 1600 r · min^{-1})下,其规律遵从 Levich 方程。在随后的文章[22] 中,采用阴极脉冲电流,然后采用阳极脉冲电流,用来研究铝在钨电极上沉积的电流效率。

Sum 和 Skyllas-Kazacos[23, 25] 以及 Raj 和 Skyllas-Kazacos[24] 采用伏安法和反向计时电流法,研究了钨电极上和 TiB_2-碳复合电极上铝的电沉积及再溶解。他们在 NaF - 4% Al_2O_3 电解质中发现只有一个阴极峰,而没有阳极峰,研究发现生成了气态钠[23],当加

入 AlF_3 时，观测到了铝和铝－钨合金的阴极沉积和阳极溶解。由于钨铝合金化，导致实验结果难以解释。

Sum 和 Skyllas-Kazacos[25] 在碱性溶液（$CR=6.5$）中，用伏安法测得 2 个明显的阴极峰，一个是铝峰，随后一个是钠峰，还观测到钠的氧化峰。由于生成合金，过程不可逆，无法测定铝沉积的电子数（n），但是最终确定认为 $n=3$。在计时电位研究中，铝在碱性熔盐（$CR=6.5$，1020℃）和酸性熔盐中（$CR=1.5$，844℃）的沉积都遵从 Sand 方程。实验反应的可逆性尚未形成定论，因为在高电流（$\alpha n=2$）下已证实是不可逆的。

为了测定扩散系数，讨论了电活性质点的特性。但是，电极附近贫化 Al(Ⅲ) 的假设也许并不确切。因为当浓度改变时，超过了液相线，会发生冰晶石或 NaF 的析出。结论认为，铝的沉积反应被假定为可逆的，$n=3$，亦即这是一个一步放电过程。如果有一个先导的化学反应，可假设它进行得非常之快以致在这些实验中观测不到。所有这些研究部分地了解铝在熔盐中的溶解过程，此部分将在 8.5 节中再加以讨论。

Stojanovic 等[26] 开发了一种环盘电极用于研究铝的沉积过程。铝沉积在钼质圆盘上，保持某一阳极电位溶解了的铝又在圆盘上氧化，此环是用金或铂制作。图 7.7 给出了在圆盘上电位出现平滑的曲线，而在金环的氧化过程说明这是一个多步的过程。最可能的反应过程假定为，

圆盘：　$Al(III)_{(melt)} \xrightarrow{2e^-} Al(I) \xrightarrow{e^-} Al(0)_{(liquid)}$

$Al(I) \xrightarrow{-2e^-} Al(III)_{(melt)}$（圆环）；$Al(0)_{(liquid)} \leftrightarrow Al(0)_{(dissolved)}$

圆环：　$Al(III)_{(melt)}$　　$Al(0)_{(dissolved)} \xrightarrow{-3e^-} Al(III)_{(melt)}$　　(7.11)

其中间产物 Al(Ⅰ) 被认为是还原得到的铝在环上氧化的产物。此外，人们假设溶解的钠也是一种可能的电活性质点（见 8.5 节）。

Tsiklouri 等[27] 研究了 $KCl\text{-}NaCl\text{-}AlF_3$ 熔盐中，在 750℃ 时铝在

石墨上的沉积,发现了一个两步放电的现象,类似反应(7.9)、反应(7.10)。Bowman[28]研究了在 LiF-NaF-CaF_2-AlF_3熔盐中,铝在钨上的沉积。发现铝的还原过程是一个可逆的一步三电子过程,并未发现 Al[I]中间物。从氯化物熔盐中研究铝的沉积,也说明存在可逆的一步放电特征[25]。

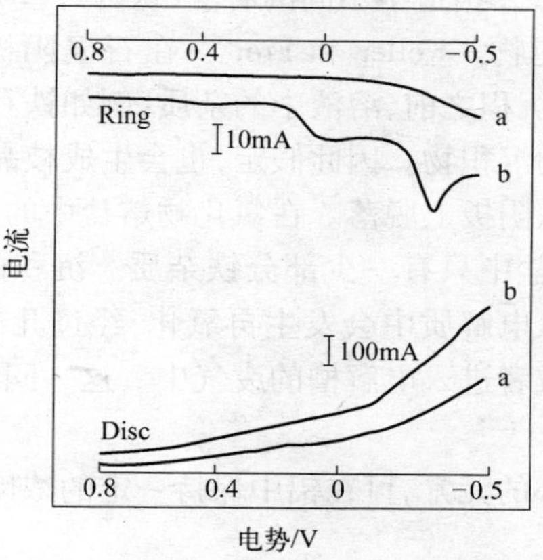

图 7.7 曲线表示电位与电流的关系:在旋转的圆盘电极中钼电极(下方曲线),金环(上方曲线)圆盘面积 0.79 cm^2,环面积 0.37 cm^2,电解质为冰晶石 +15.3% AlF_3 +5% CaF_2 +4% Al_2O_3,945℃

a—固定的电极;b—旋转速度 1500 $r\cdot min^{-1}$。根据 Stojanovic 等[26]

7.1.6 杂质的影响

本节介绍金属铝中那些惰性高于铝的杂质。然而,这种由原料中转移到金属铝中的杂质,其转移过程是不完全的,原料中70% ~80% 的杂质,转移到金属铝中(见 10.1.3.2 节)。一旦在铝中出现,就没有简单的办法把这些比铝更具电正性的元素分离出来。所以重要的是要把原料中的杂质水平降低。其中最主要的金属是铁,电解质中 Fe 的含量为(50 ~200) $\times 10^{-4}$%,而金属铝中 Fe 的含量是 0.04% ~0.15%。其他的杂质含量低得多,在电解质中含有 20 $\times 10^{-4}$% 或更低。杂质从电解质转移到铝中是受到传质过程控制的[29]（见 10.1.3 节）。

通常认为，杂质在铝/电解质界面上被还原，随后进入铝相中，并且容易溶解入铝中。因为杂质的浓度是如此之低以致对于阴极反应没有什么影响。讨论这一问题对于研究电流效率有更大的意义（见第 9 章）。

然而，Keller[30]报道了不同的看法，认为那些杂质元素会生成分散的固态沉淀物。Keller 和 Frei[31]在石墨阴极上进行电沉积时，观测到在铝沉积之前，溶液中的杂质，例如铁和硅，在阴极界面上生成海绵状的沉积物。因此假定，也会生成枝晶状的沉积物，从而可以轻易地从阴极上脱落。在氯化物熔盐中的研究进一步证实此观点，指出熔盐中只有一少部分铁杂质。沉积的金属固体脱离阴极表面后进入电解质中会发生再氧化，经过几次还原－氧化循环包裹在铝中或者进入电解槽的废气中。这一问题还要在 9.4 节中进一步讨论。

那些惰性小的元素，可在铝中保持一定的浓度，根据如下形式保持平衡：

$$3LiF + Al = 3Li_{(在Al中)} + AlF_3 \tag{7.12}$$

例如，当电解质中含有 2.5% LiF 时，铝中含有大约 $20 \times 10^{-4}\%$ 的 Li[1]。相关 Na 的情形将在 7.1.8 节讨论。当电解质中含有 5% CaF_2时，铝中含有低于 $10 \times 10^{-4}\%$ 的 Ca，而含有 5% Mg 时，产生 $150 \times 10^{-4}\%$ 的 Mg。这些已在本书第 2 版[1,p. 371]中报道了。这些杂质可从铝中分离掉。

7.1.7 热效应

工业铝电解槽是在电解质的液相线以上 5～15℃操作。如果电极附近的电解质浓度有所改变，这会使液相线温度发生变动，显然因电极反应改变而引起温度改变将会是非常严峻的。

在本书第 2 版[1,p. 225]中，报道了 Mozhaev 等[32]与 Mozhaev 和 Polyakov[33]的研究工作，指出，阴极上有一个热效应，而在阳极上就会有一个冷效应。铝电极的热电势（塞贝克系数）约为 $0.1\ mV \cdot K^{-1}$。

此 Seebeck 系数,在一定的温度场中通过一只开尔文电池和两支电极测定电动势便可求得。

此电池反应为:

$$1/2Al_2O_3 + 3/4C = Al + 3/4CO_2 \tag{7.13}$$

其总热熵在970℃时是很正的($\Delta S^{\ominus} = 165.5\ J \cdot K^{-1}$)[1]。这意味着如果反应过程是在可逆电位下进行的,热量必须由环境供入(实际上,在工业电解中有较大的热量剩余,因为存在欧姆电阻项和过电压)。对于电化学反应来说,还有一个问题,即熵效应怎样在电极之间划分。Mozhaev 等指出,阴极上有一个热效应,亦即 ΔS_{cat} 在阴极为负值,阳极上有一个非正常的 ΔS_{an} 值,即阴极上的冷效应。

Mozhaev 等[32,33], Kjelstrup、Ratkje 和合作者[34~38]用不可逆热力学分析了此体系,测量了 Seebeck 系数,能够估算阴极的热效应。Kjelstrup、Ratkje[34]指出,关键点在于迁移的钠离子的热熵数值。他估计该值为 $S^*_{Na^+} = (89 \pm 5)\ J \cdot K^{-1} \cdot mol^{-1}$。可用 Mozhaev 等[32]给出的 Seebeck 系数来计算阴极和阳极的热熵和相应的热效应。电流密度是 $0.7\ A \cdot cm^{-2}$时所得结果列在表 7.1 中。

表 7.1 上的数据有些不确定,因为所用的基础数据并非被认为是精确的,然而这些数据可给出变化趋势所在。

表 7.1 单位时间内与电流有关的热量变化

(极间距离4.5 cm,电解质的电阻率 0.4 Ω · cm。
在 $0.7\ A \cdot cm^{-2}$下,阳极和阴极过电压分别为 0.4 V 和 0.1 V。
阳极电场和阴极电场都是$0.3\ V \cdot m^{-1}$;源自 Kjelstrup Ratkje[34])

发热类型及其位置	热变化量/ cm^{-2}/W
焦耳热,材料 100 cm 处	0.21
阳极表面: $-(dQ/dt)_{an}$	−0.63
过电位	0.28
焦耳热,电解质 4.5 cm 处	0.88
阴极表面: $-(dQ/dt)_{cat}$	0.1
过电位	0.07
焦耳热,阴极材料 100 cm 处	0.0002

在 Sharivker 和 Kjelstrup Ratkje[35] 以后的研究中，测定了固体冰晶石的 Seebeck 系数。钠离子的熵值为 140 $J \cdot K^{-1} \cdot mol^{-1}$，曾假定，在熔融状态中它甚至更大些。

Flem 等[36] 测量了氧电极在熔融的 $NaF\text{-}AlF_3 - Al_2O_3$（饱和）混合物中的 Seebeck 系数，在 $CR = 1.8$ 和温度 971℃时，发现该值为 $-1.80\ mV \cdot K^{-1}$。它比 Mozhaev 等[32] 所得的数据大得多。后者在1000℃冰晶石－氧化铝中得到的数值为 $0.1\ mV \cdot K^{-1}$。Flem 等[36] 估算了阴极热效应为 $(1.07 \pm 0.04)\ J \cdot cm^{-2} \cdot s^{-1}$，而阳极的冷效应值为 $(1.57 \pm 0.07)\ J \cdot cm^{-2} \cdot s^{-1}$。Hansen 等[37] 引用了这些数据，如果阴极界面层的厚度为 $10^{-7} \sim 10^{-9}$ m，估算了可能的阴极过热量。如果相邻的金属层比起电解质本体具有较小的热导率，则此局部的过热温度将为 8℃。

Xu 和 Kjelstrup[38] 扩展了 Flem 等[36] 的测量工作，采用酸度较小的熔盐。即摩尔比为 2.2 ~ 3.0 的氧化铝饱和的熔盐。在此范围内氧电极的 Peltier 热是恒定的，为 241 $J \cdot mol^{-1} \cdot K^{-1}$。炭电极的 Peltier 热估算实际上同氧电极的值一样。可以肯定，这个值与非饱和氧化铝熔盐体系差别不大。不同电流密度下的热效应见图 7.8。该图说明电解过程阴极具有过热，阳极具有较大的过冷效应。虽然阳极过电位的数据不具体，但是这种结论似乎适用于

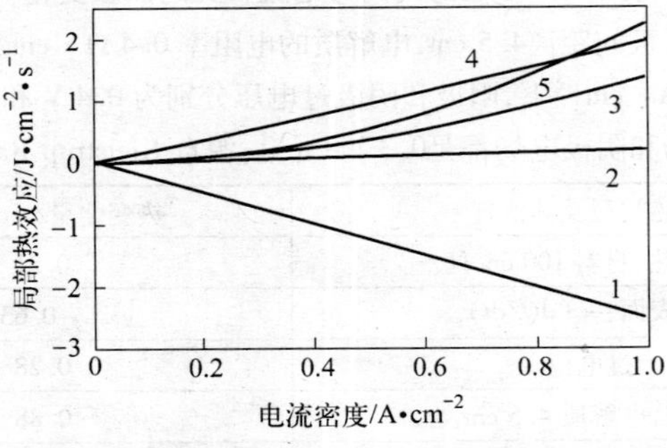

图 7.8　摩尔比为 2.6 的饱和氧化铝熔盐中电流密度和局部热效应关系

1—可逆电位发热；2—阴极过电位发热；3—阳极过电位发热；

4—阴极可逆电位发热；5—电解质电阻发热；源自 Xu 和 Kjelstrup[38]

任何场合。阳极表面过冷行为被阳极本身的欧姆热抵消。

Ødegård 等人[39]对测量工业电解槽的温度效应提出以下看法,他认为当通过阳极的电流中断后阳极内部的温度并未发生变化。这种由于熵效应产生的过冷现象由欧姆电压降和过电压产生的热所平衡。通过对阴极熵效应的估算,钠离子和电子的熵与钠相同($84\ J \cdot K^{-1} \cdot mol^{-1}$)。当电流密度为$0.7\ A \cdot cm^{-2}$时,算出阴极上的热量为$0.049\ J \cdot cm^{-2} \cdot s^{-1}$。而阴极过电压(50~100 mV)产生的热是同一数量级。两者相加可知阴极的净热效应是很小的。

可以得出如下结论:各位作者所得的数据有相当大的分歧,所以明显地需要在此领域内做更多的工作。阳极上的负热效应会延缓新阳极的加热,它会引起局部的过冷区,产生部分的冷凝,甚至导致阳极变形。而阴极上产生的过热,有利于防止界面上冰晶石的冷凝,因为存在浓度梯度会发生此种现象(见图7.1),它也会影响金属/电解质界面上所谓的边部结块的形状。

7.1.8 工业电解槽中的阴极过程

已经证明:在工业电解槽中,测量阴极过电压,要获得令人满意的精度是较难的。因为电解质/金属界面由于电磁作用,处于经常运动的状态,所以如何放置参比电极成为一大难题。在本书中第2版中曾报道过一些实验结果,当把钨电极插入铝液与拔出时产生了电位阶跃。据报道,阴极过电压的数量级为100 mV[2]。

Rolseth 等[40]随后继续做了此项研究工作,他们也记录到,当钨极插入铝液与拔出时出现的电位阶跃,此曲线是用振荡器记录的,见图7.9,数值基本上在50~100 mV之间。

Tørklep 和 Nordbø[41]采用相似的技术,把一只固定的钨电极放在"波动区",因此"放入"和"取出"都能记录下来。由于使用的是一只相当缓慢的数据记录仪,因此记录不到精确的电位跃,对数据统计处理得出电位跃的数值是在40~120 mV之间。其中,有一个相当尖锐异常值40 mV,这可能是阴极过电压的下限值。

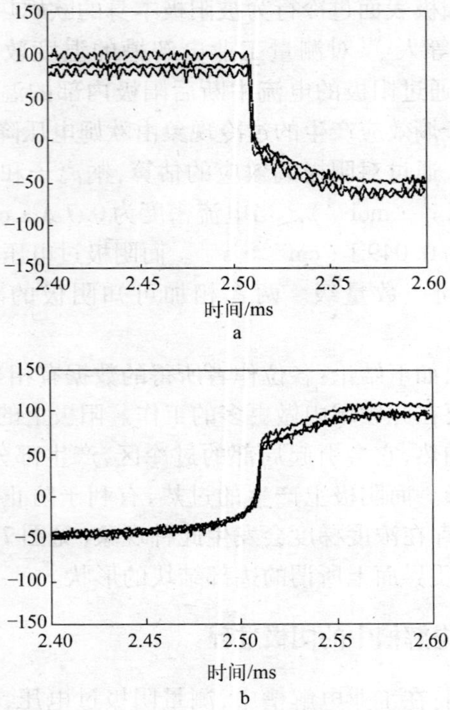

图 7.9 在工业槽中钨电极与铝熔盐之间振荡器记录的高取样速度(1 μs 取一点)

a—插入;b—断开;源自 Rolseth 等[40]

预期阴极过电压会在阴极表面上有某些变动,取决于局部电流密度和传质速度,这个问题尚未系统研究。

下面讨论铝中的钠。

阴极过电压反映了电解质/金属界面上浓度梯度与 *CR* 的关系。所以,根据阴极过电压与铝液中钠含量的关系在电解质/金属界面上建立下列平衡,

$$3NaF + Al = 3Na + AlF_3 \tag{7.14}$$

此外,钠进入炭内衬的损失,并不降低钠的浓度。这一问题已

由 Solheim 和 Sterten[42]讨论，并提出了阴极过电压与钠含量之间的关系。

在本书第 2 版[1,p.372]中引用了 Tingle 等[43]的钠平衡数据。在图 7.10 上把 Tingle 等的 1000℃数据跟 Fellner 等较新的实验数据做了比较。可以看出，对于正常的摩尔比，即 2.2 ~ 2.7，铝中平衡的钠含量是在(60 ~ 130) $\times 10^{-4}\%$ 范围内。Fellner 和 Denielik[44]以及 Fellner 等[10,45~47]在采用极化条件下得到铝中的钠含量增多，熔盐中添加氟化锂时，钠含量有所降低的结论。

Tingle 等[43]指出工业槽中的钠含量通常高于平衡数据，这已由 Tabereaux[48]进一步证实了。后者指出，当电解槽采用冷行程技术时，这些槽的磁场补偿较差，因此金属和电解质的流速较快，铝中的钠含量较低，典型值是(60 ~ 80) $\times 10^{-4}\%$。现代的磁场补偿得好的电解槽，液体的流速较慢，铝中钠的含量是在(100 ~ 200) $\times 10^{-4}\%$ 范围内。这些数据明显高于本体电解质组成，这说明界面上存在较高的浓度梯度。工业槽中阴极过电压跟钠含量的关系还没有研究过，然而，正如 Haupin[49]指出，在高钠浓度、高电压和高电流效率三者之间，可能有一个相互关系。

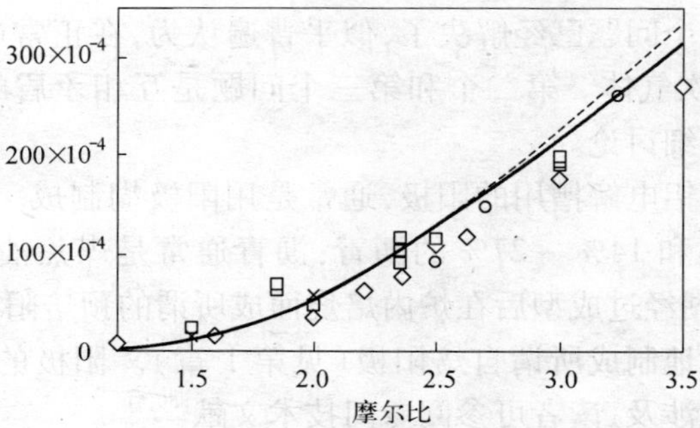

图 7.10 铝中钠的平衡浓度跟 1000℃的摩尔比的关系

□—氧化铝饱和；+—无氧化铝；◇—Tingle 等[43]的数据；○—Fellner 和 Lubyová[45]的数据；曲线—根据 Danielik 和 Fellner[46]；点划线—无氧化铝时的计算值；实线—有 5% 氧化铝时的计算值；根据 Fellner 等[10,47]

7.1.9　可用的新阴极材料

正如本书第 2 版[1,p.227,405]中提到,已有众多的尝试使用其他可被铝湿润且能够抵御铝和电解质的侵蚀材料,来代替目前用的炭阴极内衬材料。所选用的材料大致为二硼化钛或其复合物。

有关新阴极材料的情况大体如此,将在 10.5.4 节中另作介绍。

7.2　阳极过程

7.2.1　引言

在本节中讨论正常电解时的阳极过程。有关阳极效应发生前和发生时的现象,将在 7.5 节中讨论。有一些阳极过电压和炭阳极消耗量的数据不统一。如同本书第 2 版[1]时存在的那样。本节中将要提到的主要问题:

(1) 何者为阳极的一次产物,CO_2、CO 或两者都是?

(2) 阳极过电压值的大小如何,亦即在极化电位与可逆电位之间差别有多少?

(3) 何者为阳极反应的律速步骤?

第一个问题已经解决了,似乎普遍认为,在正常电流密度下,CO_2是一次气体。第二个和第三个问题是互相矛盾的,下文将要作若干详细讨论。

工业铝电解槽用的阳极,通常是用阳极糊制成。阳极糊中含有石油焦和 14% ~27% 的沥青;沥青通常是煤焦油蒸馏后得到的,阳极糊经过成型后在炉内焙烧而成所谓的预焙阳极,或者在电解槽内就地制成所谓自焙阳极(见第 1 章)。阳极的制造和处理这里不拟涉及,读者可参阅专门技术文献[50,51]。

已有许多研究,旨在开发一种产生氧气的惰性的阳极,以取代炭阳极。在 10.5 节介绍了几种有意义的实验方案。目前还没有寻找到技术上的解决方案,还需要相当长的时间才能成功开发大规格的惰性阳极,并能具备可靠的惰性性能,这是比较实际的设想。

7.2.2 阳极的一次产物

两种可能的反应是：

$$1/2Al_2O_3 + 3/4C = Al + 3/4CO_2 \tag{7.15}$$

$$1/2Al_2O_3 + 3/2C = Al + 3/2CO \tag{7.16}$$

这两种反应在1000℃时的可逆反电势分别为 -1.187 V 和 -1.065 V[52]。除了反应(7.16)产生 CO 外,体系中存在布达反应：

$$CO_2 + C = 2CO \tag{7.17}$$

此反应在该温度下强烈地向右侧进行。

本书第2版[1]深入地讨论了一次阳极主要产物问题,这里扼要地加以总结。通过对阳极消耗量的仔细研究[53]指出,反应(7.15)是主要的一次反应,在很低的电流密度(0.05 ~0.1 $A \cdot cm^{-2}$)时另当别论。当电流密度超过0.05 ~0.1 $A \cdot cm^{-2}$时,在极化的炭阳极上,布达反应便停止。在这些低电流密度(小于0.05 $A \cdot cm^{-2}$)时,究竟 CO 是一次反应产物,还是先生成 CO_2,接着因布达反应而生成了 CO,尚未清楚。

采用隔膜可以有效地阻止溶解了的金属进入阳极室,同时显示阳极产物是 CO_2[54]。然而,在采用自焙炭质阳极时,出现了7% CO,这可能是 CO_2与悬浮在溶液中的炭渣或多孔的阳极结构发生反应所致。

Silný 和 Utigard[55]做了相似的研究,他们把阴极室独立隔开,阳极用铜管围绕着。阳极用热解石墨(PYG)制成,在电流密度0.7 $A \cdot cm^{-2}$时,阳极气体中含有2% ~5% CO,其余是 CO_2。而光谱纯石墨做阳极得出更多的 CO 含量,显然是由于这些阳极在某些程度上碎裂了,生成的炭粉与 CO_2起了反应所致。用热解石墨阳极以及保持恒定的过热度(温度高于液相线)时,CO 的含量随着氧化铝含量的增多而减少,也随着 AlF_3含量增多而稍有增加。当电流密度减少时,CO 含量增多,当电流密度低于0.1 $A \cdot cm^{-2}$时,CO 含量超过5%。结论认为,在正常电流密度下,一次阳极产物是 CO_2,这与早先的研究结果一致,见上文。

早在 1936 年，Drossbach[56] 提出了一条精致的思路，即我们考虑平衡时从热力学讨论来澄清阳极的一次产物问题。如果我们讨论下列平衡反应：

$$CO + 1/2O_2 = CO_2 \tag{7.18}$$

可以看出，CO_2/CO 的比率确定了体系中氧的平衡分压。在原则上，我们可以考虑原电池的反应式是：

$$1/2Al_2O_3 = Al + 3/4O_2 \tag{7.19}$$

此电池的标准可逆电位是，$E^\ominus = -2.213$ V（在 970℃）[52]。在惰性阳极上，阳极产物将是纯氧，因此阳极电位（假设过电压为零）会是 2.213 V，正于铝电极，而在炭阳极上氧会与碳起反应，氧的分压将会大大的减少，阳极电位也降低。在单位氧化铝活度时，Nernst 方程简单出揭示出氧电位和氧分压关系。

$$E = E^\ominus - RT/4F\ln(p_{O_2}^{3/4}) \tag{7.20}$$

所谓的去极化 ΔE，便是式（7.19）中有关 $E^\ominus$ 电位减少值。可写成下式：

$$\Delta E = E - E^\ominus = -RT/4F\ln(p_{O_2}^{3/4}) \tag{7.21}$$

Drossbach[56] 指出，此式可近似地写成：

$$\Delta E = 0.0002T/\log(p_{O_2}) \tag{7.22}$$

表 7.2 给出 ΔE、$\log p_{O_2}$ 以及 CO_2、CO 和 O_2 的分压数据。引用的是 Drossbach 的原始数据，温度为 1161 K（888℃），这些数据与较高温度下的相差不大。

表 7.2　从反应式（7.21）、式（7.20）和式（7.18）估算出来的阳极极化电位和气体组成（温度 1161 K，源自 Drossbach[56]）

ΔE	E	$\log p_{O_2}$	$\varphi(CO_2)$ / %	$\varphi(CO)$/%	$\varphi(O_2)$ /%
0.10	2.10	−1.73	98.1	—	1.9
0.20	2.00	−3.46	99.965	—	0.035
0.40	1.80	−6.93	100	—	—
0.60	1.60	−10.38	99.86	0.14	—
0.80	1.40	−13.84	93.4	6.6	—
1.00	1.20	−17.3	20.0	80.0	—

下文指出:典型的铝电解阳极电位在正常的电流密度下为1.6~1.7 V。这意味着式(7.22)中的ΔE值为0.6~0.5 V。从表7.2上看到,按平衡式(7.18)的阳极气体,应该基本上由CO_2组成。在很低的电流密度下,$\Delta E = 0.8$ V(以及$i = 0.01$ A·cm^{-2},见图7.18),预期有些CO。

因此得出结论,实验数据和热力学数据,两者支持了如下论点:在铝电解槽中,在所有正常的电流密度下,一次阳极产物是CO_2。Zoric等指出,即使预焙阳极之间有相当狭小的间隙(5 cm),阳极电流密度不会远低于0.1 A·cm^{-2}。

另外一个令人感兴趣的结论,可从上文得出,这是Revazyan[58]和Thonstad[53]得出的。极化条件下的阳极免于被CO_2的布达反应侵蚀(式(7.17)),因为阳极表面的氧分压较小,以致布达反应受到抑制(反应(7.18)向右进行)。然而,如果CO_2透入阳极本体中,或者生成了松散的炭颗粒,漂浮在电解质表面上,布达反应就会发生。气体进入阳极本体中是Barrillon[59]阐明的,他观察到阳极外层比其内部更加多孔。

7.2.3 阳极过电压

阳极电位(E_i)在正常的电流密度(0.6~1 A·cm^{-2})数量级为1.5~1.8 V,这是以铝电极为基础的。反应(7.15)的可逆电势(E^{rev})大约是1.2 V,表明有一个相当大的阳极过电压(η)。

$$\eta = E_i - E^{rev} \tag{7.23}$$

这已被普遍公认,唯一的例外是Shchavelev等[60,61]声称,并没有很大的阳极过电压,但是Vetyukov和Borisoglebskii[62]指出这一错误的结论是由于热力学计算上的错误所致。

在本书的第2版[1]中,已经报道了大量的阳极过电压资料,并指出,其中存在很多的分歧。在大多数情形下,其测量结果可用所谓Tafel方程来表示,即:

$$\eta = a + b\log(i) \tag{7.24}$$

这里 η 是过电压，这是极化电压(E_i)与反应(7.15)可逆电压($E_{可逆}$)间的差值。极化电压通常涉及一个铝参比电极，并且要校正其欧姆电压降。把 Tafel 线外推出零过电压($\eta=0$)，便可以定出所谓的交换电流(i_0)。

过电压的实验数据是很分散的，这已在本书的第 2 版[1] 中报道。这可从 Tafel 系数 b 值的差异从 0.09～0.40(甚至更高值 0.68)看出来。阳极过电压趋向于在更大的电流密度下向上折曲，这一事实也许可归咎于所报道的很高的斜率。

在许多情形下，造成此种观测到的阳极过电压分散的原因还未弄清楚。所用阳极炭的材质，或者是石墨，或者是工业品的无定型碳，它们有着不同的孔隙度，会在某种程度上影响测定的结果。石墨的过电压比无定形碳的高(见图 7.10)。

此外，槽的设计、气泡覆盖率等，也许是重要的。

精确测定阳极与参比电极之间的欧姆电阻是困难的，容易造成误差。电流中断法以及交流阻抗法是两种最普通的测量方法。气泡起的阳极额外电阻和屏蔽作用，必须加以考虑，其影响见 7.2.4.2 节。但是，即使把这些因素考虑进去，所有已经发表的数据显然也还不能取得一致。

这可能归咎于实验装置(槽设计、电极排布、阳极尺寸大小、电流分布等)，或者归咎于测量技术，亦即欧姆电阻的校正方法，如果可能则要改变阳极的湿润表面积。下文将要提起，对于常规的炭素材料而言，后面的一种办法可能是重要的。

对于过电压的测量，采用小的电极往往是有利的。因为它的欧姆电压降可以减低。如果采用工业品位无定型多孔阳极，而电极尺寸只有几毫米大，这就成为问题。因为，阳极材料是不均匀的，所以人们必须在测量方法的难易程度和代表性的炭素试样之间协调解决。析出气泡也要加以考虑，气泡的排出不能受阻拦，这是重要的。悬浮在熔盐中的炭粒，即所谓炭渣积聚也会干扰测量结果，炭粉会引起测得的过电压值升高。

对于那些似乎是异常高的或者异常低的过电压值，通常无法判定其原因。但是可以认为槽设计和阳极形式扮演了重要的角色。其最终的检验是需要在工业电解槽上测量阳极过电压。至今尚未报道过这种方式的精确测量。如果做过电压的研究,除了电流变动的实际问题之外,还有难以设计一个可靠的参比电极,以及以足够的精度来校正欧姆电压降,这将在下文 7.2.4.2 节中报道。Haupin[63]设计了一种扫描参比电极,应用于工业槽。移动此参比电极的位置得到不同的电阻,然后外推到零距离的数值,从而可以校正欧姆电压降和气泡电阻值。在 Haupin 的另一篇文章[64]中,提出了一种简化的扫描参比电极。

7.2.3.1 实验方法

阳极过电压受阳极设计的影响,这一问题理应加以讨论。正如已经提过的,其最终的解决办法是在工业槽的阳极规模上进行测量。但是由于应用参比电极测量欧姆电压降有实验上的困难,在这方面还做得很少。

实验室规模槽的设计至关重要。采用参比电极并没有什么问题,因为铝电极是放置在套管内,浸在同一种熔盐中,因此获得了相当可靠的数据。但是,为了补偿欧姆电压降,如果电流是很大的,会引起一些问题。通常采用电流中断法和交流阻抗法进行测量。前一种方法需要外推到零电流处(即电流中断的时间),这会是相当困难的,由于存在所谓“铃响问题[65]”;而后一种方法需要校正频率依存关系问题。

为了便于排除阳极气体,许多研究存在实验中采用垂直阳极,这或者是圆柱形的,或者是扁平的。阳极的尺寸大小是另外一个问题,当使用颗粒很细的石墨阳极,问题不大,但是,当应用工业级的阳极时,阳极必须有足够的尺寸,因为这些材料是由相当大的骨料组成,而且趋向于多孔。其办法是采用特殊的配方,不用大颗粒(+2 mm)的组分。

图 7.11 为一些圆柱形阳极的实验设计方案。使用保护套是为了固定阳极的表面积。但是在阻抗测量中,发现此保护套存在会有些干扰,因此干脆用圆柱形阳极侵入溶液中,也许是最佳的解

决办法。此外，用半球形的阳极（图 7.11c）向下插入溶液中，也较为普遍[68]。

Haarberg 等人[69]采用完全不同的阳极设计方式，见图 7.11。带方向朝下的中孔的阳极可以保证良好的电解质循环和阳极气体逸出，该设计足够新奇，过电位略微升高但是得到的读数很稳定，其原因尚未得知。

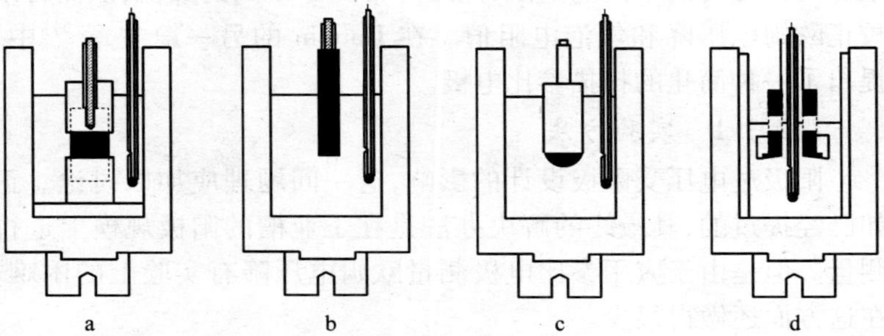

图 7.11　过电压测定所用阳极的形状设计：
a—圆柱形的阳极带氧化铝保护套；b—没有保护套的圆柱形阳极；
c—半环形阳极；d—空心阳极[65~69]

7.2.3.2　过电压数据

在本书的第 2 版[1,p238]已经报道了 1980 年前的资料。

Dorward[70]研究了温度范围为 800 ~1000℃之间的等摩尔 Na_3AlF_6-Li_3AlF_6熔盐中阳极过电压与温度的关系。阳极形式为图 7.11b。在高电流密度下，电流对电压的线性图为直线。"似在的分解电压"可从外推到零电流处得到。在电压 1.6 ~2.05 V 范围内似在的分解电压为一条直线。在饱和着氧化铝的熔盐中，温度系数为 -2.4 V/℃；而在未饱和的熔盐中，温度系数为 -1.9 V/℃，相比之下，可逆电流的温度系数为 -0.56 V/℃，显然，阳极过电压随温度降低而明显升高。据估计，在温度 850℃的电能消耗量比在 970℃时将要增加 1 kW · h ·（kgAl）$^{-1}$。

多数研究者发现，石墨上的阳极过电压比在工业品质炭的高些(见文献[1],7.2.3 节)。但是 Taylor 等[71]发现在高电流密度下存在相反的趋势,见表 7.3。

表 7.3 阳极过电压数据与电流密度的关系

(用工业阳极材料与石墨阳极,根据 Taylor 等[71])

电流密度/$A \cdot cm^{-2}$	0.05	0.10	0.50	1.00	2.00
阳极板	0.09	0.18	0.50	0.73	1.12
石墨	0.14	0.24	0.48	0.63	0.92

Jarek 和 Orman[72]测量了冰晶石－饱和氧化铝熔盐中的过电压,用的是圆柱形阳极,外面用氮化硼屏蔽,因此只有圆柱体的底面暴露在熔盐中。阳极材料是光谱纯的石墨或热解石墨或预焙的炭(非常细粒的)。在 0.05～0.7 $A \cdot cm^{-2}$范围内,得到 Tafel 直线。在表 7.4 上给出 Tafel 方程的系数和交换电流密度值(未提出曲线段)。

表 7.4 三种不同阳极的 Tafel 系数和交换电流密度值(Tafel 和 Orman[12])

阳极类型	a/V	b	i_0/$A \cdot cm^{-2}$
焙烧阳极	0.33 ±0.07	0.25 ±0.10	0.030
高纯石墨	0.41 ±0.04	0.30 ±0.06	0.043
热解石墨	0.47 ±0.05	0.31 ±0.06	0.048

邱竹贤和张明杰[73]用石墨阳极做了类似的测定(实验装置如图 7.11b 所示)。所用体系温度为 1000℃的冰晶石－饱和氧化铝熔盐,用铝参比电极,得到下式:

$$\eta = 0.43 + 0.31\log i \tag{7.25}$$

外推的交换电流密度是 0.042 $A \cdot cm^{-2}$。他们也研究了电解质的组成,见 7.2.4 节。

Jarek 和 Thonstad[68]用工业级的阳极材料来研究阳极过电压与阳极电流密度、阳极焙烧温度和湿润表面积(以双电层电容表示)之间的关系。用扁平阳极的形式垂直放置,用氮化硼套管屏蔽保护,以免其几何表面积有任何改变。湿润阳极表面积(以双电层电容表示的)随电流密度增大而减小,见图 7.12。实验中不论电流密度大小如何,阳极总是承担同样的电荷量(3.5 A · h · cm^{-1})。

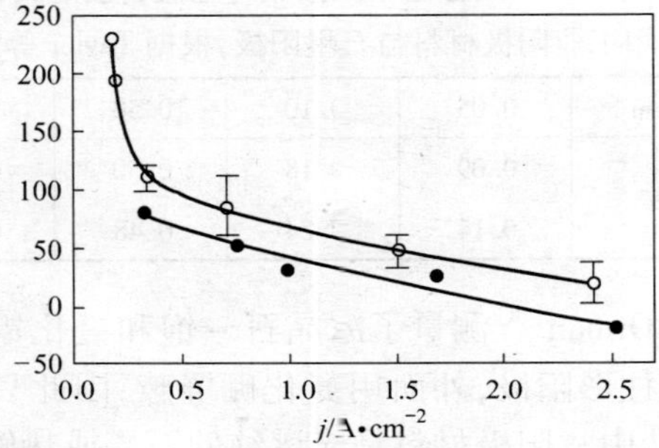

图 7.12　在 1010℃的冰晶石 - 氧化铝(饱和)熔盐中,预焙炭阳极的双电层电容 $C_{d.l.}$(%)与电流密度的关系

○ —Jarek 和 Thonstad[68];● —Thonstad[74]

为了求得 Tafel 曲线,用交流阻抗法测定了欧姆电阻值,在此测定中,用直径为 22 mm 的半球形炭阳极(图 7.11),上部的圆柱形部分用氮化硼屏蔽着,见图 7.13。所得的 Tafel 曲线图谱有两

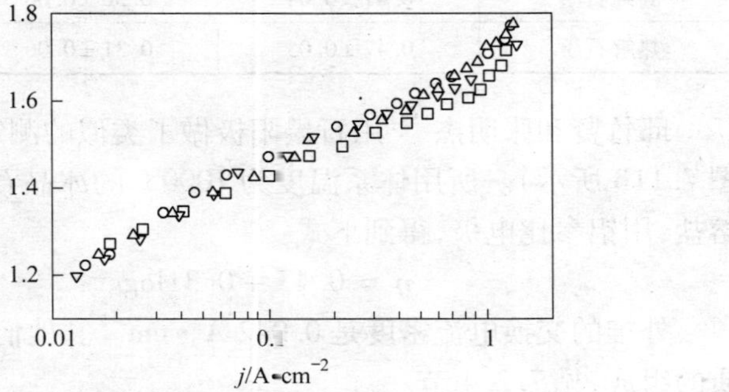

图 7.13　预焙阳极的极化电压(铝参比电极)与电流密度的关系

(冰晶石 - 氧化铝(饱和的)熔盐,1010℃;

○ —密度 $d = 1.42$ g · cm^{-3},焙烧温度 $bt = 970$℃;▽ —$d = 1.42$,$bt = 1100$℃;

△ —$d = 1.55$,$bt = 1250$℃;□ —$d = 1.56$,$bt = 1250$℃;源自 Jarek 和 Thonstad[68])

个斜率,其趋势是在最高电流密度下向上折曲。实验采用了不同密度和焙烧温度的阳极。在电流密度为 0.1 A · cm^{-2} 以下,Tafel 曲线的斜率在 0.2 ~ 0.4 之间;而电流密度在 0.1 ~ 0.5 A · cm^{-2} 之间,斜率为 0.18 ~ 0.24。

由于似在的双层电容随电流密度减小而增大,因此可假设电活性表面积也按着同样的方式改变。为了把所有数据归纳到同一真实表面积上,稳定的名义电流密度用下式加以校正:

$$i_c = i_g 220 / C_{d.l.} \tag{7.26}$$

这里,220 是平均的双电层电容(μF · cm^{-2})值,$C_{d.l.}$ 是实测得到的双电层电容。从图 7.14 看出,重新计算得到的电流密度对 Tafel 线条产生拉直效应,但是在中等电流密度下 Tafel 曲线斜率大体保持一样(b = 0.18 ~ 0.24)。

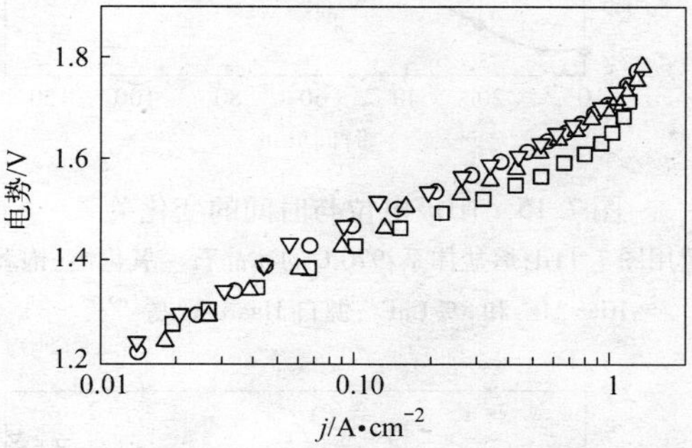

图 7.14 同一湿润表面的预焙炭阳极的极化电压(铝参比电极)与电流密度的关系(见图 7.12)

所有符号,见图 7.13,源自 Jarek 和 Thonstad[68]

当阳极过电压为 0.5 V 时,阳极电流密度随着阳极表观密度之增大而增加,此阳极的焙烧温度在 970 ~ 1250℃之间,但是影响不大[68]。

如上所述,Haarberg 等[69,75] 研究发现阳极过电压随时间升高,亦即在电流密度 2.25 A · cm^{-2}时,用铝参比电极时,阳极电位在 2 h 内从 1.55 V 提高到 1.95 V,见图 7.15,达到 1.95 V 时呈现稳态。

在图 7.16 示出 Tafel 曲线上有两个斜率,分别大约为 0.3(当电流密度小于 0.1 A · cm^{-2}时)与 0.1(在更高大的电流密度下)。

在低电流密度下，斜率之所以大是由于同时生成了 CO 以及熔盐中的杂质的氧化反应 Fe(Ⅱ)→Fe(Ⅲ)。所以，一般而论，在低电流密度下，难以得到良好的数据。因为气体生成的速率是慢的，同时阳极的湿润性加强了，允许熔盐渗透入阳极的开口气孔中。已经发现，往阳极中添加铁的杂料，就会降低阳极过电压，直到添加量达到(950～4280)×10^{-4}% 为止。如果添加的杂质再增多到 4388×10^{-4}% Fe，则阳极过电压比添加少量 Fe 时升高大约 100 mV。

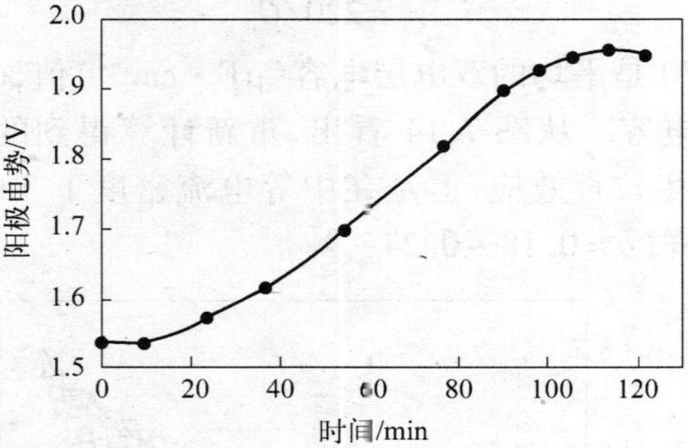

图 7.15　阳极电位与时间的变化关系

实验装置用图 7.11d；熔盐体系：970℃的冰晶石－氧化铝(饱和)熔盐，10% AlF_3 和 5% CaF_2；源自 Haarberg 等[69,75]

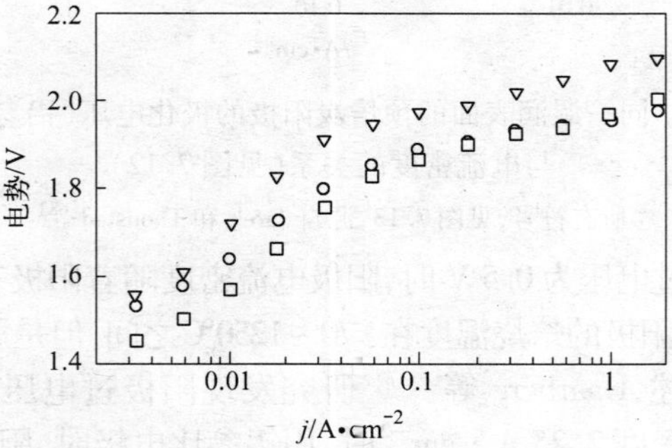

图 7.16　不同阳极材料的阳极电位与电流密度对数(log)关系
(根据 Haarberg 等[69,75])
□—工业阳极；○—实验室阳极；▽—石墨

Yang 等[65]和 Liu 等[76]用图 7.11a 的阳极形式研究发现在全部电流密度范围内(0.06 ~ 1.26 A · cm^{-2}),Tafel 线条呈直线,见图 7.17。可见,在高电流范围内,阳极过电压明显低于图 7.16 上的。并发现,阳极电位很快就能达到稳态。例如,在电流密度为 1.24 A · cm^{-2}电解 150 ~ 200 s 之后,在改变电流 30 s 之后,电位保持稳定。进行此项研究是为探讨往阳极中添加掺杂剂对电极过程的影响,这一问题将在 7.2.7 节中继续讨论。

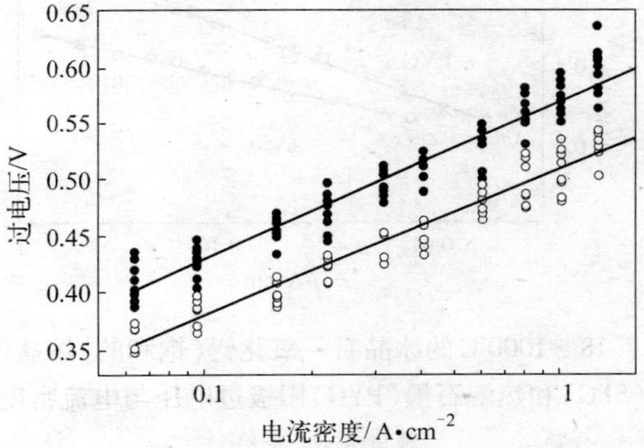

图7.17 970℃,添加 10.9% AlF_3 和 5% CaF_3 的冰晶石 - 饱和氧化铝熔盐中,炭阳极的过电压与 log*i* 的关系

阳极中掺杂 1% AlF_3(○)或者未掺杂者(•);源自 Yang 等[65]

Eidet 等人[67]研究阳极表面粗糙度,或者电活性湿润面积对 Tafel 曲线的斜率的影响。表面粗糙度与双层电容成正比,它随着阳极电位提高而明显减少,对于无定形炭阳极,这种效应特别明显,对于石墨材料这种效应小得多。石墨的双电层电容在高电位下大约是 20 μF · cm^{-2},因此计算出粗糙度。当用计算出的电活性表面积来代替法定的表面积时,石墨材料的 Tafel 曲线改变不大,但是工业阳极的 Tafel 斜率从 0.25 减少到 0.08。

阻抗谱可用来作为探讨阳极反应的机理研究的一部分,Kisza 等人[66]从电位与电流读数关系校正了欧姆电压降之后,得出 Tafel 曲线,所用阳极的形式为图 7.11b。因为套管会使阻抗谱图扭曲，故不合适。所得的典型 Tafel 曲线见图 7.18，用光谱纯石墨和热解石墨做阳极得到的 Tafel 曲线的直线段的系数为：$a = 0.488$ 和 0.680，$b = 0.116$ 和 0.184。此外，在这种情形下，过电压数据明显低于图 7.15 上的数据值，同时没有观测到过电压随时间而逐渐升高的情况。

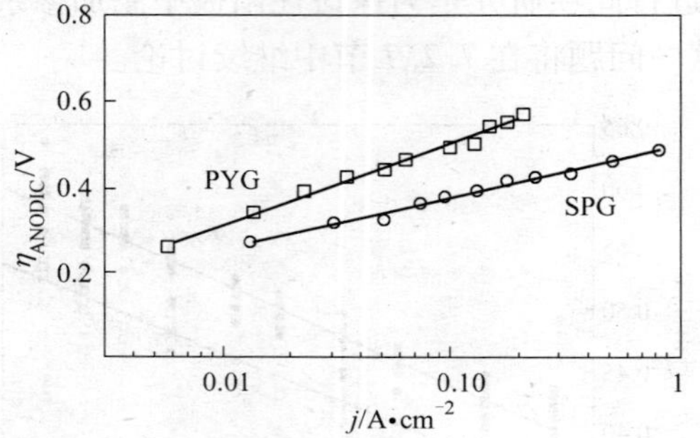

图 7.18　1000℃的冰晶石－氧化铝（饱和的）熔盐中，
光谱纯石墨（SPG）和热解石墨（PYG）阳极过电压与电流密度对数的关系
源自 Kisza 等[66]

在随后的研究中[77]，他用冰晶石－饱和氧化铝熔盐跟工业型的熔盐作比较，在工业型熔盐中含有 11% AlF_3、5% CaF_2 和 5% Al_2O_3。在后熔盐体系中，阳极过电压较低，Tafel 系数是：

熔　盐	a/V	b
冰晶石－氧化铝熔盐	0.541	0.158
工业熔盐	0.421	0.114

作者随后研究了氧化铝的影响[78]，他们发现，Tafel 斜率从 Al_2O_3 2% 的 0.085 逐渐增大到 Al_2O_3 8% 的 0.16。前者接近于两步放电反应的预期值，其中第二步是律速步骤[79]。

7.2.4　非稳态法

这些方法在研究过程通过改变电压和/或者电流研究其对电

极体系的影响，在本书的第2版中，介绍了电位衰减、恒电流脉冲以及交流阻抗的测量。因此已经讨论过关于旋转电极新的研究，计时电位法、循环伏安法以及阻抗谱将在下文分别介绍。

7.2.4.1 旋转电极

普通的旋转电极，或者是一只盘子，表面向下，或者是一只旋转的圆柱体。在圆盘试验中，电极的形状是圆盘，可以在不同的速度下旋转。每一种旋转速度和阳极电位，记录下相对应的稳态电流值。电极过程由传质控制（扩散）时，稳态电流随着旋转速度增大而增大。

Millet 和 Rolin 用旋转的铂电极和炭电极在 1000℃ 的冰晶石－氧化铝熔盐中研究发现，阳极电流随旋转速度加快而稍有增大，认为这是由于部分扩散控制所致。绘制电流的倒数（$1/I$）与旋转角速度平方根的倒数（$1/\omega^{1/2}$）的关系得出直线条，见图 7.19。

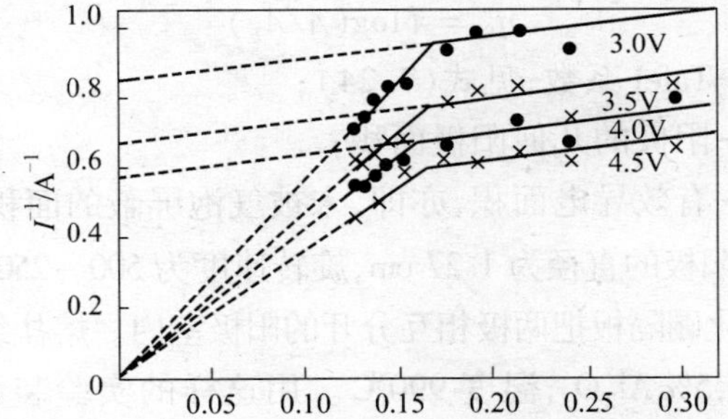

图 7.19 1000℃，4% Al_2O_3 冰晶石－氧化铝熔盐中，在各种不同的电位下，旋转盘实验中 I^{-1} 与 $\omega^{1/2}$ 的关系线

源自 Millet 和 Rolin[80]

把曲线外推到角速度 ω 无限远处，用来测定迁移电流（I_t），可从下式求得到扩散电流（I_1）：

$$1/I = 1/I_t + 1/I_1 \tag{7.27}$$

求得的极限电流密度（i_1）是很大的，其数量级为 25 A · cm^{-2}，它不随氧化铝浓度而改变。迁移电流(I_t)的数量级为10 A · cm^{-2},它随电位提高而增大;随氧化铝浓度增大而稍稍减小。研究中提出了一个包括阳极扩散层中的F^-和O^{2-}离子的复杂反应机理。

Vetyukov等[81]用工业炭做成的旋转电极,发现阳极过电压在0.8 A · cm^{-2}处,随旋转速度加快而渐渐减小,亦即旋转速度为零时的0.42 V到800 r · min^{-1}的0.32 V。此种变化可以用扩散过电压来解释,而脉冲正弦波电流得到较低的扩散过电压。

7.2.4.2 气泡电阻

Leistra和Sides[82]用一个垂直的圆柱体石墨旋转电极研究所谓的超极化,亦即附集在阳极表面上气泡所引起的极化现象。因此导致阳极的活性表面积比真实表面积小。如果过电压用Tafel方程,那么超极化可用下式表示:

$$\eta_h = b\log(A/A_h) \tag{7.28}$$

式中 b——Tafel系数,见式(7.24);

A——阳极的几何阳极面积;

A_h——有效导电面积,亦即,未被气泡屏蔽的面积。

圆柱形阳极的直径为1.27 cm,旋转速度为500 ~ 2500 r · min^{-1},放置在用氮化硼隔板把两极相互分开的阳极室内。熔盐组成为CR = 2.3,5% CaF_2,5% Al_2O_3,温度990℃。用这样的实验装置可以测定不同旋转速度下得到的浓差过电压以及超极化电压,其起旋转速度始时为零,作为参比状态,一直达到上述的速度范围。所得结果指出,在电流密度为1 A · cm^{-2}的时候,浓差极化可以忽略不计,而超极化电压可达到8 mV。当Tafel斜率b = 0.1时,相当于稳态电极上有20%的气泡覆盖率。

应该强调指出,此结果是在垂直电极上得到的。而在水平电极面朝下的情形下,如同工业槽那样,气泡就变得很大,情况有很大差异。Polyakov等[83]采用摄影技术来研究气泡的炭阳极上和石墨阳极上的生成和长大,其采用的熔盐组成为:CR = 2.7,6%

Al_2O_3。阳极直径为 6 mm 面朝上或面朝下，在后者情形下，用浅色的蓝宝石镶嵌在坩埚上作为观察窗口。

研究中观察到两种气泡形式：气泡式和气膜式，相应的湿润角度分别为 48°～50°和 148°～152°。后者与阳极效应极为相似（见 7.3.1 节）。通过研究气泡的成长过程，认为这是从阳极附近的过饱和溶解了的 CO_2 聚集而来，估计其饱和程度为 19 倍，这将产生 78 mV 过电压，下面是气泡覆盖率（θ）与电流密度的关系式：

$$\theta = 0.4 + 9.1561 \log(i) \tag{7.29}$$

由此式可以看出，其范围为：$I = 1\ A \cdot cm^{-2}$，$\theta = 0.4$；以及 $i = 0.9\ A \cdot cm^{-2}$，$\theta = 0$。扩散层的厚度 $d = 12 \times 10^{-4}$ cm，此时传质系数 $k = 8.3 \times 10^{-3} cm \cdot s^{-1}$。氧化铝的浓度梯度相当于 1% Al_2O_3。

Haupin 和 McGrew[84] 用石英透明槽来研究阳极气体在垂直石墨阳极上的气体析出行为。发现气泡的尺寸与电解质中氧化物（氧化铝 + 氧化硅）高低成反比。在低氧化物含量下（小于 1.5% O），气泡黏附在阳极上，并且沿着边缘表面移动至液面之上以至排出，而不是在电解质中破裂。气泡大小随着电流密度增大而增大。

Utigard 和 Toguri[85] 研究了气泡从棒式垂直石墨电极上的析出行为。他们用 X 射线“透明槽”，未观察到气泡大小随氧化铝浓度而改变。在垂直边缘上气泡的直径达到 3 mm。由于剧烈搅拌的原因，气泡的尺寸随电流密度增大而减小，这与 Haupin 和 McGrew[84] 的观察结果相反，所以槽的几何形状对于气泡的特性有一定影响。在阳极底掌上的气泡最大扩展到 5 mm。往阳极的开口中通入气体时，其气泡的生成，犹如电解产生的气泡。

Richards[86] 估计工业预焙阳极底掌上的气泡体积为 400～700 cm^3，气泡覆盖率为 20%～35%。气泡覆盖率随氧化铝含量减少而增多。Dewing[87] 估计气泡覆盖率达 50%。水模型的研究也指出，阳极下面的气泡覆盖率很大的，占有相当大的阳极表面积（例如见文献[88]），这里暂不加以讨论。

Haupin[63] 采用一种扫描探针技术来测量工业阳极上由于存在气泡而引起的额外电阻。所得结果指出，由于阳极下面的气泡之额外的欧姆压降是在 0.15 ~ 0.35 V 范围内。Haupin 随后引用了这些数据，加上文献中的水模型数据，推导出一个工业槽的气泡电阻方程，该方程参数包括电流密度、气泡覆盖率和气泡层的厚度。然而，后面的两个参数都不容易测得。

7.2.4.3　计时电位法、伏安法

在本书第 2 版[1,p.248]中，报道了早期的研究工作。Damianacos 等[89]采用计时电位法进行研究发现，只在毫秒范围内很短的过渡时间内遵守 Sand 方程。其他的研究者（见文献[1]）也观测到了相似的现象。研究发现，按照所谓的 Sand 方程，一个扩散控制的过程，$i\tau^{1/2}$ 的乘积应为常数，其值趋向于随电流密度（i）增大和过渡时间（t）缩短而增大。

Damianacos[90] 和 Damianacos 等[91] 进一步研究了这些现象，他们在 700℃ 的 LiCl-KCl-BaO 熔盐中采用石墨阳极进行研究，发现在析出 Cl_2 之前，先产生 CO_2/CO 气体。也观测到相似的现象：亦即含氧质点被强烈地吸附，而且所吸附的质点参与了电化学反应。已如上述，结果并不遵从 Sand 方程，而且，伏安图中峰电流与扫描速度的平方根不成比例。

如本书第 2 版[1,p.248]所述，Frazer 和 Welch[92] 用伏安法研究了阳极反应，他们观测到在 CO_2 峰之前，另有一个峰，其电位等同于反应(7.16)。这是由于生成了 CO 或者是表面吸附的化合物所致。高扫描速率下的电荷几乎为恒定值，显示这是一个表面覆盖过程。

Jarek 和 Thonstad[93,94] 也做了类似的研究，他们在 CO_2 峰之前采用了逆扫描技术，所得结果见图 7.20。发现阳极峰电流大约等同于阴极峰电流，但是此过程是不可逆的。它清楚地表明，这是一个吸附－脱附过程，并无任何明显的气体生成，此过程可描述为：

$$O^{2-} + xC = C_xO_{吸附} + 2e^- \tag{7.30}$$

式中，O^{2-} 表示若干氧氟配合离子（见第 4 章），$C_xO_{吸附}$ 表示吸附在炭阳极上的氧。在大于 100 V · s^{-1} 的扫描速度时，有关的电荷与扫描速度无关。但是电荷值随氧化铝浓度增加到 5% 而增加。第

2 版中提到了真空处理后的阳极[95]其表面存在吸附的氧[1,p.260]。

Djorkic 等[96]用玻璃炭和石墨阳极在敞口槽内做了伏安测量，观测到四个阳极峰。第一个峰相当于上文报道的 Jarek 和 Thonstad[93]所研究的结果，但是发现此峰不具重现性。第二个峰出现在 1.5～1.8 V 之间，这通常被认为是 CO_2 峰。但是作者认为这是由于生成 CO_2F，这是发生阳极效应而致（见 7.3.1.5 节），这个问题不容易解决。下面示出的结果必须谨慎加以解释。

对于玻璃炭阳极，峰电流与扫描速度平方根呈线形关系，并观测到随氧化铝浓度而线性关系增大，但是对石墨阳极而言，并非如此。各种不同的石墨材料也都不具备重现性。在含有 4.4% Al_2O_3 的熔盐中，在玻璃炭上的极限电流为 9 $mA \cdot cm^{-2}$，这对于 CO_2 而言是很低的，也许真的考虑可能就是 COF_2。还发现阳极电流随熔盐中加入铝而增大。

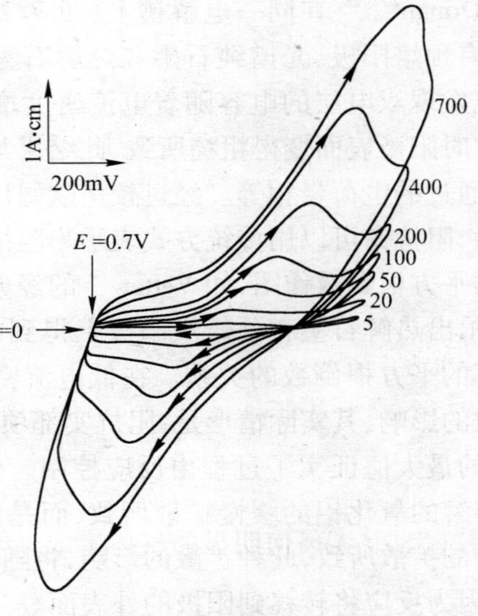

图 7.20 1020℃冰晶石－2% 氧化铝熔盐中，在不同扫描速度（$V \cdot s^{-1}$）下的循环伏安图

源自 Jarek 和 Thonstad[93]

7.2.4.4　阻抗测量

阻抗测量或称为阻抗谱测量，是采用一个小的交流电流，不过几个毫安（mA）单独应用，或者叠加在一个直流电解电流上，求其电极阻抗与频率的关系。频率的范围取决于所研究的反应，可从 1 Hz 到 100 MHz。所得结果的处理是很复杂的，但是好在可以通过计算机程序解决而方便了许多，这种技术在专门的教材中介绍[97]。

在本书的上一版中[1,p.248]已经报道了几种测量阻抗的方法。其结果可归纳为：在正常电流密度下的反应控制中，还有若干扩散控制，特别是在低频率处。工业炭阳极（工业级）的阻抗谱图，难以解释不同大小的阳极得到不同的阻抗谱。反应控制意味着中间吸附物的相互作用，正如下文将要指出的，这也表示由于产生中间吸附产物而发生电荷转移。

Jarek 和 Orman[72,98]在同一电解槽上（见 7.2.3.2 节）做了阻抗测量，电极有预焙阳极、光谱纯石墨和热解石墨，阳极经过研磨后使用。研究发现双电层的电容随着电流密度增加而增大，但是这是由于电解时阳极表面变得粗糙所致，此结果与图 7.12 并不矛盾，因为两者通过的电荷量相等。经过校正欧姆压降、外部电感和双电层电容后，阻抗谱可以用传统方式表示为阻抗的实部和虚部，然后对频率的平方根倒数作图，如 Vetter[79]的经典教材所述。

图 7.21 示出热解石墨和预焙炭阳极上得到的阻抗的实部和虚部与角频率的平方根倒数的关系。在低电流密度下，这两种情形都受到扩散的影响，其实际情形是：阻抗实部项随着频率减小而增大，虚部项的最大值证实了过程由反应控制。作者认为扩散过程不是由于溶解的氧化铝的缓慢扩散所致，而是由于反应产物在阳极的孔隙中的扩散所致，此种扩散的影响，将随着阳极电流密度增大而减小，因为反应将转移到阳极的外表面。

Picard 等[99]采用不加保护套的棒状石墨和炭（预石墨化的炭）阳极进行阻抗测量（实验装置见图 7.11 b），电流密度小于 $0.1\ A \cdot cm^{-2}$，扫描从 10^{-1} Hz 至 10^{4} Hz。在图 7.22 示出在很低的氧化铝浓度(0.45%)下取得的 Nyqvist 图和线性过电压曲线。

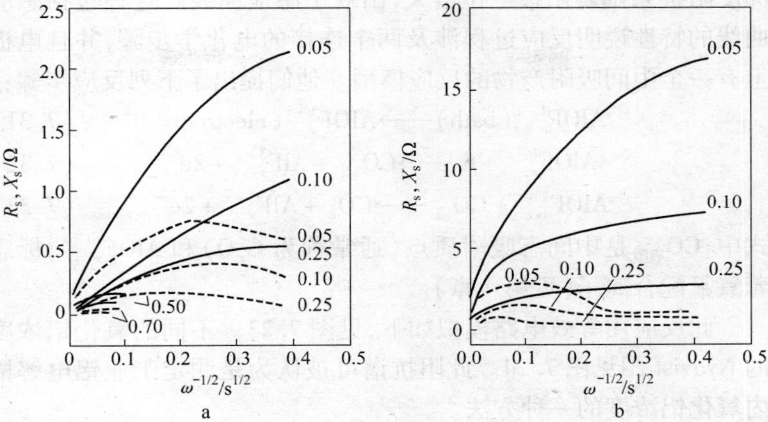

图 7.21 1000℃,热解石墨和预焙炭在冰晶石-氧化铝(饱和)熔盐中得到的阻抗的实部和虚部与角频率平方根倒数关系

a—预焙炭;b—石墨;源自 Jarek 和 Orman[72]

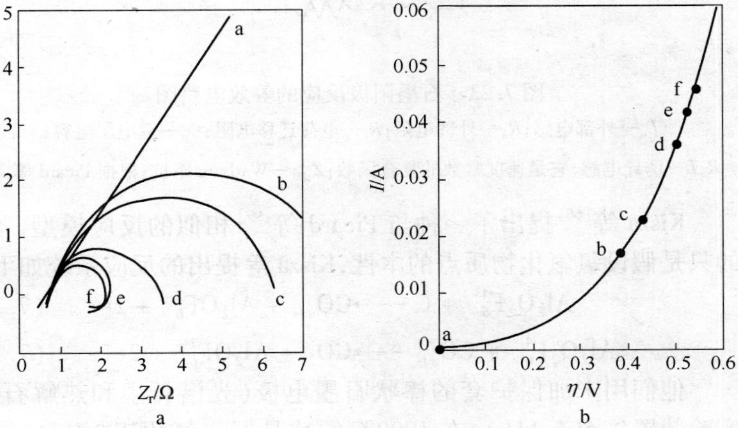

图 7.22 不同的阳极过电压(b)下,石墨电极上 Nyqvist 图的形状变化(a)

(熔盐成分:冰晶石-12% AlF_3 -0.45% Al_2O_3,温度 1000℃);

b—线性电位图;源自 Picard 等[99]

在零直流电流（图 7.22 曲线 a）时，观测到纯扩散控制（Warburg 阻抗），随着阳极电位增大，出现了感应曲线。这种包括感应曲线的特性说明反应过程涉及两个连接的电化学步骤，并且电极上有一个中间吸附产物的反应模型。他们提出了下列反应步骤：

$$AlOF_x^{1-x}(\text{bath}) \longrightarrow AlOF_x^{1-x}(\text{electrode}) \quad (7.31)$$

$$AlOF_x^{1-x} + C \longrightarrow CO_{ads} + AlF_x^{3-x} + 2e^- \quad (7.32)$$

$$AlOF_x^{1-x} + CO_{ads} \longrightarrow CO_2 + AlF_x^{3-x} + 2e^- \quad (7.33)$$

式中，$CO_{吸附}$是中间态吸附质点（通常称为 C_xO）和 $AlOF_x{}^{1-x}$，标志着氧氟配合离子（见第 4 章）。

此反应用等效电路模拟如下，见图 7.23。不同的氧化铝浓度的 Nyqvist 图见图 7.24。此阻抗谱可被认为是测定工业铝电解槽内氧化铝浓度的一种方法。

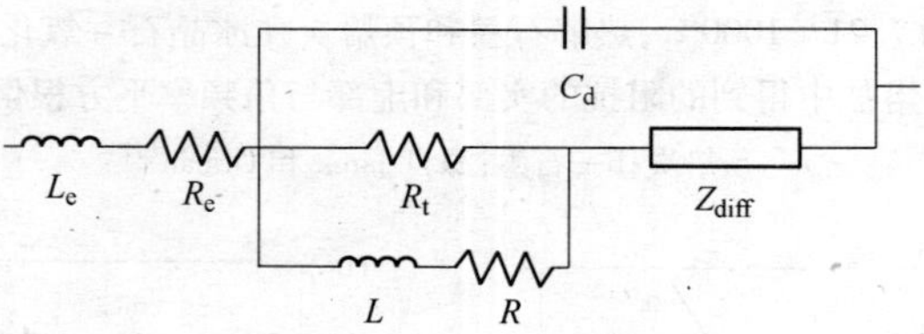

图 7.23　石墨阳极反应的等效电路图

L_e—外部电感；R_e—外部电阻；R_t—电荷迁移电阻；C_d—双电层电容；

R，L—诱导电感，它是速度常数的复合函数；Z_{diff}—Warburg 阻抗；根据 Picard 等[99]

Kisza 等[66]提出了一种与 Picard 等[99]相似的反应模型，不同的只是假设氧氟化物质点的本性，Kisza 等提出的反应系统如下：

$$Al_2O_2F_6^{4-} + C \longrightarrow CO_{ads} + Al_2OF_6^{2-} + 2e^- \quad (7.34)$$

$$Al_2O_2F_6^{4-} + CO_{ads} \longrightarrow CO_2 + Al_2OF_6^{2-} + 2e^- \quad (7.35)$$

他们用未加保护套的棒状石墨电极（光谱石墨和热解石墨，实验装置见图 7.11b），在 1000℃ 的冰晶石 - 氧化铝（饱和）溶液中，得到了阻抗谱。其实验结果用 Bai 和 Conway[100]的动理学理论分析得到图 7.25 的等效电路图。这样就有可能调和诸多分歧的实验结果，同时得到反应的速度常数和表面覆盖率。

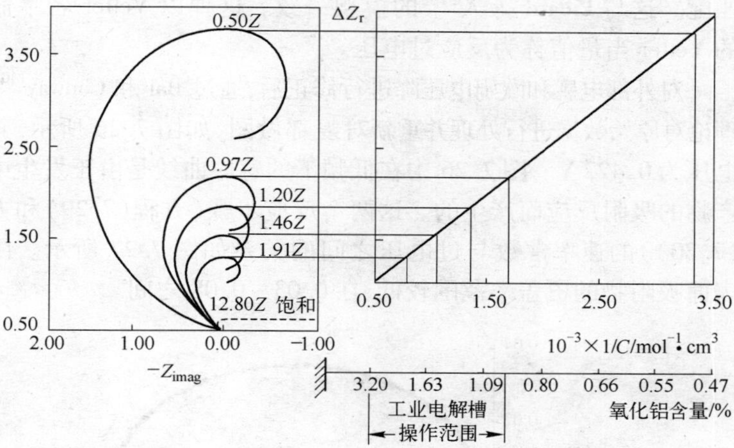

图 7.24 各种氧化铝浓度下模拟的 Nyqvist 图

a—1.4；b—2.13；c—2.13；d—4.37% Al_2O_3；(原图缺图注 a ~ d)源自 Picard 等[99]

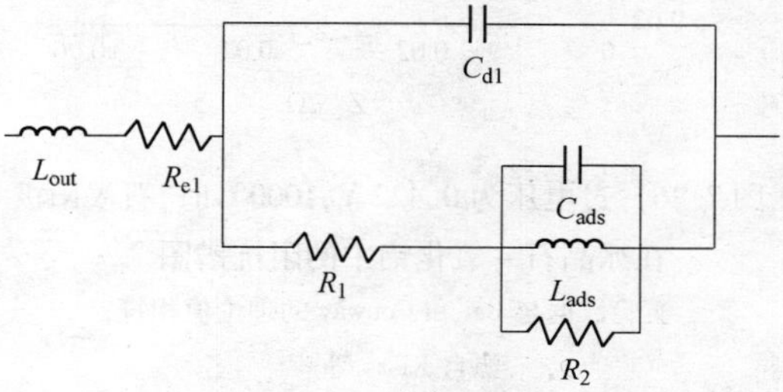

图 7.25 两步电荷迁移反应及中间吸附反应过程等效电路

L_{out}—外部的感应；L_{ads}—由于吸附质点而致的电感；C_{ads}—吸附电容；

R_1，R_2—两个迁移步骤的电荷迁移电阻；其他符号见图 7.23；源自 Kisza 等[66]

在低过电压和低电流下可以测到 Warburg 阻抗，见图 7.23，由图可知，此电化学过程由扩散控制，这是由于在这一区域范围内电解质中杂质含量较高，杂质元素(譬如 Fe)氧化造成。杂质对阻抗谱的影响可认为是造成塔伏尔曲线变陡的原因(见 7.2.3.2 节)。高过电位下，电极反应与两转移电子的中间态慢速吸附/解吸模型匹配。这与 Picard 等人[99]的模型一致。这种以 Vetter 名字命名的 Vetter 当量值称为反应过电压。

对外部电感和欧姆电压降进行修正后，通过 Bai 和 Conway[100]的理论对原始数据进行处理并重新对复部做图，如图 7.26 所示，其过电压为 0.422 V。图 7.26 中在低频下的感应曲线是由于发生中间产物的吸附反应而产生的。这两个反应步骤（方程(7.29)和方程(7.30)）的速率常数与过电压之间的关系如图 7.27 所示。阳极表面吸附物的覆盖率范围较低，在 0.03 ~ 0.08 之间。

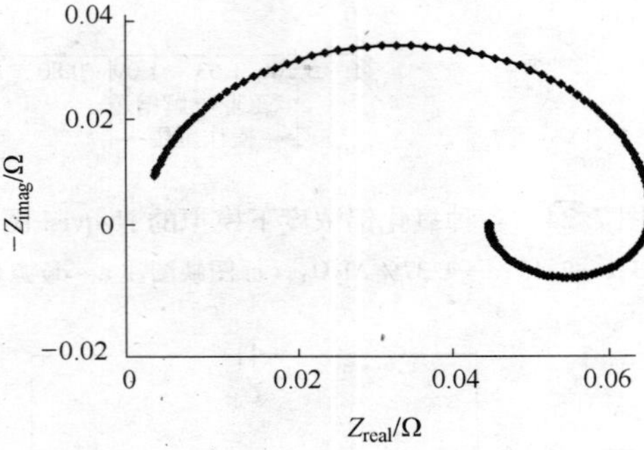

图 7.26　过电压为 0.422 V，1000℃时，石墨阳极在冰晶石 - 氧化铝中的阻抗谱图[66]

实验数据与 Bai 和 Conway 的理论值相符；源自 Kisza 等[66]

在文献中[77,78]，Kisza 等人研究了熔盐组成的影响，得到了速率常数与氧化铝浓度之间的关系。两个放电反应步骤的实际速率常数随工业电解质中氧化铝浓度的增加而增加，其中第二步增加更明显。正如第 7 章(7.2.3.1 节)所提及的，在 0.08 ~ 0.16 V 之间，Tafel 曲线方程的斜率随氧化铝浓度的增加而增大。低氧化铝浓度时的最低值为 0.085，该值与方程(7.33)所得到的理论值接近，该方程的第二步为纯电子传输控制。

两步反应的有效速率常数，可通过 Bai 和 Conway 的理论及等效电路图进行验证评估，同时通过外推法得到零过电位时的有效

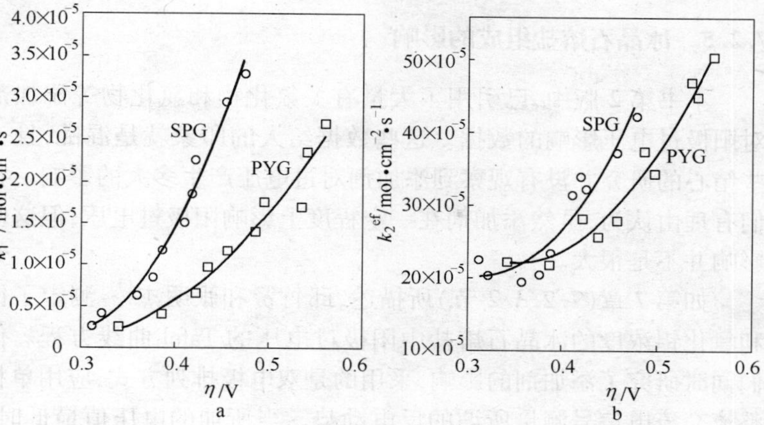

图 7.27 第一步(方程(7.27),图 a)和第二步(方程(7.28),图 b)反应的速率常数与阳极过电压的关系

源自 Kisza 等[66]

速率常数。图 7.28 描述了这些速率常数与氧化铝浓度之间的关系。由图 7.28 可知,第一步反应有最低的速率常数,它受氧化铝浓度的影响小于第二步反应。这种变化反映电活性物质浓度的变化特征。

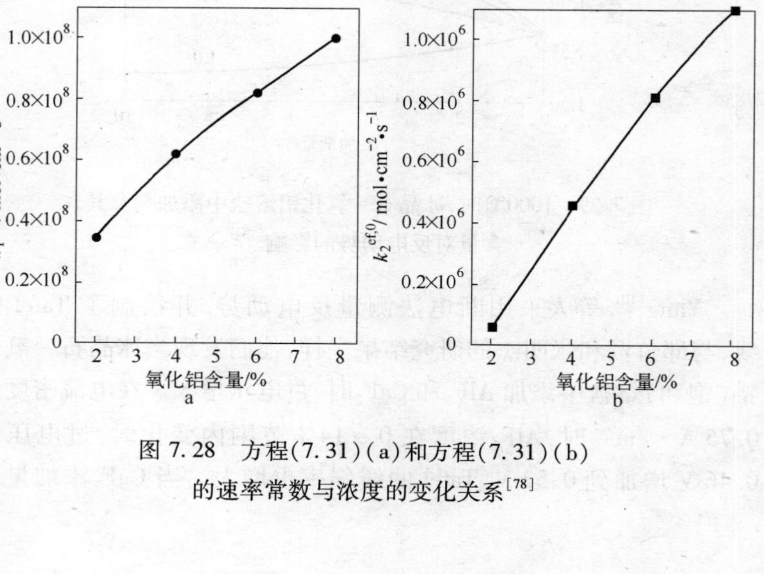

图 7.28 方程(7.31)(a)和方程(7.31)(b)的速率常数与浓度的变化关系[78]

7.2.5 冰晶石熔盐组成的影响

本书第2版中，已引用了大量有关氟化物和氯化物等添加剂对阳极过电压影响的数据。这些数据给人的印象就是混乱，且一些精心的研究并没有观察到添加剂对过电压产生多大的影响。我们有理由认为，虽然添加剂在一定程度上影响阳极过电压，但这些影响并不是很大。

如第7章(7.2.3.2节)所描述，邱竹贤和张明杰[73]测定了饱和氧化铝浓度的冰晶石熔盐中阳极过电压的Tafel曲线方程。他们同时研究了添加剂的影响，采用的是双电极排列方式，应用单相整流交流电信号测量所谓的反电动势。当所加的电压值最低时，可在示波器屏上读出反电动势值。图7.29给出了添加剂MgF_2、AlF_3、CaF_2和LiF对反电动势影响的变化趋势。

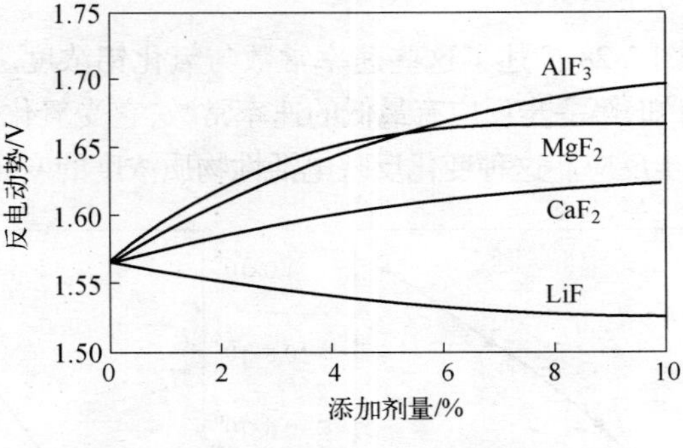

图7.29 1000℃时，冰晶石－氧化铝熔盐中添加剂及其含量对反电动势的影响[73]

Yang[101]等人采用断电法测量反电动势，并绘制了Tafel曲线，与邱竹贤和张明杰的研究结果一样，他们发现当冰晶石－氧化铝(饱和)熔盐中添加AlF_3和CaF_2时，过电压增大。在电流密度为$0.75\ A \cdot cm^{-2}$时，AlF_3浓度在0～14%范围内变化时，过电压由0.46 V增加到0.52 V，Tafel曲线斜率也增大。当CaF_2添加量在

0～5%范围内,过电压只有轻微的增加(约0.01 V)。

对于工业电解槽来说,氧化铝浓度对阳极过电压的影响尤其值得关注。在第2版中,概括总结了1980年以前的一些数据[1,p.254]发现,尽管数据分布较散,但总的趋势是:随氧化铝浓度的增加,过电压逐渐减小(交换电流密度与氧化铝质量浓度的对数成线性关系)。

Mozhaev 等人[102]采用断电法测试了冰晶石－氧化铝熔盐的阳极过电压。在断电前,石墨阳极被极化了5 s,极化电流为0.45 $A \cdot cm^{-1}$。石墨参比电极与阳极间的电势差由示波器记录。可能是由于较短的极化时间之缘故,5%氧化铝浓度下的过电压数据较低,仅为0.25 V。尽管如此,其变化趋势与预期的也相符合,如图7.30所示。

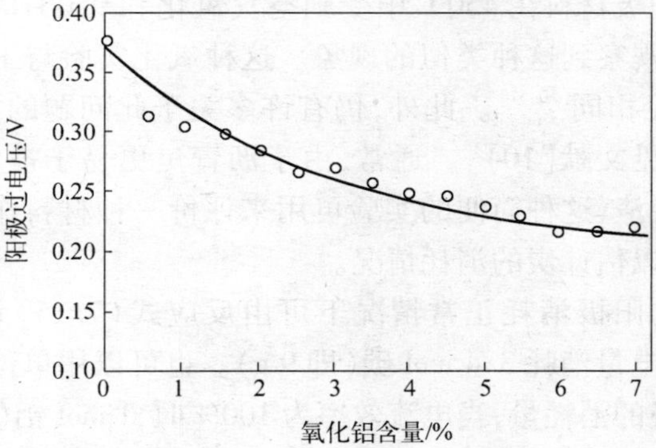

图7.30 电流密度为0.45 A/cm^2时,冰晶石氧化铝熔盐中阳极过电压与氧化铝质量分数的变化关系[102]

Kisza 等人[77]测得电流密度为0.7 $A \cdot cm^{-2}$,温度为1000℃时,纯冰晶石－氧化铝(饱和)熔盐、Na_3AlF_6－11% AlF_3－5% CaF_2－5% Al_2O_3熔盐中的过电压分别为0.5 V和0.4 V。

7.2.6 阳极腐蚀

在 Bowitz 和 Sandberg[103]的经典研究工作中,他们所解释的引起阳极表面剥蚀和凸凹不平的原因,到今天逐渐被人们接受。如本书第 2 版所概述[1,p.256],目前商用炭阳极含有两种类型的炭,团状石油焦和黏结性沥青焦。通常沥青焦性质较活泼,故而更易耗。这便导致阳极表面不平整,团状焦粒会脱落到电解质中形成炭渣,炭渣弥散分布于电解质之中或漂浮到电解质表面上。

本书第 2 版[1]报道了对阳极表面的相关研究。研究显示,在电解过程中,特别是在低电流密度下,阳极工作表面逐渐变得不平整,甚至可以看到有明显的焦粒存在。

有一种办法可以测量阳极表面双电层电容,如图 7.12 所示,随电流密度的增大,双电层电容减小,导致这种变化的有两种可能:(1)阳极表面粗糙程度的改变;(2)阳极气孔被气体所填充,排斥阳极表面的电解质。

当炭阳极材料在 450℃ 中受到空气氧化和 950℃ 时受到 CO_2 氧化时,也观察到这种类似的现象。这种氧化实验与工业铝电解槽实际情况相同[50,51]。此外,仍有许多关于此问题的文献,此处不再赘述,见文献[104]。通常,由于沥青焦更易于被氧化,该实验会产生炭渣,这种简便的实验可用来评价一种材料作阳极的可行性,并可以估计炭的消耗情况。

电解的阳极消耗正常情况下可由反应式(7.15)计算得到。理论上 3F 电量消耗 3/4 mol 碳(即 9 g)。也可以用单位产量铝来推算炭阳极的消耗量,当电流效率为 100% 时,1 mol 铝(27 g)消耗 9 g碳,也可以这样推算,1 g 铝消耗 0.33 g 碳。有关此问题的文献此处不再评论。正如 Kuang 等人论述的结论[105],所有研究者均一致认为炭耗量随电流密度的增大、阳极焙烧温度的提高而下降。

Vetyukov 等人[81]发现,电流密度在 0.5 ~ 1.1 A/cm^2 范围内,炭耗量随电流密度增大而下降。强电流导致较高的腐蚀。这种假设认为电流增大了电解质熔盐对工业炭阳极孔隙渗透的可能性。电流变化对结构比较致密的热解石墨没有明显变化。

Kuang 等人[105, 106]和 Haarberg 等人[75]在能把阳极气体抽除的密闭电炉中研究炭阳极的消耗量问题。此办法可以测量阳极的失重量和释放的阳极气体碳(碳气化炉)。通过差值可以确定这些未反应的、从阳极表面脱落下来得炭粒、炭渣的总量。

图 7.31 给出各种碳耗随电流密度增大而减小的示意图。在碳气化炉中的过量消耗是由于气体渗透入阳极微孔中发生布多尔反应所致。图 7.31 是短期内测得的数据,与工业上得到的数据相比,该数据有些偏高,后者的碳耗量为理论的 110% ~120%,通常在 95% 电流效率下为 400 ~420 kg(C)/t(Al)。

Haarberg 等人[75]研究发现,当往阳极中加入杂质铁时,碳的气化和总消耗量增大,而炭渣量减少。其他有关杂质对炭阳极腐蚀的影响数据将在下一章节中介绍。

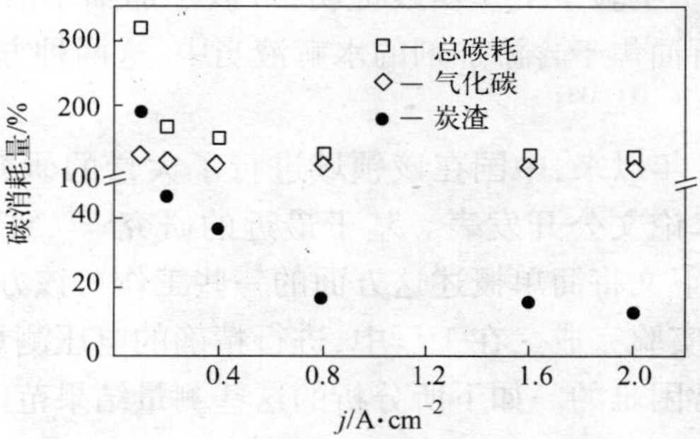

图 7.31 预焙阳极碳消耗量与通过单位电荷的理论消耗量[106]

(理论值源于方程(7.14))[106]

7.2.7 电催化

据知,某些杂质如铁能够对碳在空气中燃烧起到催化作用,且能与 CO_2反应[104, 107, 108]。有人想是否可以通过某些杂质的催化作用促进阳极反应,从而减小阳极过电压,这就是通常所说的电催化。在水溶液中,贵金属及其氧化物对多数电化学反应都具有特定的活性催化作用。

1980 年以前,有关电催化问题在铝电解阳极方面并未引起太多注意。Thonstad 和 Hove[110]研究了在阳极中添加某些添加剂后对阳极过电压的影响。添加 Fe_2O_3 和 Na_2CO_3 可以轻微降低阳极过电压，而添加 H_3BO_3 导致过电压略微增高，当添加量为 0.4% ~ 1.3% 时，其过电压差值在 5 mV 范围内。

Braunworth 等人[111] 提出用 AlF_3 可作为添加剂添加到阳极中减小碳耗量，他的观点被实验室实验证实[112]。

有关添加剂对释氧的陶瓷阳极的影响已被专门阐述过，Liu 和 Thonstad[113] 的研究给出了各种能够降低 SnO_2 基阳极（见 10.5.1.3 节）过电压的添加剂的研究结果，其中钌的效果最明显。

当往阳极中添加一种添加剂时，它应该均匀地分布于最不活泼的反应相石油焦当中。为此，可以在原油裂解生产焦的过程中加入添加剂。实验室工作实践证明，可以添加细小的粉末到阳极中，或浸泡石油焦于含添加剂的水解液当中，这两种方法可以达到相同效果[65, 76, 114, 115]。

自 1980 年以来，中国在该领域进行了大量的研究工作，有超过 30 篇学术论文公开发表。基于最近的研究[76]，重点在于基础研究方面。下文将简单概述这方面的一些工作。该方面的多数研究均在工厂实验完成。在工厂中，进行精确的电压测量，如阳极过电压，是非常困难的。如下所分析的这些测量结果范围变化很大，使用时应注意。

目前，已有很多种催化剂被用于实验，Liu 和 Xiao[115, 116] 在阳极中掺杂 $CrCl_3$、$MnCl_2$、$CoCl_2$、NiCl、$RuCl_2$、Li_2CO_3 和 NaCl 进行了实验研究。在温度为 1000℃，电流密度为 0.85 $A \cdot cm^{-2}$ 时，掺杂 $CrCl_3$、Li_2CO_3 和 $RuCl_2$ 的阳极与未掺杂催化剂的阳极相比，过电压分别减少 275 mV、181 mV 和 148 mV。他们随后又在工业槽上进行了实验。

姚广春等人[117] 做了相同的实验，在自焙阳极中添加 1.5% 的 Li_2CO_3，在 0.96 $A \cdot cm^{-2}$ 电流密度下阳极过电压减小了 380 mV（原始数据大小没给出）。然而，Shen 和 Li[118, 120] 认为，过电压减小 380 mV 是很难实现的。另外，冯乃祥等人[121, 122] 在实验室实验发现添加 1.3% 的 $LiCO_3$ 对阳极过电压的影响是微乎其微的。基于一些不完善的技术手段，一些源于工业电解槽研究得到的数据有待分析判断。Yu 等人[123]发现 Na_2CO_3、MgF_2和 NH_4NO_3对阳极反应有催化作用，而 HBO_3、$Na_2B_4O_7$和 Li_2CO_3作用为阻化剂，作用正好相反。

Duan 等人[124]在 100 A 试验槽中进行研究，在自焙型阳极中，添加 0.3% ~0.5% 的 Li_2CO_3对阳极反应有催化作用。譬如，0.88 A · cm^{-2}的电流密度可以使阳极过电压由原来的 444 mV 减少到 285 mV。该实验温度为 1000℃，Li_2CO_3含量为 0.5%，熔盐的摩尔比为 2.9（NaF/AlF_3的物质的量比）。Yan 等人[125]研究了稀土元素（Ce、Y、Nd 和 Pr）或这些混合稀土元素添加剂对阳极过电压的影响，研究得到，在工业生产的电流密度下（0.5 ~1.0 A · cm^{-2}）阳极过电压减少 220 ~340 mV。例如，未掺杂的石墨阳极在 1000℃，电流密度为 1.04 A · cm^{-2}时的过电压为 585 mV，相比之下，掺杂钇盐的阳极过电压仅为 245 mV。

Haarberg 等人[75]也给出了工业炭阳极添加 Fe_2O_3后的研究结果，当将 Fe 浓度由 450×10^{-4}% 增到 4280×10^{-4}%（0.42%）时，过电压在 1 A · cm^{-2}的电流密度下由 0.8 V 减少到 0.1 V，当浓度再增大一倍时（0.84%），过电压又增大。

邱竹贤等人[126]也曾研究在阳极糊中添加 Li_2CO_3的影响。实验室研究发现，Li_2CO_3浓度在 0.8% ~2% 范围内，在 0.4% ~0.6 A · cm^{-2}的电流密度下，阳极过电压下降 140 mV，阳极的湿润性得到改善。刘等人[127]测试了炭阳极中分别添加几种掺杂物对阳极行为的影响，研究显示，焙烧温度增高，催化剂活性下降，但在 1200℃焙烧的阳极催化剂仍具有较好的活性。例如，Ba-Fe 盐降低阳极过电压 200 mV，Mg-Al 盐可降低 170 mV，Ca-K 盐可降低 150 mV（以上实验条件为：温度 1000℃，电流密度 0.8 A · cm^{-2}，饱和氧化铝浓度），而未掺杂的预焙阳极过电压为 590 mV。其解释认为：高温下，这些掺杂物之间形成 perovskite 和尖晶石型化合物，生成的这些化合物在阳极表面形成能电子活化的基点，促进电子的转移，加速阳极反应的进行，从而减小阳极过电压。该实验主要结果列在文献[128,129]中,同时也列于表7.5中。

正如上述所列举的,基于炭阳极中掺杂添加剂的实验数据结果一致性较差的事实,刘等人归纳了这一领域的各类文献,刘业翔[76,115]和杨建红[65,114]在实验室进行了一些研究,探索掺杂物对阳极过电压的影响关系。对几种掺杂物进行研究后,最后主要集中研究0.5%~1%的$MgAl_2O_4$和AlF_3上。

石墨和工业预焙阳极可经浸泡和直接加入粉状添加剂的办法进行研究。这两种技术得到的结果是一致的,与未掺杂者相比,掺杂1% AlF_3或0.5% $MgAl_2O_4$的阳极其过电压减少了50~70 mV,所用的熔盐体系为Na_3AlF_6 -11% AlF_3 -5% CaF_2 - Al_2O_3,电解温度970℃,如图7.17所示。

表7.5　电流密度为0.8 A · cm^{-2}时,预焙阳极和自焙阳极中添加催化剂后对其过电压的影响[128,129]

(其中数值为添加和未添加催化剂的过电压之差)

阳极类型	电解质	过电位减少量 /mV	参考文献
自焙阳极	K-Ca 盐	148	[121,124]
	Li_2CO_3盐	147	[122]
	Li-Mg 盐	80	[122]
	Li-Mg-Ca 盐	74	[122]
	Mg-Al 盐	68	[122]
	Mg-Fe 盐	54	[122]
预焙阳极	Ba-Fe 盐	208	[121]
	Mg-Al 盐	170	[121]
	K-Ca 盐	150	[121]
	Li_2CO_3盐	8	[122]

除了关于添加剂对过电压的影响方面的相关研究之外,还有一些关于添加剂对阳极其他性质的影响研究的相关文献,在这里顺便提及。

Kuang[130]和Solli[131]研究阳极中杂质V、S、Al、Fe、Ni、Li和Ni

对炭耗量的影响。结果显示，Na_2CO_3、NiO、Fe_2O_3、AlF_3、LiCl 和 V_2O_5 增大阳极在电解时的消耗量，而 Al_2O_3 有较弱的催化作用。硫则充当阻化剂，但却增强形成炭渣的能力。

另外，介绍一下锂盐阳极糊。1987 年，在中国对炭阳极中添加 Li_2CO_3 进行了工业实验，在节能方面取得了较好的效果。此后阳极糊中添加锂盐的技术在中国的许多铝厂进行了推广[133~135]。正常的阳极糊中 Li_2CO_3 的含量为 0.3% ~0.8%。

7.2.8 阳极过程的机理

本书第 2 版曾强调，1980 年以前的数据难以得出确切的结论来说明阳极过程反应的机理。在过电压的类型和大小方面仍有分歧。如第 7 章(7.2.3 节)所提及的，铁对阳极过电压的影响，一些实验结果仍自相矛盾。因而需要对工业槽进行更精确的测量，而实验室测量得到的数据受阳极和电解槽的设计影响很大。

目前，电活化离子参与阳极反应的本质仍未弄清，而常规的电化学测量无法获得这样的信息。看来，第 4 章提到的铝氧氟型离子团是最有可能的了。Kvande[136] 讨论过这个问题，他认为反应物和反应产物应该是离子而不是中性的物质，譬如 AlF_3，下式反应备受推崇：

$$2Al_2OF_8^{4-} + C = CO_2 + 4AlF_4^- + 4e^-$$

本书第 2 版中集中讨论了阳极反应的控制性步骤为纯电子的转移过程抑或是化学反应的控制的问题，与之相联系的是含氧化合物(C_xO)在阳极表面的吸附或解析(脱附)问题。反应过电压，这个术语源于 Vetter 的研究工作[79]，吸附与解附反应是电极反应的重要组成部分并扮演着决定性角色。因而，电极材料(这里指碳质材料)的电活性将变得很重要。

由于反应过电压不是通用的术语，现在改用更新的现代术语，如“中间吸附产物的电子转移”(charge transfer with intermediate adsorption)。可以这样认为：中间反应物的吸附是决定性反应步骤。

原来的反应过电压是以下面内容为前提的，这使得吸附反应过程具有重要意义[1]：

(1) 阳极气体的主要产物为 CO_2，而不是 CO，虽然 CO 在相应电解温度下可以生成；

(2) 当通入电流的脉冲时，电势的增加和衰减较慢；

(3) 阻抗曲线的形状；

(4) 阳极不均匀腐蚀。

上述第一项在第 7 章(7.1 节)作适当讨论，第二项在本书第 2 版已作讨论。虽然已公开报道的数据有限，但电势增加和衰减与纯电子转移所控制的反应变化相比较为缓慢。第三项有关阻抗的数据在第 7 章(7.2.4.4 节)中讨论，这些数据均能支持所谓的 ECE 机理，即伴随中间产物吸附步骤的两步电化学过程。

虽然近年来多数学者广泛研究第四项的相关问题，但是炭阳极中较为活泼的黏结相的选择性氧化消耗被认为是不争的事实。在上文中有关气体反应的研究中也了解到，选择性侵蚀相关陈述，理由似乎是一样的，即相越活泼，其反应速率越快。

对于伴随中间产物吸附的两步电子转移反应步骤，等效电路图和动力学理论得到一致性的结果且结果令人信服。但发现较低的表面气体覆盖率，对 CO_2 峰前出现的峰采用伏安法研究，此部分内容在第 7 章(7.2.4.3 节)讨论，结果显示，阳极表面被吸附物所吸附，这种表面吸附物在这种电势下没有转变成气体。同样，本书第 2 版中报道的有关气体的释放排空研究已证实，炭阳极表面的化合物中的含氧物较高。

然而，反应物 CO_2 的中间产物的本质为何尚待明确。在有关 C—O 表面物质本性的研究方面尚未有任何进展。有人认为C—O 化合物以 C ═ O 双键和 C—O—C 过氧型键存在，参见文献[1]。

Dewing[84]认为中间产物以羰基方式存在：

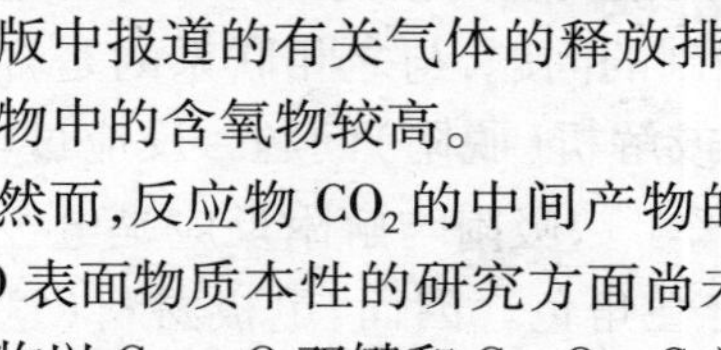

其反应顺序如下:

(1) 化学反应的进行;

(2) 吸附过程的第一步放电步骤;

(3) 解附过程的第二步放电步骤。

这些反应顺序的方程式见式(7.30)~式(7.32)或式(7.33)和式(7.34)。

下面介绍浓差过电位。

浓差过电位的原理在第7章(7.1.3节)描述。对阳极来说,浓差过电位是由于阳极表面含氧化铝质点的浓度梯度造成的(引起的)。这种浓度梯度客观存在,但一直被认为是很小,以至于浓度过电位很低。但是当阳极效应发生时,情形大为不同,这将在第7章(7.3.1.1节)中讨论。

在7.2.4.2节中报道了一些实验数据。Vetyukov 等人[81]发现的浓差过电位较大,而在1 A · cm^{-2}的电流密度下,Leistra 和 Sides[82]研究得到的数据可以忽略不计。

浓差过电位由电解槽内的传质过程决定着,释放气体的电极上,传质系数较高,即边界层很薄。因此,浓差过电位的大小将由电解槽的几何形状决定。但是 Piontelli 等人[137]发表了由实验室研究得到的有关浓差过电位的公式,经过 Haupin[64]修正后,使之可适用于工业槽:

$$b_c = \left[\frac{T}{23210}\right]\ln\left[\frac{i_c}{i_c - i}\right] \tag{7.36}$$

阳极反应与热效应之间关系的论述见7.1.7节。在阳极反应时热焓变小,Ødegård 等人[39]在工业槽上测量结果显示。焓减少可以由阳极的欧姆电阻和过电压产生的热得以平衡。否则在较低的热度下,将发生工作阳极过冷现象。如果该过冷表层保持一段时间,则将会发生阳极变形。

7.3 阳极效应

如本书第2版所述[1],在冰晶石-氧化铝熔盐中,炭阳极上发生的阳极效应可以这样描述：阳极和电解质之间电流的传输受到抑制而产生的阻塞现象。恒电流条件下，槽电压突然增大。不同电流密度下，其值增到 15 V 甚至 130 V；高频下，槽电压在很大范围内变化；高压下，听到爆裂声，阳极表面产生火花。此时除了 CO_2、CO 外，阳极气体中还包含有碳氟化物，如 CF_4 和 C_2F_6。发生阳极效应时的高电压、高电流下，电解质和阳极，特别是阳极发生过热。恒电压条件下，阳极效应发生之后，电流密度急剧下降。

冰晶石熔盐中使用石墨和焙烧过的炭作阳极材料时，阳极效应的存在将受到一定程度的抑制。阳极效应的发生是由于阳极表面 Al_2O_3 浓度太低引起的，此时将导致熔剂氟化物分解而生成碳氟化合物气体 CF_4 和 C_2F_6。在氟化物－氯化物混合熔盐体系中，发生阳极效应时，除了含有 Cl_2 外[138]，还包含 CF_xCl_y 气体。氯化物体系在 SiC[139] 和半导体氧化物上也观测到阳极效应（Fe_3O_4 和 $SnO_2F_2O_4$）[140]。在溶有 Al_2S_3 氟化物熔盐中电解时，当硫的浓度很低时，也发生阳极效应。

Mazza 等人[142] 观察到，采用因康合金和 Hastelloy 合金金属作阳极时，由于释放气体后将发生阳极金属的溶解，因而不再发生阳极效应。当 Dewing 和 Van der Kouwe[143] 以黄金和铂金作阳极时，取而代之的是在阳极表面形成一层氯化物膜。但是邱竹贤和张明杰[144,145] 认为在高电流密度 60 $A \cdot cm^{-2}$，40 V 条件下，铂电极在冰晶石－氧化铝熔盐中也能发生阳极效应，其主要是阳极表面气泡的积累而产生的纯流体动力学原因引起的。另外，Oganisyan[146] 认为即使在 40 $A \cdot cm^{-2}$ 的密度下也不会在 Pt 电极上发生阳极效应。

高电流密度下的阻塞是由于固体 AlF_3 在阳极表面沉积[147]，类似的，冰晶石沉积同样发生在阳极[2,148]。文献中[149] 提到，由于在阴极表面形成一层钠蒸气和电解质蒸气而发生“阴极效应”。冰晶石在阴极表面的沉积也是可能发生的，这是因为熵致冷效应（Peltie 效应）。这部分在 7.17 节阐述。

在卤素熔盐体系中均有可能发生阳极效应，且在这些体系中，阳极效应的基本特征是一样的。但是,不同熔盐的物理化学性质和阳极气体不一样,阳极效应的机理并不完全一致。目前我们只讨论冰晶石-氧化铝体系的阳极效应,当遇到与该体系相关的情形下将作基本的介绍。

7.3.1 阳极效应

7.3.1.1 临界电流密度(*ccd*)

临界电流密度定义为,发生阳极效应之前使阳极反应能够进行的最大电流密度。测量临界电流密度的方法为电压扫描,即电流不断增大到某一最大值后突然下降,表明阳极效应即将发生。这种扫描与由传质控制的电极反应过程的伏安曲线峰有某种相似之处,但是这种扫描的电流下降特别明显,电流密度值降到很低(20 mA·cm^{-2})。当电压反向扫描,阳极效应消失,但这过程是高度不可逆的。临界电流密度的变化范围很大,从纯冰晶石的0.1 A·cm^{-2}到饱和氧化铝浓度的20 A·cm^{-2}之间[1]。

邱竹贤等人[150~152]研究临界电流密度与阳极发生效应与否的关系。在未经历阳极效应之前,阳极的临界电流密度很低,临界电流密度随氧化铝浓度的增加而增大,然而过量氧化铝浓度呈悬浮态时,临界电流密度减小。本书第2版第270页已有相同陈述,同时也提到临界电流密度随铝的加入而减少。

电流-电压伏安曲线图也于本书第2版陈述[1,p.266]。在低扫描速率、低氧化铝浓度(小于1.3% Al_2O_3)下观测到两个较明显的电流峰:第一个峰对应CO_2的生成;第2个峰对应CF_4+CO_2的生成[153]。

高氧化铝浓度下,CO_2峰比较显著,第二个峰值降低到峰肩位置。另外高电位下(约4.5 V)观测到一个小峰,该峰值高于CF_4对应的峰。

在较快的扫描速率(大于20 V/s)时,在CO_2和CF_4峰之间的伏安曲线上出现一个新的波峰,如图7.32所示。Calandra等人[153]认为生成了COF_2。第四个峰,通常会出现在第三个峰的峰肩位置上。在后继的论文研究中,Calandra等人[154]采用伏安法研究了纯NaF

熔盐中的阳极效应,所获得的曲线图与在冰晶石熔盐中的情况非常相似,如图7.33所示。其包含纯氧化物峰(CO_2)、COF_2峰(P_{II})和CF_4峰(P_{III}、P_{IV})。这些峰的解释将在7.3.2节进行讨论。

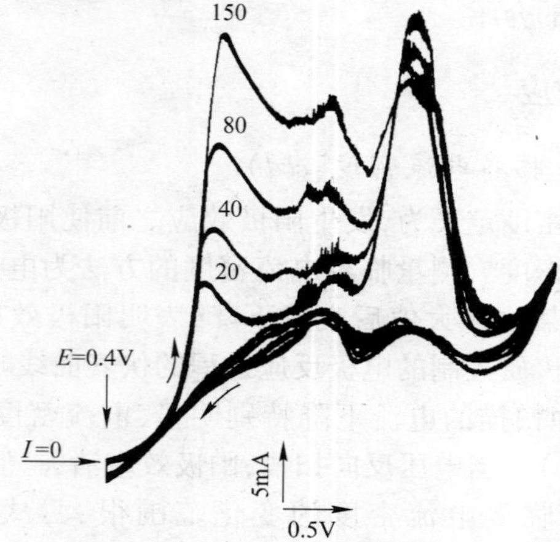

图7.32 高电位扫描速率伏安曲线图[153]

(实验条件:$Na_3AlF_6-0.1\%Al_2O_3$,1028℃)

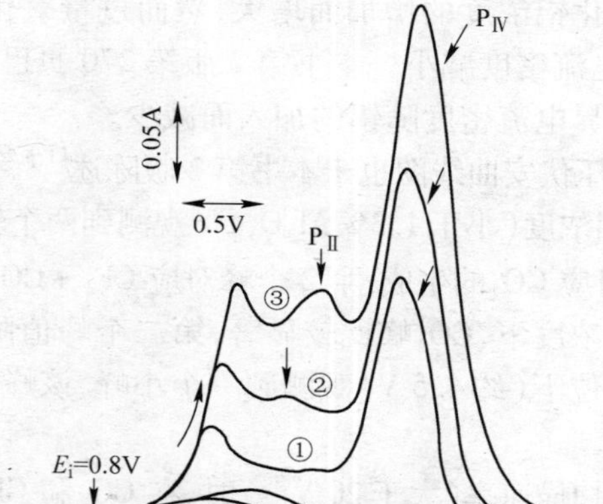

图7.33 1024℃,NaF熔盐中的不同扫描速率的伏安曲线图[155]

(实验条件:电极面积,0.22 cm^2;1—200 V/s;2—500 V/s;3—1000 V/s)

如上文所述,当添加 Al_2O_3后,CO_2峰变得显著,直接反映为体系的临界电流密度,Calandra 等人[155]指出这种逆转发生在 Al_2O_3浓度为0.6%时,而 Thonstad 等人[156]发现氧化铝浓度为1.3%时,CF_4峰变得显著。张明杰和邱竹贤等人[157]发现逆转在 Al_2O_3浓度为1.5% ~2.0%之间发生。这种现象也许与扫描速率有关,因为CO_2峰直接与传质过程控制有关,这可被认为是氧化物离子放电的限制。

与上述论文工作进行比较,Taylor 等人[71]在0.7% Al_2O_3浓度的熔盐中,采用较快的扫描速率20 V/s 进行研究,仅出现一个峰,但曲线上出现两个峰尾。在995 ~1010℃间临界电流密度随温度的增加而增大。在使用电极石墨时阳极时,临界电流密度随着氧化铝浓度的增大而增大,1010℃时,7.9% Al_2O_3条件下的临界电流密度达到24 A/cm^2。

Calandra 等人[158]研究了 NaF 和 Na_3AlF_6熔盐中气泡释放和形成气膜对临界电流密度的影响。研究发现,在 NaF 体系中,当用玻璃状的炭阳极时,正向和逆向扫描曲线重合,而在多孔炭阳极上则是出现滞后现象,如图7.34 所示。这说明在表面平整的玻璃炭阳极表面气泡较容易释放,而在一般炭阳极上的释放速度较慢。在上述两种情形均不是产生阳极表面气膜之故,而是阳极效应之缘故,见7.3.2 节。

Righas 等人[159]在石墨和铂电极上进行伏安测量,他们采用较低的扫描速率(0.1 V/s),熔盐体系组成为 Na_3AlF_6 -10% AlF_3 -5% CaF_2。曲线上出现 CO_2、CF_4和 F_2的特征峰。添加 Al_2O_3后发现 CO_2峰值与 Al_2O_3浓度成正比例。这种峰值与氧化铝浓度的变化关系只在石墨电极上出现,在 Pt 电极上没有出现,而是一条复杂的曲线。

邱竹贤和张明杰[145]也在 Na_3AlF_6和 NaF 熔盐中进行研究,在熔体 Na_3AlF_6 -0.2% Al_2O_3中获得的伏安曲线如图7.35 所示,图中给出了相应的反应产物。伴随 CO_2峰之后的是铝的沉积和溶解峰,见7.2.4.3 节所述。之后的三个峰均与阳极效应有关,在4 V

附近出现的峰为 F_2 生成的峰。

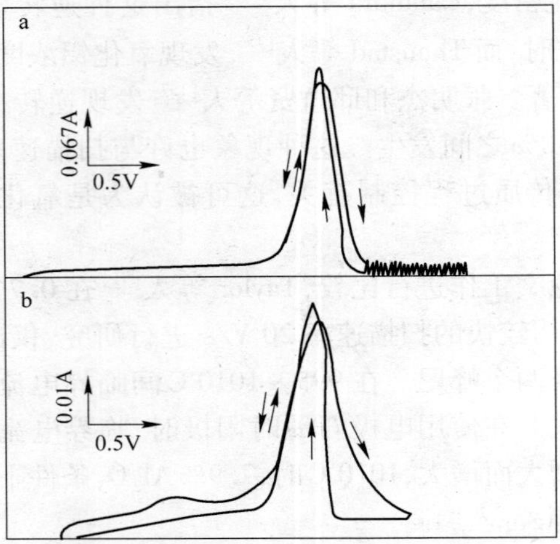

图 7.34 NaF 熔盐中的伏安扫描速率为 0.1 V·s⁻¹ 的伏安曲线[158]

a—玻璃炭阳极(1060℃);b—多孔炭阳极(1037℃)

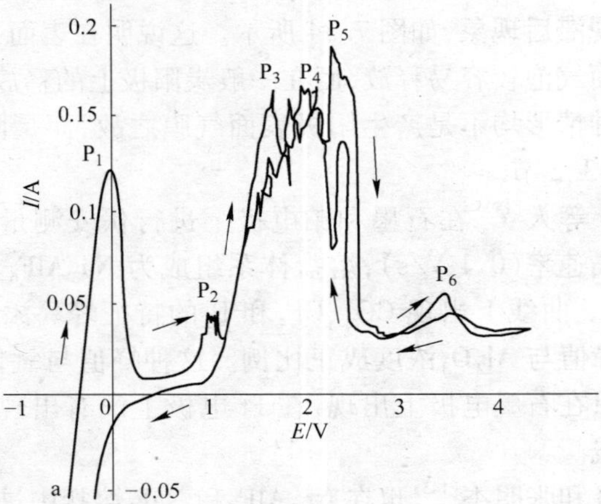

图 7.35 Na_3AlF_6 −0.25% 熔盐在 1050℃时的伏安扫描曲线图[145]

(阳极表面积 0.37 cm^2,各峰对应的产物为:P_1 − Al^{3+};

P_2—CO;P_3—CO_2;P_4—COF_2;P_5—CF_4;P_6—F)

邱竹贤等人研究了临界电流密度和在碳上的湿润角在固定温度下随 CR(1.4～3)变化的情况,出现一个很奇怪的现象,当 CR 从 1.4 增加到 3 时,临界电流密度值从 $8\ A\cdot cm^{-2}$减小到 $4\ A\cdot cm^{-2}$,而湿润角则从 50°增加到 110°。在这个研究中,他们没有提到实验中 Al_2O_3的浓度。

Djorkic 等人在 7.2.4.3 节对上述现象进行了讨论。循环伏安结果显示,在 2.1 V、2.2 V、2.8 V 和 3.6 V 的电位处出现了 4 个峰。第一个峰对应的是 CO/CO_2的析出,第二个峰对应的是 COF_2的析出。这个图是分散的,而且在使用不同的石墨电极时,结果没有重复性。而在使用玻璃炭做电极时,结果具有可重复性。当使用玻璃炭电极时,第二个峰的峰电流与扫描速率的平方值呈现直线关系,而且电流随 Al_2O_3浓度的增加也线性增加,如图 7.36 所示。

朱鸿民和 Sadoway 测了在最基本熔盐 NaF-13% AlF_3中的伏安图,发现在 6～7 V 间存在两个明显的峰。

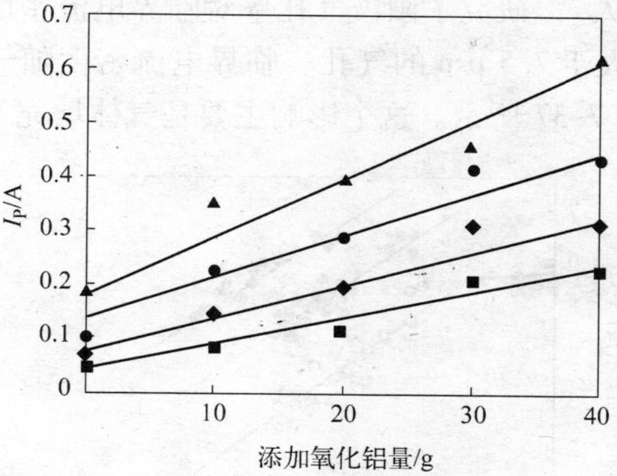

图 7.36 不同扫描速率下含 3% CaF_2-Al_2O_3的冰晶石熔盐中第二个峰的峰电流和 Al_2O_3浓度的关系图[96]

(阳极面积:0.075 cm^2;▲—60 V/s;●—40 V/s;◆—20 V/s;■—10 V/s)

A 外界压力的影响

在本书第 2 版第 269 页中,我们讨论了临界电流密度的情况。当 Al_2O_3含量较高时,临界电流密度也是非常大的,而且临界电流密度随着压力的降低而显著下降,这主要是气体体积增大引起的钝化效应。当 Al_2O_3 含量较低时,临界电流密度很小,压力的影响和 Al_2O_3 含量较高时的情况也不同,文献[1]报道观察到了随着压力的降低,临界电流密度有轻微的增大。在氯化物熔盐中,同样也发现临界电流密度随着压力的降低而减少,而在氟化物和氟化物-氯化物混合熔盐中,这个变化关系则刚好相反[161]。

B 炭电极材料的影响

这个问题在旧版中已经讨论过。大多数研究者认为虽然使用致密的炭电极和疏松的炭电极时的临界电流密度有差别,但炭电极材料的质量不是影响临界电流密度的关键因素。Vetyukov 等[81]研究发现在使用工业炭电极和热解炭电极时临界电流密度也有很大差异,其值分别为 17.6 $A\cdot cm^{-2}$ 和 7.3 $A\cdot cm^{-2}$。使用脉冲电流时,临界电流密度平均值更低。在上述的这些研究中都没有给出熔盐中 Al_2O_3 的浓度。

Zuca 等人[162]研究了阳极气孔率对临界电流密度的影响。阳极气孔是指大于 7.5 μm 的气孔。临界电流密度随气孔率的增大而增大,如图 7.37 所示。这个影响主要是气体填充了这些气孔,

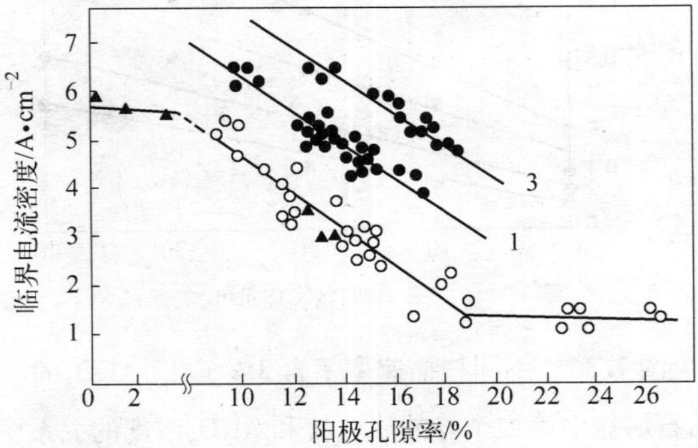

图 7.37 不同阳极材料,临界电流密度与阳极孔度(大于 75 μm)的关系[162]

(熔液组成为:$CR=2.7$,1.5% Al_2O_3,5% CaF_2;○—预焙阳极;

●—预焙阳极;在阳极糊中加入:1—1 % Al_2O_3 和 3—3% Al_2O_3;

▲—石墨化炭电极;△—玻璃炭电极)

掩蔽了阳极表面,从而阻碍了含氧离子传输到阳极的传质过程。在高气孔率时观察到存在一个平台,这是由于这时阳极表面已完全被气泡所遮盖,气孔率的增大也就不会引起临界电流密度的变化了。在玻璃炭电极上也同样观测到如高气孔率时的疏松电极上的现象。

C 添加剂

如 7.2.7 节中所述,通常在阳极材料中添加一些添加剂以减少阳极过电压。同样,研究者们也测试了这些添加剂对出现阳极效应的影响。Liu 等人[163]研究发现 Li、Pb、Cr 和 Ru 盐的添加会使临界电流密度增大,以及会阻碍阳极效应的发生,如图 7.38 所示,邱竹贤等人[164,126]发现含有锂盐的炭阳极比上述阳极具有更好的湿润性,更高的临界电流密度,以及更低的阳极过电压。在 Al_2O_3 含量为 4% 时,添加了 LiF 的石墨阳极临界电流密度从 5 $A \cdot cm^{-2}$ 增加到了 7 $A \cdot cm^{-2}$。

7.3.1.2 临界电流密度和氧化铝含量

本节内容在本书第 2 版[1]中第 269 页已有详细论述。很多人试图将此关系用于分析确定电解槽中氧化铝的含量,或者是通过多次分析来研究氧化铝在冰晶石中的溶解速度。由于气泡的屏障作用,临界电流密度并不随氧化铝浓度的增加而线性增大,因此所得到的关系线型通常是曲线。这种情况下,临界电流密度的量值及曲线的形状与实验条件(包括阳极的形状、尺寸、电极方向)有关。按照惯例,这时需要在已知氧化铝浓度的熔体中对电极进行校准,并确定校准曲线。这方面内容将在 10.2.3.2 节进行论述。

邱竹贤和张明杰[144]利用未知尺寸及方向的石墨阳极,在氧化铝浓度介于 0~2%(质量分数)的条件下,归纳出了如下等式:

$$ccd = 0.25 + 2.75a \qquad (7.37)$$

式中,a 为氧化铝的质量分数。在以前的论文中[150],等式右边第二项的系数为 2.52。当氧化铝浓度介于 2% ~10% 时,关系式如下式所示[144]:

$$ccd = 4a^{0.5} \qquad (7.38)$$

在此之前,Belyaev 等人[165]与 Piontelli 等人[166]也曾提出过平方根的关系。Liu 等[163]得出图 7.38,图中下方的曲线由两条直线组成,并以 2% 氧化铝浓度为分界点。图 7.38 中上方的两根曲线在上文评论过(参见"添加剂"部分)。

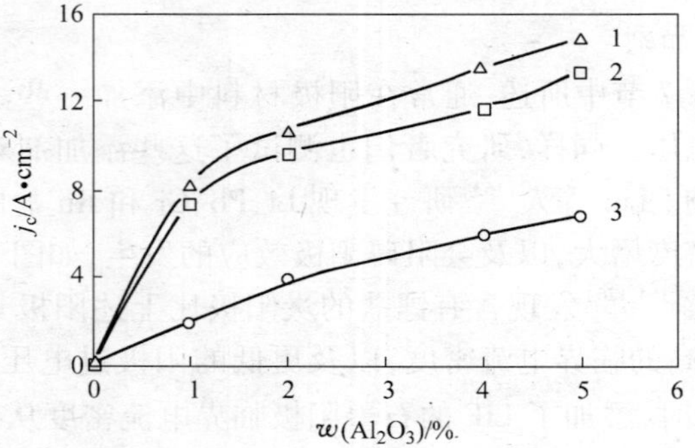

图 7.38　在炭阳极及 1000℃、$CR = 2.7$ 的熔体条件下,临界电流密度与氧化铝浓度的关系曲线[163]

1—添加剂为 $Pb(NO_3)_2$;2—添加剂为 LiF;3—无添加剂

Nakajima 与 Watanabe[167]发现,在 80% Na_3AlF_6 和 20% Li_3AlF_6 共熔体中,随着氧化铝浓度逐渐增加至饱和,临界电流密度几乎随之线性增加,最大值达 8 A · cm^{-2}。如浓度继续增加,临界电流密度则会有轻微的降低。但是,如果过量的氧化铝是通过阳极上的通孔加入的,则发现临界电流密度在氧化铝达饱和浓度后仍在增加。

7.3.1.3　恒电流测量

本书第 2 版第 272 页中[1,p.272]提到静态电流会以高于临界电流密度的电流密度发生趋电性脉冲,并生成分阶段的计时电位曲线图。其中第一步是由 CO_2 的反应造成阳极表面上的氧化铝损耗,Richards 与 Russel[168]及 Thonstad[169]发现此反应过程遵循所谓的 Sand 等式,而 Lantelme 等人认为其满足如下关系式:

$$i\tau^{1/2} \approx c^n \tag{7.39}$$

式中,i 是电流密度;τ 是反应时间;c 是电活化介质(此处为氧化铝)的浓度,指数 n 为 0.55,而在 Sand 等式中 $n=1$。

Calandra 等人[171,172]分别做了纯冰晶石及纯 NaF 条件下的计时电位测量。在这两种体系中得出了相似的分阶段性的曲线。图 7.39 中给出的曲线是在石墨阳极与纯熔融冰晶石条件下取得的。前两个反应阶段是由于氧化物杂质放电引起的,第一阶段形成了 CO_2,第二阶段形成了 COF_2,后面的两个阶段(NaF 条件下为三个阶段)是由于氟化物放电引起的。由于熔融物中氧化物含量少,第二个反应(τ_2)是观察不到的,第一个反应(τ_1)也很微弱。7.3.2 节中构造了两种 C－F 表面化合物的形成模型。

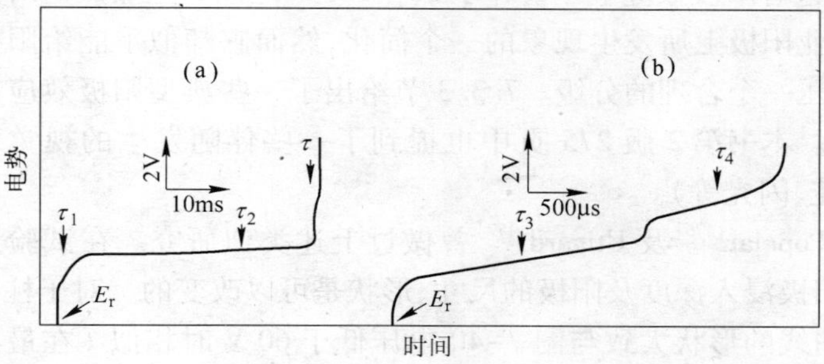

图 7.39 计时电位曲线图[171]

(实验条件为石墨阳极、纯冰晶体熔融物,温度 1020℃,电流密度分别为:a—0.36 A · cm^{-2};b—0.54 A · cm^{-2})

对于 τ_3 与 τ_4 两个瞬时阶段反应,假定是按氟化物放电形成了中间态产物 C－F 化合物进行的。假定 τ_3 与边部碳原子放电有关,而 τ_4 与底面的放电有关。为了解释这两阶段之间的电势差异(约 2.5 V),又设想 τ_3 中生成 CF_4,而 τ_4 中生成了 C_2F_4(相对铝而言,$E^{\ominus}=-4.7$ V)。另外还要假设 C_2F_4 最后转化成了 C_2F_6。C_2F_6 是在阳极效应过程中继 CF_4 之后发现的第二种气态物质(参见 7.3.1.5 节)。第五个阶段 τ_5 只在 NaF 熔融系统中发现存在,是由于高电势下石墨孔隙流引起的,这方面内容将在 7.3.1.5 节中进一步讨论。

下面讨论阳极效应过程时的电流 - 电压情况。在本书第 2 版第 273 页中，给出了实验室电解槽条件下阳极效应过程中的电流 - 电压曲线，其中电压介于 5 ~ 140 V 之间。阳极效应过程中的一个典型特征是存在高频率的电流和电压波动，波动情况随电压而变化[173,174]，但没有对此现象进一步进行研究。

图 7.40 给出了最能说明细节的曲线，我们往往用它来确定工业电解槽阳极效应过程中的正常电压范围[175]。在通过的电流密度大于临界电流密度（c）后，电势通常会跳至 $e \sim f$ 段，即 25 ~ 45 V，这也是正常的阳极效应电压范围。个别情况下，也可能超过 f 点，这时阳极效应电压会介于 60 ~ 100 V 之间。这显然是对巨大的工业阳极上所发生现象的一个简化，然而它却似乎能给阳极效应电压一个合理的分级。7.3.3 节给出了一些典型阳极效应电压示例。本书第 2 版 275 页中也提到了一些伴随发生的视觉现象（火花、闪光等）。

Popelar[176] 及 Utigard[177] 曾做过上述类似研究。在试验过程中，阳极浸入深度及阳极的尺寸、形状是可以改变的。对于柱形阳极，曲线的形状大致与图 7-40 电压低于 60 V 时相似（在最有实际价值的范围内）。但是在高电压条件下则差异很大，这点可以

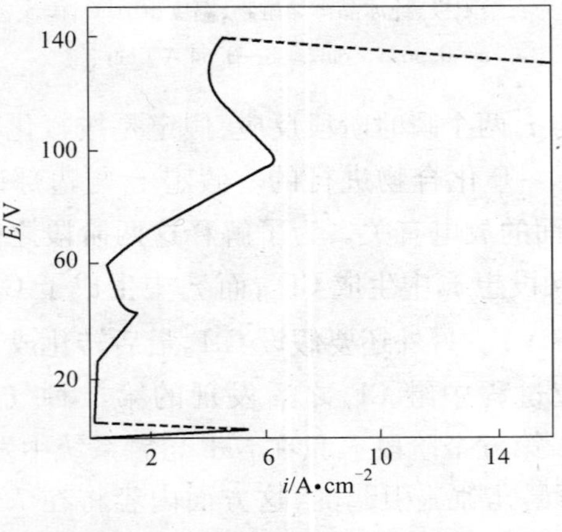

图 7.40　实验室电解槽内阳极效应过程中的电流 - 电压曲线[173 ~ 175]

从图 7-41 中看出。改变阳极形状会影响高电压条件下的行为（大于 50 V），但螺旋形阳极在低于 50 V 条件下可以形成很高的电流。如事前所料，电流随阳极的浸入深度增加而增加，但电流密度保持恒定。磨去圆柱形阳极的末端，在 50 V 以下，电流密度随浸入深度（5 ~ 20 mm）的减少而增加。

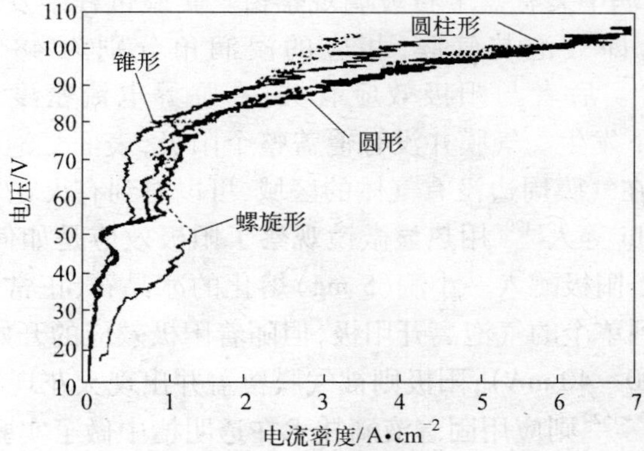

图 7.41 在实验室电解槽内，不同阳极几何形状条件下的电流 - 电压曲线[177]

7.3.1.4 视觉现象、摄影照相、X 线照相

如后面所述，对于实验室内试验，我们可以从坩埚上方向下直接进行视觉观察；另一个更好的方法是使用透明槽来进行观察实验现象。为便于观察，可以把蓝宝石观察窗插入石墨坩埚，或者整个电解槽都用石英做成[178]，但缺点是石英槽的寿命有限，并且熔体会被熔解的 SiO_2 污染。另外一个取代观察窗的方法则是 X 光的应用。此外，实验还应用了一种所谓固着液滴的技术，应用这种技术，实验人员可以通过透明装置观察单个液滴在模板上的状态。

在本书第 2 版 275 页中解释了气泡是如何长大及吸附在阳极上从而导致阳极效应开始的。小的阳极会被一个大气泡或气膜包裹起来。在阳极效应过程中，阳极将保持高电流密度，如图 7.40 和 7.41 所示。在电压低于 45 V 时，可以看到许多火花；电压高于

60 V 时,则可以观察到发热现象。尽管具体机理尚不清楚,但看起来,电流是通过阳极上的气膜传递的。

Polyakov[83]利用电影技术研究了 $CR = 2.7$、氧化铝浓度为6%的熔体中,气泡在炭阳极和石墨阳极上的形成与生长过程。实验中,直径为6 mm 的阳极既可向上布置,也可向下布置。在后者的情况下,坩埚中装有蓝宝石玻璃观察窗。实验过程中发现有两种气泡状态,即气泡与气膜,相应的浸润角分别为 48° ~ 50° 及 148° ~152°。后者与阳极效应有关,在临界电流密度为 $16A \cdot cm^{-2}$条件下发生。气膜并没有覆盖整个阳极,表面气泡的覆盖率约80%。在气膜周边没有气体的区域,可以看到有火花现象。

Noguchi 等人[179]用热显微镜观察了阳极效应是如何开始的。实验中石墨阳极醮入一小滴(5 mg)熔化的冰晶石,正常电解过程中可以看到单个的气泡离开阳极,但随着阳极效应的开始,电流发生突降(300 ~40 mA);阳极则被气膜覆盖并出现火花现象。

Qiu[150~152]则应用固着液滴技术在透明槽中做了实验,实验中石墨阳极蘸入石墨板上的一滴冰晶石中。阳极效应过程中发现阳极未被浸润,并且阳极上可以看到火花现象。作者注意到阳极效应过程中的电流/电压振荡频率为 10 ~20 kHz,并且阳极也趋于振动[152]。阳极表面上不时有电火花产生和消逝,有明显的电火花移动。当电压高于 20 V 时,可以看到有气泡以射流方式离开阳极,这可能是一种热效应,原因在于阳极相对于熔体过热。有人认为阳极效应与电离气泡和阳极间的静电吸引作用有关。类似实验在石英透明槽中进行时,发现整个阳极被连续的气体层所覆盖[178]。

Shkuryakov 等[180]应用固着液滴技术研究了气泡的成长及分离。在实验中,有一滴工业用电解液放在作为阳极的石墨板上。实验中可以观察到单个的气泡的成长,并设想气体可以通过下面的石墨板孔隙进入气泡中。当向熔体中加入表面活性物质(如 V_2O_5),则会在多处出现成核现象。假设阳极效应是由于阳极上的气-液层的流体动力学稳定性受影响导致的,作者认为临界电流密度最大值应在浸润角介于 90°~100°时取得。包括氧化铝在内的固体颗粒的任何分散,只要能堵塞阳极的孔隙,肯定会引起临界电流密度的降低。

Utigard[177,85]应用 X 光照相技术观察气泡的成长及分离。实验中采用氮化硼衬层石墨坩埚内,坩埚内盛有冰晶石熔体及石墨阳极(直径 2~9 mm)。实验发现含有氧化铝的熔体正常电解时,在阳极的底部上会有一个巨大的气泡生成,同时有多个小气泡在阳极的竖直侧面上生成、脱离。大气泡的形状可用于计算极化状态下的表面张力,结果表明计算值与不进行极化的测量结果(130~140 $mN \cdot m^{-1}$)没有区别。如 7.2.4.2 节中所提到的一样,熔体中的氧化铝浓度不会影响气泡的大小,这结果与 Haupin 和 McGrew[84]的发现正好相反。

阳极效应实验是在高纯度冰晶石熔体中进行的。当电压达到 2.6 V 时阳极效应发生了,此前尚无任何气体生成过程[181]。当电压升至 80 V 时,阳极被气膜覆盖,完全不被电解质浸润。阳极上产生的气体从气膜上逸出,并不形成气泡。气膜在阳极底部上约 3 mm 厚,但在侧面上的厚度经计算得知是非常薄的,大约只有 3 μm。气膜会有脉冲,50 V 以上时则可以看到波纹。通过阳极上气孔出来的气体(Ar,H_2-N_2,CF_4,CO_2)对气膜没有影响。在正常电解过程中(1.3 $A \cdot cm^{-2}$,2.7 V),如果从阳极下面通过氟气,电解槽电压会快速升至 6.8 V,并且很不稳定,但通 CF_4气时则无此现象。

该作者[181]还用热显微镜对 1 mm 阳极上的阳极效应进行了研究。当电压只有 8 V 时,就观察到了电弧,而在液滴表面则形成了一个可能由“炭尘”形成的导电层。

7.3.1.5 气体分析

如上所述,阳极效应过程中阳极气体中除了 CO_2和 CO 外,还有两种新的气体,即所谓的全碳氟气体化合物(PFC),包括 CF_4与 C_2F_6。此类气体的形成可能源于下述反应:

$$4/3Na_3AlF_6 + C = 4/3Al + 4NaF + CF_4 \qquad (7.40)$$

标准电势 $E^{\ominus} = -2.50$ V，以及

$$2Na_3AlF_6 + 2C = 2Al + 6NaF + C_2F_6 \qquad (7.41)$$

温度为 1000℃时，标准电势 $E^{\ominus} = -2.69$ V[52]。

如前面所述，伏安测试表明有一个电压峰值，这是由于形成了 COF_2。Dorreen 等人[182]在实验室电解槽中发现，在电压 20 V 时，COF_2在阳极效应发生前几分钟就已经出现，并且在阳极效应过程中一直存在，其反应方程为：

$$2/3Na_3AlF_6 + 1/3Al_2O_3 + C = 4/3Al + 2NaF + COF_2 \qquad (7.42)$$

其标准电势 $E^{\ominus} = -1.83$ V[52]。

在第 1 版第 275 页中给出了 1980 年以前的气体分析数据，其中 Henry 与 Holliday[183, 184]对工业电解槽气体的定量光谱分析最为典型。分析指出，阳极效应过程中的气体含有 14% 的 CF_4与 0.1% 的 C_2F_6。在这方面，实验室研究极为有限。Nordmo 与 Thonstad[185]指出，如应用纯度很高的冰晶石，阳极效应过程中 CF_4的含量可以高达 90%，但是只要加入少量氧化铝，即会急剧下降，例如 Al_2O_3浓度在 1% 时 CF_4含量为 10%。气体成分与引起阳极效应的电压之间的变化关系见图 7.42。在此需要指出的是，实验室试验得到的 CF_4含量比工业电解槽中观察到的含量通常要低 10% ~25%。

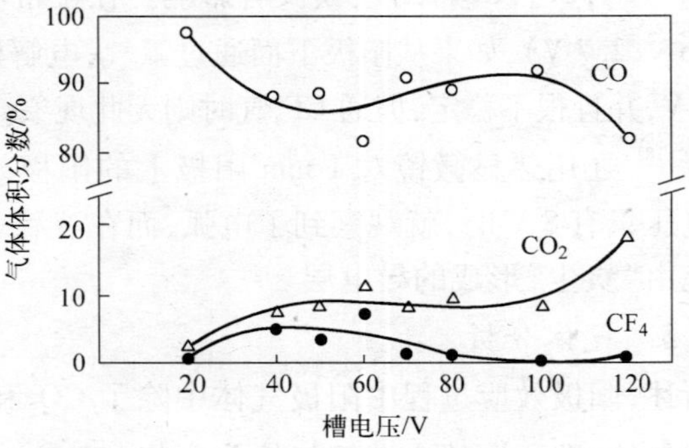

图 7.42　冰晶石熔体含 1% Al_2O_3，温度 1020℃条件下，阳极效应过程中气体组成与电解槽电压的关系[185]

Nissen 与 Sadoway[186]在实验室中做了阳极效应电压范围为15～20 V、正常电流密度下(约为0.7 A·cm^{-2})实验室电解时的气体分析实验。PFC 含量基本上是3%～15%的CF_4,0～3%的C_2F_6,CF_4/C_2F_6的比值在5～40范围。在研究的电压范围(小于20 V)内,CF_4的生成量随电势的增加而呈指数级增加。在极强酸性熔体中(CR=1.12),即使在正常电压条件下,也只检测到少量的PFC气体。两位作者曾试图把电极动力学理论得出的一般速率方程式应用于阳极效应期间的反应。

Zhu 与 Sadoway[160]利用同 Nissen 与 Sadoway[186]试验类似的电解槽,观察到相对于铝质参考电极的阳极电势为6 V以上时有PFC气体生成。试验是在基础熔体(含有质量分数13%～25% AlF_3的NaF熔体)中进行的。

工业电解槽阳极效应过程中的典型气体组成是15% CF_4,不定量的C_2F_6,20% CO_2,其余为CO。阳极效应过程遵守法拉第定律[185]。

Pruvot[187]于1953年首次指出阳极效应过程中的最先产生的气体是CF_4,随后CF_4发生部分分解:

$$3CF_4 + 2Al_2O_3 = 3CO_2 + 4AlF_3 \tag{7.43}$$

此反应向右进行的趋势很大($\Delta G^{\ominus}_{1020℃} = -382\ kJ \cdot mol^{-1}$[52]);同样$C_2F_6$也有类似情况。因此可以设想如果有氧化铝,则该反应必将会发生。Nordmo 与 Thonstad[185]将CF_4气体通入冰晶石-氧化铝熔体中时,没有发现任何反应发生,但 Castellano 与 Calandra[188]却发现发生了上述反应。他们在1005℃条件下,向冰晶石与2%氧化铝混合熔体中通入CF_4时,发现了有26%的CF_4和Al_2O_3发生反应,熔体的组成也有相应变化。一般认为,该反应受质量传输过程控制。当CF_4通过烧结氧化铝管时同样观察到反应的发生,并且发现了AlF_3晶体。

同 Pruvot 一样,文献[188]的作者认为阳极效应过程中最先产生的气体是CF_4,在此基础上推导出了 Pearson 与 Waddington 等式的替代公式(见9.2.1节),该公式为转移系数的函数。他们得出工业电解槽中,阳极效应过程中的气体成分对应于铝的阴极电流效率为70%的情况。

Roberts 与 Ramsey[189] 指出,在100~300℃温度下,干式洗涤器(用于捕集工业电解槽排出的氟化物)中的氧化铝并不吸收 CF_4 及 C_2F_6。Diep 与 Thonstad[190] 发现 CF_4 可以在活化的氧化铝催化剂作用下分解。温度在700℃以上时,将发生完全转化。此法以前曾被用于 CF_4 的化学分析[191]。

Castellano 与 Calandra[188] 还提出可以通过向熔体中通入 CF_4 来去除其中的氧化物杂质,并指出反应为:

$$CF_4 + 2Na_2O = CO_2 + 4NaF \tag{7.44}$$

此反应向右进行的趋势很大($\Delta G^{\ominus}_{1005℃} = -816.8\ kJ \cdot mol^{-1}$[52])。该反应已经在 NaF-LiF 及 NaF-KF-LiF 熔体中进行了测试。研究表明该反应在750℃时是不会发生的,但在1000℃时则可以发生。当然,如要搞清楚是什么引发反应式(7.43)与反应式(7.44)发生的原因,尚有很多工作要做。这两个反应可以用某些物质(如炭尘)催化进行。

Øygård 等[192] 在工业电解槽中,通过阳极上的通孔收集到了阳极气体样本,还利用气管收集到了离开电解槽的气体样本。在计算单位时间内 CF_4 的排放总量时发现,阳极上收集到的气体中 CF_4 的含量比管道气体中的 CF_4 含量要高得多,认为发生了方程式(7.43)所示的反应。在一些情况下发现,阳极效应前几分钟阳极气体中含有少量 CF_4。

7.3.1.6 全氟碳化合物与全球变暖

这部分内容将会在10.4节进行详细讨论,但出于完整性的考虑,在此也予以简单的说明。在19世纪80年代,人们发现大气中含有相当数量的全氟碳化全物(PFC)气体 CF_4 及 C_2F_6,并且这些气体的温室效应很强[193]。它们在大气中的寿命期极长(104~106年),并且相对于 CO_2 的"全球暖化潜能"为:CF_4 为6500,C_2F_6 为9200[193]。这意味着在100年的时间内,CF_4 的温室效应值是

CO_2的 6500 倍。大气中的 CF_4浓度约为 $70\times10^{-10}\%$，C_2F_6约为 CF_4浓度的十分之一。尽管半导体工业也会生产此类气体，但公认铝电解业是其主要的来源。

铝电解工业 PFC 气体释放的问题已经从原来的单一学术问题变成了一项环境与政治课题，随后在减少阳极效应的次数及持续时间方面做了大量努力。本节将不讨论如何达到这一目标，但会给出近年来的一些研究分析数据。

除上面提到的个别情况发现阳极效应前有 COF_2及 CF_4产生，一般认为 PFC 气体仅仅是发生阳极效应时从铝电解槽上释放出的。阳极效应过程中，CF_4的浓度基本上保持恒定，但 C_2F_6的浓度则是在阳极效应开始阶段达到最大值，随后又降到零。两种气体的比率取决于阳极效应的持续时间，但其平均值一般为 10∶1，即 CF_4的含量是 C_2F_6的 10 倍。

在工业测试中没有发现 COF_2，它的稳定性如同 CF_4一样，反应

$$2COF_2 = CO_2 + CF_4 \tag{7.45}$$

的标准吉布斯自由能（$\Delta G^{\ominus}$）为小额正值（$\Delta G^{\ominus}_{1020℃} = +2.5\ \text{kJ}\cdot\text{mol}^{-1}$[52]）。

但是，该气体可以水解：

$$COF_2 + H_2O = CO_2 + 2HF \tag{7.46}$$

$$\Delta G^{\ominus}_{1020℃} = -200\ \text{kJ}\cdot\text{mol}^{-1}$$

显然，CF_4的水解反应同样具有很强的向右进行趋势（$\Delta G^{\ominus}_{1020℃} = -402\ \text{kJ}\cdot\text{mol}^{-1}$）：

$$CF_4 + 2H_2O = CO_2 + 4HF \tag{7.47}$$

Øygård 等[192]对影响全氟碳化合物生成的因素进行了统计学分析，结果发现只有电解槽的阳极效应时间与其明显有关系，并指出阳极效应时间与 CF_4的生成量成正比。Berge[195]在挪威铝厂的研究中发现其平均生成量如表 7.6 所示。

Tabereaux[196]给出了典型的工业预焙电解槽发生阳极效应时

表 7.6　挪威铝厂中 PFC 的生成量(平均)[195]

电解槽系列	PFC 排放量 /kg · t^{-1} (Al)	阳极效应时长/min	发生阳极效应频率 /次 · (槽 · 日)$^{-1}$
自焙槽	0.80 ~ 0.20	4.0	2.4
预焙槽	0.06 ~ 0.02	3.8	0.13

的阳极气体成分随持续时间的关系图,如图 7.43 所示。需要注意的是 C_2F_6的含量在达到峰值 2 ~ 3 min 后会降到零,这在前面已经提到过。报道的 C_2F_6的最大含量占 7%[192],最小的占 1%[196]。Tabereaux[197]发现有些情况下,自焙电解槽中没有 C_2F_6产生。

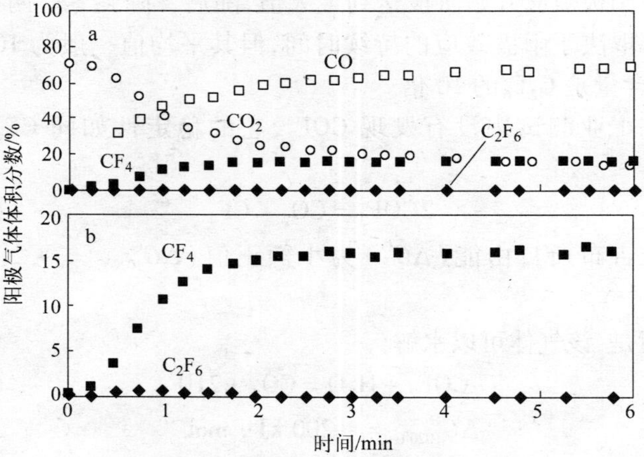

图 7.43　工业预焙电解槽中阳极效应过程中的典型气体组成[196]

a—全部气体成分;b—仅 PFC 气体

Bouzat[198]发现阳极效应过程中 CF_4的释放量与所谓的阳极效应过电压成正比。阳极效应过电压代表阳极效应过程中超电压的时间。但是这种同时涉及阳极效应时间与电压的关系式,还尚未有其他人提出。

Leber[199]给出了在七个美国铝厂进行的广泛调研,结果发现 PFC 的生成量与阳极效应时间(min · (槽 · 日)$^{-1}$)成正比。

Marks[200]也指出 CF_4 的生成量与阳极效应时间(min·(槽·日)$^{-1}$)成正比,并给出了适用于 Alcoa(美铝)铝厂的关系式,如下:

CF_4量(单位:kg)/公吨铝 = 0.13 × 阳极效应时间(单位:min·(槽·日)$^{-1}$)

7.3.2 阳极效应的机理

在本书第 1 版第 277 页中提到阳极效应的机理尚未清楚,总共列出了六种触发阳极效应的机理。从那时起,研究人员又进行了大量工作,目前对阳极效应的起因已经有了更好的理解。然而,即使是已经投入了这么多努力,有关阳极效应的诱发因素及电压为什么会突然升高仍然没有一个为众人认可的解释。

现在首先回顾一下本书第 1 版中所述的六种可能引发阳极效应的机理以及部分说明,随后另有一个列表,给出过去 20 年来的一些新发现。

原来的六种可能机理是:

(1)固体物质绝缘层;

(2)氧化铝浓度减少致使阳极浸润效果恶化;

(3)表面物质或气体的生成使得阳极被隔绝或使其不能得到浸润;

(4)带负电的气泡与阳极的静电吸引作用;

(5)流体动力学效应在阳极上形成气膜;

(6)电解液的蒸发。

在修改上述机理前,需要做如下解释:

对第一条:在氟化物的电解(在约 100℃的 KF-2HF 熔体)分析中,已有很多资料记录表明阳极会被一层导电性很差的固体碳氟化合物覆盖,从而引起阳极效应[201]。但是,在含氟电解槽中,电压不会像在铝电解槽中发生的那样突然上升,阳极效应电压也没有那么高。如同文献[1]中所指出,碳氟化合物在 650℃以上是不稳定的,因此在更高的温度下只能形成亚稳态表面化合物。并且,如果固体绝缘层是引起阳极效应的唯一原因,则很难解释阳极效应期间观察到的强电压/电流波动。但是,一个薄的绝电表面层仍可能触发阳极效应,进而导致浸润效果迅速恶化。

对第四条:本书第1版中给出了相关的一些资料。这种说明源于一个事实,即阳极效应开始时气泡会被阳极吸引。我们知道,在水溶液中,由于双电层扩散效应(零电势)的原因,气泡会带有一定量的电荷,但这种吸引力是很弱的。在熔融的矿物质中是否存在双层扩散效应目前尚不清楚,另外,阳极效应发生的突然性也不可能是主要由带电气泡引起的。然而,一旦形成高电压,静电作用力可能对维持阳极效应方面起到一定作用。

对第六条:根据3.4一节中给出的蒸气压力数据,1500℃时,在冰晶石熔盐上方$NaAlF_4$的蒸气压力可以达到1 atm(1×10^5 Pa)。而将它用于解释阳极效应的突发性,我们认为不合适,因为阳极效应初期,阳极上或其附近不可能达到这一温度。

于是,就出现了下面的四个新说法:

(1) 绝缘(固体)表面物质;

(2) 绝缘气层(气膜);

(3) 部分被气体覆盖致使实际电流密度超过临界电流密度;

(4) 生成的气体造成的流体动力学阻滞。

在介绍有关文献之前,需做如下说明:

在本书第1版第154~156页中指出,在通以很少量电荷后,阳极效应被引发了,这对应于阳极上仅形成少数几个单层。这引出了一个假说,即初始阶段是氧化铝的损耗,然后是氟化物放电形成机理(1)所述的表面层,进而导致浸润效果严重降低,形成了机理(2)所述的气膜,从而引发全面阳极效应。

由于氧化铝浓度降低致使浸润变化,经常被引述为是阳极效应发生的原因。但是,这种效应是相当有限的。如本书第1版第149页所述,碳的浸润角度在饱和氧化铝熔体中为110°,在冰晶石中则会高到125°。有人认为浸润受削弱导致了大气泡的形成并最终成为气膜。

7.2.4.2 节指出，工业阳极上通常会有较高的气泡覆盖率。随着氧化铝浓度的降低，由于浸润的削弱，气泡覆盖率会升高。这意味着活化表面的减少，也即是实际电流密度升高。有人由此认为在给定氧化铝浓度条件下，当电流密度达到临界电流密度时阳极效应即被触发。尽管阳极效应的前期有氟化物的放电发生，触发阳极效应的发生，但根据机理(3)的原理，阳极效应明显是气体覆盖、氧化铝损耗与氟放电三者共同的结果。Vogt[202~204] 利用数学模型对此机理进行了详细阐述，具体如后面所述。

第(4)条机理，流体动力学阻滞作用，可以理解为单个气泡的逃逸速度比较快(所谓的 Helmholz 不稳定状态)，进而形成了多孔气膜。在热传输方面，这种现象称为“薄膜沸腾”。如本书第 1 版 7.3.2 节所述，这一说法是引起阳极效应原因之一，但后来这一说法被否定。同沸腾相比，阳极气体释放速度很慢，显然，这一机理是不可能的。

在下面的论述中，将会对近来一些文献提出的机理及上述的可能机理进行探讨。

(1) 绝缘层。如本书第 1 版中指出的，一个电流脉冲或扫描，如果伴有仅引起一些单层形成的电荷，都可以触发阳极效应。本书第 1 版中曾介绍了 Calandra[154,155] 的有关研究，本书在 7.3.1.1 节也将简略地重复一遍。在氧化铝含量较低的情况下，伏特安培曲线图中会出现四个峰，见图 7.32 及图 7.33。

第一个峰被认为是 CO/CO_2，第二个是 COF_2，第三个是最终转化成为 CF_4的表面化合物，第四个则是另一种表面化合物。在此须说明的是这些作者并没有把第四个峰点的起因归于氟化物的形成(见 7.3.1.1 节)。随着氧化铝浓度的增加，1 和 2 的峰值变大，而 3、4 的峰值保持不变，因此成了第二个峰的一部分，进而最终只能见到一个峰点(见 7.3.1.1 节)。作者根据 Temkin/Frumkin 的吸附等温线，在不计质量转移的情况下，就吸附/解吸过程中 C－F 气膜的形成构建了一个数学模型。反应过程如下：

$$n(C + xF^- - xe^-) \xrightarrow{k_1} (CF_x)_n$$

$$(CF_x)_n \xrightarrow{k_{\theta-1}} \text{气体产物}$$

$$(CF_x)_n + n(y-x)F^- - n(y-x)e^- \xrightarrow{k_2} (CF_y)_n$$

$$(CF_y)_n \xrightarrow{k_{\theta-2}} \text{气体产物}$$

实验结果与之非常相符。这说明由其他一些作者提出的模型,即假设在阳极与电解液间形成气层的模型是不成立的。阳极效应开始之前的低电荷值说明阳极只可能是被一个或几个钝化物质单层所覆盖。因此气体的附着只能是一种次要现象。在此之前Thonstad[173]也曾提出相同的疑问。此处应强调的是这些结论都是在对氧化铝含量较低的情况下研究得到的。

绝缘体的成分目前还不知道,但有很大可能是方程式(7.40)~式(7.42)所示的C－F化合物。Thonstad[157]就纯冰晶石熔体给出的CF_4生成过程,是一条相当直的Tafel线,其中电流密度可达0.1 A · cm^{-2},这是在不引发阳极效应的前提下,CF_4生成过程中能够保持稳定的最高电流密度。Dewing[87]指出,由于空间的原因,CF_4的形成可能比较慢。其原因在于,当两个氟离子在阳极表面上向碳原子上放电时,阳极表面将受阻隔,而CF_4分子的形成仍需再有两个氟原子。

Nakajima与Watanabe[167]对KF-2HF熔体中的氟化物电解与冰晶石－氧化铝熔体中的阳极效应进行了对比。在这两种情况下,阳极效应都是由于形成了表面能极低的碳氟表面化合物引起的。这些化合物降低了阳极的可浸润性,使得活化表面积减少。当活化表面积减少到零时,就发生了阳极效应。

由于CO_2(方程式(7.15))与CF_4(方程式(7.40))的生成过程中标准电动势的差异很大,分别为－1.18 V与－2.50 V,因此可以假定在CF_4生成开始前阳极表面上含氧化合物的浓度已经接近于零。然而,Ratkje与Forland[205]提出,桥接在一起的含氧化铝的物质$[F_xAl\text{-}O\text{-}AlF_x]^{4-2x}$(这在氧化铝含量低时是主要成分)同其他复杂物质相比,其活动更为迟缓(见第4章)。这可以解释为什么工业槽可以在更高的氧化铝浓度条件下（约 1.5%）发生阳极效应。Kvande[134]认为这种解释很难成立，因为在各种不同的含氧物质中会存在一种平衡，如果其中一种消耗较大，这种平衡状态会有相应转换予以补偿。

在本书第 2 版中提到如果对阳极进行氟预处理，可以激发阳极效应。如 7.3.1.4 节所述，Utigard[181]做了类似观察，发现如果从阳极下面通氟气气泡，电压会升高，而从阳极下面通 CF_4 气泡则电压不会升高。

Brunet 与 Mergault[206]推行这种观点，即在阳极效应过程中阳极表面的大部分被隔绝了，从而使得电活化部分的电流密度很高。阳极效应过程中电压的升高被认为是阳极电阻增加的结果，这可以用导电表面面积受限，从而导致局部电流密度增加来解释。

Desclaux 与 Huni[207]同样认为阳极效应时的过高电压是由额外电阻引起的。其基础理论是假设阳极效应过程中电流绝大部分（如果不是全部）都是从阳极的竖侧面流过。在此基础上得到的电流（I）/电压（V）比值与浸入深度及电流密度的关系图是一条直线，实验室或工业电解槽都是如此。

邱竹贤与张明杰[144]认为，阳极效应是由于气泡的生成速度超过了释放速度进而在阳极上聚集引起的。在以后论文中，他们指出，尽管正常电解中阳极被 C_xO 之类的化合物覆盖，阳极效应过程中也会形成 C_xF_y 或 COF_x 之类的化合物。此类化合物的表面能低，分解慢，因此，阳极的浸润效果恶化，阳极被一层厚厚的气泡膜覆盖。而有人指出此理论无法解释在铂、金阳极上观察到的阳极效应现象。

众多研究者认为阳极效应或多或少与阳极上生成了大的气泡并最终形成了气膜使阳极浸润效果受损有关。但是，Kachanovskaya[208]对此观点表示反对，他同样认为阳极效应是阳极浸润效果受损引起的，但随后形成了大量的微小气泡，进而隔绝了阳极。根据作者的理论，阳极不是由气膜，而是由于大量微小气泡覆盖，进而极大地增加了阻力。随着浸润效果受损，气泡变得更大，气体可以稳定地从阳极上逸出，这样电解就又变为正常。在 6 kA 试验槽中[208]，在阳极效应过程中气体从阳极下面吹入，结果发现阻力降低，这显然是消除吸附气体的原因。故此认为 PFC 气体的形成将改善阳极的浸润，而非降低浸润性。

(2) 气膜。Utigard 等[85,181]利用在透明槽做的实验结果给出了更有说服力的证据，证明至少在他们的实验电解槽条件下阳极效应过程中有一层气膜覆盖在阳极上。工业阳极上覆盖的是一层连续气膜，还是几个大气泡，仍有待证实。如上文提到的，Calandra 等人[153]认为气膜是次要现象，不是引发阳极效应的第一原因。大家的共识是：由于氧化铝耗损造成的阳极效应是因浸润受阻产生，气泡愈来愈大直至合并成一个连续气膜，从而引起阳极效应。

Oganisyan[146]对通过气膜的放电进行了研究。研究发现，1200℃时，气膜的厚度不会超过 0.6 mm。气体电离，形成一个叫自导电的层。实验还发现 CO 不会电离。另外，阳极效应过程中阳极是被连续气膜覆盖，大部分电流流经气膜更薄的阳极侧面。

Qiu 等人[152,209]给出了透明槽中电流超过临界电流密度时观察到的一些现象：气泡吸附到阳极上形成了一层连续的气膜。关于阳极效应的起因，作者解释为阳极与电离气体的静电吸引作用，并认为新生成的气体 CF_4与 C_2F_6比 CO_2更易于极化。

Vogt[202]利用流体动力学原理构建了一个数学模型，用来计算出控制临界电流密度与阳极效应起因的参数，结果发现浸润角是一个很重要的参数。气泡的大小取决于表面张力及电解液流动带来的拉力。气泡的存在时间也以浸润角为重要参数计算了出来。文献中的浸润角数据被用来说明氧化铝浓度的影响，并推出了临界电流密度与接触角的关系。当气泡彼此接触时，就形成气膜并全部或部分地覆盖阳极。阳极效应因此被解释为与气泡大小有关的纯液体动力学原因所致，而这又与阳极的可浸润性有关。

Vogt 在后来撰写的论文中[203]又进一步发展了此数学模型，此模型考虑到了阳极向下的面上的气泡不能像以前论文[202]中那样被看做是截去顶端的球体,而是一个扁平的大气泡,近似如柱体。如果不这样,那么结果就同文献[202]的一样。

文献[202,203]所提出的纯流体动力学理论最后被 Vogt 修改成了第3篇文献[204]。参照实验数据,文中指出,低氧化铝浓度时阳极效应可能受质量传输过程控制,这时临界电流密度较低,当气泡覆盖率尚不到10%时阳极效应即发生了。在高氧化铝浓度与高电流密度条件下,假说认为阳极效应是受上面所述的液体动力学因素控制。此时,阳极效应机理就是上面提到的第三种机理(3)。

综上所述,仍有几种机理被认为是阳极效应发生的起因:

(1) 一些研究人员提出质量传输模型,认为氧化铝耗损引起氟化物放电,形成 C－F 表面化合物阻隔了阳极表面。由此阳极的可浸润性发生了巨大变化,进而导致了气膜的形成;

(2) 流体动力学理论,认为阳极效应是在阳极完全被气膜覆盖时发生,这也得到一些工作人员的认同;

(3) 前述的机理(3),是(1)与(2)两种模型的折中;

(4) 最后一种假说是认为静电作用力将气泡吸附在阳极上,这也得到一些研究者的认同。

7.3.3 工业槽的阳极效应

在工业槽中,当槽中氧化铝含量太低,无法维持正常的电解时,就会发生阳极效应。这时槽电压会突升至 20～50 V,并且在阳极效应过程中通常还会缓慢升高,直到采取措施消除阳极效应为止。最常见的电压范围是 25～40 V,但有时也可以遇到更低或更高的电压,如下文所述。电流通常会保持基本稳定或稍有下降,这与电流的供应有关。尽管因工业电解槽中由于阳极的形状及大小不同,阳极效应有自己的一些特性,但它与前面所描述的并没有本质的区别。

由于工业电解槽,尤其是“故障”槽的情况变化不一,对阳极效应作一个总的适当的描述是一件非常复杂的工作。此处的讨论仅限于发生在工作良好的电解槽里的一般阳极效应。此外,讨论也只限于最基础的方面,诸如电解槽控制及应对阳极效应的处理方法等将只是略微提及。

有关工业电解槽中的阳极效应的问题已在本书第2版第280页讨论,其相应的处理措施现在仍然还在使用,只是消除阳极效应的自动化程度有所提高,以节约人力并缩短阳极效应持续时间。如前面7.3.1.5节所述,这对减少PFC的排放量是非常重要的。过去常用阳极效应来控制电解液中的氧化铝含量,现在必须摒弃这种处理方法[210]。如Barry[211]指出,在现有工厂中,可以采取许多措施降低阳极效应发生的频率。

一旦电解槽中发生阳极效应,可以加入一定量的氧化铝,在有些情况下,可以稍等到温度升高后加入,以便氧化铝熔解。此外,还必须搅拌电解液,这可以用木杆或压缩空气手工完成,当然也可以自动化。在自焙槽中空气可以通过钢管经阳极吹入[213],而在预焙槽中则是上下反复移动阳极几次或倾斜阳极来达到搅拌的目的。消除阳极效应的一个有效方法是将电解槽短路,并且经检测该方法也适用于工业槽[216]。分流一部分电流(例如40%)也可以起到同样的效果[217]。

Calandra[218]研究了预焙槽中利用木杆或在阳极下方利用空气吹嘴搅拌时电流的分布情况。发现用木杆搅拌时阳极电流会比正常电解时升高到4倍,而阳极效应过程中则提高到8倍。另外,在正常电解时,空气吹嘴只有浸入金属熔体中,才会有效果。其原因可能是将金属溅到阳极上,形成了短路,由此起到了消除阳极效应的作用。

Calandra还指出,阳极效应过程中阳极间的电流分布比正常电解时更不均匀。Thonstad等[175]对阳极效应前及阳极效应时的电流分布进行了研究。结果发现,阳极效应前15 min,电流分布还是正常的,阳极效应前100 s就变了。阳极效应前及阳极效应过程中电流分布不均可能与阳极效应电压较低有关。尽管阳极效应过程中,大多数阳极上的电流值还是平均电流值(±20%),但有些阳极上电流值远远低于平均值(10%),或是远远高于平均值(300%)。阳极效应前100 s电流异常的阳极(电流过高或过低),在阳极效应过程中一般也是出现同样的情况。阳极效应的一个特征是很强的电流波动。如果增加阳极-阴极的距离,波动会减弱。Qiu[152]指出,除电流波动外,阳极效应过程中还伴有高频振荡(10~20 kHz),这点在前面已经讲过。

在各电解铝厂,阳极效应发生的次数有很大的区别,它与槽的设计、控制及氧化铝加入方式有关。自焙槽一般每天发生阳极效应超过一次[200],但引入点式加料法后,发生次数已降至0.4次[219,220]。对于点式加料的预焙槽,发生次数通常是0.1次/天,但也有比此更低的纪录。

阳极效应持续时间也是一个非常重要的参数。如果是手动控制,阳极效应时间可持续几分钟,自动控制可将时间缩短至40~80 s[210]。如本书第2版中指出的那样,槽设计及操作的一些因素会影响阳极效应发生的频率。通常认为,阳极效应始于槽中氧化铝浓度低于平均水平的某个地方,并从该处蔓延到整个槽中[172,221]。

阳极效应通常在氧化铝浓度介于0.5%~2.2%(Al_2O_3当量浓度)时发生,并在1%~2%浓度范围内发生最为频繁,其中原因尚不清楚。从(7.3.1.1节给出的)临界电流密度数据看,阳极效应会在氧化铝浓度0.3%附近发生。有迹象表明,在状况良好、作业温度较低的槽中,阳极效应发生在较低的氧化铝浓度下,即0.5%~1%;而在故障槽中,氧化铝浓度,在2%以上时,阳极效应就会发生。Kachanovskaya[222]将发生阳极效应时氧化铝浓度的差异归结于槽底与阳极底部氧化铝浓度梯度的差异,及阳极表面上的气体覆盖率的差异。根据Richards[210]的说法,阳极效应前气泡的覆盖率可以高达80%。

尽管阳极效应的发生是突然性的,但发生前一般还是有征兆的,即槽内电压逐渐增加。如本书第2版中指出的,有检测表明电压的升高是发生在阳极上,并可能与氧化铝含量下降致使阳极过电压升高有关。在阳极效应发生前较短的一段时间内，由于阳极表面存在氧化铝浓度梯度，可能产生浓度过电压（见 7.2.8.1 节）。阳极效应前电压升高的情况如图 7.44 所示。电势增长的时间与幅度取决于发生阳极效应时氧化铝的含量。如果阳极效应发生时氧化铝浓度低至 0.5%（质量分数），电势增长可能提前 2 ~ 3 h发生；但是如果阳极效应是在氧化铝浓度 2% 时发生，电势的增长可能只持续 15 min。

如图 7.44b 所示，阳极效应可以突然发生，比如在 20 ms 内。Thonstad[175] 得出了与图 7.44b 极为相似的曲线，并且观测到了同样奇怪的电压峰。他们通过计算发现曲线坡度最大的部分与 350 $\mu F \cdot cm^{-2}$ 电容器充电情况相符，这个值对炭阳极的表观双层容量来说是合理的。这意味着，阳极上发生的电荷转移反应在很短的一段时间内为充电过程所取代。

但是，阳极效应也有可能是逐渐扩展的。如 Muller[221] 指出的那样，在预焙槽中，阳极效应可以始于某一单个阳极，其表现是流经该阳极的电流发生突降。根据 Kryukovski[223] 与 Nikitin[224] 的说法，阳极效应发生时，阳极下面的气体量会减少。Nikitin 认为阳极效应过程中阳极下面的气体的流体静力学压力会降到零[224]，但其他研究人员没有发现阳极效应发生时此类压力变化[175]。此外，实验室中也没有检测到流体静力学压力的任何变化[85]。

基于在某些固定的氧化铝浓度下（但范围浓度还相当广），阳极效应不会发生这一事实，用槽电压作为阳极效应预测手段及自动控制氧化铝加入量变成了一项复杂的工作。另外，非氧化铝浓度变化引起的电压波动也增加了此类工作的难度。但是，从原理上讲，图 7.44a 中的曲线可以用于对阳极效应的预测，进而采取措施防止阳极效应的发生[225,226]。

在利用 pilot 阳极监控氧化铝含量及预测阳极效应方面，研究人员已做了大量试验。其中多数方法是基于某些形式的临界电流密度检测原理进行的。但是到目前为止，尚没有任何一种方法可以成功应用于工业电解槽中。

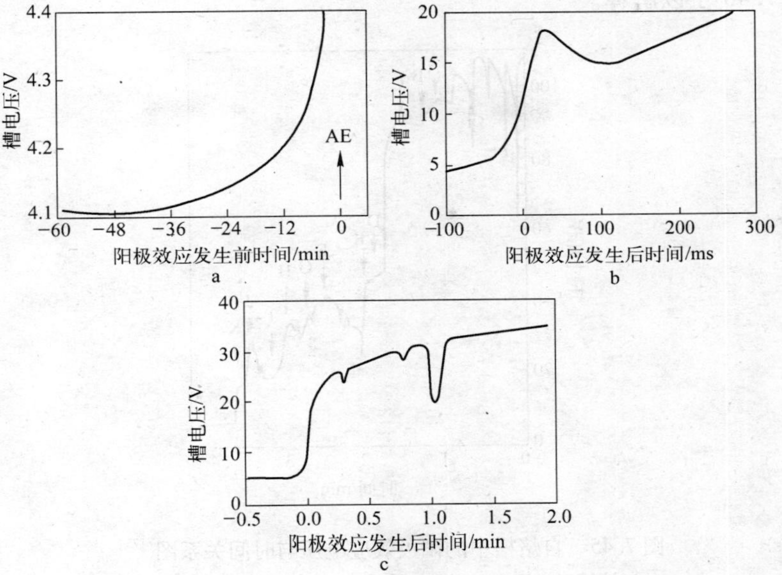

图 7.44 电压随时间升高图[71]

a—阳极效应前；b—阳极效应开始时；c—阳极效应过程中

阳极效应过程中的槽内电压一般被看做评价槽工作状况的一个重要指标。从电流－电压关系图（图 7.40）可以得到，在工业槽中上使用的电流密度 0.7～1.2 A · cm^{-2} 范围，其对应阳极效应电压为 30～50 V，这与工业槽中的正常阳极效应电压（25～50 V）符合得很好。如果由于某些原因，电流超过了图 7.40 中的电流峰值（相应电压 45 V 左右），就可预计阳极效应电压将会落在 60～80 V之间。但事实上，在工业槽中电压很少出现在此范围内。

如后面我们所述，高电压出现往往与槽内电解质液位比较低，即阳极浸入深度小有关。Thonstad 等人[175]研究发现，当高的阳极效应电压出现时，电压一般是呈阶梯段上升的。其中电压可能跃至 45 V 左右，然后缓慢升到 55 V，接着是又一次跃升至 85～90 V，过一段时间后，电压可能会再次回落至 40～50 V。图 7.45 表明阳极效应高电压也趋于阶梯状降低其电压，这种现象可以根据图

7.40 予以解释。

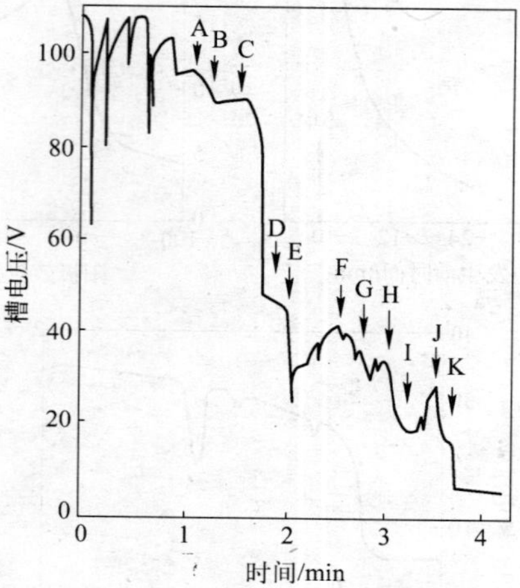

图 7.45 自焙槽中的阳极效应电压与时间关系图[175]
（该槽正经历高电压阳极效应，在 A—B、C—D、F—G、H—I、J—K 各阶段阳极位置下降，E 处发生结壳破碎）

高的阳极效应电压除了浪费能量、热量外并没有其他害处。相反，阳极效应电压低于 15 ~20 V 还是工作不正常的一个标志。至于电压为什么会这么低，目前还不完全清楚。大家唯一知道的原因是阳极表面不平整，发生了变形（长包），致使与金属熔体短路。实验室试验表明，阳极效应时通过的电流很大，那么阳极表面上会长包，因而电压降低。

由于阳极效应过程中电压主要降在阳极上，因此可以推断阳极侧面上的电流密度会比正常电解时高很多。如引入气膜的概念，就可以认为阳极底部的隔离会比侧面更为严重，因此侧面会分流较大部分电流。此时，如果提高槽中液位或是增加浸入深度，将有助于降低阳极效应电压。这一理论也可以用来解释上面提到的降低阳极位置可以消除阳极效应的原因。

在本书第 2 版中，我们给出了 Antipin 等人[227]提供的曲线。

从曲线上我们可以得知，浸入深度增加时（10～25 mm），阳极效应电压有明显的降低（80～30 V）。图 7.46 给出与之相似的曲线。

在数学建模工作中，Oganisyan[147] 假定在阳极效应过程中阳极底部被完全隔绝，因此电流全部从阳极侧面流过。Begunov[228] 做了相似的假设，并推测阳极效应过程中阳极拐角处的电流密度会从 1.18 A·cm^{-2} 增加到 15.3 A·cm^{-2}。Desclaux 与 Huni[206] 提出了与 7.3.2 节中所述相似的假说，但遗憾的是，至今没有实验数据能够说明阳极效应过程中电流在阳极底部和侧面之间是以什么比例重新分配的。

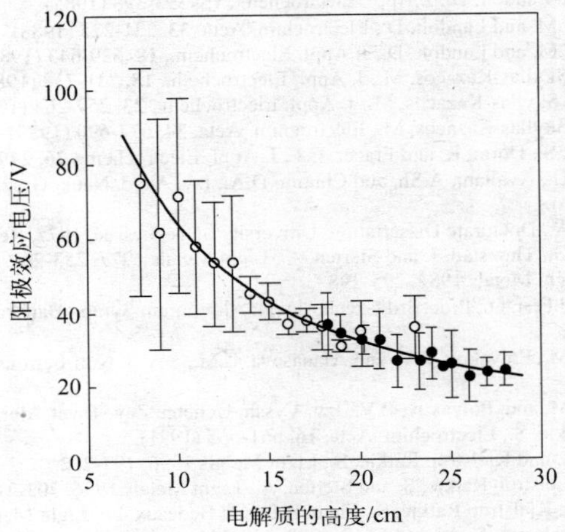

图 7.46 阳极效应电压和浸入电解质的深度的关系[175]
○—84 kA 自焙槽；●—105 kA 自焙槽和 150 kA 预焙槽

参 考 文 献

1. Grjotheim, K., Krohn, C., Malinovský, M., Matiašovský, K. and Thonstad, J., “Aluminium Electrolysis. Fundamentals of the Hall-Heroult Process”, 2nd ed., Aluminium-Verlag, Düsseldorf, Germany, 1982, pp443 .
2. Thonstad, J. and Rolseth, S., Electrochim. Acta, **23**, 223-241 (1978).
3. Sterten, Å., J. Appl. Electrochem., **18**, 473-483 (1988).

4. Polyakov, P.V., Mozhaev, V.M., Burnakin, V.V. and Romanchenko, S.S., Sov. Electrochem., **17**, 1200-1204 (1981).
5. Qui, Z., He, M. and Li, Q., Trans. Non-Ferrous Met. Soc. China, 3 (4), 11-18 (1993).
6. Sterten, Å., Acta Chem. Scand., **44**, 873-878 (1990).
7. Sterten, Å., Light Metals 1991, 445-451.
8. Sterten, Å. and Solli, P.A., J. Appl. Electrochem., **25**, 809-816 (1995).
9. Sterten, Å. and Solli, P.A., J. Appl. Electrochem., **26**, 187-193 (1996).
10. Fellner, P., Danielik, V., Híveš, J. and Thonstad, J., Proc. Int. Terje Østvold Symp., Røros, Norway, Nov. 2-3, 1998, 155-159.
11. Fellner, P., Híveš, J., Korenko, M. and Thonstad, J., Electrochem. Acta, to be published.
12. Piontelli, R. and Montanelli, G., Alluminio, **22**, 699 (1953).
13. Kisza, A., Polish J. Chem., **67**, 885-894 (1993).
14. Kisza A., Polish J. Chem., **68**, 613-619 (1994).
15. Thonstad, J. and Kisza, A., Molten Salt Forum, Vol. 1,2 (1993/94), 195-206, Trans. Tech. Publ., Switzerland, 1993.
16. Thonstad, J., Kisza, A. and Kazmierczak, J., J. Appl. Electrochem., **26**, 102-112 (1996).
17. Kisza, A., Kazmierczak, J., Thonstad, J., Eidet, T. and Híveš, J., Light Metals 1999, 423-429.
18. Duruz, J.J., Stehle, G. and Landolt, D., Electrochim. Acta, **26**, 771-779 (1981).
19. Tellenbach, J.M. and Landolt, D., J. Appl. Electrochem., **18**, 75-79 (1988).
20. Duruz, J.J. and Landolt, D., J. Appl. Electrochem., **15**, 393-398 (1985).
21. Tellenbach, J.M. and Landolt, D., Electrochim. Acta, **33**, 221-225 (1988).
22. Tellenbach, J.M. and Landolt, D., J. Appl. Electrochem., **18**, 639-643 (1988).
23. Sum, E. and Skyllas-Kazacos, M., J. Appl. Electrochem., **18,** 731-738 (1988).
24. Raj, S.C. and Skyllas-Kazacos, M., J. Appl. Electrochem., **23**, 257-264 (1993).
25. Sum, E. and Skyllas-Kazacos, M., Electrochim. Acta, **34**, 677-690 (1989).
26. Stojanovic, R.S., Dorin, R. and Frazer, E.J., J. Appl. Electrochem., **26**, 249-254 (1996).
27. Tsiklouri, O.G., Avaliani, A.Sh. and Chupin, D.A., Izv. Akad. Nauk. Gruz. SSR, Ser. Khim., **12**, 204 (1986).
28. Bowman, K.A., Doctorate Dissertation, University of Tennessee, 1977. Referred to in ref. 23.
29. Johansen, H.G., Thonstad, J. and Sterten, A., Light Metals 1977, 253-261.
30. Keller, R., Light Metals 1982, 295-298.
31. Keller, R. and Frei, O., Proc. 3rd Czechoslovak Aluminium Symp., Banská Bystrica, 1976, 46-49.
32. Mozhaev, V.M., Polyakov, P.V. and Afanaseva, L.M., Sov. J. Non-Ferrous Met., **13** (9), 28 (1972).
33. Mozhaev, V.M. and Polyakov, P.V., Izv. Vyssh. Uchebn. Zav. Tsvet. Met., **23** (5), 37 (1980).
34. Kjelstrup Ratkje, S., Electrochim. Acta, **16**, 661-665 (1991).
35. Shaviker, V.S. and Kjelstrup Ratkje, S., Light Metals 1996, 197-202.
36. Flem, B.E., Kjelstrup Ratkje, S. and Sterten, Å., Light Metals 1996, 203-210.
37. Hansen, E.M., Kjelstrup Ratkje, S., Flem, B.E. and Bedeaux, D., Light Metals 1996, 210-218.
38. Xu, Q. and Kjelstrup, S., Light Metals 1998, 539-546.
39. Ødegård, R., Julsrud, S., Solheim, A. and Thovsen, K., Metall. Trans. B, **22B**, 831–837 (1991).
40. Rolseth, S., Solheim, A. and Thonstad, J., Proc. Int. Symp. Reduction and Casting of Aluminum. Ed. C. Bickert, Pergamon Press, New York, 1988, p. 229.
41. Tørklep, K. and Nordbø, T., Light Metals 1994, 449-456.
42. Solheim, A. and Sterten, Å., Proc. 8th Slovak-Norwegian Aluminium Symposium, 22-27 Sept. 1995, 201-207.
43. Tingle, W.H., Petit, J. and Frank, W.B., Aluminium **57**, 286-288 (1981).
44. Fellner, P. and Danielik, V., Proc. Int. Harald Øye Symp., Trondheim, Norway 1995, 389-393.
45. Fellner, P. and Lubyová, Z., Chem. Papers, **40** (2), 145 (1986).
46. Danielik, V. and Fellner, P., Chem. Papers, **52**, 195-198 (1998).
47. Danielik, V., Fellner, P. and Thonstad, J., J. Appl. Electrochem., **28**, 1265-1268 (1998).
48. Tabereaux, A.T., Light Metals 1996, 319-326.
49. Haupin, W., Light Metals 1997, 319-322.

50. Grjotheim, K. and Welch, B.J., Aluminium Smelter Technology, Aluminium-Verlag, Dusseldorf, 1980.
51. Grjotheim, K. and Kvande, H. eds., Introduction to Aluminium Electrolysis. Understanding the Hall-Heroult Process, 2nd ed., Aluminium-Verlag, Dusseldorf, 1993.
52. JANAF Thermochemical Tables, 2nd ed., US Dept. Commerce, Nat. Bur. Standards, Washington, 1971.
53. Thonstad, J., J. Electrochem. Soc., **111**, 959 (1964).
54. Ginsberg, H. and Wrigge, H.C., Metall, **26**, 997 (1972).
55. Silný, A. and Utigard, T., Light Metals 1995, 205-211.
56. Drossbach, P., Z. Elektrochem., **42**, 65 (1936)
57. Zoric, J., Rousar, I. and Thonstad, J., Light Metals 1997, 449-456.
58. Revazyan, R.R., Izv. Vyssh. Uchebn. Zav. Tsvet. Met., **3** (1), 101 (1960).
59. Barrillon, E., Travaux ICSOBA, No. 10, Budapest 1973, p. 87. Proceedings, ICSOBA, 3rd Int. Conf. Nice, 1973, p. 691.
60. Shchavelev, V.V., Moskvitin, V.I. and Shchavelev, V.V., Sov. J. Non Ferrous Met., **59** (11), 34-36 (1986).
61. Moskvitin, V., Shchavelev, V. V. and Shchavelev, V.V., Mat. Science Forum **73-75**, 479-482 (1991).
62. Vetyukov, M.M. and Borisoglebskii, Yu.V., Tsvetn. Met./Non-Ferrous Met., **28** (11) 72-73 (1987).
63. Haupin, W., J. Metals, **23** (10), 46 (1971).
64. Haupin, W., Light Metals, 1998, 531-537.
65. Yang, J.-H., Thonstad, J., Zhang, Q.-X., Kisza, A. and Liu, Y.-X., Aluminium, **74**, 427-432 (1998).
66. Kisza, A., Thonstad, J. and Eidet, T., J. Electrochem. Soc., **143**, 1840-1847 (1996).
67. Eidet, T., Thonstad, J. and Kisza, A., Ninth Int. Symp. Light Metals Prod., Tromsø-Trondheim, 1997, 235-242.
68. Jarek, S. and Thonstad, J., Light Metals 1987, 399-407.
69. Haarberg, G. M., Solli, L.N. and Sterten, Å ., Light Metals 1994, 227-231.
70. Dorward, E.C., J. Appl. Electrochem., **12**, 545-548 (1982).
71. Taylor, M.P., Welch, B.J. and Keniry, J.T., J. Electroanal. Chem., **168**, 179-192 (1984).
72. Jarek, S. and Orman, Z., Electrochim. Acta, **30**, 341-345 (1985).
73. Qiu, Z. and Zhang, M., Aluminium, **61**, 563-567 (1985).
74. Thonstad, J., J. Appl. Electrochem., **15**, 315 (1973).
75. Haarberg, G. M., Solli, L.N. and Sterten, Å., Proc. 7th Slovak Aluminium Symp., Banska Bystrica, 1993, 95-101.
76. Liu, Y.-X., Thonstad, J. and Yang, J.-H., Aluminium, **72**, 836-841 (1996).
77. Kisza, A., Kazmierczak, J., Thonstad, J., Eidet, T. and Híveš, J., Molten Salts Forum, Vols. 5-6, 263-270 (1998).
78. Kisza, A., Kazmierczak, J., Thonstad, J., Eidet, T. and Híveš, J., Light Metals 1999, 423-428.
79. Vetter, K., Electrochemische Kinetik, Springer-Verlag, Berlin 1961, p. 132.
80. Millet, J.P. and Rolin, M., Proceedings, 4th Int. Congress of ICSOBA, Athens, Oct. 9-12, 1978, 265-286.
81. Vetyukov, M.M., Starodubrovskii, S.S., Pryakhin, G.S. and Bauman, A.V., Sov. J. Non-Ferrous Met., **20** (2), 41-43 (1979).
82. Leistra, J.A. and Sides, P.J., Light Metals 1986, 473-478.
83. Polyakov, P.V., Mozhaev, V.M., Burnakin, V.V., Kryukovski, V.A. and Nikolaenko, V.E., Sov. Non-Ferrous Research (1), 46-52 (1979).
84. Haupin, W. and McGrew, W.C., Aluminium, **51**, 273-275 (1975).
85. Utigard, T. and Toguri, J.M., 8th Int. Leichtmetalltagung, Leoben-Vienna, 1987, 133-137.
86. Richards, N.E., Light Metals 1998, 521-528.
87. Dewing, E.W., Can. Met. Quart., **30**, 151-160 (1991).
88. Fortin, S., Gerhart, M. and Gesing, A.J., Light Metals 1984, 721-741.
89. Damianacos, D., Lantelme, F. and Chemla, M., J. Electrochem. Soc., **127**, 498-502 (1980).
90. Damianacos, D., Electrochim. Acta, **27**, 1297-1305 (1982).
91. Damianacos, D., Lantelme, F. and Chemla, M., Electrochim. Acta, **28**, 217-223 (1983).

92. Frazer, E. and Welch, B.J., Australas. I. M.& M. Proceedings, No 260, 17-22 (1976).
93. Jarek, S. and Thonstad, J., J. Electrochem. Soc., **134**, 856-859 (1987).
94. Jarek, S. and Thonstad, J., J. Appl. Electrochem., **17**, 1203-1212 (1987).
95. Miyazaki, K., Denki Kagaku, **39**, 98 (1971).
96. Djorkic, S.S., Conway, B.E. and Belliveau, T.F., J. Appl. Electrochem., **24**, 827-834 (1994).
97. Bard, A. and Faulkner, L.R., Electrochemical Methods, John Wiley, New York, 1980, 316-369.
98. Jarek, S. and Orman, Z., 7th Int. Leichtmetalltagung, Leoben-Vienna, 1987, 248-249.
99. Picard, G.S., Prat, E.C., Bertaud, Y.J. and Leroy, M.J., Light Metals 1987, 507-517.
100. Bai, L. and Conway, E., Electrochim. Acta, **38**, 1803 (1993).
101. Yang, J.-H, Zhang, Q.X., Thonstad, J. and Liu, Y.-X., Aluminium Trans., **1**, 171-178 (1999).
102. Mozhaev, V.M., Romanchenko, S.S., Kozmin, G.D., Polyakov, P.V. and Burnakin, V., Tsvetnye Metal./Non-Ferrous Met., **24** (4), 49-51 (1983).
103. Bowitz, O. and Sandberg, O., Trans. Met. Soc. AIME, **224**, 53 (1962).
104. Houston, G.J. and Øye, H., Aluminium, **61**, 250-254, 346-349, 426-428 (1985)
105. Kuang, Z.L., Thonstad, J. and Sørlie, M., Light Metals 1994, 667-675.
106. Kuang, Z.L., Thonstad, J., Rolseth, S. and Sørlie, M., Met. Mater. Trans. B, **27B**, 177-183 (1996).
107. Marsh, H. ed., Introduction to Carbon Science, Butterworths, Cornwall, England, 1989.
108. McKee, D.W., in Chemistry and Physics of Carbon, ed. P.L. Walker, Vol., **16**, 1-111, Marcel Dekker, New York, 1981.
109. Trasatti, S., ed., Electrodes of Conductive Metal Oxides, Parts A and B, Elsevier, Amsterdam, 1980.
110. Thonstad, J. and Hove, E., Can. J. Chem., **42**, 1542-1550 (1964).
111. Braunworth, V.A., Brown, J.A., Hollingshead, E.A. and Rhedey, P.J., Light Metals 1975, 325-337.
112. Sorlie, M., Kuang, X. and Thonstad, J., Proc. 21st Conf. Carbon, Buffalo, NY, 1993, 677-678.
113. Liu, Y.X. and Thonstad, J., Electrochim. Acta, **28**, 113-116 (1983).
114. Yang, J.-H, Zhang, Q.X., Thonstad, J. and Liu, Y.-X., Light Metals 1999, 453-460.
115. Liu, Y. and Xiao, H., Proc. Joint Int. Symp. Molten Salt. The Electrochem. Soc. Inc. Honolulu, Hawaii, USA, 1987, 744-750.
116. Xiao, H. and Liu, Y., J. Centr.-South Inst. Min. Metall. (in Chinese), **19** (3) 241-248 (1988).
117. Yao, G., Qiu, Z., Zhang, J.-S., Zhang, Z.-L. and Li, J.-I., Light Metals (in Chinese), **25** (12), 22-26 (1988).
118. Shen, S.-Y., Light Metals (in Chinese), **26** (10), 2429 (1989).
119. Li, D.-X., Light Metals (in Chinese), **27** (6), 31-35 (1990).
120. Shen, S.-Y., Non-Ferrous Metals (in Chinese), **42** (3), 41-43 (1991).
121. Feng, N., Zhang M. and Qiu, Z., Light Metals (in Chinese), **26** (7), 26-30 (1989).
122. Feng, N., Zhang, M., Grjotheim, K. and Kvande, H., Carbon, **29** (l), 39-42 (1991).
123. Yu, Z., Li, G. and Cao, R., Non-ferrous Metals (in Chinese), **39** (4), 59-63 (1987).
124. Duan, C.-C., Xia, G.-A., Zhang M.-D and Zhai, X., Light Metals (in Chinese), **27** (6), 27-30 (1990).
125. Yan, D., Liu, Y. and Xiao, H., J. Centr.-South Inst. Min. Metall. (in Chinese), **20** (5), 505-511 (1989).
126. Qiu, Z., Sun, T., Yue, Y., Yao, K., Grjotheim, K., Øye, H.A. and Kvande, H., Light Metals 1995, 749-751.
127. Liu, Y., Wang, X., Huang, Y,. Yang J.H. and Wang, H., Light Metals 1995, 247-251.
128. Liu, Y., Huang Y. and Wang, X., Light Metals (in Chinese), **31** (5), 28-30 (1994).
129. Liu, Y., Wang, X., Huang, Y., Wang, H. and Yang, J.-H., Trans. Non-ferrous Metals Soc., China, **4** (2), 92-94 (1994).
130. Kuang, Z., On the Consumption of Carbon Anodes in Aluminium Electrolysis, Dr. Thesis, Norwegian Inst. Technology, Trondheim, 1994, 46-62.
131. Solli, L.N., Carbon Anodes in Aluminium Electrolysis Cells. Factors Affecting Anode Potential and Carbon Consumption, Dr. Thesis, Norwegian Inst. Technology, Trondheim, 1994, 71-92.
132. Sorlie, M., Kuang, Z. and Thonstad, J., Light Metals 1994, 659-665.

133. Liu, Y., Xiao, H., Liu, X. and Chen, Z., Light Metals 1989, 275-280.
134. Liu, Y., Wang, X., Huang, Y. and Wang, H., Light Metals 1993, 599-601.
135. Qiu, Z., Non-ferrous Metals (in Chinese), **42** (l), 22-25 (1991).
136. Kvande, H., Light Metals 1986, 451-459.
137. Piontelli, R., Mazza, B. and Pedeferri, P., Metallurgia Ital. 57, p. 2 and p. 51 (1965).
138. Nekrasov, B.N., Cherepanov, V.B. and Ivanovski, L.E., Sov. Electrochemistry, **22**, 1195-1199 (1986).
139. Grjotheim, K. and Krohn, C., Freiberger Forschungshefte B82, 63 (1064).
140. Belyaev, A.I., Rapoport, M.B. and Firsanova, I.A., Metallurgie des Aluminiums, Vol. 1, VEB Verlag Technik, Berlin, 1956.
141. Minh, N.Q. and Yao, N.-P., Light Metals 1983, 643-649.
142. Mazza, B., Pedeferri, P. and Re, G., Metallurgia ital., **68**, 582 (1976).
143. Dewing, E.W. and van der Kouwe, E.T., J. Electrochem. Soc., **124**, 58 (1977).
144. Qiu, Z. and Zhang, M., Aluminium, **61**, 911-914 (1985).
145. Qiu, Z. and Zhang, M., Electrochim Acta, **32**, 607-613 (1987).
146. Oganisyan, G.L., Russ. J. Non-Ferrous Met., **36** (1), 36-41 (1995).
147. Piontelli, R., Mazza, B. and Pedeferri, P., Electrochim. Metallorum, **1**, 217 (1966).
148. Sleppy, W.C. and Cochran, C.N., Aluminium, **55**, 604 (1979).
149. Mergault, P., Brunet-Lefort, C. and Valogne, J.C., C.R. Acad. Sci. Paris, Ser. C, 275, 601 (1972).
150. Qiu, Z.-X., Wei, C.-B. and Chang, M.-J., Light Metals 1982, 279-293.
151. Qiu, Z.-X., Wei, C.-B. and You, K., Aluminium, **59**, 753-756 (1983).
152. Qiu, Z., Wei, Q., Yu, Y. and Fan, L., Molten Salts, Proc. 9th Int. Symp., Electrochem. Soc. 1994-13, 594-600.
153. Calandra, A.J., Castellano, C.E. and Ferro, C.M., Electrochim. Acta, **24**, 425-437 (1979).
154. Calandra, A.J., Ferro, C.M and Castellano, C.E., Electrochim. Acta, **25**, 201-209 (1980).
155. Calandra, A.J., Castellano, C.E., Ferro, C.M. and Cobo, O., Light Metals 1982, 345-358.
156. Thonstad, J., Nordmo, F. and Rodseth, J., Electrochim. Acta, **19**, 761 (1974).
157. Zhang, M. and Qiu, Z., J. Northeast Inst. Techn. E84-1-13, 133-135 (1984).
158. Calandra, A., Zavatti, J.R. and Thonstad, J., Electrochim. Acta, **37**, 711-717 (1992).
159. Righas, G., Chryssoulakis, Y., Paspaliaris, Y. and Bouteillon, J., Met. Corros. – Ind. 745, 289-304 (1987).
160. Zhu, H. and Sadoway, D.R., Light Metals 1999, 241-246.
161. Nekrasov, B.N., Cherepanov, V.B. and Ivanovski, L.E., Sov. Electrochemistry, **22**, 1266-1269 (1986).
162. Zuca, S., Galasiu, I. and Balu, I., Rev. Roumaine Chim., **29**, 309-14 (1984).
163. Liu, Y., Xiao, H. and Xion, Light Metals 1991, 489-494.
164. Qiu, Z., Yue, Y., Ma, R. and Tian, B., Aluminium, **71**, 343-345 (1995).
165. Belyaev, A.I., Zhemchuzhina, E.A. and Firsanova, I.A, Physikalische Chemie geschmolzener Salze, Grundstoffindustrie, Leipzig, 1964.
166. Piontelli, R., Mazza, B. and Pedeferri, P., Metallurgia ital., **57**(2), 51 (1965).
167. Nakajima, T. and Watanabe, N., 8th Int. Leichtmetalltagung, Leoben–Vienna, 1987, 138-143.
168. Richards, N.E. and Russel,E.R., J. Electrochem. Soc., **116**, 135C (1969).
169. Thonstad, J., Electrochim. Acta, **14**, 127 (1969).
170. Lantelme,F., Daminiacos, D. and Chevalet, J., Electrochim. Acta, **23**, 717 (1978).
171. Calandra, A., Castellano, C.E. and Ferro, C.M., Electrochim. Acta, **30**, 1449-1454 (1985).
172. Calandra, A., Ferro, C.M. and Thonstad, J., Electrochim. Acta, **37**, 711-717 (1992).
173. Thonstad, J., Nordmo, F. and Vee, K., Electrochim. Acta, **18**, 27 (1973).
174. Nordmo, F. and Thonstad, Electrochim. Acta, **29**, 1257-1262 (1984).
175. Thonstad, J., Nordmo, F. Husøy, A.H., Vee, K.and Austrheim, O.G., Light Metals 1984, 825-839.
176. Popelar, P., Utigard, T.A. and Desclaux, P., Proc. Int. Symp.Advanc. Prod. Fabr. Light Met. Metal Matrix Comp., CIM Conference, Edmonton, Aug. 23-27, 1992, pp. 39-53.
177. Utigard, T.A., Costa, H., Popelar, P., Walker, D.I., Cool, G. and Hoang, P., Light Metals 1994, 233-240.

178. Qui, Z., Fan, L. and Grjotheim, K., Aluminium, **62**, 341-344 (1986).
179. Noguchi, F., Ueda, Y., Yanagase, T. Eran, H.G. and Kammel, R., Erzmetall, **38**, 189-195 (1985).
180. Shkuryakov, N.P., Dalinenko, E.N. and Lebedev, O.A., J. Appl. Chem. USSR, **63**, 655-657 (1990).
181. Utigard, T.A., Toguri, J.M. and Ip, S.W., Light Metals 1988, 703-706.
182. Dorreen, M.D.L., Chin, D.L., Hyland, M.M. and Welch, B.J., Light Metals 1998, 311-316.
183. Henry, J.L. and Holliday, R.D., J. Metals, **9**, 1384 (1957).
184. Holliday, R.D. and Henry, J.L., Ind. Eng. Chem., **51**, 1289 (1959).
185. Nordmo, F., and Thonstad, J., Electrochim. Acta, **30**, 741-745 (1985).
186. Nissen, S.S. and Sadoway, D.R., Light Metals 1997, 159-164.
187. Pruvot, E., Alluminio, **22**, 709 (1953).
188. Castellano, C.E. and Calandra, A.J., J. Appl. Electrochem., **12**, 411-416 (1982).
189. Roberts, R. and Ramsey, P.J., Light Metals 1994, 381-388.
190. Diep, Q. and Thonstad, J., Proc. 8th Slovak Aluminium Symp., Donovaly, 25-27.09.1995, 21-25.
191. Somiya, T. and Konishi, Y., Kokakuin Dagaiko Kenkyu Hokoku 30, 72-78 (1971).
192. Øygård, A., Halvorsen, T.A., Thonstad, J., Røe, T. and Bugge, M., Light Metals 1995, 279-287.
193. Weston, R.E., Atmospheric Environment, **30**, 2901-2910 (1996).
194. Eyles, J., 6th Australasian Aluminium Smelter Techn. Conf. Workshop, Queenstown, New Zealand, 22-27 Nov., 1998.
195. Berge, I. , Huglen, R., Bugge, M., Lindstrøm, J. and Røe, T., Light Metals 1994, 389-392.
196. Tabereaux, A.T., JOM, **46** (11), 32-34 (1994).
197. Tabereaux, A.T., Richards, N.E. and Satchel, C.E., Light Metals 1995, 325-333.
198. Bouzat, G., Carraz, J.C. and Meyer, M., Light Metals 1996, 413-417.
199. Leber, B.P., Tabereaux, A.T., Marks, J., Lamb, B., Howard, T., Kantamaneni, R., Gibbs, M., Bakshi, V. and Dolin, E.J., Light Metals 1998, 227-285.
200. Marks, J., Light Metals 1998, 287-290.
201. Brown, O.R., Ikeda, B.M. and Wilmott, M.J., Electrochim. Acta **32**, 1163-1171 (1987).
202. Vogt, H., Electrochim. Acta, **42**, 2695-2705 (1997).
203. Vogt, H., J. Appl. Electrochem., **29**, 137 (1999).
204. Vogt, H., J. Appl. Electrochem., **29**, 779-787 (1999).
205. Ratkje, S. and Forland, T., Light Metals 1976, 223-240.
206. Brunet, C. and Mergault, P., Rev. Int. Hautes Temp. Refract., **20** (1) 17-24 (1983).
207. Desclaux, P. and Huni, J.P.R., Light Metals 1986, 387-395.
208. Kachanovskaya, I.S., Kotova, S.S., Lebedeva, L.V., and Svoboda, R.V., Sov. J. Non-Ferrous Met. Res., **12** (1), 19-25 (1984).
209. Qui, Z., Chin. J. Met. Sci. Technol., **8**, 15-19 (1992).
210. Richards, N.E., Light Metals 1994, 393-402.
211. Barry, S., Proc. 5th Australas. Aluminium Smelter Techn. Workshop, Sidney, Oct. 22-27, 1995, 545-551.
212. Grjotheim, K., Kvande, H. and Qiu, Z., JOM, **47** (11), 32-35 (1995).
213. Brandtzæg, S.R., Paulsen, K.A. and Thovsen, K., Light Metals 1988, 603-606.
214. Bereciuartu, J., Light Metals 1986, 371-376.
215. Saksvikrønning, T., Valsvik, G.. and Hove, S.J., Light Metals 1982, 553-557.
216. Paulsen, K.A., Mellerud, T. and Thuestad, J.G., Light Metals 1986, 377-383.
217. Buzunov, V.Yu., Shestakov, V.M., Polyakov, P.V., Thikhomirov, V.N. and Resmyatov, S.S., Tsvetnye Met., **35** (6), 30-33 (1994).
218. Calandra, A.J., Castellano, C.E., Ferro, C.M. and Cobo, O., Light Metals 1982, 345-358.
219. Paulsen, K.A., Rolland, W.R., Larsen, A. and Bugge, M., Light Metals 1997, 195-199.
220. Pedersen, T.B.., Bentzen, H.J., Jensen, M., Larsen, W., Olsen, A.T., Pedersen, R. and Syrdal, A.K., Light Metals 1998, 221-226.
221. Muller, K., Heinrich, P., Sprung, W., Richter, M. and Muller, H., Proc. 4th Czechoslovak. Aluminium Symp., Banska Bystrica, 1980, 142.

222. Kachanovskaya, I.S., Sirayev, N.S., Lebedeva, I.E., Romanov, V.P. and Kuznetsov, E.I., Sov. J. Non-Ferrous Met., **14** (4), 28 (1973).
223. Kryukovski, V.A., Polyakov, P.V., Forsblom, G.V., Tsyplakov, A.M. and Burnakin, V.V., Sov.J. Non-Ferrous Met., **13** (12), 50 (1972).
224. Nikitin, A.V., Kryukovskii, V.A. and Nikhalitsin, N.S., Sov. J. Non-Ferrous Met., **16** (8), 37-40 (1975).
225. Farrow, M., J. Metals, **36** (11), 3334 (1984).
226. Meyer, H.J. and Earley, D.G., Light Metals 1986, 365-370.
227. Antipin, L.N. and Vazhenin, S.F., Elektrokhim. Rasplav. Solei, p. 314, Metallurgizdat, Moscow 1964.
228. Begunov, A.I., Kulikov, V.N. and Grinberg, I.S., Light Metals 1996, 369-374.

8 铝与电解质相互作用

8.1 绪论

很多金属在其熔融卤化物中均可溶解。在金属与熔盐之间形成的溶解平衡状态是真溶液。“真溶液”一词意味着熔盐中包含离解的负离子、正离子以及受限制的电子、中性原子或这些物质的任意结合。在某些条件下有可能以胶状分散形式存在。

金属 - 盐熔体通常会在盐和金属析出时发生凝固。在一些体系中会形成固体中间化合物[1]。高温下的固溶度也时有报道[1]。

金属在其熔融卤化物中的溶解范围变化很大,碱金属体系的金属与盐可完全混合,而铝在其卤盐中溶解度非常低。铝在溴化铝与碘化铝中的溶解度大约为 0.02%[2]。金属溶解度主要随着温度的升高而增大。在含有超过一种金属离子的熔盐混合物中,金属溶解度随着相应的阳离子浓度的增大而提高。

大量有关熔盐与金属混合物性质的研究曾被报道过,且发表过几篇综述性的文章[1,3~6]。值的特别关注的是,工业电解生产过程中少量金属溶解于主体熔盐产生电子导电特性对电流效率的影响。研究曾表明,在熔融的碱性卤化物中溶解碱金属,熔盐中存在电子导电[1]。少量剩余电子来源于碱金属在熔盐中的溶解而产生很高的电子迁移率,达到了 0.1 $cm^2 \cdot V^{-1} \cdot s^{-1}$[7]。在纯的碱性卤化物 - 金属体系中,溶解金属的电子电导率超过熔盐中离子电导率几个摩尔分数。

对于工业上普遍采用的电解质来说,冰晶石基熔盐中铝的溶解度在 0.03% ~ 0.06% 之间。1000℃ 的冰晶石溶液中,钠的导电性并不比铝高,故而没有计算在内。事实上,测量表明,熔盐中溶解钠的量比溶铝的量高出很多。下面的溶解平衡式就能解释:

$$Al + 3NaF = 3Na + AlF_3 \tag{8.1}$$

工业生产过程中熔盐中的溶解金属对电流效率的高低是一个决定性的影响因素，因此充分了解 Al-NaF-AlF_3-Al_2O_3 熔盐体系的特性对理解工业生产将大有裨益。在这一领域曾经做过很多研究，所用的试验方法包括可视化观察、化学分析、失重测量、蒸气相研究、电化学研究、电导率以及冰点测定等。

8.2 直观观察

纯熔盐，包括纯净冰晶石以及冰晶石－氧化铝熔盐，通常是清澈透明的。金属溶解在其中会观察到颜色变化。所谓的金属雾气是金属熔盐在熔盐中的一种现象，当熔盐电解析出的液态金属在靠近阴极的电解质中发生溶解便会经常观察到这一现象。有关冰晶石－氧化铝熔盐的可视化研究报道较多[8~12]。Grjotheim 等[13]对早期的研究报告进行过综述。由于缺少耐用的透明材料作容器，对冰晶石基熔盐进行观察是困难的，而且高温也使得难以看清电解质的真正颜色。

熔盐中的金属溶解形成了带颜色的溶液，这说明了在一些情况下，至少部分雾气是由已熔金属形成的。在冰晶石基熔盐中，不仅在电解过程中能看到金属雾气，而且在添加铝的，或者在搅拌熔融体或液态金属的时候也能看到金属雾气。研究曾发现电解过程中形成的金属雾与电流密度[12]有关。电流密度大于 0.5 $A \cdot cm^{-2}$ 的时候在电解开始之后，很快就能观察到金属雾。金属雾在靠近阴极的地方形成的，并且在电解质中能很快的扩散。电流密度低于 0.1 $A \cdot cm^{-2}$ 没观察到金属雾。在较高的电流密度下金属雾会导致熔融体不清澈，有时甚至会很浑浊。在电流密度很高（大于 1 $A \cdot cm^{-2}$）的长时间电解过程中，尽管雾气不断在阴极上形成，但是过一段时间后（几分钟到 1 h）大多数电解质是清澈的。气体或来自于阳极的溶解性气体，很明显在与金属雾发生反应。电解结束后，熔融体慢慢地变清澈，并且经常在 10 min 后变得透明。研究发现阴极材料（钢、钨及石墨）的性质对金属雾气的产生没有影响。

8.3 金属溶解度测量

常用来测量判定熔融的冰晶石中铝溶解度的两个主要方法为:

(1) 对淬冷试样进行金属含量分析;

(2) 测定金属的失重量。

第一种方法取决于与铝水接触的熔盐试样的提取。当发生凝固时,熔盐中的溶解金属析出形成单一金属相。将碾碎的试样与HCl溶液反应,会放出气体,通过测量所放出气体的量来判定金属的含量。测量误差来自于熔盐中溶解钠失重。纯钠的沸点为892℃。

失重法,是通过测定放在熔盐中的一块金属铝的重量损失量,来测量溶解度。考虑到发生熔盐蒸发损失,将溶解损失量与实践作图,用外推法求出溶解度。由于与盐中的水蒸气反应,或与坩埚材料反应所造成的金属损失,可能导致很大的误差,所以这种方法认为是不可靠的。

自从20世纪50年代开始,对冰晶石熔融体中的金属溶解度就已经做过深入的研究,Grjotheim 等[13]综述了直到1980年的研究著作。Ødegård 等[14]和 Wang 等[15]发表了这一领域的两篇重要论文。两人的研究试样都是淬冷样。Ødegård 等10% HCl溶液处理饱和金属溶解量的淬冷电解质,测量了氢气产生的数量。Wang 等用锡萃取分离方法测量了总溶解度。本章将对其他人的实验室研究的结果进行讨论。

在含有 LiF 的电解质中,也一定要考虑到溶解锂的影响。

8.3.1 NaF/AlF_3 摩尔比

图8.1给出所选择的有关总金属溶解度与熔盐 NaF/AlF_3 摩尔比关系的最佳数据。在工业所采用的摩尔比范围内,换言之,即摩尔比处于2.0到3.0范围内,大多数文章的结论是一致的:随着 AlF_3 含量的增大,溶解度呈下降。报道的金属溶解度为0.03%到

0.06% Al。因此，在冰晶石熔盐中，增大的 AlF_3 含量对于减小总金属溶解度有好处。

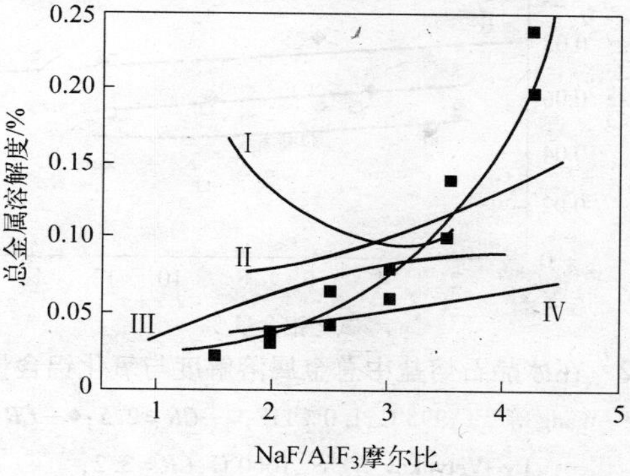

图 8.1 在冰晶石熔盐中金属溶解度与 NaF/AlF_3 摩尔比关系

■—Wang 等[15]，995℃时 5% 的 Al_2O_3 以及 1.0% 的 LiF

Ⅰ—Vetyukov 和 Vinokurov[16]，1000℃1.5% 的 Al_2O_3；

Ⅱ—Thonstad[17]，1000℃时铝水饱和的情形；

Ⅲ—Ødegård 等[14]，1000℃时铝水饱和情况；

Ⅳ—Yoshida 和 Dewing[18]，1000℃时铝水饱和的情形

8.3.2 氧化铝

在图 8.2 中显示出了熔融的冰晶石中，氧化铝含量对总金属溶解度的影响关系。所有的研究者都认为不断增大的氧化铝含量，会导致金属溶解度略微减小，但是影响程度很小。

8.3.3 氟化锂

Wang 等[15]研究了氟化锂含量对总金属溶解度的影响。他们发现溶解度随着 LiF 含量的增大而减小。当 $CR = 2.5$ 时，LiF 含量从 1% 增到 9%，总金属溶解度从 0.06% 减小到 0.03%。换句话说，氟化铝含量每增大 1%，浓度将减小 0.003%。摩尔比 $CR = 3.0$ 时变化趋势也是这样。

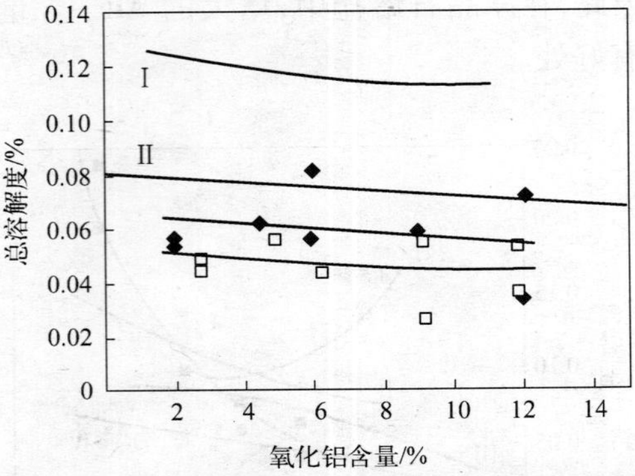

图 8.2 在冰晶石熔盐中总金属溶解度与氧化铝含量关系

实线—Wang 等[15]，995℃，1.0% LiF；□—$CR=2.5$；◆—$CR=3.0$

Ⅰ—Vetyukov 等[19]，1060℃，$CR=3.2$；

Ⅱ—Ødegård 等[14]，1000℃，$CR=2.25$

8.3.4 温度

图 8.3 给出了温度对总金属溶解度的影响关系。金属溶解度

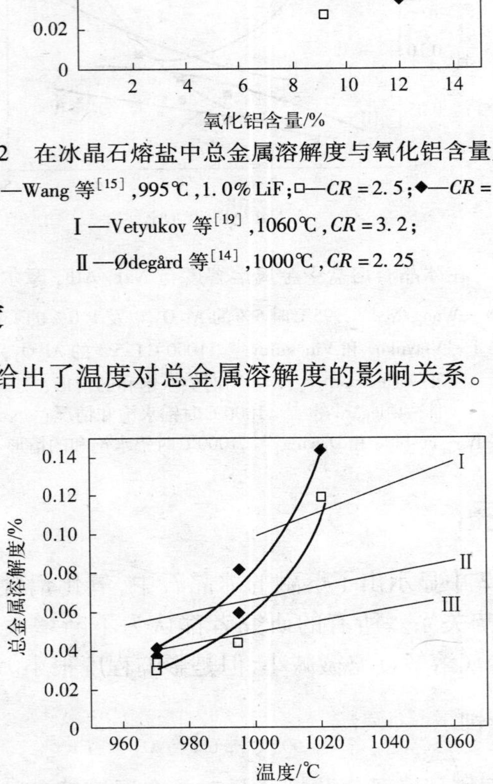

图 8.3 在冰晶石熔盐中，总金属溶解度与温度关系

实线—Wang 等[15]，5.0% Al_2O_3，1.0% LiF；□—$CR=2.5$；◆—$CR=3.0$

Ⅰ—Thonstad[17]，$CR=3.0$，饱和氧化铝；

Ⅱ—Ødegård 等[14]，$CR=2.25$，饱和氧化铝；

Ⅲ—Yoshida 和 Dewing[18]，$CR=3.0$，饱和氧化铝浓度

随着温度的降低而减小,这是熔盐-金属溶液体系的正常变化趋势。与前面所观察到的线形关系相比,Wang 等[15]根据他们的研究,报道了一个总金属溶解度与温度的指数关系模型。并声称已经通过热力分析所证实。多数情况下,在高温取样时,钠的蒸发,都能解释在大多数研究所报道的,温度对金属溶解度的影响很小的说法。

8.3.5 单一金属的溶解度

Wang 等[15]也测量了熔融的冰晶石中,铝、钠以及锂的单一金属的溶解度。Thonstad[17]和 Ødegård 等[14]将溶解铝和溶解钠区别开来。摩尔比变化范围见图 8.4。在常用的工业电解质混合物中,钠是这三种金属中溶解度最高的,然而锂的溶解度相对来说可以忽略。氧化铝含量对单一金属溶解度没有影响,但是单一金属溶解度随着温度的降低而减小。像所期望的那样,增大的 LiF 含量,将导致钠和铝的单一溶解度减小,但却会使锂含量增高。

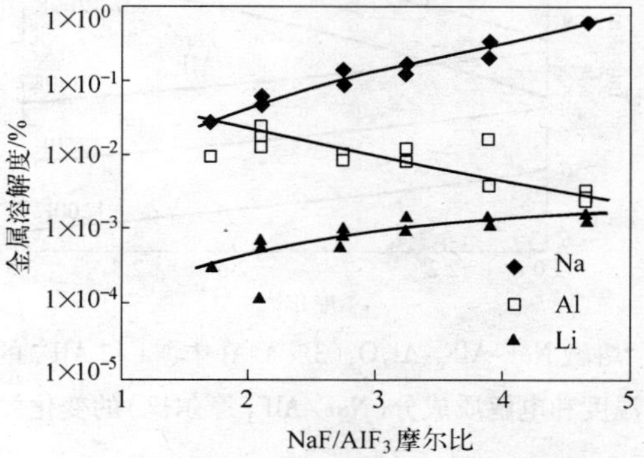

图 8.4 铝、钠、锂在冰晶石溶液中的溶解度

实线—Wang 等[15],995℃,5.0% Al_2O_3 以及 1.0% LiF

8.4 铝蒸气相

Grjotheim 等人[13]综述了 1980 年以前的文献。电解质熔盐的蒸气压及成分在第 3 章中已做了详细说明。钠以及单氟化铝的蒸气压可以根据热力学数据[20,21]按照以下的反应式计算得出:

$$1/3Al(l) + NaF(l) = Na(g) + 1/3AlF(s) \quad (8.2)$$

$$2/3\ Al(l) + 1/3\ AlF_3(s) = AlF(g) \quad (8.3)$$

对应的标准吉布斯自由能量是：

$$\Delta G_1^\circ = 162240 - 274.38T + 25.20T\ln T \quad J \quad (8.4)$$

$$\Delta G_2^\circ = 238708 - 294.30T + 18.43T\ln T \quad J \quad (8.5)$$

根据热力学数据计算得出的钠及单氟化铝蒸气压随着温度以及成分（NaF/AlF_3 摩尔比）的变化的关系见图 8.5。

Kvande[22] 已经进行了有铝和无铝存在的总蒸气压数据测量。AlF 的分压由热力学数据计算而得出，而金属钠的分压是通过减法计算而得到。将两种试验方法得到的结果结合分析，会发现金属钠的含量处于占主要地位，而这与图 8.5 所示的计算结果相一致。

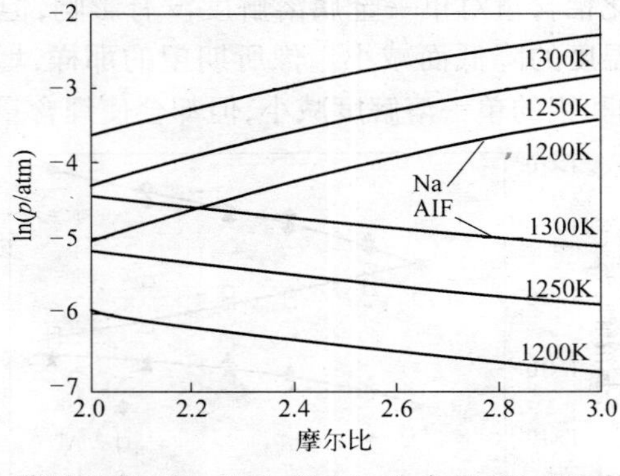

图 8.5　熔融 NaF-AlF_3-Al_2O_3(3%)-Al 中 Na 和 AlF_3 的蒸气压与温度和电解质成分（NaF/AlF_3 摩尔比）的变化关系

8.5　电化学的特性

在一些熔盐中，金属是以低价离子的形式溶解。一个典型的例子是在熔融的氯化镉中，镉的溶解度（摩尔分数）超过 10%[1]。当金属镉溶解后形成低价镉离子 Cd_2^{2+}，这些离子通过迁移到达电极表面发生电化学反应，Cd_2^{2+} 在电场的作用下迁移，迁移率为 $4\times10^{-4}cm^2\cdot V^{-1}\cdot s^{-1}$[6]。$Cd_2^{2+}$ 也能发生阳极氧化：

$$Cd_2^{2+} = 2Cd^{2+} - 2e^- \quad (8.6)$$

溶解的金属低价离子在阳极发生氧化反应后不断往阳极迁移,从而导致了阴极电流效率降低。

与铝液接触后,冰晶石熔盐中不但存在铝,也有溶解了的钠,导致局部钠含量很高。铝与电解质的界面上存在下列溶解平衡:

$$Al_3 + 3NaF_3 = 3Na + 3AlF_3 \quad (8.7)$$

Ødegård 等人[23]通过热力学模型研究了金属的溶解度。他们的结论就是铝主要以一价的 AlF_2^- 的形式存在,而钠以自由钠的形式存在于电解质中铝的溶解反应是:

$$2Al + AlF_3 + 3NaF = 3AlF_2^- + 3Na^+ \quad (8.8)$$

研究金属在冰晶石熔盐中的溶解电化学特性的主要障碍就是缺少可靠的惰性电极材料。由于钠嵌入到炭阴极晶格中炭不适合作阴极,在高出铝的可逆析出电位几百毫伏处出现电化学反应,而且发生生成碳化铝的反应。尽管用钨和硬质金属作工作电极取得一定的成功,但是由于与铝生成金属间混合物,以及金属在液态铝中的大量溶解制约了实验结果的精度。

正如 Thonstad 和 Oblakowski[24]所证明的那样,金属铝溶解后可以转化为 AlF_2^-。采用间接的所谓“界面移动”法研究溶解在 $NaF\text{-}AlF_3\text{-}AlO_3\text{-}Al$ 体系中溶解金属的迁移性,研究发现了溶解金属质点朝阳极方向迁移,测得钠的迁移率约为 $20 \times 10^{-4}\ cm^2 \cdot V^{-1} \cdot s^{-1}$,比离子在溶盐中的迁移率高出一个数量级。

已有多位研究者[13,25~27]对熔盐 $NaF\text{-}AlF_3\text{-}Al_2O_3\text{-}Al$ 中溶解金属的氧化反应进行了研究。并采用线性伏安和计时电位法研究了体系中溶解金属质点的扩散系数。Dewing 和 Yoshida 测得溶解金属的扩散系数为:$2.5 \times 10^{-4} cm^2 \cdot s^{-1}$。其他研究者得到的数据也在这个范围之内($10^{-4} \sim 10^{-3}$)[13,26,27]。这值再一次表明溶解金属的迁移率比离子的迁移率高出一个数量级。Vetyukov 和 Dublin[27]提出了一个电子跃迁原理来解释这么高的扩散系数。溶解铝的阳极氧化反应可用下式表述:

$$AlF_2^- + 2F^- = AlF_4^- + 2e^- \quad (8.9)$$

8.6 溶解金属的电导率

有证据表明,碱金属溶解于其卤化物熔盐中,将导致熔盐的电子导电性增强,这将大大降低金属析出过程[1]的电流效率。由于在阴极上生成的铝液与电解质之间的交互作用,在金属/电解质交接面上溶解有金属钠。由于钠的溶解产生的剩余电子可能导致电子传导,这将限制电流效率的提高。有关在 NaF-AlF_3 熔盐中是否存在电子导电曾经引起过争论,并且出现了相互对立的结果与模型。Borisoglebskii 等人[28]首先观察到在 Na_3AlF_6 由于金属的溶解而产生电子导电现象。添加金属铝后的 1000℃ Na_3AlF_6 熔盐的电导率提高了 3%。Morris[29]根据以下其他熔盐体系的文献数据,将铝生产中的电流降低归咎于电子导电。Dewing 和 Yoshida[25]则指出工业电解槽中的电子电导率太低而不能作为电流效率降低原因。

Haarberg 等[30,31]对冰晶石－氧化铝基电解质的电子电导率进行了综合的实验研究。许多试验都是在熔盐和溶解铝平衡体系下通过交流阻抗测量完成的。特别需要注意的一点是要防止钠的挥发,一根电极插在蓝宝石毛细管中,电极与毛细管之间形成了一个密闭真空空间,密封装置由碳化钼或铁制造而成。研究发现当金属铝添加到电解质中并与冰晶石熔盐形成溶解平衡后,熔盐的电导率增加。增加的电导率(总电导率与表观离子导电的电导率之差)是由于铝溶解产生电子导电引起的。

1000℃条件下,熔融的 $NaAlF_6 + Al_2O_3$(饱和) + Al 体系,总的表观电导率为 3.11 $\Omega^{-1} \cdot m^{-1}$,而表观的离子导电的电导率为 2.22 $\Omega^{-1} \cdot cm^{-1}$。假设增加的电导率是由电子导电引起的,那么电子导电的电导率为 0.89 $\Omega^{-1} \cdot cm^{-1}$。这相当于饱和金属铝的电解质中的电子迁移数 0.29。然而,工业槽阴极附近形成溶解金属的梯度,减少了电子导电对电流效率的影响。

在表 8.1 和图 8.6 中给出了一些结果。研究熔融体成分与温度对电导率的影响发现: AlF_3 含量减少以及温度增高,电子电导率增加。在单独的试验中,用所谓的瓦格纳(Wagner)极化方法[30]，在饱和氧化铝的熔融冰晶石中电子迁移率在1000℃时约为0.342 $cm^2 \cdot V^{-1} \cdot s^{-1}$。采用 Al-Ag 合金与熔盐接触，在恒定电解质组成与温度下测量了电子导电的电导率与钠活度的函数关系。同时研究了添加剂 CaF_2、LiF 以及 MgF_2 的影响。在所有的情况中都发现添加剂导致了电子电导率的降低。

表 8.1 1000℃的 Na_3AlF_6-Al_2O_3 体系中电子迁移数（t_e）和电子电导率（κ_e）与 Na 活度关系[30] （$\kappa_{ion} = 2.2\ \Omega^{-1} \cdot cm^{-1}$[32]）

a_{Na}	$\kappa_e / \Omega^{-1} \cdot cm^{-1}$	t_e
0.001	0.020	0.009
0.01	0.084	0.037
0.02	0.149	0.063
0.04	0.298	0.119
0.06	0.472	0.177
0.08	0.668	0.233

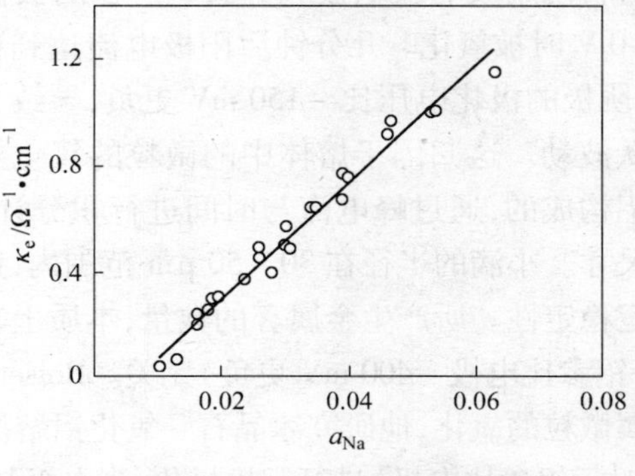

图 8.6 熔融 NaF-AlF_3（$CR = 2.4$）-Al_2O_3-Al-Ag（液态）[31]体系电子电导率与 Na 的活度关系

为了消除铝生产中由于电子传导所造成的电流空耗，提出了一个数学模型。这一模型假设，在阴极－电解质接触界面上形成溶解金属的分布梯度。溶解金属的含量和钠活度相对电解质体系来说是很少的，这就意味着，本质上可以通过阴极附近钠的活度计算电流效率。正如所预计的那样，电流效率随着温度的降低、AlF_3 含量的增高、电流密度的增大以及极距的增大而增加。已经获得了与工业实践对应的真实值。因此这些数据阐明了在冰晶石－氧化铝熔盐中电解铝时，电子导电降低电流效率的一个很重要的机理。然而，这一模型只关注由于电子导电产生的坏处，而没有讨论它的积极作用。

8.7 金属溶解的本质

8.7.1 金属分散

对来自氯化物熔融体系电解镁的可视化观测与研究表明，组成雾气的细小金属镁雾滴来自过饱和溶解镁溶液中的均相成核产生[33]。在湿润性差的阴极上会加速金属雾的形成。Grjotheim 等[37]研究铝在氟化物熔融体中的电沉积也得出了相似的结论。

在另外的较深入定量研究中[12]，对金属雾形成研究是通过电位阶跃测量来进行的。阴极极化 10 s 后在 1.0 V 进行阳极极化直到稳态。阴极材料使用玻璃炭电极和金属钨。在阴极极化的时候铝形成了，在 1.0 V 时被氧化。几分钟后阳极电流达到稳态值。在阳极极化过程，阴极的极化电压比 －150 mV 更负，导致了所测电流的不连贯性跳跃波动。这归因于熔体中的微粒的氧化。如果假设这些微粒是由铝构成的，通过峰电流与时间进行积分计算，有可能得到微粒大小尺寸。小滴的半径在 30 ~ 50 μm 范围内，这表明金属的分散具有一定稳定性。所产生金属雾的数量，本质上与阴极施加的电位（相对于铝参比电极 －400 mV 更负）无关。Rolseth[35]第一次报道有关小金属微粒的氧化，他研究冰晶石－氧化铝熔盐中用 Pt 电极在 1.4 V（相对于铝参比电极）进行阳极极化，当电极与铝液接触时，产生强大的电流波动。通过添加剂 FeF_2 研究了已溶解铁的效用，当存在二价铁时，金属雾的产生将会急剧减少。这主要是由于溶解铝与二价铁的反应所至。同时观测到氧化电流减小了，熔体中的 CO_2 气泡也有减少氧化电流和形成金属雾的作用。

8.7.2 工业电解槽中的颗粒分布与溶解度

现在大家都普遍接受的观点是，电解质混合均匀，并且仅仅在阴极和阳极附近的界面层存在浓度梯度。在大量的熔融体中的溶解金属其浓度远低于饱和浓度[36]。不但溶解于电解质中的 CO_2 和杂质成分都有可能与溶解金属反应，根据 Sterten 等[37, 38]的观点，在大量的工业电解质中由于存在含量很高的溶解杂质，因而溶解金属的浓度接近于零，然而，由于对流形成的金属雾和分散铝液滴解释了大量电解质中含有一定浓度的溶解铝这一事实。

参考文献

1. Bredig, M.A., in "Molten Salt Chemistry", M. Blander, ed., Interscience, New York, 1964, 367.
2. Thonstad, J., Can. J. Chem., **42**, 2739 (1964).
3. Corbett, J.D., in "Fused Salts", Sundheim, B.S., ed., McGraw-Hill, New York, 1964, 341.
4. Warren Jr, W.W., in "Advances in Molten Salt Chemistry", G. Mamantov, J. Braunstein, eds., Plenum Press, New York, Vol. 4, 1981, 1.
5. Warren Jr, W.W., in "The Metallic and Nonmetallic States of Matter", P.P. Edwards, C.N.R. Rao, eds., Taylor and Francis, London, 1985, 39.
6. Haarberg, G.M., Thonstad, J., J. App. Electrochem., **19**, 789 (1989).
7. Haarberg, G.M., Egan, J.J., "Electron Mobilities in Solutions of Alkali Metals in Molten Alkali Halides", Proc. Tenth Int. Symp. Molten Salts, Los Angeles, CA, USA, The Electrochem. Soc., Inc., Pennington, NJ, USA, Vol. 96-7, 468 (1996).
8. Zhuxian, Q., Liman, F., Grjotheim, K., Kvande, H., J. App. Electrochem., **17**, 707 (1987).
9. Haupin, W.E., McGrew, W.C., Aluminium, **51**, 273 (1975).
10. Haupin, W.E., Danchik, R.S., Luffy, J.F., Light Metals, 1976, 159.
11. Haarberg, G.M., Støen, L., Støre, T., Thonstad, J. "Fog Formation during Aluminium Deposition", Proceedings, VIII. Al Symposium, September 25-27, 1995, Donovaly, Slovakia, p. 79-83.
12. Haarberg, G.M., Støre, T., Thonstad, J., Pietrzyk, S., Silný, A., "Fog Formation during Electrodeposition of Aluminium", Proceedings, X. Al Symposium, September 1999, Stará Lesná, Slovakia, 21-23.
13. Grjotheim, K., Krohn, C., Malinovský, M., Matiašovský, K., Thonstad, J., "Aluminium Electrolysis. Fundamentals of the Hall-Héroult Process", 2-nd ed., Aluminium-Verlag, Düsseldorf, Germany, 1982, 443 pp.
14. Ødegård, R., Sterten, Å., Thonstad, J., "The Solubility of Aluminium in Cryolitic Melts", Light Metals 1987, 389.
15. Wang, X., Peterson, R.D., Richards, N.E., " Dissolved Metals in Cryolitic Melts", Light Metals 1991, 323-330.
16. Vetyukov., M.M., Vinokurov, V.B., "Employing the Extraction Method to Examine the Equilibrium in the System Aluminium-Cryolite/Alumina Melt", The Soviet Journal of Non-Ferrous Metals, **44** (6), 35 (1971).
17. Thonstad, J., Can. J. Chem., **43**, 3429 (1965).
18. Yoshida, K., Dewing, E.W., Metallurgical Transactions, **3**, 1817 (1972).
19. Vetyukov, M.M., Abi-Zeid, S., Borisoglebskii, Yu.V., Krylov, L.V., Soviet Non-Ferrous Met. Research, **26** (4), 154 (1978).
20. JANAF Thermochemical Data, J. Phys. Ref. Data, Vol. 14, Suppl. 1, 1985.
21. Solheim, A., Sterten, Å., Light Metals, 1999, 445.
22. Kvande, H., Light Metals, 1980, 171.
23. Ødegård, R., Sterten, Å. and Thonstad, J., Met. Trans., **19B**, 444 (1988).
24. Thonstad, J., Oblakowski, R., Electrochim. Acta, **25**, 223 (1980).
25. Dewing, E.W., Yoshida, K., Can. Met. Quart., **15**, 299 (1976).
26. Ødegård, R., Electrochim. Acta, **33**, 527 (1988).
27. Vetyukov, M.M., Dublin, B.S., Sov. Electrochem., **11**, 470 (1975).

28. Borisoglebskii, Yu., Vetyukov, M.M, Abi-Zeid, S., Tsvetn. Met., **51**, 41 (1978).
29. Morris, D.R., Can. Met. Quart., **14**, 169 (1975).
30. Haarberg, G.M., Osen, K.S., Thonstad, J., Heus, R.J., Egan, J.J., Metall. Trans. B, **24B**, 729 (1993).
31. Haarberg, G.M., Thonstad, J., Egan, J.J., Oblakowski, R., Pietrzyk, S., Light Metals 1996, 221.
32. Híveš, J., Fellner, P., Thonstad, J., Sterten, Å., Light Metals 1994, 187-194.
33. Haarberg, G.M., Johansen, S.R., Melaas, J., Tunold, R., Proc. Seventh Int. Symp. Molten Salts, Volume 90-17, 449 (1990).
34. Grjotheim, K., Kvande, H., Zhuxian, Q., Liman, F., Aluminium, **65**, 157 (1989).
35. Rolseth, S., "Tilbakereaksjonen i aluminiumelektrolysen", Dr. ing. thesis, University of Trondheim, July 1980.
36. Rolseth, S., Thonstad, J., Light Metals 1981, 289.
37. Sterten, Å., J. Appl. Electrochem., **18**, 473 (1988).
38. Sterten, Å., Solli, P.A., Skybakmoen, E., J. Appl. Electrochem., **28**, 781 (1998).

9 电流效率

9.1 引言

电流效率是工业铝电解槽运行状况的一个重要指标，其定义为单位时间内电解出的实际铝质量与由法拉第电解定律计算的理论质量之比(百分比)。根据法拉第定律，2.98 kA·h 的电量理论上可以得到 1.00 kg 铝。也可以说，电流效率就是衡量电解槽如何有效地利用电流把氧化铝电解为铝的一个指标。剩余的部分以热量的方式从电解槽散失到周围环境中。目前来说，最好的预焙阳极电解槽电流效率高达 96.0%，而一些老式的自焙阳极电解槽电流效率仍然在 85% 左右。

目前生产上还没有快速测量电流效率的方法。因此，车间工作人员无法在短时间(如 1 h 内)得到电流效率的数据，以至于无法调整优化电解槽的生产条件。

本章对当前有关研究铝电解槽电流效率文献作总结。本书第 2 版[1]总结到了 1980 年，因此此处主要对 1980 年后发表的该领域相关文献做一综述。各种因素对电流效率的影响和怎样提高电流效率，将是我们讨论的主题。尽管在过去的 20 年中，电流效率提高了很多，但是对于如何影响电流效率的因素本章将进行分析。

9.1.1 理论部分

9.1.1.1 电流效率的定义(电荷利用率)

电流效率用实际产铝量和理论产铝量的比值进行表述，不太适用于理论分析。其表达式为：

$$CE = Q_M / Q \tag{9.1}$$

式中，Q_M 为形成 M 量所需消耗电荷；Q 为通入电解槽内电荷的总量。另一种表达是：

$$CE = i_c / i_t \qquad (9.2)$$

式中，i_c 为用于实际生成阴极产物的局部阴极电流密度；i_t 为总的阴极电流密度。"局部"这个词暗示着电流效率可能在阴极的不同位置上有所不同。公式(9.2)可用电流效率的损失率表示：

$$CE_{loss} = (1 - i_c)/i_t = i_{loss}/i_t \qquad (9.3)$$

式中，i_{loss} 指所有阴极损失反应的局部电流密度。

9.1.1.2 动力学

通常人们认为工业电解槽中主要的阴极反应受扩散控制。反应速率的控制性步骤发生在存在浓度梯度的阴极边界层上。阴极反应需要促进速率控制步骤进行的驱动力，这就是铝电解浓差过电压，它精确地描述了阴极边界层上的浓度差异，这对电极过程动力学的理解至关重要。控制阴极反应速率的主要参数是电解质成分、温度、传质系数和浓差过电压。这样，研究电流效率的损失就可以通过速率控制性步骤（工业铝电解槽很有可能就是阴极边界层的传质过程）来完成。反应的驱动力就是边界层两侧的溶解物质的活度的差异。这样，对于描述电流效率损失的公式描述为：

$$i_{loss} = f(\text{电解质成分, 温度, 传质系数, 过电压}) \qquad (9.4)$$

9.1.1.3 传统电流效率损失研究

影响电流效率的主要因素早已为人们所了解。电流效率损失的概念早在50多年前就提出。铝电解的基本反应式为：

$$2Al_2O_3(\text{熔融}) + 3C(\text{固, 阳极}) = 4Al(\text{液}) + 3CO_2(\text{气}) \qquad (9.5)$$

而导致铝损失的化学逆反应通常被写成：

$$2Al(\text{溶解态}) + 3CO_2(\text{气}) = Al_2O_3(\text{溶解态}) + 3CO(\text{气}) \qquad (9.6)$$

那么传统的电流效率损失的概念可以这样给出：

(1) 在铝/电解质分界面上的溶解态的铝转移到电解质中；

(2) 熔融态的铝穿过电解质到达阳极气体界面；

(3) CO_2(气)氧化溶解态的铝形成 CO(气)。

正如上面所讨论的,逆反应的动力由电解质的化学性质所决定。电解质成分和温度决定熔融态铝的溶解度。虽然熔融态铝的溶解性质仍未完全掌握,但是在工业槽的电解质成分中还原态钠的含量很高。有证据表明电解质中溶解有还原态铝,很有可能是以单价的 AlF_2^- 离子形式存在。正如在第 8 章所讨论的,相关的这些离子的浓度与电解质成分有关。出于简捷及缺乏一种更加精确的表示方法,我们将使用溶解态铝这个术语贯穿本章。然而,真正意义上,冰晶石基熔体也含有溶解态的钠。

9.1.1.4 现代对于电流效率损失的描述

由于 AlF_4^- 离子所带电荷较少,因而被认为是阴极反应的主要基团的可能性大于 AlF_6^{3-} 基团。阴极反应就可以写成:

$$AlF_4^- + 3e^- = Al + 4F^- \tag{9.7}$$

该反应可分为两步完成:

$$AlF_4^- + 2e^- = AlF^{2-} + 2F^- \tag{9.8}$$

$$AlF^{2-} + e^- = Al(\text{液态}) + 2F^- \tag{9.9}$$

主要的阴极副反应是:

$$3Na^+ + 3e^- = 3Na(\text{溶解态}) \tag{9.10}$$

工业电解槽中的律速步骤很有可能是溶解态的钠通过阴极边界层的扩散。此处存在溶解态钠的对流传质,溶解态钠可能和阳极气泡接触并依照如下方程反应:

$$2Na(\text{溶解态}) + 3CO_2 + 2AlF_4^- = 2Na^+ + 3CO + Al_2O_3 + 4F^- \tag{9.11}$$

溶解态的钠和 CO_2 反应产生 CO 也是导致电流效率损失的原因。当铝溶解在电解质中时,也发生同样的情形。

9.1.1.5 Pearson-Waddington 方程

假设 CO_2 是唯一的阳极产物,而 CO 气体是由逆反应方程(9.6)产生,电流效率(CE)可以由著名的 Pearson-Waddington 方程计算出来:

$$CE = 100\% - 0.5[\text{CO(气)}] = 50\% + 0.5[\text{CO}_2\text{(气)}] \tag{9.12}$$

确定阳极气体中 CO_2(气)和 CO(气)浓度后,该方法常用来检测电流效率。这样,通过测量 CO_2/CO 的比值可以对电流效率进行即时确定。然而,这种方法基于在实践中难以检测到的假设,它的不确定性将在后面予以讨论。该法测量电流效率误差在百分之几的范围内,证明了 CO_2(气)是主要的阳极产物而 CO(气)是二次氧化反应的副产物。

其实,有若干影响阳极气体中 CO_2/CO 比值的可能反应,其中最重要的是布多尔反应。

该反应如下:

$$\text{C(固,炭阳极)} + \text{CO}_2\text{(气)} = 2\text{CO(气)} \tag{9.13}$$

Silny 和 Utigard[2] 在排除所有逆反应和副反应的前提下,在实验室铝电解槽中研究了初始气体成分。他们发现 CO(气)是由 CO_2(气)与阳极表面或脱落的炭颗粒反应产生的。总体而言,阳极的电流密度和阳极炭材料的质量影响阳极气体的成分。

下面介绍 O_2(g)和/或 CO(g)作为反应物有关的反应。

空气中的氧气和碳或一氧化碳可能发生各种各样的反应,它们也可能改变阳极气体中 CO_2/CO 比值:

$$\text{C(阳极)} + \text{O}_2\text{(气)} = \text{CO}_2\text{(气)} \tag{9.14}$$

$$2\text{C(阳极)} + \text{O}_2\text{(气)} = 2\text{CO(气)} \tag{9.15}$$

$$2\text{CO(气)} + \text{O}_2\text{(气)} = 2\text{CO}_2\text{(气)} \tag{9.16}$$

另外,溶解态铝也可以与 CO(g)发生逆反应形成碳:

$$2\text{Al(溶解)} + 3\text{CO(气)} = 3\text{C(固)} + \text{Al}_2\text{O}_3\text{(溶解)} \tag{9.17}$$

反应(9.14)到反应(9.17)显示 Pearson-Waddington 方程在计算电流效率时可能不准确,因为 Pearson-Waddington 方程假设只有反应(9.5)和反应(9.6)发生,其结果很难被大家接受。但是,Pearson-Waddington 方程可以被用来监测短期的电解槽行为,同时在获得电流效率的变化趋势方面还是有用的。

9.1.1.6 其他导致电流效率损失的过程

此外，其他导致电流效率损失的过程如下。

A 碳化铝的形成和后期的氧化

碳化铝的形成可能发生在铝和炭素内衬的界面上：

$$4\ Al(液) + 3C(阴极) = Al_4C_3(固) \tag{9.18}$$

当电解质槽帮未能保护侧部炭块的时候发生以上反应。当碳化铝由于液体波动或铝液高度的变化而暴露在电解质中时，它就溶解在电解质中。按照 Ödegård 等人[3] 研究发现，这些溶解的碳化物将在阳极被氧化，如下式反应：

$$Al_4C_3(溶解) + 6CO_2(气体) = 2Al_2O_3(溶解) + 3C(固体) + 6CO(气体) \tag{9.19}$$

另外，阴极上的碳可能减少[4]。

B 电解质中分散的铝滴的氧化

熔体波动可能形成铝珠或铝滴，它在电解质中维持分散或悬浮状态直到被阳极产物直接氧化。邱竹贤[5,6] 使用透明试验电解槽来直观地观察，发现当通入电流时，熔体中紫色“金属雾”消失。这个反应没有产生气体，反应表示为：

$$Al(溶解态) = Al^{3+}(溶解态) + 3e^- \tag{9.20}$$

式中，Al^{3+}(溶解态)不是这样存在的，而是以带阴离子的 A1-F 复合物的形式存在于电解质中(详见第 4 章)。这些分散的铝滴在电解质中可能与 CO_2 气泡接触并且被氧化为氧化铝和 CO(气体)，类似于反应(9.6)。

C 电子导电

溶解态的钠使电解质能够通过电子导电。按以下反应，电子由电解质中的金属钠的溶化过程产生：

$$Na(溶解态) = Na^+ + e^- \tag{9.21}$$

电子导电可能导致部分电流短路，其可以导致 1% ~2% 的电流效率损失，但是，是否如此，仍未确定。Haarberg 等人[7,9] 在实验室测定了电子电导率，这一点已于第 8 章中详细讨论过。

D 电解质中的杂质析出

阴极中除了铝以外，其他金属可能共沉积，例如 Na、Ca、Fe、Si、Li、Mg 等。但由于生产出的铝的纯度通常都高于 99.8%（质量分数），所以共沉积对电流效率的影响很小。

电解质中的一些杂质在阴极上（或阴极附近）被还原，然后在阳极上（或阳极附近）被重新氧化，这就消耗电流而不产出铝。磷是最明显的一例，同时 Si、V、Ti 和 Fe 也会导致电流效率的减少，当这些杂质元素溶解在电解质中时，它们会显示出多种稳定的高低价态。

E 金属与阳极短路

在工业电解槽进行出铝、换极作业或槽况不稳定时，可能发生预焙阳极和金属构件之间的直接接触造成短路，电流通过短路处导体由阳极到达阴极，因此，在短路期间电流效率会损失。由于这些电流效率损失目前难以衡量，Hyland[10] 使用计算机模型来确定由持续短路造成的电流效率损失。根据横断面接触面积的不同，这种类型短路造成的电流效率损失介于 10% ~80% 之间。

F 金属进入槽内衬损失

相当数量铝液渗入内衬材料的缝隙，并且炭被缝隙中的钠溶解也造成损失。但是，相比于电解槽日产量，这些损失还是很少的。

G 物理损失

这主要是在出铝时金属损耗造成的损失，它通常也是很少的。

9.1.1.7 理论方面的摘要

人们可能用下面的方程表示电流效率的损失：

$$CE = l - l_1 - l_2 - l_3 - l_4 - l_5 - l_6 \tag{9.22}$$

式中，l_1 是常规的损失，包括电子导电；l_2 是电解质中分散的铝滴与二氧化碳反应造成的损失；l_3 是当铝液波动与电解质中的 CO_2 直接接触反应产生的损失；l_4 是铝液波动时直接和阳极短路造成的损失；l_5 是当小铝粒子化学溶解在电解质中的损失；l_6 是铝液与碳的阴极反应损失。尽管人们已经尝试估计这些损失的大小，但对于该领域仍需做全面分析。

9.1.2 电流效率的测定方法

9.1.2.1 全氧平衡法

目前计算电流效率的方法称为全氧平衡方法,1987 年由 Leroy 等人[11]率先将其使用在工业电解槽上。大多数导致电流效率损失的反应均与生成氧的数量有关,并且这种方法通过电解槽中的氧的平衡进行计算。根据 Dorreen 等人[12,13]氧化铝的电解反应可以写成两个半反应。在阴极氧化铝被分解产生为金属铝和氧离子:

$$Al_2O_3(\text{熔融}) + 6e^- = 2Al + 3O^{2-} \tag{9.23}$$

在炭阳极上氧化生成中间气体产物:

$$3xC(\text{固}) + 3O^{2-} = 3C_xO(\text{气}) + 6e^- \tag{9.24}$$

式中,x 可能是0.5 或1,所以平衡反应方程式(9.24)右侧气体的种类是 CO 和 CO_2 气体。反应(9.23)表明氧化铝电解将产生一定数量的氧,在给定电流时,其含量可通过法拉第定律计算出来。反应(9.24)表示氧以游离态形式存在。于是,可测量在 CO(气)和 CO_2(气)混合气体中的氧含量计算电流效率。电流效率全氧平衡计算法通过比较给定电流下实际产生的氧和理论上生产氧气的量计算得到。前提是假设气体中的所有成分能够定量、所有降低电流效率的反应都涉及氧的生成,同时考虑空气氧化阳极造成的影响。Dorreen 等人[12,13]最近发表了采用这种测量方法在实验电解槽得到的结果。

全氧平衡法可以通过使用在线质谱仪测定电解槽产生气体的组成以及通过流量计测量电解槽烟气的流量得以实现[11],由于电解系列的磁场对仪器产生影响,而且该方法依赖于准确的气体流量测量,来自于电解车间的大量的氧进入质谱仪降低了结果的准确性;并且成本昂贵,因此该法使用有一定困难。

9.1.2.2 示踪元素法

电流效率也可以通过添加示踪元素到铝水中,分析示踪元素在铝中的相对数量,然后计算出电解槽铝的总量得到电流效率。这种方法是基于假设示踪元素能够和液态金属铝较好互溶,均匀分散于铝液中,而且正常出铝过程不产生示踪元素损失。除了计算出铝量可能存在偏差之外,元素示踪法是电流效率测量的最好方法。最常用的示踪元素是金属铜、银和放射性金[14~17]。示踪元素对金属铝的暂时性的污染问题不大。金的同位素^{198}Au 半衰期是2.7 天,所以在经过 10 个半衰期也就是约一个月的时间,铝水中放射性元素将消失。

9.1.2.3 电压-电量分析

Tarcy 和 DeCapite[18]开发了一种在电解槽中测量电流效率的电压电量分析的方法。基于一周的试验数据,作者认为这种方法可达0.1%的准确度和0.4%的精确度。同别的方法对比,电量分析法可得出最高的准确度和精度。其缺点是该方法需要相对较长的分析时间。

9.1.2.4 铝产量分析法

一般情况下,电流效率能够通过从槽内出铝的量和所消耗的总电量进行分析得到。对于工业电解槽,当槽内铝水波动可被忽略的时候,通过几个月的一轮测试可获得可靠的结果。工业电解槽上,判断电流效率的唯一可靠的方法是通过长期统计分析若干电解槽的铝产量数据,例如统计一个电解系列或全电解厂全年的平均值。这种方法也适用于实验槽,每次实验之后,通过铝的增重量得到电流效率数据[1]。

9.1.2.5 过程控制法测量电流效率

Tschopp 等人[19]在通过每天出铝时的阳极水平母线运动总距离,测量单个电解槽的电流效率。这种方法认为出铝量与整个电解系列的平均阳极水平母线运动有关,且得出了一个系数,通过这一系数,与单个槽子的阳极水平母线运动距离相乘,得出了单个槽的电流效率。

9.1.2.6 讨论

考察一个或多个操作参数对工业电解槽的电流效率是不是能得到更准确的结果呢?这是一个重要的问题,因为长时间内单个参数很难保持稳定不变。全氧平衡法和 Pearson-Waddington 法,可以满足快速测量需要。比较典型的例子是,根据文献(详见9.5.2.4 节)介绍,电流效率随着电解质中氧化铝浓度的变化而变化。由于当前的控制技术只能使氧化铝浓度在过量与欠量间发生平稳的变化,因此很难保持氧化铝浓度稳定。随着氧化铝添加量的不断变化,电解质中所含 AlF_3 量发生变化在所难免,而这一参数也影响到电流效率。具备很好的条件下,实验室电解槽可以研究这种影响,诸如反应的律速步骤相同、阴极电流分配均衡等。为了在实验电解槽中达到上述要求,必须加强电解质的对流传质,以保证在一个稳定、持续的阴极边界层发生扩散控制反应。很多实验室电解槽研究因为阴极表面不平整,所以结果可能不那么可靠。

9.1.3 数学模型

为了预测电流效率,已建立了几个数学模式。这些模型或者基于流体和传质理论,或者基于从实验室槽和工业槽获得的实验数据的物理模型。文献经常引用的例子是约在 1980 年 Robl 等人[20],Lillebuen 等人[21]以及埃文斯等人[22,23]建立的模型。这些模型都考虑到了铝的溶解过程,及其随后被溶解的或在阳极上刚逸出的二氧化碳再氧化的过程。这些模型很有价值,他们阐明了电解质的性质以及电解槽的设计(例如磁场、流体场以及炉内衬)是如何影响电流效率的。Grjotheim 等人[24]、Haupin[25]、Chen 以及 Talor[26]和 Stevens 等人[27]都讨论过这些模型的优点和缺点。后来的研究者也研究了工业电解槽中电流效率与能量平衡之间的相互影响。

Welch 等人[28]模拟的模型表明,尽管电流密度与铝产量在两极间的电解质区域内比较集中,但不存在金属的二次氧化。在距离阴极反应较远处,电解质湍动程度大,强化驱动传质,导致金属损失。在这种方式下,由于电流效率变化将导致局限能量过高或过低现象发生。

Echelini 等人[29]编了一个程序,用来预测铝电解槽中的磁流体动力学特性。这一程序可用于现存的电解槽增容扩建进行母线设计。然而,这一模型只涉及了磁流体动力学作用的影响。他们利用这一湍流动能的分配来评估在电解质与铝液界面间的传质。通过对金属铝二次氧化的数量来对电流效率进行评估,这样获得的电流效率可在不同设计之间进行对照，但是得不到具体数值。

Urata[30]也报道了通过改善磁场提高电流效率的研究。通过改善修正电解槽中的磁场，降低其不稳定性，可以将电流效率提高1%。然而，根据 Bilek 等人[31]的说法，电流效率的提高不是由于改善电解质波动的稳定性的提高而来。这些作者开发了一个三维计算机模型来预测工业电解槽中电解质流场。也模仿了逸出气体以及磁流体动力学驱动力。作者发现逸出气体是电解质流场的主要影响因素，而磁场对流体流动速率的影响小。因此，磁场会驱动那些气体逸出驱动不到的位置的流体，即在端头和靠近电解质/金属的界面附近。El-Demerdash 等人[32]的二维模型可用以评估流速场的电流效率。流速场作用下的扩散以及传质，可用来评估铝到阳极的传输速率。他们认为，需要建立三维模型才能得到较为可靠的结果。

Sterten 和 Solli[33,34]提到了溶解态铝被来自电解质相中的、进入了电解质和铝液边界层的、多价态可还原性杂质所氧化。电解质中该类杂质的含量将影响逆反应的速率。铝电解槽中，在电解质/金属铝，以及电解质/气体的边界层上，这些高价态杂质元素参与氧化—还原—再氧化—再还原的循环中导致电流效率降低。Sterten 和 Solli[35]已经提出了一个新的、基于阴极反应的电化学电流效率模型。他们的结论是，除了溶解的钠离子以及单价铝离子(AlF_2^-)穿过阴极边界层的扩散外，电流损失的主要另外影响因素是这些高价、可还原的阳离子的传质。

由于马雷哥尼效应(界面张力变化引起的液流动，译者注)，在铝液和电解质界面由于阴极电流密度的局部变化导致形成表面张力梯度，进而引起液体流动，这将使电流效率减少 2%~3%[36,37]。

根据 Tarcy[38]的看法，通常应用的电流效率模式，远没有达到最好的研究效果。可用的模型只是考虑化学逆反应和短路电流的影响。Tarcy 和 Sorensen[39]认为这种忽略的原因，可能由于被用来开发模型的试验数据的短缺，以及在处理偶发性短路存在理论方面的困难。电流短路具有断续和易变的自然特性,与持续时间、频率和振幅有关,而且还没有有关计算偶发性短路导致电流效率损失的理论。像以前提到的一样,Hyland[10]已经提出了这一课题,但是他也没有研究有关电解槽偶发性短路问题[39]。

9.1.3.1 根据金属溶解度的测量预测电流效率

在第8章中已经谈到了金属溶解度的数据,这里只谈论电流效率的预测。Peterson 和 Wang[40]利用了 Wang 等人[41]所测量的金属溶解度,结合 Lillebuen 等人[21]的模型,来预测工业电解槽中的电流效率、摩尔比、氧化铝含量、LiF 含量的变化对金属溶解度的影响,所预测的电流效率如图 9.1 ~ 图 9.3 所示。测试包括了三种情况:分别在970℃等温、980℃等温、恒定15℃的过热度。对于等温过程,所预测的电流效率随着冰晶石摩尔比的降低(高氟化铝含量)、氧化铝浓度的增大以及氟化锂浓度的降低而增大。在过热度为15℃时,电流效率随着摩尔比的降低以及氧化铝含量的增加而增大,但是,LiF 浓度的增大将极大地增加电流效率。

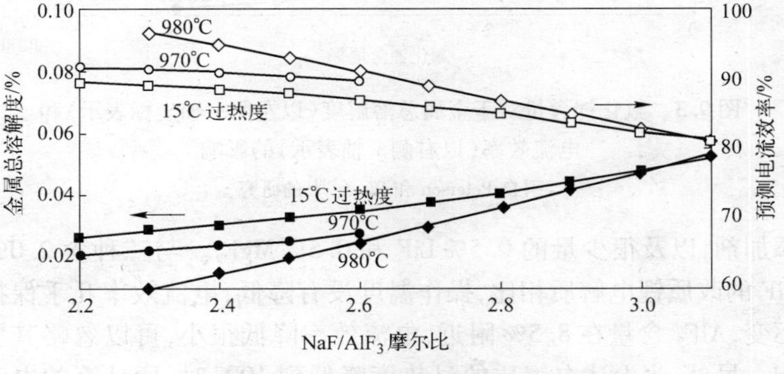

图 9.1 摩尔比对金属总溶解度和电流效率的影响[40]

9.1.3.2 对点式下料槽电流效率的预测

Peterson 和 Wang[40]也评估了电解质成分的变化对点式下料电解槽电流效率的影响。传统的电解质的初始组成为:摩尔比为2.32(相当于含10%的过量氟化铝),2.5% Al_2O_3,4.0% CaF_2 作为

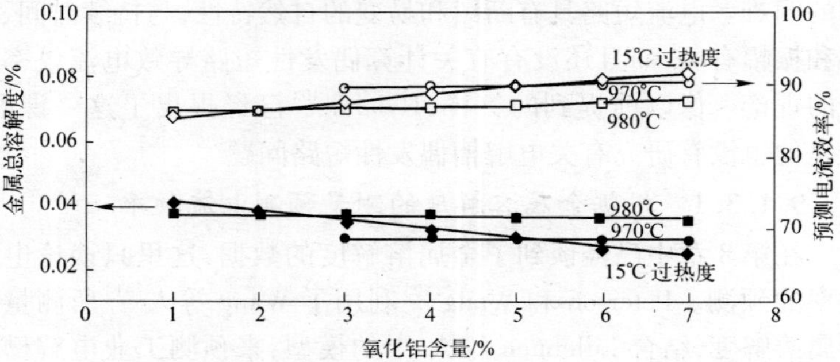

图 9.2 氧化铝含量对金属总溶解度和电流效率的影响[40]

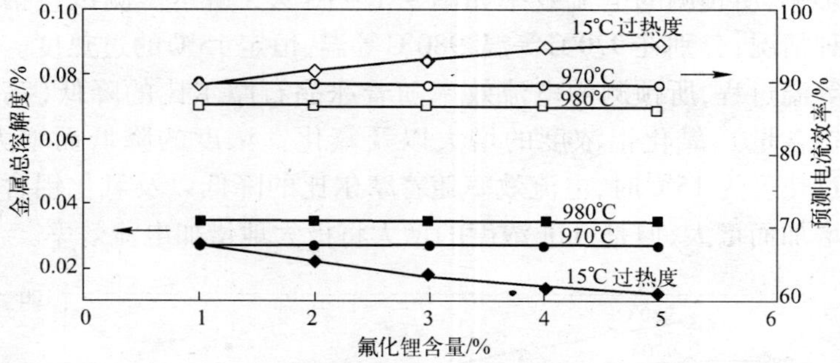

图 9.3 氟化锂含量对于金属总溶解度(以左侧 y 轴坐标表示)和电流效率(以右侧 y 轴表示)的影响

引自 Peterson 和 Wang[40] 的研究

添加剂,以及很少量的 0.5% LiF 和 0.5% MgF_2。与三种含 2.0% LiF 的改质锂电解质相比,操作温度没有降低,电流效率几乎保持不变,AlF_3 含量在 8.5% 附近,电流效率降低很小,可以忽略其影响。另外,当上述电解质的过热度降低到 10℃时,所计算的电流效率增长了 1.5%。结果见图 9.4。

Peterson 和 Wang[40] 的研究认为电解质的摩尔比和电解温度是影响电解槽电流效率的两个主要因素,而氧化铝浓度的影响是次要的。在相同的过热度条件下电解,LiF 增加对电流效率有积极的影响。如果在相同的温度下电解,添加 LiF,电流效率将不会有多大变化。

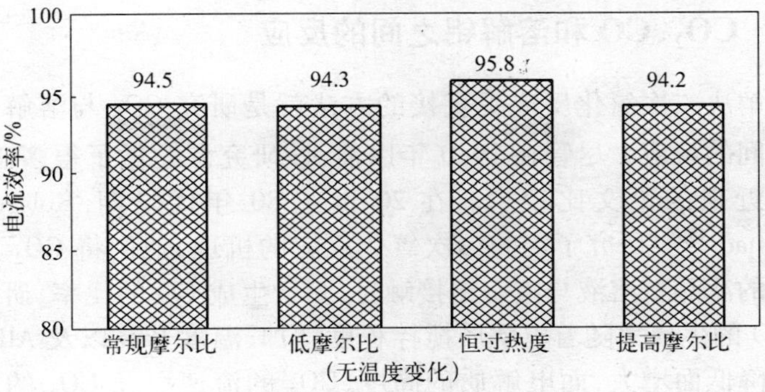

图 9.4 180 kA 点式下料预焙槽在不同的电解质组成下的电流效率

引自 Peterson 和 Wang[40] 的研究

9.2 冰晶石熔体中铝的重量损失

在本书第 2 版[1] 中,有篇幅不多的几页介绍了实槽电解质中铝损失的测量方法,其目的是研究铝损失的机理以及各种参数的影响。现在这一课题研究不多了,并且 1980 年后很少有论文研究报道铝损失的机理。

在这些实验室测量方法中,Matsui 和 Era[42] 将铝损失分成两部分。一部分是电解质中饱和溶解的铝被氧化所造成的,在电解反应开始的时候,饱和溶解的铝被 CO_2 氧化消耗;另一部分是从阴极扩散到电解质中铝的持续稳定消耗。在工业电解槽中,后一个过程相当于电流效率的稳态损失。Sterten 等人[43] 通过称量试验前后金属的重量来评测铝的损失和时间的关系,发现在石墨坩埚中的铝损失比在氧化铝坩埚中的损失大很多,这是由于(石墨坩埚)生成碳化铝以及钠渗透到坩埚壁层中所造成的。李德祥等人[44] 采用三参数回归方程式阐述铝损失量。Begunov 和 Tsymbalov[45,46] 利用两种不互溶的液体来模拟电解质与金属,建立的数值模型基于铝在电解质中呈乳化态铝存在。他们发现模型能解释:在工业电解槽中,金属损失是由于对流传质所造成。Siraev 等人[47] 用 5 ~ 8 kA 的电解槽进行试验,电流效率由析出的铝量计算。

9.3 CO_2、CO 和溶解铝之间的反应

解决二次氧化反应更直接的方法就是研究 CO_2 与溶解了的铝之间的反应。尽管在 1980 年以前,该研究课题做了很多工作,但是近来的论文比较少。在 20 世纪 80 年代早期,Rolseth 和 Thonstad[48,49]研究了铝的二次氧化反应的机理,他们将 CO_2 穿过熔融的冰晶石溶液与液态铝接触时,测量生成 CO 的比率,研究发现 CO 的生成率随着电解质搅拌程度增加、温度升高以及 AlF_3 含量的降低而增大,而电解质的高度、CO_2 的流速以及 CO_2 的分压对 CO 的生成率没有影响。这一结果表明,存在两个缓慢的阶段,电解质/金属的边界层和电解质/气体的界面边界层的传质是反应的控制过程,前者在工业电解槽中更加重要。

9.4 实验槽中电解效率测量

实验室电解槽的研究可控制和维持持续试验条件,或者每次进行一个参数的调整,这很容易实现。相关文献中包含了很多这样的研究,且 1980 年以前出版的文献 Grjotheim 等人[1]已经进行过综述。

9.4.1 金属杂质的影响

在实验室研究的基础上,Keller[50]公布了像铁、硅、钛这些电解质杂质,能够被在阴极上液态铝还原,但没有全部合金化,是因为这些杂质可以形成非相沉淀,而这对于低于金属熔点的电化学还原提纯来说很普遍。这些杂质的很大一部分形成可分离的树状晶而漂浮在电解质中被阳极气体或空气二次氧化,然后又被还原。通过这种方式,某种杂质在它从电解槽中消除之前,能多次导致电流效率损失。

9.4.2 固态阴极上铝的沉积

Duruz 和 Landolt[51]利用电位扫描和计时电流技术,在不同的

NaF 与 AlF_3 摩尔比下,研究了电解质熔融液中,钨电极上铝的析出和氧化反应。研究认为电流效率损失的反应过程由传质过程控制着,且包含熔体中金属溶解反应,以及溶解金属从阴极表面到电解质中的扩散过程。

Tellenbach 和 Landolt[52]研究了在钨和硼化钛固态基底上阴极析出的铝所发生的再次溶解的反应速率。铝在这两种类型的电极表面的损失速率相同,但是表面粗糙度以及电极的几何结构对溶解过程有重要影响。他们[53]还利用一种恒压双脉冲电沉积法,研究了不同的参数对电流效率的影响,研究表明电流效率随着阴极电流密度的增大以及温度的降低而增大,这与工业经验相一致。他们也用旋转圆盘电极进行研究,发现在冰晶石熔液体中,物质损失速率是由传质所控制的物理溶解机制。

Sum 和 Skyllas-Kazacos[55]通过反向电流计时电势分析法测量钨电极上沉积的铝的溶解速率,溶解速率随着 NaF 与 AlF_3 摩尔比的降低而降低(强酸性),在 1031℃ 时溶解速率为 10^{-7} mol · cm^{-2} · s^{-1}。此外,文献[56]也研究了不同参数对铝溶解速率的影响,溶解速率随着温度的降低、电解质中氧化铝含量的增加、气泡的减少以及溶解金属的减少而减少。铝溶解速率是由传质所控制的。在试验研究中所得到的这些结果,与工业电解槽一致。

Dorin 和 Frazer[57]在可湿润阴极试验电解槽中研究电解操作参数特性。总体而言,极距对电流效率的影响最大。这表明了造成电流效率损失的律速阶段,一定发生在靠近阳极的地方。小极距情况下,阳极气膜层电阻所占比重很大。电解槽的欧姆电压降,应该随极距的减小、阳极浸没深度的增大以及阳极旋转率的增大而减小。这些结果也表明了传质对电解槽操作的重要影响。

9.4.3 试验槽的测量

Grjotheim 等[58~62]在一系列的论文中发表了实验室电解槽的测量结果。测量了预焙阳极和石墨阳极的气体组成以及消耗[58]。在石墨阳极上测量了阳极过电压以及电压变化曲线[59],在铝铜合金阴极上采用稳态技术测量阴极过电压[60]，在960℃，阴极电流密度为1 A/cm² 情况下，阴极过电压为160 mV。经研究发现，随着电流密度的增加、合金中铜含量的增加以及温度的降低[61,62]，电流效率随之增加。

9.4.3.1 极距对电流效率的影响

许多研究者已经研究了与铝氧化反应密切相关的极距对电流效率的影响。Fellner 等人[63]发现当极距超过30 mm时，极距对电流效率再无影响。经研究发现，电流效率的损失与电流的立方根成反比，其解释是由于铝在电解质中的溶解度和来自气体/电解质交界面处反应物质的传质控制了逆反应引起的结果。Liu[64]的研究表明，极距在20～30 mm之间，电流效率可大于80%，然而当小于20 mm时，电流效率急剧减小，同时槽电压波动很大。实验表明，一层薄的(3～5 mm)在电解质/铝液界面上未溶解的氧化铝可以防止液体铝进入电解质，从而增加电流效率。

Rolseth 等人[65]证实，当试验性电解槽极距小于20 mm时，电流效率就与极距无关了。在更短的间距下效率显著减少，因为逸出的气泡扰动电解质/铝金属界面。研究发现，当(极距)降到25 mm时，140 kA 电解槽可以稳定(运行)，不过(极距)再降时，电流效率就急剧减小。

Müftüoglu 等人[66,67]也研究了电流效率和极距之间的关系。电流效率明显取决于液态铝在气相/电解质液相、电解质液相/金属铝液相界面的传质，当对电解质进行搅动促进各种形式的对流时，电流效率降低。在 Karlsen 等人的随后研究中，对固态可润湿性 TiB_2 阴极与液态铝阴极做了一个比较，对于液态阴极来说，极距的缩小对电流效率的降低有显著作用，而对于液态湿润性阴极，当极距低于10 mm时，得到较高的电流效率。这可由气体导致对流传质的特性来解释，对流扰动电解质/金属界面，不过这对固体可湿润阴极上的铝薄膜影响不大。

Dorreen 等人[13]宣称他们没有发现极距对电流效率有任何明显的影响，这也许和他们的电解槽设计有关。因为如果没有阴极金属铝液层，那么在所有研究的极距空间中，传质条件相同。

9.4.3.2 电解质成分的影响

Grjotheim 等人[69]综述 LiF 和 MgF_2 的含量对电流效率的影响。在实验室电解槽中，LiF 对电流效率的直接影响似乎可以忽略，而一般说来，LiF 的主要影响归因于在初晶温度和电解温度的降低。高 AlF_3 含量的低摩尔比电解质在试验室电解槽中得到了广泛研究。Grjotheim 等人[70]和邱竹贤[71]研究了这些电解质的优缺点。邱竹贤等人[72,73]研究发现，在 100 kA 的电解槽，800 ~ 900℃电解时电流效率为 85% ~90%。所用的摩尔比为 1.2，同时添加了 6% 的 MgF_2。Grjotheim 等人测量了在含有 20% AlF_3 和 3% LiF 的电解质中电解，在 890 ~940℃时，温度每降低 10℃电流效率将提高 1.2%。用这些低熔点电解质所遇到的主要问题是阴极过电压较高、阳极效应发生较频繁、在阴极上可能形成固体冰晶石沉淀，此外小实验槽中电解质对流较差。Sterten 等人[43]和 Solheim 等人[75]在 800 ~860℃温度范围之间测试了多种电解质添加剂对电流效率的影响，低熔点的电解质比传统的电解质能够达到更高的电流效率。钠冰晶石（Na_3AlF_6）－锂冰晶石（Li_3AlF_6）熔体电解可以得到很高的电流效率。Vecchio-Sadus 等人[76]将摩尔比从 3.0 降到 1.5，电解质温度降低到 850℃，创下了电流效率高达 95% 的记录。如果氧化铝浓度超过 3%（质量分数），析出的铝有时会破碎成小球，聚集在阴极附近。

9.4.3.3 惰性电极

Thonstad 和 Xiao[77]分别使用炭阳极和二氧化锡（SnO_2）基惰性阳极的实验室电解槽上测量了电流效率。发现惰性阳极上的电流效率高出 1.6%。尽管所测量的电流效率在 87% 到 89% 之间变动，比大多数工业电解槽要低，但是已经说明，惰性阳极会导致电流效率降低这一说法很难令人相信。Dorin 等人[78]在可润湿性阴极和带套筒阳极的电解槽研究得到电流效率为 94%。阳极套筒减少了阳极气体与金属之间的接触，因此电流效率提高了2%。NaF 与 AlF_3 的质量比为1.14 的电解质，即，过量10% AlF_3，这种电解质组成比中性的电解质组成提高10%的电流效率。

在很低的温度下，Beck[79,80] 和 Brown[81] 用惰性电极在750℃进行的实验，研究使用共熔的 NaF-AlF_3 电解质，有的添加了 LiF-AlF_3 和 KF-AlF_3 复合盐，在1～40 A 的试验性电解槽中电解铜为阳极，TiB_2 为阴极。多次实验在12 A 电流电解达7 h，电流效率平均为50%，所测量的电流效率最高达80%。令人感兴趣的是冯乃祥等人[82] 在双极性电解槽中研究电流效率，电解槽内，双极板与阴极之间的距离越短，电流效率就越高，达70%。在更高的电流下和通过增加双极电极的高度，可以降低两个极板到电解槽的垂直侧墙的电流泄漏。

9.4.4　Solli 等人的实验结果

关于电解质成分以及其他电解槽参数对电流效率的影响，最具有普遍性并且最精确的研究可能是由 Solli[83～86] 在实验室电解槽完成的。研究采用可润湿性阴极（基底位钢板），可以保证液态铝水在一个几乎平坦的底面上保证以均匀的电流分布，而在传统的实验室电解槽中，半球形的金属表面导致电流分布不均匀，并且用一个中心开有垂直通孔、浸在电解质液中有两个水平孔洞的圆柱体阳极，这样就能让阳极气体穿过垂直洞逸出，电解质通过水平的洞口流出，减少对熔体的搅动。由重量法测出了电流效率。图9.5 为他们的实验电解槽。

在 Solli 等人[83～86] 的研究中，研究如下变量对电流效率的影响：电解质混合物（AlF_3、Al_2O_3 和 CaF_2 含量）、电解质温度、极距、阴极电流密度和杂质含量。以下对研究结果进行讨论。

9.4.4.1　电解质中氟化铝的含量

图9.6 显示，电解质中氟化铝的含量增加，电流效率增大。但是，这些数据只给出了氟化钠在熔体中的摩尔分数，以及氟化钠与

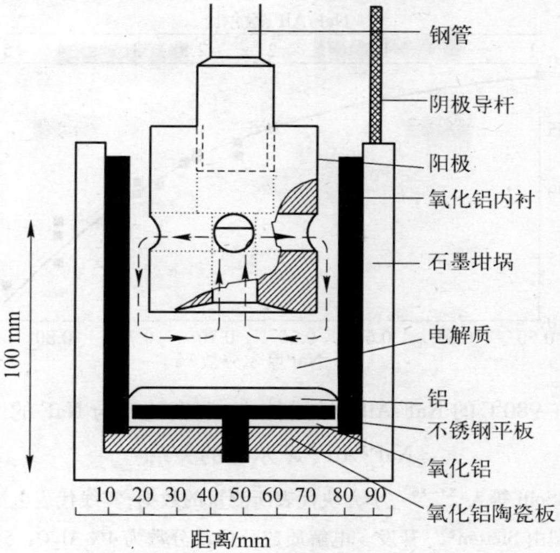

图 9.5 Solli 等人[83~86]所用的实验室电解槽(箭头和点线表明了电解质通过阳极的循环模式)

氟化铝的摩尔比的部分内容。因此当过剩氟化铝以质量的形式($w(AlF_3)$)给出(摩尔比为2.2 相当于过剩质量分数为11% AlF_3)时,不容易看出氟化铝含量的作用。很明显,甚至在氟化铝含量很高的时候,电流效率也持续增加。过剩氟化铝含量最高的四个数值分别为 12%,15%,26%,40%,电解温度恒定为 980℃,这一结果与在电解质中金属溶解度减小有关。

9.4.4.2 电解质中的氧化铝含量

氧化铝浓度的作用如图 9.7 所示。当其他的变量保持不变时,氧化铝含量在 1.2% ~8.0% Al_2O_3 之间变动,在测量不确定性条件下,氧化铝浓度对电流效率没有影响。图中的实线来自于 Sterten 的模型,该模型反映了溶解金属(金属钠)的平衡活度受到氧化铝浓度影响很小。

9.4.4.3 电解质中氟化钙的含量

图 9.8 给出氟化钙浓度对电流效率的影响。氟化钙的含量在

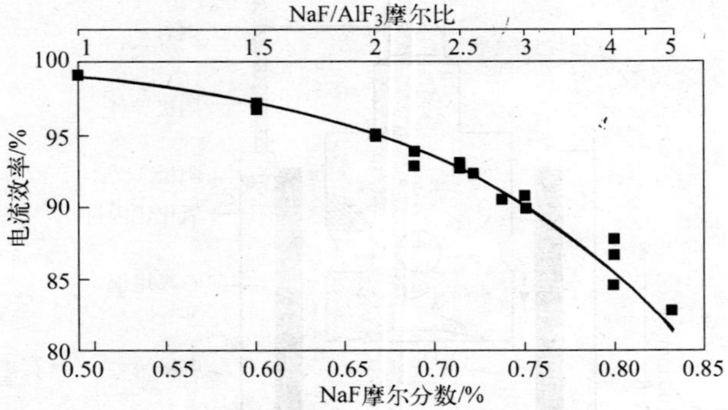

图 9.6 在 980℃的 NaF-AlF_3 熔融体中，电流效率与 NaF 的摩尔分数、NaF/AlF_3 摩尔比的关系

源自于 Solli 等人[83~86]，小方块代表所测量的数据，实线代表电流效率，这一模型由 Sterten[87] 开发。电解质成分质量分数为 4% Al_2O_3，5% CaF_2，阴极电流密度为 0.85 A/cm^2

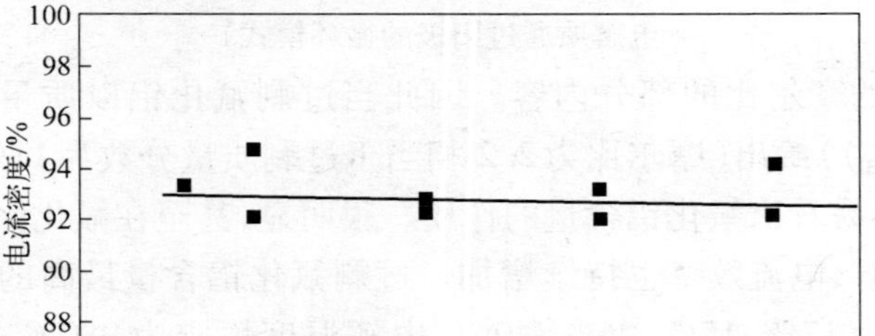

图 9.7 980℃，0.85 A/cm^2 阴极电流密度，7% AlF_3，5% CaF_2 的冰晶石熔体中氧化铝浓度与电流效率的关系

源于 Solli 等人数据[83~86]，实线代表 Sterten[87] 的模型

0~20%之间变化，当然，这一范围与工业生产不太相符。氟化钙的含量增大，电流效率增高，至少在氟化钙含量 10%以下如此，高出该含量后曲线似乎变得水平。这里值得注意的是，更高的 CaF_2 含量是不切实际的，因为这导致了电解质密度的增加。氟化钙提高电流效率的正面影响可能是由于减少了金属在电解质中溶解的原因。

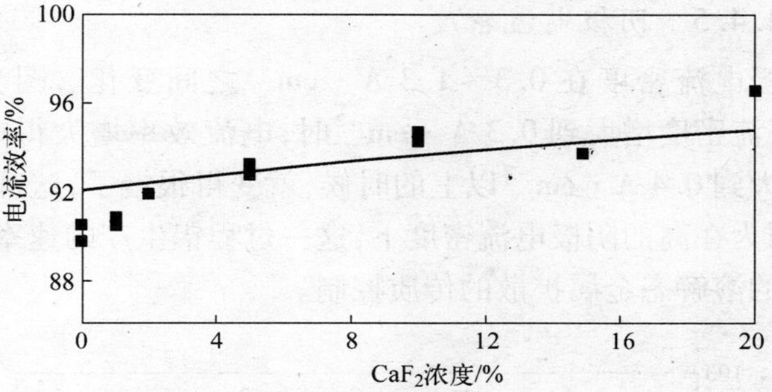

图 9.8 氟化钙对电流效率的影响

温度 980℃，阴极电流密度 0.85 A/cm²，冰晶石熔体含 7% AlF_3、4% Al_2O_3，

源自 Solli 等人[83~86]，实线为 Sterten[87,88] 的模型

9.4.4.4 电解质温度

温度对电流效率的影响见 Solli 等人[83~86]给出的图 9.9。随着温度的降低，曲线斜率变得不是很陡。在 970～955℃之间，1℃对应的电流效率变化了 -0.06%，尽管这一值不太确定。这就比文献记载的具有典型性的平均值 1℃对应为 0.2% 的电流效率低很多了（见 9.5.2.6 节）。随着温度的降低，电流效率不断增大与溶解金属在电解质中的溶解度变化趋势一致。

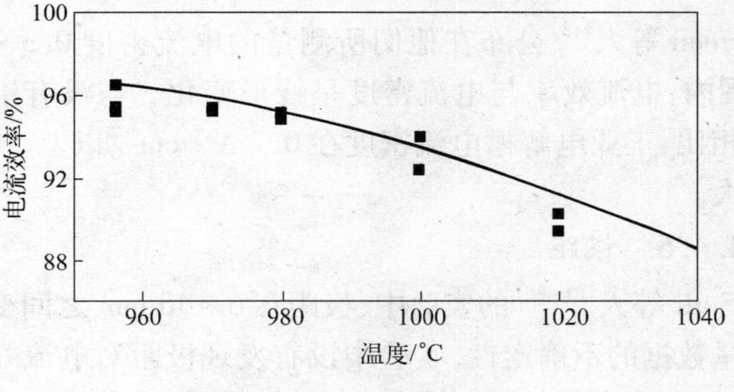

图 9.9 电流效率与电解温度的关系

阴极电流密度 0.85 A/cm²，含 15% AlF_3、4% Al_2O_3 以及 5% CaF_2

的熔融冰晶石中，源自 Solli 等人[83~86]数据

9.4.4.5 阴极电流密度

阴极电流密度在 0.3 ~ 1.3 A · cm^{-2}之间变化。图 9.10 显示，当电流密度增大到 0.3 A · cm^{-2}时，电流效率增大得非常快，但当增大到 0.4 A · cm^{-2}以上的时候，就变得很慢了，这都是意料之中，因为在高的阴极电流密度下，这一过程铝生产的速率受到阴极产生的溶解态金属扩散的传质控制。

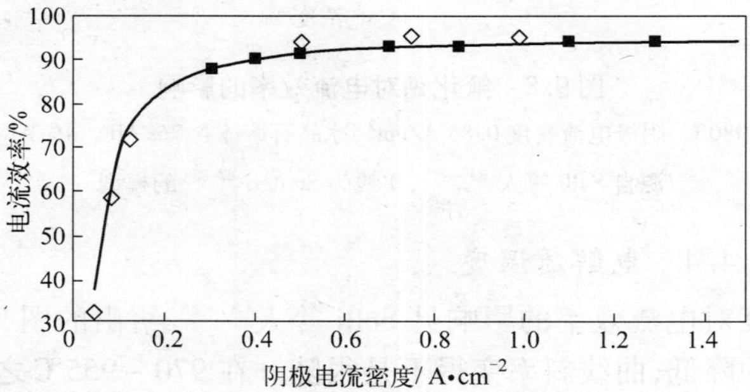

图 9.10 电流效率与阴极电流密度的关系

电解温度 980℃，含 7% AlF_3、4% Al_2O_3 以及 5% CaF_2 的冰晶石熔体；

■ —源自 Solli 等人[83~86]；

◇ —源自 Skybakmoen 和 Sterten[89]

Dorreen 等人[13]公布在他们所测量的电流密度 0.3 ~ 1.1 A/cm^2 范围内，电流效率与电流密度呈线形变化。与没有铝液层的试验槽相比，工业电解槽电流密度在 0.7 A · cm^{-2}以上，传质过程影响更大。

9.4.4.6 极距

在 Solli 等人[83~86]的实验中，极距在 6 ~ 40 mm 之间变化。考虑到测量数据的不确定性，实验中没有发现极距对电流效率有影响，除非极距非常低（小于 8 mm），这时阳极气泡与阴极的铝液有可能发生直接接触。

9.4.5 实验室电解槽研究结果讨论

根据小型实验室电解槽的电流效率的研究结果，能否得出结论并应用到工业电解槽中呢？首先，毫无疑问实验室电解槽的测量数据，使我们掌握了导致电流效率损失的过程。遗憾的是，以前对实验室电解槽研究所得出的结果与工业电解槽的结果经常不一致。这主要是因为，这些小的实验室电解槽与工业生产电解槽的操作环境有很大的不同。实验室电解槽缺少磁场、热梯度、侧部炉帮，并且电解质中的杂质不同。而且，槽子的几何构造也有差异，实验室电解槽经常只用一种阳极（预焙或石墨阳极），实验室电解槽中没什么对流，在阴极表面上可能有一层静止的电解质层，其成分变化很大，尤其是在小型电解槽中更明显[43]，这就在金属和电解质之间形成了密度和表面张力梯度，所以，应该谨慎地对待小型电解槽的研究结果。

9.5 工业电解槽的电流效率

在工业铝电解槽的生产管理中，电流效率一直是人们关注的焦点。据 Grjotheim 等人[90]综述，在过去的 50 年中，电解槽的性能的确提高很快。50 年前，电流效率在 80% ~85%，而现在，已经提高了 10%。在此，我们将简要回顾一下在这个阶段中所取得的电流效率的发展情况。

9.5.1 发展历史

Kvande[91]综述了工业电解槽关于电流效率的历史和发展进程。20 世纪 40 年代，50 kA 电解槽的电流效率达到 85% 的水平，然后，有了一个快速的发展，到了 1952 年，一条 100 kA 的自焙槽系列电流效率可达到 90%[92]。之后，进步速度减缓，在 20 世纪 70 年代，因为更多的研究重点关注的是如何降低电解槽的能耗。

1974 年，据 Wittner 报道，一个系列 160 台预焙阳极的电解槽，电流为 109 kA 电解得到年均电流效率为 93.9% 的效果。8 年后，一条电流为 182 kA、60 台点式下料的电解槽的生产系列在三个月内统计，电流效率达到了 94%。与此同时，日本[95,96]的 100 kA自焙槽系列达到了 90.5% 的电流效率。20 世纪 80 年代早期，据说一些单独用来测试的电解槽（的电流效率）能接近 96% 的水平，但是这数据仅仅是这些少部分槽子在操作人员的精心操作之下获得的。直到现在，年平均电流效率达到 95.5% 的电解槽系列也不易见到。目前，最好的采用点式下料器的自焙槽系列的电流效率可达到 93%。

一般来说，文献上电流效率的数据没有可比性。在大多数旧的著作里，数据的准确性没研究，一般也不会给出平均值的标准差。这样，很有必要对电流效率的计算方法的准确性进行评估。所以，通常应该细心分析对待这些数据，但是当利用全年整个电解系列出铝量数据时，这些数据就相当可靠了，标准偏差可能在 1% 之间。

9.5.2 不同的电解质参数对电流效率的影响

在这里，我们讨论一下电解质的成分和温度（对电流效率）的影响。

9.5.2.1 AlF_3 的含量

在文献资料中，氟化铝对电流效率的影响已经被广泛的研究，在 Lewis[97] 早期的著作中包括许多可靠的数据，他提出当电解质的成分从纯冰晶石变为含有 6% 的过量 AlF_3 时，工业电解槽的电流效率可以提升 3.3%，这意味着 AlF_3 的含量每增加 1.8%，平均电流效率提高 1%。Berge 等人[98]发现，当排除电解质温度的同期影响时，AlF_3 含量增加 1.7%，电流效率就增加 1%。随后，Chaffy[99]总结出 AlF_3 的含量增加 2% 可得出同样的结果，而 Dhameja 和 Sachan[100]报道，1.4% 的 AlF_3 可以使电流效率增加 1%。Stevens 等人[27]发现 AlF_3 的含量仅需提高 0.6% 就可使电流效率提高 1%。Dewing[101]在加拿大铝业公司的不同工厂中对影响电流效率的各种参数进行了研究。他提出当 AlF_3 含量范围为4% ~12%时,AlF_3 的含量每增加3%,将使平均电流效率提高1%,这与前面提到的数据稍微有些不同。

Kvande[102] 重新综述了 Langon 和 Varin[103] 以及 Tabereaux 等人[104] 的研究,这些研究都使用不同的高 AlF_3、低 LiF 含量电解质。这些结果见表9.1,在这些结果中,作者没有给出不确定的数据。

表9.1 低锂含量改质电解质的工业电解槽性能数据

(源自 Langon 以及 Varin[103](适用于280 kA 的槽子),以及 Tabereaux 等人[104](适用于180 kA 的槽子))

电解参数	180 kA 电解槽				280 kA 电解槽			
过量 AlF_3 含量/%	10.9	9.4	5.5	4.0	12.5	11.2	9.5	7.7
LiF 含量/%	0.3	1.0	2.2	3.2	0.4	2.1	3.0	2.6
MgF_2 含量/%	0.3	1.0	2.6	2.6	—	—	—	—
CaF_2 含量/%	4.5	4.2	3.9	3.8	—	—	—	—
温度/℃	956	958	953	947	952	937	942	953
过热度/℃	2	10	15	10				
电流/kA	181.1	181.6	180.3	179.3	281.7	285.6	284.3	281.0
电流效率/%	94.47	94.15	93.24	91.96	95.8	95.1	94.1	91.9
能耗/kW·h·kg^{-1}(Al)	13.28	13.15	12.75	12.99	12.84	13.03	13.06	13.32
电压/V	4.21	4.15	3.99	4.01	4.13	4.16	4.12	4.11

图9.11给出锂改质电解质组成中,电流效率与 AlF_3 含量之间的关系,这些来自于这两篇完全独立的文献中的数据,具有很好的一致性。当 AlF_3 含量从4%变到12.5%时,两个人研究中,都有一条穿过数据点的直线,这条直线的斜度为每增加2.5% AlF_3,电流效率就增加1%。很明显,与此同时,在温度、过热度以及 LiF 含量方面的变化对这一关系没有显著的影响。这与先前讨论的结果符合得很好。但是,图9.11中的数据有一个假设前提,即相对于 AlF_3 的影响来说,其他所有参数的影响都可以忽略不计。

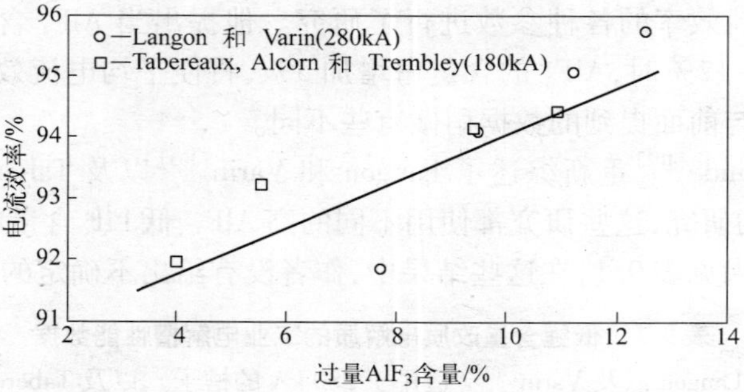

图 9.11 锂改质电解质试验中,电流效率随氟化铝的变化情况

源自 Tabereaux 等人[104]

9.5.2.2 LiF 含量

一个多年未能解决的问题是,锂添加剂对电流效率的真实影响程度。氟化锂对于降低液相初晶温度(每增加一个 LiF 质量分数,降低约 9℃)和对于增加电解质的导电性非常有效,这样,可以通过降低电解温度和在不增加槽电压的情况下采用较大的极距的方式来提高电流效率。

在表 9.1 中,Kvande[102] 在图 9.12 给出电流效率与电解质中 LiF 含量之间的变化关系。我们明显看出,虽然有些数据点是散落的,但是如果同时将两组数据进行考虑,可以看出,在现代大电流的电解槽中,电流效率随 LiF 含量的增加而降低。然而,值得注意的是,还有其他几个参数对于该实测电流效率有影响。

这个结论在定性上,与 Dewing[101] 得出的数据相一致,对于电流效率(CE)的损失,Dewing[101] 给出了以下表达式:

$$\log(\text{电流效率的损失}/\%) = \text{常数} - 0.019w(AlF_3) + 0.060w(LiF) + 0.0095(\text{过热度}) \quad (9.25)$$

在文献中有许多文章都报道了,锂改质电解质能够改善工业电解槽的运行结果[105~111]。时至今日,锂改质电解质的应用都只限于旧槽;而且,采用 LiF 很少能够获得像使用高过量 AlF_3 那样获得高的电流效率。因此,可以认为:LiF 比较适用于旧槽中,当不含锂的电解质能够获得接近95%的电流效率时,使用 LiF 在经济上和技术上似乎并无必要。在实际应用中,对于 LiF 产生的影响还是说不清,也没有任何一家电解厂在正常生产时使用 LiF 添加剂,否则需要改变正常的生产条件来运行电解槽。Chaffy[99] 的文章认为,在 Pechiney 280 kA 的电解槽中,很难甚至不可能同时保持稳定且高含量的 AlF_3 和高含量的 LiF。许多工业电解槽的经验数据或许有一定的参考价值,特别在其他的电解质成分含量保持为常数时。

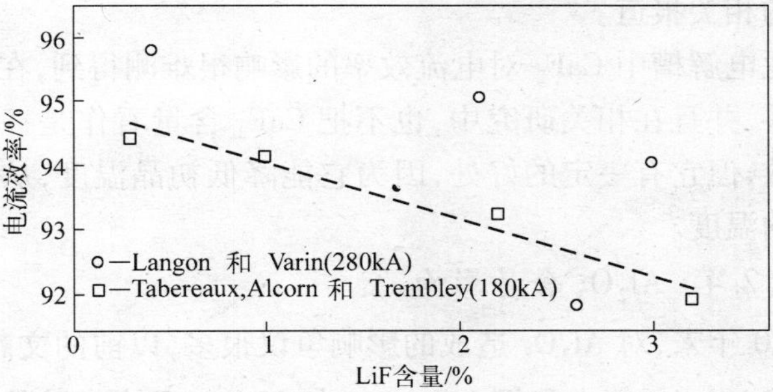

图 9.12 低锂盐改质电解质电流效率与 LiF 含量关系(源自表 9.1 的数据)
– – □ – – —数据源自 Tabereaux 等人[104];○—数据源自 Langon 和 Varin[103]

9.5.2.3 MgF_2 和 CaF_2 含量的影响

在实验室的电解槽中[1]研究已经证明 MgF_2 能够提高电流效率,同时,每单位重量的 MgF_2 比 CaF_2 降低初晶温度更明显,工业电解槽中 MgF_2 能够提高电流效率可能是因为它对降低初晶温度的作用。Steven 等人[27] 的文章给出一个非常高的值,即 MgF_2 含量每添加一个百分点,电流效率提高了 4.8%(很大的数值),这个数值在 95% 电流效率水平时明显。电解质中相应的 MgF_2 含量,会使铝中的镁占到约 $200 \times 10^{-4}\%$。Bersimenko 等人[112] 的研究表明:往中性的电解质中添加约 5% 的 MgF_2 和 5% 的 CaF_2,电流效率仅略微升了 0.6%。Antonov 等人[113] 的文章也报告了增加电

解质中的 MgF_2 含量，电流效率会小幅上升。

Mahadevan 等人[113]研究了在工业电解槽中添加 MgO 和 Li_2CO_3 产生的影响，他们报道说，在两个试验槽中，同时添加这种成分，相应电解质含 1.8% 的 LiF 和 1.5% 的 MgF_2，电流效率提高了 17%（极高!），长达 6 个月时间里，获得 96.9% 的电流效率，这些槽的生产率（kg（铝）·（槽·日）$^{-1}$）提高了约 10%。Balco 的报告中称，这个发现与别的地方获得的结论相符，然而，我们没有找到其他能够通过 LiF 和 MgF_2 添加剂使电流效率能有这样大幅度提高的相关报道。

工业电解槽中 CaF_2 对电流效率的影响很难测得到，在实际中通常为零，并且在相关研究中，也不把 CaF_2 含量看作是一个很重要的参数，但它有一定的好处，因为它能降低初晶温度，从而降低电解质的温度。

9.5.2.4 Al_2O_3 含量影响

近 10 年来，对 Al_2O_3 造成的影响争议很多，以前的文献数据，比如经 Grjotheim 等人和经 Lillebuen 与 Mellerud 综述过的文献数据表明：Al_2O_3 含量在 4%（质量分数）附近电流效率有最小值（拐点），在大于或小于该值时，电流效率不是随着氧化铝变化而线性变化。近来的数据表明，这个关系并不是那么简单。这个问题已经由 Kvande 等人[116]详细探讨了。

目前，存在两种很大的分歧：(1) 每增加 1% 的 Al_2O_3，电流效率相对小幅增加了 0.2% ~0.7%；(2) 每增加 1% 的 Al_2O_3，电流效率大幅降低了 1% ~3%。

前一个结论与实验室测量结果相符，实验室测量的是以铝在电解质中的溶解度与氧化铝含量的函数关系得出的。这在第 8 章讨论过了，也与得到了 Alcorn 等人[117]和 Paulsen 等人[118]对工业电流效率的测量结果一致。在后面两人的测量工作中，电流效率是以 CO_2/CO 气体分析方法得到的。如前已提及，Solli 等人[81~84]进行的实验室槽的研究表明，氧化铝对电流效率没有影响。

后一个结论是由 Leroy 等人[11]基于总氧平衡法从工业电解槽测得的数据提出的，详见 9.1.2.1 节。此后，法国铝业公司称，电流效率随着氧化铝含量的降低而升高，详见 Langon 和 Peyneau[119]所举的例子。这些作者试图来解释这个现象，理由是电解质中较低的氧化铝含量对于再氧化机理有如下影响：(1) CO_2 的溶解度急剧降低；(2)气泡的总表面减少，更加强了上述效果。

根据 Tarcy[38]的论点，Alcoa(美铝)一直坚持，较低的氧化铝含量可以产生较高的电流效率。他研究结果认为每降低 1% 的氧化铝会使电流效率提高 3%，他称之为"难以置信的 3%"。在对不同类型工业电解槽的另两个研究中，分别得到了氧化铝每降低 1% 电流效率升高 2% 和 1.5% 的结果。这些结果都是在 95% 电流效率时结果很明显。这些数值很明显与槽子有关，如果这些结论是正确的，那么电解质中的氧化铝含量就是影响电流效率最重要的参数了。

那到底上面两种分歧的结论哪个正确呢？Dorreen 等人[12,13]最近在一个封闭的 100 A 电解槽进行了仔细的实验研究，他们发现，氧化铝浓度对电流效率影响很小甚至没有影响。他们得出结论：在正常的生产操作范围内，氧化铝浓度对电流效率没有影响。他们试图进一步解释为什么一些研究人员认为氧化铝浓度对电流效率有正面的影响？而另一些认为是负面影响？因为基于有限的氧化铝浓度或者基于有限的时间为依据来解释所得到的数据，可能会有偏差，这是采用任何其他方法来测定电流效率都存在的固有标准偏差。

那么，存在十多年的争论且相互矛盾的观点，最后形成统一的可能性结论是，氧化铝对电流效率的影响可以忽略不计。基于金属溶解度的测量数据[41]，很难解释为什么较低的氧化铝含量会对电流效率有较大的正面影响，例如，曾经有人称氧化铝含量减少 2%，可以提高电流效率 4%，甚至 6%(!)，这会促进工业电解槽在更低的氧化铝含量下运行。现在看来这似乎是不可能的，详见 Dorreen 等人[12,13]的测量。

在 1989 年，Kvande[91]提出，较低的氧化铝含量形成"沉淀"

少,有利于控制电解槽稳定运行。本质上看,在提高稳定性方面得到的良好效果,在长期运行中可能超过因较低的氧化铝含量所造成的轻微负面作用。

但有关氧化铝的影响结果还有待于通过工业电解槽的测量来求证,测量时应该同时采用两种方法,即稀释法和质谱仪总氧平衡法。就目前而言,我们可以得出结论是:在工业电解槽中,氧化铝含量的影响很小或者可以忽略不计。

9.5.2.5 杂质的含量

Schmidt-Hatting 等人[120]研究了电解质中的钒对电流效率的影响,他们研究发现,在 46 kA 的小型电解槽中,阳极中钒含量从 $120\times10^{-4}\%$ 增加到 $400\times10^{-4}\%$,会导致电流效率从 0.5% 降低到 1.0%,金属铝中的钒含量会从 $150\times10^{-4}\%$ 变到 $220\times10^{-4}\%$。Anufrieva 等人[121]也研究了电解质中的钒对电流效率的影响,电解质中每增加 0.01% 的钒会降低电流效率约 1.9%;每增加 0.01% 的镓会降低电流效率约 1.0%。

9.5.2.6 温度

温度与电解质的成分有关,Tarcy 和 Sorensen[39]从他们的测量数据中得出结论:温度是影响电流效率的最重要参数,因此,需要仔细研究温度的作用。

经 Grjotheim 等人[1]综述的数据表明,除了一例数据以外,所有研究的实验槽的电流效率随着温度的降低而升高,这很容易解释,在恒定的电解电流下基本铝电解反应速度不发生改变,而温度升高加速溶解铝和二氧化碳之间的反应,其反应速度随着温度的降低而降低。

Kvande[91]综述了直至 1989 年工业电解槽的数据,从测量 10 个不同系列的平均值中得出:温度每降低 1℃,电流效率平均升高 0.19%,换句话说,温度降低 5~6℃,电流效率升高 1%,这与实验槽的结果相一致。最近 Tarcy[38]给出工业槽的典型数据,数据表明电解质温度和电流效率具有密切相关性,见图 9.13。因此可以通过严格控制电解温度以便获得更高的电流效率。

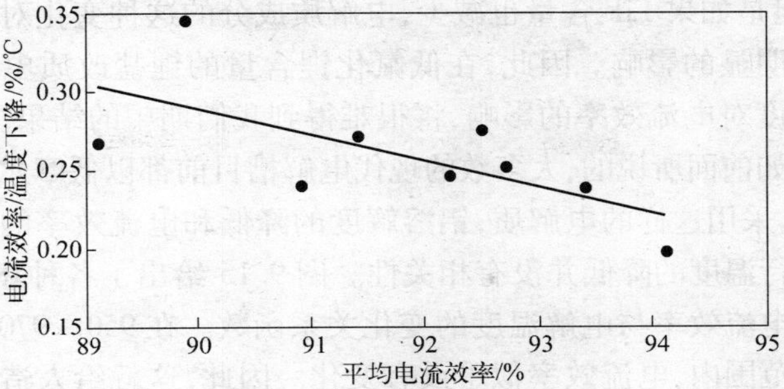

图 9.13 电解质温度与电流效率的关系

源自 Tarcy[38]

由 Langon 和 Varin[103] 以及 Tabereaux 等人[104] 得出的工业槽如表 9.1 的数据，得到电流效率与电解质温度关系，如图 9.14 所示。然而，这些数据点分布较乱，得不出清晰的趋势，这主要是因为电解槽的其他运行参数也同时对电流效率产生影响，这一点也可以从表 9.1 右边的第一列和第四列看出来，即在同样的电解质温度下，电流效率相差 4%。事实上，Tabereaux 等人[104] 得到的结果似乎表明，温度高了，电流效率也高。电解质的成分明显有重要的影响，当AlF_3含量发生变化而LiF含量相当稳定时，结果是合

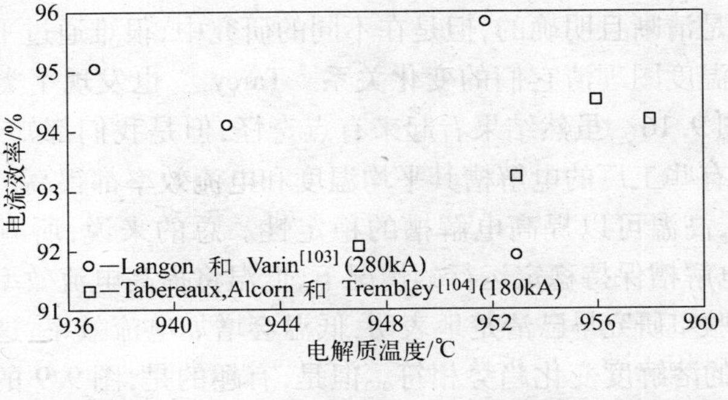

图 9.14 低锂盐含量的改质电解质中电流效率与电解质温度的关系

源自表 9.1 的数据

理的；但是如果 LiF 含量也减少，电解质成分的这种变化对电流效率具有明显的影响。因此，在低氟化锂含量的锂盐改质电解质中研究温度对电流效率的影响，将很难得到我们期望的结果。

正如前面所说的，大多数的现代电解槽目前都以低摩尔比电解质运行，采用这样的电解质，铝溶解度的降低和电流效率的升高似乎与运行温度的降低并没有相关性。图 9.15 给出了各种180 kA电解槽的电流效率与电解温度的变化关系函数。在 950 ~ 970℃之间的温度范围内，电流效率似乎没有变化。因此，这就给人造成铝溶解度的降低不是由温度，而是由电解质成分变化引起的假象。

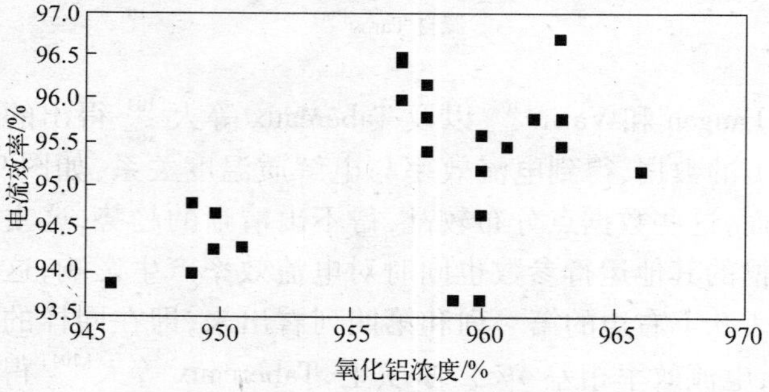

图 9.15 各种 180 kA 电解槽的电流效率与电解质温度的关系

源自 Cutshall[122]

因而，虽然温度与电流效率的影响关系在某一个单独的研究实验中是清晰且明确的，但是在不同的研究中，很难通过平均电流效率 - 温度图理清它们的变化关系。Tarcy[38] 也发现了类似的结果，见图 9.16。虽然结果看起来有点奇怪，但是我们都知道，在铝工业中有些工厂的电解槽其平均温度和电流效率都很高。有人坚持认为，高温可以提高电解槽的稳定性。总的来说，所有人都认为，在电解槽保持稳定运行的情况下，低温将提高电流效率。

实验室研究早已清楚地表明，低温会增加电流效率，这点与熔融金属的溶解度变化趋势相符。但是，有趣的是，图 9.9 的曲线在 950 ~ 970℃温度范围内却是一根很平的曲线，故而 Welch[123] 强调说，在低于 965℃时，其产生正面影响是值得商榷的。另一个有趣的现象是，有几个工厂在该范围内的不同温度下得到了类似的电流效率。Welch 总结说，温度或许并不像我们现在想象的那样重要。

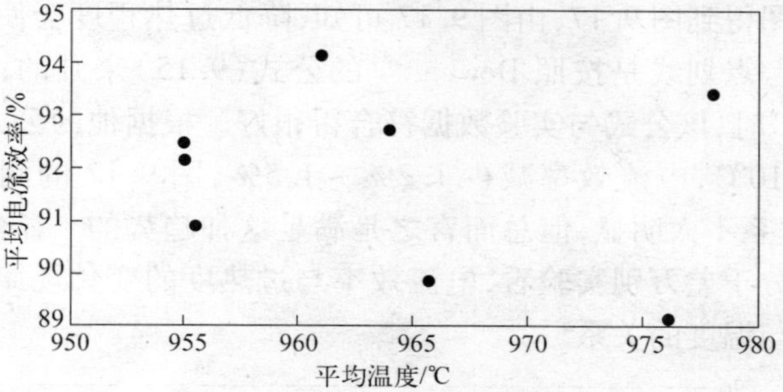

图 9.16 美铝平均温度与平均电流效率的关系

源自 Tarcy[38]

Utigard[124] 探讨过为什么“最好”的电解槽都运行在 950 ~ 970℃之间。这个优化的温度范围是由电解质的基本物理和化学特性，特别是相图、密度、界面张力和电导率确定的，对于含 LiF 的电解质，最优的运行温度能够可以降低 10℃。

9.5.2.7 过热度

在文献资料中，有关工业槽的电流效率，包括与不同电解参数关系的测量信息很多。正如前一部分所讨论那样，温度是一个重要的参数。电解质的初晶温度较低就可以在较低温度下的电解槽操作，这也正是人们所期望的，因为电解质温度每降低 1℃，就能够提高电流效率 0.2%。

然而，正如前面所指出的那样，如果温度的降低是因为改变了电解质的成分，那么电流效率增大和电解降低温度的这种关系就不能成立。因而引出过热度的概念，过热一词很常用，但是通常都不一致，有时候对于它的意思的理解还会产生混乱。这里所说的过热度，是指在给定电解质成分的情况下电解质温度和初晶温度之差。

过热度决定侧部结壳和伸腿的形成，并且也部分地影响氧化铝在电解质中的溶解率。过热度是电解槽运行的第二重要参数，它由电解槽的热平衡来确定，过热度降低能够增加侧部炉帮的厚度，因而减少了铝液镜面的表面积，这反过来又提高了电流效率。

那么，以表 9.1 中 Tabereaux 等人[104]的数据对电流效率与过热度作图得到图 9.17，由图 9.17 可知，降低过热程度会使电流效率提高。点划线是按照 Dewing[98]的公式(9.15)来画的，在过热度为 2℃时，该公式与实验数据符合得很好。根据他的公式，过热每增加 10℃，电流效率减少 1.2% ~1.5%，图 9.17 的测量值表明，其关系不太明显，但总而言之是满足这种趋势的。显然，从电解质成分千差万别实验看，电流效率与过热度的变化规律强于电流效率与温度的关系。

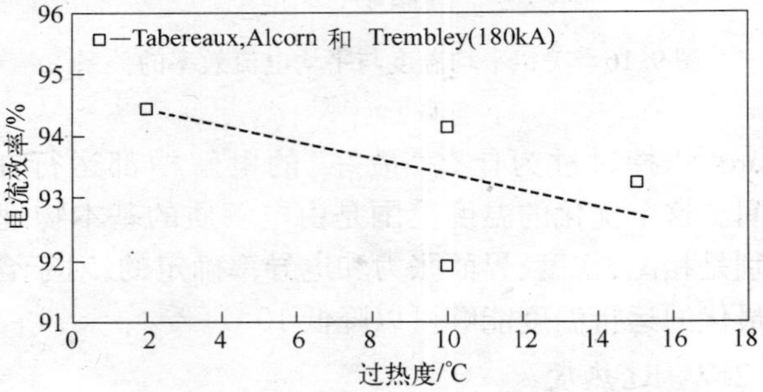

图 9.17 电流效率与电解质过热度

源自 Tabereaux 等人[104]；点划线是按照 Dewing 公式[101]来画的

9.5.3 电解质成分优化

在过去 40 年间，AlF_3 含量从原来常用的3%基础上有稳步升高的趋势。在 20 世纪 60 年代初期，美国铝业公司很可能是率先在电解槽中采用低摩尔比的电解质企业，见 Holmes[125]的报道。与此同时，Reynolds(雷诺兹)金属公司开始关注 LiF-MgF_2 改质电解质，并自从 1965 年起，Reynolds 金属公司使用他们的技术在电解槽中使用 LiF 改质电解质，作为电解槽的标准运行制度进行生产。

令人惊奇的是有关工业电解质成分几乎找不到公开的文献。一些企业，如 Reynolds 金属公司，他们把电解质成分当作公司知识产权，申请专利保护。美国铝业公司在完成研究工作 30 年之后,在 1995 年才首次在电解化学领域发表了他们的研发成果。

为了评估某一种改良电解质成分在经济上、能耗上、环境上是否有利于电解槽的运行,就必须对目前所用的电解质的所有参数进行全面的测量。而电解质的不同物理化学特性的数据,是一个了解其性质的很好来源。关于电解质的优化,一直以来都专注于减少金属的溶解度和尽可能地提高或维持电导率。1982 年,Kvande[126] 提出了一个问题:关于在一个特定的铝电解槽中是否有一个最佳的电解质成分?他试图把从文献中得到的电流效率数据与实验室得到的许多物理化学性质数据联系起来。他发现,只有金属溶解度数据与电流效率存在密切的关系,而密度、界面张力和黏度等数据不能解释电流效率的变化趋势。他的结论是,不存在某种最佳电解质成分。对于一个设计好了的电解槽,在基于模型预测和工业试验条件下,可以有多个电解质成分,这些电解质成分除了在经济成本上不同之外,均可获得相同的效果。

大多数电解质的改质都是增大 AlF_3 的添加量,因为这样可以得出更纯的铝。有些公司喜欢添加 LiF 来降低金属溶解度、提高电解质的电导率和降低液相温度。但是还是有矛盾的,因为锂和铝共析出,因此有必要增加另一环节来处理未能满足要求的金属质量标准,所以对于有金属进一步提存处理环节的工厂可以使用含 LiF 盐的电解质,而其他电解厂如果这样做,在成本上受到很大考验。

另外,电解质中过多的 AlF_3 含量,也存在问题,因为电解质在物理化学上产生以下几个不良结果:

(1) 电导率降低;

(2) 氧化铝的溶解度降低(对于改质电解质也一样);

(3) 因蒸发造成电解质损失增大;

(4) 碳铝的溶解度增大。

最后一项特征会导致阴极损耗加剧,从而降低电解槽的寿命。

9.5.4 界面搅动、钠含量和电流效率

依据法拉第定律预测的铝产量在实际中永远达不到,所以电

流效率通常小于 100% 。式(9.6)中给出逆反应表达式,其实主要损失的机理在于金属钠的析出,金属钠溶解于电解质中,金属钠进而被 CO_2(气态)再氧化:

$$6Na(溶解) + 3CO_2(g) + 2AlF_3(溶解) = 6NaF(溶解) + Al_2O_3(溶解) + 3CO(g) \quad (9.26)$$

在非电解的条件下,在铝中钠的平衡浓度通常反映了电解质中的 NaF/AlF_3 比。在 Hall-Heroult 电解槽,原先认为铝中有较高的钠含量,是较低电流效率的标志,但不久就被否定了。Tabereaux[127] 发现,在现代的电解槽中,由于界面搅动减少、电解槽流体作用力的降低导致阴极极化增加、在金属界面附近含钠物质的聚积,所以铝中含有较高的钠含量。他提出,通过测量工业电解槽的电解质与铝液界面中的钠浓度来判断界面区域的搅动程度,它是电解槽电流效率的指示器。Polyakov 等人[128] 也指出,高速率的界面运动会提高铝的溶解,增大铝与电解质的乳化和扩散过程,导致电流效率降低。

依据电荷传输的机理,靠近阴极的边界层比本电解质成分含有更多的 NaF。对流在这个边界层不能发挥作用,而离子必须通过边界层扩散产生浓度梯度。现代的电解槽中,铝液层波动小,对金属/电解质界面的搅动小,因而钠粒子在整个边界层上的浓度梯度较高,可以获得较高的电流效率,但铝中的钠浓度也比旧式槽型要高。

Haupin[129] 提出了测量一个金属铝液层稳定性的新手段,即在一个特定的电解质成分和温度下,通过测量得到的铝液中钠的浓度与计算得到的非极性化条件下铝中钠的浓度比值,这个值越高表明电解质铝液层较稳定。Haupin 解释了电解质/铝界面之间较厚的边界层,金属铝具有较高稳定性的原因。界面层厚度与界面附近两种流体中任何一种的相对运动速率的平方根成反比,并估计该边界层的厚度约为 0.08 cm。较厚的边界层使钠的扩散通道加长,对高钠浓度梯度造成的较大驱动力进行补偿。这就解释了一种看似矛盾的情况,即为什么较高的钠含量通常会有较高的电流效率。

在溶解金属(主要是钠)被氧化之前,必须从铝/电解质界面中扩散开来。我们都知道,具有良好磁场补偿的电解槽,其铝液层的运动较小,这就减缓了含有饱和金属钠的电解质从铝液界面传输的速率,从而减缓了钠的损失,这就是这类电解槽具有较高电流效率的原因。

9.5.5 电解槽的设计和运行对电流效率的影响

现代大电流电解槽都采用相似的电解质成分,运行的温度也相似,而所获得的电流效率还是有差异。发生钠与 CO_2 的再氧化,是电流效率的主要损失机理,这在工业槽中也一样;但是那些非电解质性质的其他参数也很重要,所以电解槽的设计和运行也会起到重要的作用。

9.5.5.1 电解槽的设计

Begunov 和 Gromov[130]研究了阳极气体循环的流体动力对电流效率的影响,其结论是,在自焙电解槽中电流效率较低主要是由于气体的流体动力因素造成,因为在阳极的边部产生气体的反应速率较高。他们认为,在阳极投影区之外阴极块底部之上设计一个人造伸腿,很可能提高自焙电解槽的电流效率,使之达到92% ~94%。

Bayer[131]报道了一例试验结果,将 AP30 电解槽的双阳极换成尺寸加倍的单阳极时,在槽内阳极会产生严重的有关气体流动的动力学问题,对电解槽的性能产生了负作用。通过降低阳极的电流密度,并没有获得电流效率的小幅提高,而是导致电流效率的下降。结论是,为了确保气体很容易地被释放,任何电解槽的设计都应该采用多块小阳极而不是块数少的大阳极,这就是为什么自焙电解槽永远不可能达到像现代预焙阳极电解槽那样的高电流效率,当然还有其他原因:磁场补偿和氧化铝加料添加的全过程控制。

从 Bilek 等人[31]研究工作中,可以得出的结论是,减少侧部和端部加工面的尺寸,电流效率不成比例地提高。Knapp[132]和 Bearne 等人[133]认同这个观点,他们估计说,电解槽的窄加工面设计,在实践中当阳极与侧墙的间距从 450 mm 减少到 250 mm 时,在 Boyne 电解厂的 200 kA 电解槽,可以将电流效率至少提高 1%。对于这种电流效率提高的两种解释为:界面表面积的减少和界面稳定性的增加。这两个因素都减少了钠在电解质/金属界面之间的传输速率;另外,电流效率提高 1%,或许是得益于阴极电流密度的增加。

Haarberg 等人[134]研究了阳极气体的释放和气体诱导电解质流动对电流效率的影响,发现大面加工面宽度(它是电解槽一个电解质/金属界面处侧部炉帮厚度的几何参数定义)是一个重要参数。他们的模型预示了在电流效率和加工面宽度之间具有一个非线性关系。当加工面宽度从 10 cm 增加到 30 cm 时,电流效率可以预测提高约 3%,而如果加工面继续增大,对电流效率影响减弱。

电解槽的磁场平衡将决定铝液层的形状轮廓和平坦度。如果磁场平衡因电解槽的操作程序,如预焙阳极的换极而改变,铝液层形状将发生变化。结果是,部分极间距缩短,电流效率降低,这种电流效率的变化取决于铝液层的变形程度。由 Fujishima 等人[135]发表的图 9.18,给出了电解质/金属界面和电流效率之间的关系。

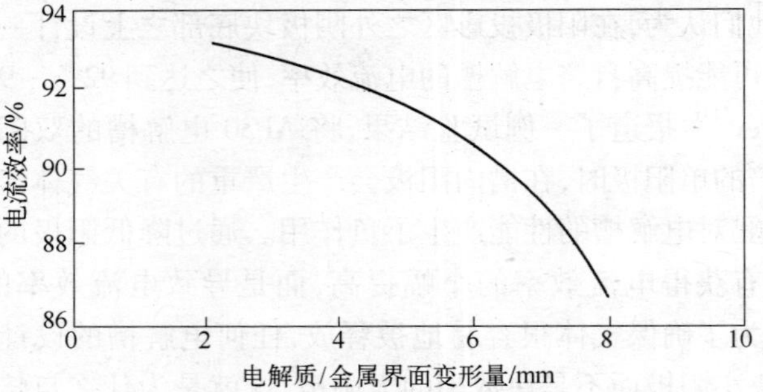

图 9.18 电流效率与电解质/金属界面之间变形的关系
源自 Fujishima 等人[135]的研究成果

Kent[136]研究了磁场屏蔽和电解厂房结构的钢部件对电解槽内磁场的影响,从而研究对电流效率的影响。在 155 kA 的自焙电解槽的阴极母线和阴极槽壳之间的空间内使用磁场屏蔽,会大大降低垂直磁场分量,从而可将电流效率提高 2% 以上。然而,各槽的屏蔽效果是不同的,取决于电解厂房结构的钢部件的位置。Tsbukov 等人[137]也研究了磁场强度和电流效率的关系。他们给出了电流效率对垂直和水平磁场分量的相关关系公式，但是，这些公式只适用于他们研究所采用的电解槽，这些电解槽只有约为84%的电流效率。

9.5.5.2 电解槽的运行

Welch[123]最近探讨了电流效率损失的几个影响因素。影响电解槽取得较高的电流效率的最重要的三个参数如下：

（1）电解质成分；

（2）维持电解槽内质量和能量的稳定和平衡；

（3）槽形设计。

Welch 用过去报道的工厂数据和现有的模型工具，模拟得到电解质成分、槽形设计、槽运行条件对电解质中的 AlF_3 变化时，电流效率发生的变化，其结果如图 9.19 所示。当 AlF_3 的含量超过13%时，电解槽运行影响增加，电解质成分和槽形设计的影响降低。研究的相关主要参数是侧部炉帮、沉淀和电解质数量。这意味着，较高的 AlF_3 含量所带来的好处与电解槽较差运行状况和欠佳的槽设计相抵消。

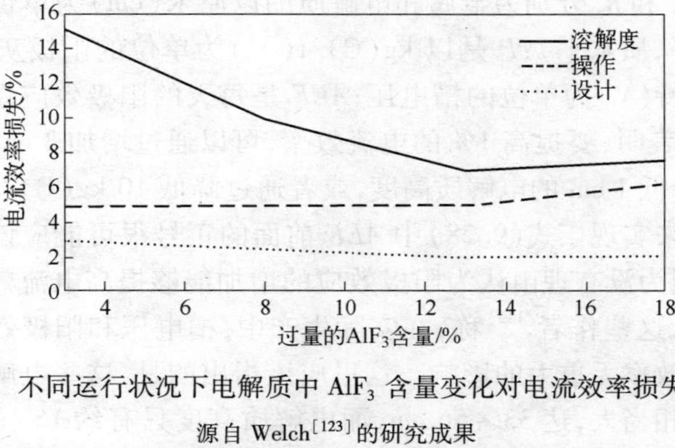

图 9.19 不同运行状况下电解质中 AlF_3 含量变化对电流效率损失的影响源自 Welch[123]的研究成果

Welch[123]还给出了其他电流效率损失机理的有趣探讨，即由于气体和磁场诱导产生铝液表面波动。其物理模型表明，在靠近阳极的地方，随着气体的逸出，铝滴的形成可能产生增大时，短路可能性也增大。因为铝滴有较低的密度差，悬浮在紊流区，从而接触到夹带的气体，并按照下式发生逆反应：

$$2Al(\text{夹带或者表面}) + 3CO_2(\text{夹带}) = Al_2O_3(\text{溶解}) + 3CO(\text{气}) \tag{9.27}$$

在阳极投影区的外侧，铝滴形成的量最大，这与侧部伸腿和阳极侧部之间的间隙宽度、侧部伸腿的形状、电解质的高度、阳极的极间距离、尺寸和状况（裂纹等）有关。

Ivanov 等人[138]通过气体分析，研究了 165 kA 的自焙电解槽的电流效率与极间距离的关系。在恒定的温度下，极间距离大于 60 mm 时电流效率的变化非常小；逐渐减少至 40 mm 过程中，每减少 10 mm 电流效率降低约 1%。将温度对气体成分的影响包括在内，则在这些电解槽中，当极间距离为 58 mm 可以获得最大电流效率。

Buzunov 等人[139]对 156 kA 的自焙电解槽的运行参数做了统计分析，他们给出了以下的表达式：

$$CE(\text{电流效率},\%) = 86.53 + 0.262h_m - 0.956h_{el} - 0.0636P + 0.414U + 0.167AEF \tag{9.28}$$

式中，h_m 和 h_{el} 分别为金属和电解质的以厘米（cm）为单位的高度（铝水平，质水平）；P 是以 kg(C)/t(Al) 为单位的阳极灰分量；U 是以伏特（V）为单位的槽电压；AEF 是每天的阳极效应系数。式(9.28)表明，要提高 1% 的电流效率，可以通过增加 3 cm 的铝液高度，降低 1 cm 的电解质高度，或者通过降低 10 kg(C)/t(Al) 阳极灰分来实现。式(9.28)中 AEF 前面的正号很可能应该是一个负号，因为没有理由认为阳极效应的增加能够提高电流效率。无论如何，这些作者[139]称，在实际生产中，槽电压和阳极效应系数对电流效率无重大的影响。这里应该指出的是，这些电解槽的铝液高度相当大，达 33 ~ 56 cm，而电解质高度只有约 15 cm。由于因为一系列的技术上和经济上的原因，这些电解槽使用质量较差的阳极糊是导致电解质高度对电流效率产生较大影响的关键。

Begunov 等人[140]对两种相互间不互混的液体进行仿真模拟，

研究了电解质高度对金属损失的影响。他们的结论是,建议保持电解槽中的铝液层高度尽可能低;而电解质的高度应该保持到等于"极间距离的1~2个数值"。这句话不是很清楚(因为翻译的水平差,原文注),"数值"很可能应该译为"倍数"。那么这里可以解释为只有5~10 cm的电解质高度,这似乎也太低了。"最佳"的金属高度将取决于槽形设计和它的热平衡。

Shaw[141]描述了一个全分布式槽控系统,该系统能够通过对电解槽进行扫描和控制以提高电解槽的性能。结果开发出了一种控制电解槽的电阻和不稳定性的新方法,该方法通过动态电压最优化来控制电解槽的电阻,使之能够稳定在一定的水平,而不是通过设定目标电阻实现的。这确保了电解槽的稳定性,使电解槽的电阻时刻反映电解槽的槽况。电解槽的不稳定性减少一半,那么电流效率将提高2%左右。

邱竹贤[142]等人在135 kA的预焙槽中研究了各种阳极配置对电流效率的影响,他们通过阳极气体分析测定电流效率,试图找到最佳的阳极设置高度以便获得好的电流效率。他们选取了一个称为"*PP*"的性能参数,作为阳极电流分布的度量。他们发现,*PP*值每降低1 mV,电流效率提高0.25%,因此,阳极设置高度能影响电流效率。对这些电解槽来说,他们认为的最佳设置高度是比旧的残阳极位置高出5 mm。

近年来,许多电解铝厂都采用电流强化增产增效,并且大部分厂家都取得了令人满意的结果。Kvande 和 Gjörven[143]讨论了电流强化对不同电解槽系列的影响。Fetscher[144]介绍140 kA电解槽进行电流强化10%的试验结果,他发现,此时阴极电流分布、阳极电流密度和磁场的影响达到极限,不能进一步继续强化电流。Caissy 等人[145]描述了他们的 AP-30 电解槽在约320 kA的电流下运行的生产经验。

9.5.6 Tarcy 等人的研究

Tarcy 等人[38,39]对工业槽的电流效率做了一些非常彻底和全面的测量。美国铝业公司在1990年开始对工业电解槽的电流效率进行定期的测量,而分析这些结果能够掌握导致电流效率损失的过程和方式,其目的是根据正常监测到的电解槽参数来开发多个有关电流效率的经验模型。

电解质的成分很重要,因为它对金属钠的溶解度和传质有影响,然而,仅凭电解质成分本身并不能清楚地解释电流效率数据的变异性。Tarcy[38]解释说,电流效率的损失受两个因素的综合作用:

(1) 铝的氧化反应,式(9.6)的化学反应,主要取决于电解质成分,电解质成分影响着熔融(溶解)金属的溶解度和传质过程。

(2) 短路(或者还原性物质的传质得到了加强),主要取决于各块阳极的局部的流体条件。

在现代电解槽中的紊流,会在铝液(铝水)内造成由磁场和气体引起的局部波动,在极距较短部因为与阳极接触直接发生短路,虽然这种物理短路时间较短,但仍然造成电流效率的较大损失。

Tarcy提出,所观察到的电流效率中大量难以解释的现象,是由在电解槽中各块阳极的气体逸出所产生的变化引起的。他认为,这种因气体逸出产生的变化,导致了在电解槽中的某些阳极上发生局部短路现象,从而导致金属/电解质的界面局部混杂增加,大多数类似的气体诱导金属-电解质混杂都发生在阳极之间的夹缝内。这种观点基本符合Chesonis和LaCamera[146]所报道的物理模型所得到的结果。

9.5.6.1 电流效率的统计

Tarcy和Sorensen[39]指出,过去的大多数电流效率数据都有一个缺陷,即测量结果都来自各个单独的电解槽而不是来自大量的电解槽。某单一电解槽代表不了整个电解槽系列的本质特性,这种特性与各自的启动方式、槽龄、阴极状况、磁场变化等因素有关。整个系列槽的特性才能够描述电解系列的一些综合特性,而单一槽缺少了这种综合特性。因此,使这样的研究误以为电流短路是电流效率损失的重要原因。

由Tarcy[38]的研究结果得到图9.20,图中给出了最大和最小电流效率和标准偏差的比较。从图中可以看到，首先，最大电流效率可达 97% ~98%；令人惊讶的是，最小电流效率居然只有约 84%，生产中获得 84% 的电流效率，说明该条件下的电解工艺是相当糟糕的了。第二，平均电流效率的提高与电流效率的变化值（最大电流与最小电流之差，译者注）提高有关。

在 Tarcy 所做的超过 270 个测量中，没有一组测量的电流效率达到 100%。而且，在图 9.20 中曲线外推到变化值为零处，对应 97% 的平均电流效率，这意味着总体工艺能够达到约为 97% 的电流效率。这暗示着，在这种工艺中所有的变化都导致电流效率的降低。性能最糟糕的电解槽是产生较低平均电流效率的主要原因。因此，如果将一个以 95% 电流效率运行的系列与一个以平均 90% 电流效率运行的系列进行比较，两个系列中平均 97% 电流效率运行的电解槽数量差别不大，小于 90% 电流效率运行的电解槽数量差别肯定很大。

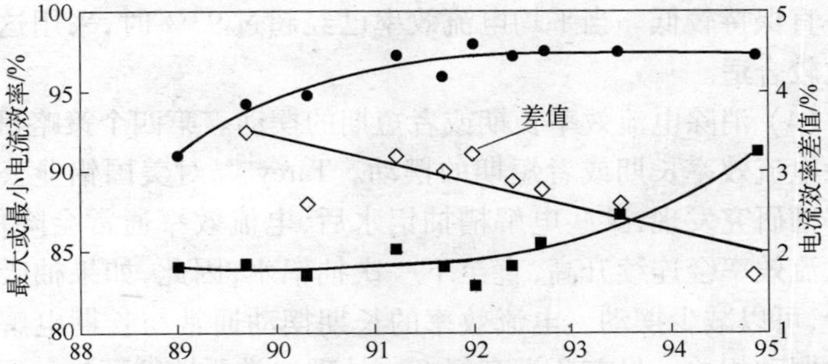

图 9.20　平均电流效率与电流效率变化值的关系
源自 Tarcy[38] 的多个研究

Tarcy 等人[38,39] 报道了另一组统计数据。电流效率的最正常分布是双峰分布，而不是高斯分布或者甚至是偏态分布。双峰分布意味着，少数槽受到影响的因素与多数槽受到影响的因素大大不同。电流发生短路时，尽管短暂，但能被探测到的，因此导致电解槽电阻大幅降低,电流效率(百分数)发生突变,分布散落,这就是电流效率为什么是双峰分布的原因。

9.5.6.2　提高电流效率的策略

Tarcy[38]探讨了提高电流效率的四种不同策略:

(1) 通过工艺更新(改善电解质成分,软件升级等)来提高总体平均电流效率。这是传统的提高电流效率的方法,如果平均电流效率低于90%时,这是最好的策略。

(2) 找出并剔除性能最糟糕的电解槽。这个策略是 Tarcy 和 Sorensen[39]根据电流效率双峰分布的研究结果提出来的。少数槽通常只占整个总体的10% ~20%,但却把总体的平均电流效率拉低2% ~3%。如果平均电流效率在90% ~95%之间时,这可能是一个应该采取的策略。

(3) 增加高电流效率的电解槽的数量。提高总体平均电流效率的一个策略是,增加高效率(接近97%)运行电解槽的数量。与整体其他电解槽相比,这些槽子运行非常稳定且容易操作,并且温度一直保持较低。当平均电流效率已经超过93%时,采用这个策略比较合适。

(4) 消除电流效率长期或者短期的摆动。第四个策略目的是消除电流效率长期或者短期的摆动。Tarcy[38]对美国铝业公司的电解槽研究发现,某些电解槽抽铝水后,电流效率通常会降低,然后电流效率会连续升高,直至下一次抽铝水,因此,如果抽吸频率较少,可以减少摆动。电流效率的长期摆动通常与长期电解槽稳定性摆动相关。目前还没有好办法处理这类恶性循环。

为了优化电流效率,美国铝业公司已经试验了所有上述策略。这些策略的共性就是如何提高电流效率,因此优化电流效率时,必须对工艺进行监控和表征,然后使用一个或者几个这些策略对电流效率进行优化。

9.6　结束语

大约20年前,Grjotheim 等人[1]得出结论说,由于对影响电流效率的过程机理了解不足,所以不能对电解槽运行条件进行最优化。对于一些变量,特别是电解质中 AlF_3 和 Al_2O_3 的含量,在不同的研究工作中其一致性不好。这些作者得出结论,要弄明白这些问题还有大量的工作要做。

本章的内容显示,在过去的 20 年间,对于电流效率,无论是理论上还是实验上,都已经做了大量的工作。许多研究人员研究了氧化铝含量对电流效率的影响问题,但氧化铝到底对电流效率影响如何,是有很强的负面影响、没有影响还是较小的正面影响,仍有争议。至少在实验槽中,现在已经得出这样一个观点:氧化铝含量对电流效率[13]没有影响。现在也一致认可的观点是:较高 AlF_3(约 12% 范围内)的含量可以提高电流效率。

阳极气体逸出的物理模型阐述了在现代电解槽中,低速铝液层的波动冲击侧部伸腿后激荡的回波引起较大的紊流。它对大多数现代电解槽的电流效率模型是否具有适用性值得质疑,其简单的假设电流效率是通过逆反应(基于通过层流边界层溶解金属的传质过程)而损失的,这样的简单假设是无效的。例如,还需要考虑电流短路造成的损失等。

近年来的趋势是,试图通过提高电解槽电流强化提高生产率。与设计值相比,许多槽型都能承受出奇高的电流。举个最近的例子,一台现代化的 180 kA 电解槽[147]通过改进内衬设计、阳极和钢爪尺寸及加强电解槽侧壁的通风进行现代化,电流强化到210 kA 后仍然得到相同的电流效率。

Jarrett[148]根据美铝直到 1980 年的数据预测说,到 1990 年,在良好控制和优化条件下,最先进的电解槽将以 97% 的电流效率运行;电流效率工业平均值那时将会是 96%,现在回过头来看,这也太乐观了。

从历史上看,高电流电解槽通常在一段时期内具有很高的电流效率。Caissy 等人[145]在 1998 年报道 319 kA 的电解槽系列(当时最高的电流),其电流效率为 96%。因此,可能将是世界上最大的电解槽连续获得最高的电流效率。那么,将来设计良好的500 kA的电解槽会不会产生出超过97%的电流效率呢?

电流效率的最高极限可达多少呢? Welch 等[24,149]曾经在20世纪80年代提出了电流效率达到98%的可能性。但是,这个结果在当时是遥不可及的。随着槽形的增大和安培数大大超过300 kA,这个目标也许较容易达到。

在现代工业槽中,已经达到了较高的电流效率。对整个系列电解槽年均超过95%的电流效率都可以实现;甚至旧技术通过更新换代也可以达到95%的电流效率[150]。这意味着,目前运行中的最好电解槽,电流效率已经接近了实际可获得的电流效率极限。然而,大多数槽子还在以相当低的电流效率运行。虽然全世界的平均值难以估计,但是可以说目前的预焙槽平均电流效率可能约在92%,而自焙槽很可能低于90%。对这些槽来说,进一步提高电流效率还有许多空间。

参考文献

1. Grjotheim, K., Krohn, C., Malinovský, M., Matiašovský, K. and Thonstad, J., "Aluminium Electrolysis. Fundamentals of the Hall-Héroult Process", 2-nd ed., Aluminium-Verlag, Düsseldorf, Germany, 1982, Ch. 9, 319-361.
2. Silný, A. and Utigard, T., "Determination of the Factors which Control the CO/CO_2 Ratio of the Anode Gas", Light Metals 1995, 205-211.
3. Ödegård, R., Sterten, Å. and Thonstad, J., " On the Solubility of Aluminium Carbide in Cryolitic Melts - Influence on Cell Performance", Light Metals 1987, 295-302.
4. Gudbrandsen, H., Sterten, Å. and Ödegård, R., "Cathodic Dissolution of Carbon in Cryolitic Melts", Light Metals 1992, 521-528.
5. Qiu Zhu Xian, Fan Li Man, Feng Nai Xiang, Grjotheim, K. and Kvande, H., "Reduced Dissolution of Aluminium in Cryolite-Alumina Melts by Cathodic Polarization", Light Metals 1986, 409-416.
6. Qiu Zhuxian, Fan Liman, Grjotheim, K. and Kvande, H., "Formation of Metal Fog during Molten Salt Electrolysis Observed in a See-Through Cell", J. Appl. Electrochem., **17**, 707 - 714 (1987).
7. Haarberg, G. M., Osen, K. S., Thonstad, J., Heus, R. J. and Egan, J. J., "Measurement of Electronic Conduction in Cryolite Alumina Melts and Estimation of its Effect on Current Efficiency", Light Metals 1991, 283-287.
8. Haarberg, G. M., Osen, K. S., Thonstad, J., Heus, R. J. and Egan, J. J., "Measurement of Electronic Conduction in Cryolite Alumina Melts and Estimation of its Effect on Current Efficiency", Metallurgical Transactions B, **24B**, 729-735 (1993).
9. Haarberg, G. M., Thonstad, J., Egan, J. J., Oblakowski, R. and Pietrzyk, S., "Electrical Conductivity Measurements in Cryolite Alumina Melts in the Presence of Aluminium", Light Metals 1996, 221-225.

10. Hyland, W. W., "The Current Efficiency of a Shorted Anode in a Prebake Cell", Light Metals 1984, 711-720.
11. Leroy, M. J., Pelekis, T. and Jolas, J.-M., "Continuous Measurement of Current Efficiency, by Mass Spectrometry, on a 280 kA Prototype Cell", Light Metals 1987, 291-294.
12. Dorreen, M. M. R., Hyland, M. M. and Welch, B. J., "An Improved Method for Current Efficiency Determination in a Laboratory Aluminium Cell", Light Metals 1997, 1189-1193.
13. Dorreen, M. M. R., Hyland, M. M. and Welch, B. J., "Current Efficiency Studies in a Laboratory Aluminium Cell Using the Oxygen Balance Method", Light Metals 1998, 483-489.
14. Grjotheim, K., Krohn, C., Næumann, R. and Törklep, K., "Determination of Metal Inventory and Current Efficiency in Commercial Aluminium Reduction Cells", Met. Trans., **2**, 199-204 (1971).
15. Capannesi, G. and Sedda, A. F., "Study of Industrial Electrowinning Process of Aluminium by INAA", J. Radioanal. and Nucl. Chem., Articles, **131** (2), 415-424 (1989).
16. Fraser, K. J., Uru, W. and Wiblin, W., "Application of the Radioisotope Dilution Technique in Examining Factors Affecting Current Efficiency in Aluminium Reduction Cells", Light Metals 1990, 285-291.
17. Lossmann, G., "Utilization of Various Combined Measurements in Reduction Cells for Operational Improvement", Light Metals 1992, 441-447.
18. Tarcy, G. P. and DeCapite, D. R., "Controlled Potential Coulometry as a Tool for the Determination of Current Efficiency in Commercial Hall Cells", Light Metals 1990, 275-283.
19. Tschopp, T., Franke, A. and Bohner, H. O., "Determining Current Efficiency in Individual Pots by Means of Process Control", Light Metals 1980, 343 -347.
20. Robl, R. F., Haupin, W. E. and Sharma, D., "Estimation of Current Efficiency by a Mathematical Model Including Hydrodynamic Parameters", Light Metals 1977, Vol. 1, 185-202.
21. Lillebuen, B., Ytterdahl, S. A., Huglen, R. and Paulsen, K. A., "Current Efficiency and Back Reaction in Aluminium Electrolysis", Electrochim. Acta, **25**, 131-137 (1980).
22. Evans, J. W., Zundelevich, Y. and Sharma, D., "A Mathematical Model for Predictions of Currents, Magnetic Fields, Melt Topography, and Current Efficiency in Hall-Héroult Cells", Metallurgical Transactions B, **12B**, 353-360 (1981).
23. Lympany, S. D., Ziegler, D. P. and Evans, J. W., "The Hall-Héroult Cell: Some Design Alternatives Examined by a Mathematical Model", Light Metals 1983, 507-517.
24. Grjotheim, K., Haupin, W. E. and Welch, B. J., "Current Efficiency - Relating Fundamental Studies to Practice", Light Metals 1985, 679-694.
25. Haupin, W. E., "Current Efficiency", in: "Production of Aluminium and Alumina", A. R. Burkin, editor, John Wiley and Sons, Chichester etc., 1987, Ch. 8, 134-149.
26. Chen, J. J. J. and Taylor, M. P., "The Current Efficiency Model of Lillebuen *et al.* for Aluminium Electrolysis", Electrochim. Acta, **35** (1), 109-110 (1990).
27. Stevens, F. J., Zhang, W., Taylor, M. P. and Chen, J. J. J., "The Interaction between Current Efficiency and Energy Balance in Aluminium Reduction Cells", Light Metals 1992, 541-547.
28. Welch, B. J., Chen, J. J. J., Zhang, W. D., Purdie, J. M. and Taylor, M. P., Materials Science Forum, **73-75**, 779-787 (1991).
29. Echelini, M., Cobo, O., Lacunza, M., Crespo, N., Romagnoli, J. and Capiati, N., "Expansion of a Pot Line with the Aid of Mathematical Modelling", Light Metals 1988, 557-566.
30. Urata, N., "Magnetics and Metal Pad Instability", Light Metals 1985, 581-591.
31. Bilek, M. M., Zhang, W. D. and Stevens, F. J., "Modelling of Electrolyte Flow and its Related Transport Processes in Aluminium Reduction Cells", Light Metals 1994, 323-331.
32. El-Demerdash, M. F., Khalil, E. E., El-Raghy, S. M. and Moustafa, F. A., "Estimation of Cell Efficiency Based on the Rate of Aluminium Transfer to Anode", Light Metals 1998, 491-499.
33. Sterten, Å., "The Cathode Process and the Back Reaction in Aluminium Reduction Cells", Acta Chem. Scand., **44**, 873-878 (1990).
34. Sterten, Å. and Solli, P. A., "Cathodic Process and Cyclic Redox Reactions in Aluminium Electrolysis Cells", J. Appl. Electrochem., **25**, 809-816 (1995).

35. Sterten, Å. and Solli, P. A., "An Electrochemical Current Efficiency Model for Aluminium Electrolysis Cells", J. Appl. Electrochem., **26**, 187-193 (1996).
36. Utigard, T. and Toguri, J. M., "Marangoni Flow in the Hall-Heroult Cell", Light Metals 1991, 273-281.
37. Utigard, T., Rolseth, S., Thonstad, J. and Toguri, J. M., "Interfacial Phenomena in Aluminum Electrolysis", in: Proceedings of the International Symposium on Production and Electrolysis of Light Metals, Halifax, 1989, 189-199.
38. Tarcy, G. P., "Strategies for Maximizing Current Efficiency in Commercial Hall-Héroult Cells", in: Proceedings from the 5th Australasian Aluminium Smelting Technology Conference and Workshop, Sydney, 1995, 139-160.
39. Tarcy, G. P. and Sorensen, J., "Determination of Factors Affecting Current Efficiency in Commercial Hall Cells Using Controlled Potential Coulometry and Statistical Experiments", Light Metals 1991, 453-459.
40. Peterson, R. D. and Wang, X., "The Influence of Dissolved Metals in Cryolitic Melts on Hall Cell Current Inefficiency", Light Metals 1991, 331-337.
41. Wang, X., Peterson, R. D. and Richards, N. E., "Dissolved Metals in Cryolitic Melts", Light Metals 1991, 323-330.
42. Matsui, S. and Era, A., "Measurement of Current Efficiency of Aluminum Electrolysis", in: 1st Int. Symp. Molten Salt Chem. Techn., Kyoto, 1983, 69-72.
43. Sterten, Å., Rolseth, S., Skybakmoen, E., Solheim, A. and Thonstad, J., "Some Aspects of Low-Melting Baths in Aluminium Electrolysis", Light Metals 1988, 663-670.
44. Li De-Xiang, He Ming-Hong, Boa Hong and Liu Xing-Liang, "Mathematical Models and Nonisothermal Diagrams of Physico-Chemical Properties of Melt in 2.7 $NaF \cdot AlF_3$-LiF (10 %)-MgF_2 (10%) System", in: 6th Yugoslav Symp. Al, 1990, 281-295.
45. Begunov, A. I. and Tsymbalov, S. D., "The Macrokinetics of Metal Losses in an Aluminium Electrolytic Reduction Cell", Sov. Non-Ferrous Met. Res., **12** (2), 158-160 (1984).
46. Tsymbalov, S. D., "Research on the Mechanism of the Metal Loss in Aluminum Reduction Cells", Tsvetnye Metally, **35** (9), 38-39 (1994).
47. Siraev, N. S., Gorbachevskii, V. P. and Gribanov, A. V., "Current Efficiency during the Electrolysis of Cryolite-Alumina Melts", Tsvetnye Metally, **28** (4), 40 (1987).
48. Rolseth, S. and Thonstad, J., "On the Mechanism of the Reoxidation Reaction in Aluminum Electrolysis", Light Metals 1981, 289-301.
49. Rolseth, S. and Thonstad, J., "The Reoxidation Reaction in Aluminium Electrolysis - Non-Stationary Phenomena", in: Proceedings of the IV. Yugoslav International Symposium on Aluminium, Titograd, 1982, 293-302.
50. Keller, R., "Laboratory Study on the Reaction of Impurities in Aluminum Electrolysis", Light Metals 1982, 295-298.
51. Duruz, J. J. and Landolt, D., "Electrochemical Deposition of Aluminium on Tungsten in Cryolite Based Melts", J. Appl. Electrochem., **15**, 393-398 (1985).
52. Tellenbach, J. M. and Landolt, D., "Influence of the Substrate on the Rate of Aluminium Loss in Molten Cryolite", J. Appl. Electrochem., **18**, 75-79 (1988).
53. Tellenbach, J. M. and Landolt, D., "Electrochemical Determination of Current Efficiency for Aluminium Deposition on Solid Substrates from Cryolitic Melts", J. Appl. Electrochem., **18**, 639-643 (1988).
54. Tellenbach, J. M. and Landolt, D., "Rotating Disk Electrode Studies in Cryolitic Melts", Electrochim. Acta, **33** (2), 221-225 (1988).
55. Sum, E. and Skyllas-Kazacos, M., "Aluminium Dissolution in NaF-AlF_3-Al_2O_3 Systems", J. Appl. Electrochem., **18**, 731-738 (1988).
56. Sum, E. and Skyllas-Kazacos, M., "Aluminium Dissolution in the NaF-AlF_3-Al_2O_3 System: Effects of Alumina, Temperature, Gas Bubbling and Dissolved Metal", J. Appl. Electrochem., **19**, 485-494 (1989).
57. Dorin, R. and Frazer, E. J., "Operational Characteristics of Laboratory Scale Alumina Reduction Cells with Wettable Cathodes", J. Appl. Electrochem., **23**, 933-942 (1993).

58. Grjotheim, K., Feng Nai Xiang, Haugsdal, B. and Kvande, H., "Current Efficiency Measurements in Laboratory Aluminium Cells - XI. Anode Gas Composition and Anode Consumption", Can. Met. Quart., **26** (3), 181-184 (1987).
59. Grjotheim, K., Feng Nai Xiang, Haugsdal, B. and Kvande, H., "Current Efficiency Measurements in Laboratory Aluminium Cells - X. Anodic Overvoltage and Potential Decay Curves", Can. Met. Quart., **26** (3), 177-180 (1987).
60. Grjotheim, K., Feng Nai Xiang and Kvande, H., "Current Efficiency Measurements in Laboratory Aluminium Cells - IX. Cathodic Overvoltage on Aluminium - Copper Alloys", Can. Met. Quart., **25** (4), 293-296 (1986).
61. Grjotheim, K., Wei Qing Bin and Kvande, H., "Current Efficiency Measurements in Laboratory Aluminium Cells - VII. Using Al - Cu Cathodes", Can. Met. Quart., **24** (1), 65-67 (1985).
62. Feng Nai Xiang, Grjotheim, K. and Kvande, H., "Current Efficiency Measurements in Laboratory Aluminium Cells - VIII. Current, Temperature and Cathode Alloy Composition (Al - Cu), Al-Diffusivity", Can. Met. Quart., **25** (4), 287-291 (1986).
63. Fellner, P., Grjotheim, K. and Kvande, H., "Current Efficiency Measurements in Laboratory Aluminium Cells - VI. Back Reactions", Can. Met. Quart., **23** (4), 421-425 (1984).
64. Ya-Shank Liu, "Current Efficiency of Aluminium Electrolysis at Short Anode-Cathode Distance - Laboratory Research", Nonferrous Metals, China, **35** (2), 14 pp. (1983).
65. Rolseth, S., Müftüoglu, T., Solheim, A. and Thonstad, J., "Current Efficiency at Short Anode-Cathode Distance in Aluminium Electrolysis", Light Metals 1986, 517-522.
66. Müftüoglu, T. and Thonstad, J., "The Effect of Anode - Cathode Distance on the Current Efficiency in Aluminium Electrolysis Part I: Mechanical Stirring in Laboratory Cells", Aluminium, **62** (8), 589-592 (1986).
67. Müftüoglu, T., Rasch, B., Rolseth, S., Solheim, A. and Thonstad, J., "The Effect of Anode-Cathode Distance on the Current Efficiency in Aluminium Electrolysis Part II: Interfacial Waves and Stirring in Laboratory Cells", Aluminium, **64** (3), 284-288 (1988).
68. Karlsen, M., Rolseth, S. and Thonstad, J., "The Effect of Anode - Cathode Distance on the Current Efficiency in Aluminium Electrolysis Part III: Comparing Solid Wetted Cathode with Liquid Cathode in Laboratory Cell", Aluminium, **64** (6), 615-619 (1988).
69. Grjotheim, K., Kvande, H. and Matiašovský, K., "Addition of LiF and MgF_2 to the Bath of the Hall-Héroult Process", Light Metals 1983, 397-411.
70. Grjotheim, K., Kvande, H. and Welch, B. J., "Low-Melting Baths in Aluminium Electrolysis", Light Metals 1986, 417-423.
71. Qiu Zhuxian, "Development of Bath Acidity in Aluminium Electrolysis", Aluminium, **74** (5), 345 – 348 (1998).
72. Qiu Zhuxian, Ho Minghon and Li Qingfon, "Aluminium Electrolysis at Lower Temperatures", Light Metals 1985, 529-544.
73. Qiu Zhuxian, Ho Minghon and Li Qingfon, "Aluminium Electrolysis at 800-900 °C – A New Approach to Energy Savings", Transactions Non-Ferrous Met. Soc., China, **3** (4), 11-18, 1993.
74. Grjotheim, K., Feng Nai Xiang, Haugsdal, B. and Kvande, H., "Current Efficiency *Measurements in Laboratory Aluminium Cells - XII. Low - Melting Bath", Can. Met. Quart.,* **26** (3), 185-188 (1987).
75. Solheim, A., Sterten, Å., Rolseth, S., Skybakmoen, E., Røstum, Å. and Thonstad, J., "Low-Melting Bath in Aluminium Electrolysis", 6th Chechoslovak Aluminium Symposium, Banska Bystrica, 1988, 184-192.
76. Vecchio-Sadus, A. M., Dorin, R. and Frazer, E. J., "Evaluation of Low-Temperature Cryolite-Based Electrolytes for Aluminium Smelting", J. Appl. Electrochem., **25**, 1098-1104 (1995).
77. Thonstad, J. and H. Xiao, "A Comparison of Current Efficiencies Obtained with Inert Anodes and Carbon Anodes in a Laboratory Aluminium Cell", Aluminium, **68**, 1088-1090 (1992).

78. Dorin, R., Frazer, E. J. and Vecchio-Sadus, A. M.,"Current Efficiency, Mass Transfer and Bubble Evolution Characteristics in a Laboratory-Scale Alumina Reduction Cell with Optional Sleeved Anode", Light Metals 1994, 205-210.
79. Beck, T. R., "Production of Aluminum with Low Temperature Fluoride Melts", Light Metals 1994, 417-423.
80. Beck, T. R., "A Non-Consumable Metal Anode for Production of Aluminum with Low-Temperature Fluoride Melts", Light Metals 1995, 355 – 360.
81. Brown, C. W., "The Wettability of TiB_2-Based Cathodes in Low-Temperature Slurry-Electrolyte Reduction Cells", JOM, **50** (5), 38 – 40 (1998).
82. Feng Naixiang, Qiu Zhuxian, Grjotheim, K. and Kvande, H.,"Current Efficiency of a Bipolar Laboratory Aluminium Electrolysis Cell", Light Metals 1990, 379-383.
83. Solli, P. A., Haarberg, T., Eggen, T., Skybakmoen, E. and Sterten, Å., "A Laboratory Study of Current Efficiency in Cryolitic Melts", Light Metals 1994, 195-203.
84. Solli, P. A., Eggen, T., Rolseth, S., Skybakmoen, E. and Sterten, Å., "Design and Performance of a Laboratory Cell for Determination of Current Efficiency in the Electrowinning of Aluminium", J. Appl. Electrochem., **26**, 1019-1025 (1996).
85. Solli, P. A., Eggen, T., Skybakmoen, E. and Sterten, Å., "Current Efficiency in the Hall-Héroult Process for Aluminium Electrolysis: Experimental and Modelling Studies", J. Appl. Electrochem., **27**, 939-946 (1997).
86. Sterten, Å., Solli, P. A. and Skybakmoen, E., "Influence of Electrolyte Impurities on Current Efficiencies in Aluminium Electrolysis Cells", J. Appl. Electrochem., **28**, 781-789 (1998).
87. Sterten, Å., "Current Efficiency in Aluminium Reduction Cells", J. Appl. Electrochem., **18**, 473-483 (1988).
88. Sterten, Å., "Redox Reactions and Current Loss in Aluminium Reduction Cells", Light Metals 1991, 445-451.
89. Skybakmoen, E. and Sterten, Å., Internal Report, Electrolysis Group at SINTEF Metallurgy, NTH, Trondheim, Norway, 1989.
90. Grjotheim, K., Kvande, H. and Qiu Zhuxian, "Key Improvements to Hall-Héroult since the End of World War II", JOM, **47** (11), 32-35 (1995).
91. Kvande, H., "Current Efficiency of Alumina Reduction Cells", Light Metals 1989, 261-268.
92. Barrand, P. and Gadeau, R.," L'Aluminium", Vol. 1, Editions Eyrolles, Paris, 1964, 224.
93. Wittner, H.,"How to Run a Smelter with Current Efficiency Higher than 90 % - Scientific and Practical Basis", Light Metals 1977, Vol. 1, 153-161.
94. Keinborg, M. and Cuny, J. P., "Aluminium Pechiney 180 kA Prebake Pot from Prototype to Potline", Light Metals 1982, 449-460.
95. Hosoi, H., Sugaya, M. and Tosaka, S., "Technical Results of Improved Søderberg Cells", Light Metals 1982, 435-448.
96. Okada, Y., Ohta, T. and Hamachi, K., "Economical Operation of Soederberg Pots", Light Metals 1983, 537-550.
97. Lewis, R. A., "Evaluating 5% LiF-Modified Hall Bath in 10 kA Experimental Reduction Cells", J. Metals, **19** (5), 30-36 (1967).
98. Berge, B., Grjotheim, K., Krohn, C., Næumann, R. and Törklep, K., "The Influence of Operating Parameters on the Current Efficiency in Aluminium Reduction Cells", Light Metals 1976, Vol. 1, 23-47.
99. Chaffy, J., "The Use of Lithium Carbonate in Aluminium Electrolysis Bath", Paper presented at the Electrolyte Workshop, Light Metals Production Research Group, Carnegie-Mellon University, Pittsburgh, PA, USA, 1986.
100. Dhameja, R. and Sachan, G. S., "Pot Retrofit with Larger Anodes", Light Metals 1990, 459-462.
101. Dewing, E. W., "Loss of Current Efficiency in Aluminium Electrolysis Cells", Metallurgical Transactions B, **22B**, 177-182 (1991).
102. Kvande, H., "Bath Chemistry and Aluminum Cell Performance - Facts, Fictions, and Doubts", JOM, **46** (11), 22-28 (1994).

103. Langon, B. and Varin, P., "Aluminium Pechiney 280 kA Pots", Light Metals 1986, 343-347.
104. Tabereaux, A. T., Alcorn, T. A. and Trembley, L., "Lithium-Modified Low Ratio Electrolyte Chemistry for Improved Performance in Modern Reduction Cells", Light Metals 1993, 221-226.
105. Tschopp, T., Franke, A. and Bernhauser, E., "Improvement in Operational Results by Using Lithium Carbonate in the Reduction Plant at Essen", Light Metals 1979, Vol. 1, 457-465.
106. Adams, J. H., "Electrolyte Composition for High Current Density Aluminum Reduction Cells", in Extended Abstracts from The Electrochemical Society, Inc. Spring Meeting, Electrochemical Society, Pennington, NJ, USA, 1980, 9 pp.
107. Nelli, J. R., "Lithium Carbonate, an "Edge" in Aluminum Electrolysis", Light Metal Age, **40**, 8-11 (1982).
108. Cheney, R. G., "Potline Operation with Lithium Modified Bath", Light Metals 1983, 519-536.
109. Shirley, D. R., "Potline Conversion to Lithium Bath", Light Metals 1985, 471-484.
110. Hawkins, R. A., "Intalco Potlines' Operation with Lithium-Modified Bath Chemistry", in Proceedings of the International Symposium on Production, Refining, Fabrication and Recycling of Light Metals, ed. by M. Bouchard and P. Tremblay, Pergamon Press, New York, USA, 1990, 41-48.
111. Vujasinovic, L. and Gulin, S., "Results of an Experimental Use of LiF in Industrial Pots (E -14)", Light Metals 1990, 341-345.
112. Bersimenko, O. P., Balashova, Z. N. and Anufrieva, N. I., "Results of Plant Tests with High Cryolite Ratio and Additives for Aluminum Production", Tsvetnye Metally, **29** (4), 50-51 (1988).
113. Antonov, A. I., Dronjaeva, O. N., Kacalova, I. A. and Smirnova, G. T., "Erforschung des Einflusses von Elektrolytzusätzen auf die Stromausbeute und die Haltbarkeit der Kohlenstoffauskleidung bei der Aluminium-Elektrolyse", Freiberger Forschungshefte B, **B266**, 45-48 (1988).
114. Mahadevan, H., Sharma, O. N., Sharma, P. N. and Singh, R. K., "Improvement in Energy Efficiency with Additives in Aluminium Smelting", Bulletin of Electrochemistry, **2** (6), 615-617 (1986).
115. Lillebuen, B. and Mellerud, T., "Current Efficiency and Alumina Concentration", Light Metals 1985, 637-646.
116. Kvande, H., Chen, J. and Haupin, W. E., "Minimising Energy Consumption Through Optimizing Alumina Concentration in the Bath of Hall-Héroult Cells", Light Metals 1994, 429-440.
117. Alcorn, T. R., McMinn, C. J. and Tabereaux, A. T., "Current Efficiency in Aluminum Electrolysis by Anode Gas Analysis", Light Metals 1988, 683-695.
118. Paulsen, K. A., Thonstad, J., Rolseth, S. and Ringstad, T., "Current Efficiency as a Function of Alumina and CaF_2 in Industrial Aluminium Electrolysis Cells", Light Metals 1993, 233-238.
119. Langon, B. and Peyneau, J.-M., "Current Efficiency in Modern Point Feeding Industrial Potlines", Light Metals 1990, 267-274.
120. Schmidt-Hatting, W., Perruchoud, R. and Durgnat, J. E., "Influence of Vanadium on Anode Quality and Pot Performance", Light Metals 1986, 623-625.
121. Anufrieva, N. I., Baranova, I. S. and Balashova, Z. N., "Behavior of Vanadium and Gallium in a Cryolite-Alumina Melt and Their Effect on Current Efficiency", Tsvenye Metally, **24** (11), 38-41 (1983).
122. Cutshall, E., "Potential Improvements in Reduction Cell Operation", Travaux ICSOBA, **24** (28), 246-256 (1997).
123. Welch, B. J., "Current Efficiencies in Aluminium Smelting Cells", paper presented at The 17th International Course on Process Metallurgy of Aluminium, Trondheim, Norway, 1998, Chapter 15, 1-22.
124. Utigard, T., "Why "Best" Pots Operate between 955 and 970 °C", Light Metals 1998, 319 – 326.
125. Holmes, G. T., "Hall Cell Ampere Efficiency up 12 % in 3 Decades", Light Metals 1995, 371 373.

126. Kvande, H., "The Optimum Bath Composition in Aluminium Electrolysis - Does It Exist?", Erzmetall, **35** (12), 597-604 (1982).
127. Tabereaux, A. T., "The Role of Sodium in Aluminum Electrolysis: A Possible Indicator of Cell Performance", Light Metals 1996, 319-326.
128. Polyakov, P. V., Buzunov, V. Y., Mikhaeev, Y. G. and Putintsev, V. G., "Movement of Metal-Electrolyte Interface in Aluminum Reduction Cells by Marangoni Effect", Tsvetnye Metally, **34** (3), 29-31 (1993).
129. W. Haupin, W., "Understanding Boundary Layers", Light Metals 1997, 319-323.
130. Begunov, A. I. and Gromov, B. S., "Fluid Dynamic Effects of Gas Circulation in Aluminium Cells", Light Metals 1994, 295-304.
131. Bayer, I., "Large Anode Test Program in Aluminum Electrolysis Cells - Results and Interpretation", in: Proceedings of the International Symposium on Recent Metallurgical Advances in Light Metal Industries, Annual Conference of CIM, Vancouver, 1995, 127-136.
132. Knapp, L. L., "Prediction of Pot Performance at New Operating Conditions", Light Metals 1992, 537-539.
133. Bearne, G., Jenkin, A., Knapp, L. and Saeed, I., "The Impact of Cell Geometry on Cell Performance", Light Metals 1995, 375-380.
134. Haarberg, T., Solheim, A., Johansen, S. T. and Solli, P. A., "Effect of Anodic Gas Release on Current Efficiency in Hall-Héroult Cells", Light Metals 1998, 475-481.
135. Fujishima, O., Takasawa, M., Wakaizumi, K., Arita, Y. and Ikeuchi, H., "Advanced Energy Saving of Aluminum Reduction Cell", Light Metals 1982, 559-569.
136. Kent, J. H., "A Study of Magnetic Screens and the Effect of Pot Room Structure on Current Efficiency", Light Metals 1989, 215-218.
137. Tsbukov, I. K., Kaluzhiskii, N. A., Gefter, S. E., Derkach, A. S. and Evdokimov, S. B., "Interconnection between the Magnetic Field Intensity and the Current Efficiency of Aluminum Electrolyzers", Tsvetnye Metally, **13** (11), 49-52 (1979).
138. Ivanov, V. A., Galanin, G. M., Steblev, B. P., Koryttsev, I. A. and Milavanov, V. I., "Extremal Dependence of the Aluminium Current Efficiency on the Interelectrode Distance", Sov. Non-Ferrous Met. Res., **8** (6), 568-570 (1980).
139. Buzunov, V. Yu., Shestakov, V. M., Polyakov, P. V., Tikhomirov, V. N. and Resmyatov, S. S., "Statistical Analysis of the Performance of Aluminum Reduction Cells", Russ. J. Non-Ferrous Met., **35** (6), 15-18 (1994).
140. Begunov, A. I., Gromov, B. S. and Tsymbalov, S. D., "The Effect of the Electrolyte Level on Metal Losses in Industrial Aluminium Cells", Light Metals 1995, 305-307.
141. Shaw, B., "The Implementation of Dynamic Voltage Optimisation to a Full Potline", Light Metals 1993, 285-289.
142. Qiu Zhuxian, Fong Naixiang, Grjotheim, K. and Kvande, H., "Anodic Current Distribution and Current Efficiency of Aluminium Electrolysis Cells with Various Anode Setting", Aluminium, **62** (7), 524-527 (1986).
143. Kvande, H. and Gjörven, S., "Effects of Variable Line Amperage on the Operational Performance of Hall - Héroult Cells", Erzmetall, **43** (7-8), 294-298 (1990).
144. Fetscher, A., "Betrieb eines Aluminium-Elektrolyseofens 10 % über Nennstromstärke", Erzmetall, **43** (7-8), 307-310 (1990).
145. Caissy, J., Dufour, G. and Lapointe, P., "On the Road to 325 kA", Light Metals 1998, 215-219.
146. Chesonis, D. C. and LaCamera, A. F., "The Influence of Gas-Driven Circulation on Alumina Distribution and Interface Motion in a Hall-Héroult Cell", Light Metals 1990, 211-220.
147. Homsi, P., Bos, J. and Herd, P., "AP21: A High Performance, High Productivity and Low Capital Cost New Cell Technology", Light Metals 1999, 145-151.
148. Jarrett, N., "Future Developments in the Bayer-Hall-Héroult Process", in: "Production of Aluminium and Alumina", A. R. Burkin, editor, John Wiley and Sons, Chichester etc., 1987, Ch. 13, 188-207.
149. Welch, B.J., "Gaining That Extra 2 Percent Current Efficiency", in: Hall-Héroult Centennial, First Century of Aluminium Process Technology 1886-1986, ed. by Peterson, W. S. and Miller, R. E., paper presented at the 115th AIME Annual Meeting, New Orleans, Louisiana, 120-128 (1986).
150. Welch, B. J., "Path for Aluminium Production in the New Millennium", Light Metals 1999, 367.

10 其他化学问题

10.1 电解质中杂质的影响

本章主要涉及杂质的来源、性质和其在电解过程中的影响。杂质对金属铝的影响和除杂方式、杂质对阳极性能的影响并未在此章予以详述。

在其他章节中也提及过有关杂质,如第 2 章的相图、第 3 章的热力学数据和第 4 章的一些结构数据、第 9 章的杂质对电流密度的影响。因而,某些重复的地方必不可免。在第 3 章中把碳化铝当作杂质讨论。

最主要的杂质是那些对金属铝造成污染的,一般说来,铝的纯度越高越好。随着回收金属的用量越来越多,必须需要大量的纯铝作稀释剂。正常原铝的纯度为 99.7% ~99.9% ,有时铝的纯度能够达到 99.7% 以上(见 10.1.3.2 节)。

10.1.1 电解质中的杂质

杂质是通过添加到电解槽中的原料带进来的,这些原料包括氧化铝、阳极和电解质熔盐的各种成分,特别是氟化铝。其中的一些杂质来源于所使用的工具和阳极导杆(主要是铁)、电解槽内衬材料(主要是硅)。在自焙槽中,气体收尘布袋是铁污染的重要来源。因此,电解槽中的杂质被源源不断地输送到电解槽中。当进入电解槽中的杂质量与排出电解槽的杂质量相当时,杂质浓度在槽内建立平衡。

最主要的排出方式是出铝、气体排放、各种原料的捞除清理,如废旧槽内衬等被掩埋处理。大量的杂质被循环回到了电解槽中。其中的主要来源是所谓的干法净化,使所收集的烟气和杂质颗粒由循环回到电解槽中；另外的杂质来源于氧化铝和电极槽上部覆盖阳极的结壳、残阳极等。工业电解槽物料完全平衡是不可能达到的，因为其中存在很多不确定性因素，包括电解过程杂质种类与分布以及它们对金属铝的纯度、电流效率和电解槽操作的影响。

本书第2版已经把典型的氧化铝、冰晶石、氟化铝和石油焦中的各种杂质分类归表。基于目前(2000年)工业电解槽使用的原料，有关的相同数据在本章的表10.1.1和表10.1.2均已列出。

表10.1.1　氧化铝、冰晶石和氟化铝中典型的杂质浓度(%)

杂　质	Al_2O_3	Na_3AlF_6	AlF_3
SiO_2	0.007～0.020	0.12～0.13	0.10～0.15
Fe_2O_3	0.008～0.022	0.01～0.11	0.01～0.02
TiO_2	0.002～0.008	0～0.001	0.0008～0.0012
CaO	0.003～0.035		0.06～0.10
ZnO	0.001～0.011		
V_2O_5	0.0012～0.004	0.001～0.005	0.0002～0.0003
P_2O_5	0.0004～0.0011		0.015～0.02
Cr_2O_3	0.002		
Ga_2O_3	0.007～0.008		
Na_2O	0.3～0.45		0.10～0.15
K_2O	0.01～0.08		
H_2O		0.17～0.30	0.2～0.3
Ca		0～0.08	0.009～0.070
SO_4		0.54～0.69	0.9～1.5

表10.1.2　沥青焦中的典型杂质含量

杂　质	含量/%	杂　质	含量/%
Si	$(50～250)\times10^{-4}$	B	1×10^{-4}
Fe	$(50～400)\times10^{-4}$	Na	$(30～120)\times10^{-4}$

续表 10.1.2

杂质	含量/%	杂质	含量/%
Ti	$(2\sim50)\times10^{-4}$	Mg	100×10^{-4}
Zn	$(2\sim20)\times10^{-4}$	Ca	$(20\sim100)\times10^{-4}$
V	$(30\sim350)\times10^{-4}$	Mn	4×10^{-4}
Cr	$(1\sim2)\times10^{-4}$	Ga	14×10^{-4}
Ni	$(50\sim220)\times10^{-4}$	Pb	3×10^{-4}
Cu	$(1\sim3)\times10^{-4}$	Al	$(50\sim250)\times10^{-4}$
S	$(5000\sim35000)\times10^{-4}$	Ash	$(1000\sim2000)\times10^{-4}$

可以设想，假如杂质成分比铝还贵重，那么人们关注的也许不是铝了。如果，杂质比金属铝贱，他们在金属铝中的汇集会有一定的限度，杂质将会富集到电解质中或以不同的方式挥发逸出，下面将涉及这方面内容。假设贵金属可以定量地转移到金属铝中，那么一种金属中杂质的浓度将很高。但实际上其浓度是很低的，因为贵金属不可能完全转移到金属当中。

氧化铝中的贱金属成分，其中主要是氧化钠和氧化钙两种。氧化钠在电解质中与氟化铝反应形成冰晶石和氧化铝，因而氟化铝需时常添加以维持其一定的浓度。如果氧化铝中氧化钠的浓度过高，将会产生过量的纯冰晶石，即电解中产生剩余的电解质。杂质钙是由于电解质中较高的 CaF_2 浓度（4% ~6%）引起的。至于其在金属中的含量保持情形及原因将在 10.1.6.1 节中讨论。

10.1.2 杂质在电解质中的溶解度

本书第 2 版[1] 把 1980 年以来的有关溶解度数据绘成表格[1,p.365]。一些数据还被绘制成像液相线一样的图[1,p.40]。尽管这些数据在此不再重复，但是在不同作者得到的不同或相左的研究结果会再次提到。除了第 2 章第 2.2.7 ~2.2.20 节给出的相关相图外，一些新的研究数据在这里做些补充。

DeYoung[2] 研究了 NiO、Fe_2O_3 和 $NiFe_2O_4$ 在 NaF-AlF_3-CaF_2-

Al_2O_3 熔盐体系中溶解度与时间、NaF/AlF_3 摩尔比和氧化铝浓度之间的关系。溶解度随温度增加、氧化铝浓度减小而增大，特别是在氧化铝低于1%时，在所研究范围内的摩尔比（1.4～3）对溶解度影响作用很微弱。

Fe_2O_3 和 NiO 在氧化铝浓度为 1.5%～6%、摩尔比为 1.4～3 的熔盐中的溶解度方程式为：

$$\log w(\mathrm{Fe}) = 4.71 - 7080/T \tag{10.1.1}$$

和

$$\log w(\mathrm{Ni}) = 6.27 - 9740/T \tag{10.1.2}$$

式中，T 为开尔文温度；Fe_2O_3 和 NiO 溶解偏摩尔焓分别是 138 kJ/mol 和 187 kJ/mol。

$NiFe_2O_4$ 的溶解度低于两单一氧化物，$NiFe_2O_4$ 在熔盐中的平衡使得饱和溶解度以 Fe 和 Ni 表示分别为 0.07% 和 0.02%。基于熔盐中的溶解度数据和活度系数，可以得到铁酸镍的生成吉布斯自由能为 -20.6 kJ/mol，该值与文献一致。

Sterten 和 Skar[3] 测量出 NiO、Cr_2O_3、Cu_2O、TiO_2、ZrO_2 等化合物分别和冰晶石构成共晶化合物的二元系相图。DeYoung[2] 的实验中也发现 NiO 的溶解度随氧化铝浓度的增高快速下降。添加 NiO 到纯的冰晶石中的冰点降低法得到的数据说明，熔盐中形成两种异质质点。1006℃时，2.8%（摩尔分数）的 NiO 在熔盐中存在一共晶化合物。在无限稀释 Na_3AlF_6-Cr_2O_3 体系中，采用冰点测定法进行研究，发现产生五种新质点，1008℃时在 0.95%（摩尔分数）Cr_2O_3 处形成共晶化合物，对于 Cu_2O-Na_3AlF_6 体系，则出现三种新相，1008℃时在 Cu_2O 浓度为 1.1%（摩尔分数）处存在共晶化合物。

冰点降低显示 Na_3AlF_6-TiO_2 体系中，由于形成了 $TiOF_x^{2-x}$ 和 Al-O-F，相应产生了两种质点，992℃时，共晶相出现在 11.7%（摩尔分数）的 TiO_2 处，这与以前研究得到的结果完全一致[1]（见 2.2.17 节）。氧化锆（ZrO_2）溶解在冰晶石中产生三种新相，主要是由于形成了 ZrF_6^{2-} 和两种含氧粒子，995℃时共晶化合物出现在

5.3% ZrO(摩尔分数)处。

Johansen 等人[4] 研究了 Na_3AlF_6-FeO($Fe_{0.947}O$)和 Na_3AlF_6-FeF_2 体系的相图和 FeF_2 活度。通过研究相图得到相同的结果:983℃,在氧化亚铁(FeO)系中,共晶相出现在 14.2% FeO(摩尔分数)处;743℃,在 FeF_2 系中,共晶相出现在 73% FeF_2(摩尔分数)处(见 2.2.7 节和 2.2.10 节)。冰点下降法测定分析显示 FeO 系出现 1.5 个新质点,FeF_2 系出现 0.5 个新质点,有关此现象的解释不是很明确,但似乎可以解释为铁离子二聚化作用的结果。用 HF/H_2 电极测量反电动势可以得到 Na_3AlF_6-FeF_2 体系的活度数据。当 FeF_2 的摩尔分数从 0.01 增大到 0.1 时,FeF_2 的活度系数在 0.17 ~ 0.25 之间变化。

Choi 等人[5] 采用差热分析法研究了 Na_3AlF_6-Co_3O_4 和 Na_3AlF_6-FeO 体系的相图。985℃时,在 Na_3AlF_6-Co_2O_3 体系中,共晶化合物出现在 4.4% Co_3O_4(摩尔分数)处;Na_3AlF_6-FeO 体系中,共晶化合物出现在 14.2% FeO(摩尔分数)处。这些结果与 Johansen 等人的研究相一致[4]。

Dewing[6] 研究了 CeO_2 在冰晶石 - 氧化铝中的溶解度。确切证据表明,甚至在 1×10^5 Pa 的氧压下,CeO_2 也会以三价离子形式溶解到熔盐中。一方面,基于伏安测量说明发生了三价 Ce(Ⅲ)与四价 Ce(Ⅳ)的氧化还原反应;另一方面把片状 CeO_2 浸到冰晶石熔盐中的溶解试验测试发现有气体(氧气)析出。溶解反应为:

$$CeO_2 + AlF_3 = CeF_3 + 1/2\ Al_2O_3 + 1/4O_2 \qquad (10.1.3)$$

从 Na_3AlF_6-CeO_2 相图(2.2.9 节)看到,997.5℃,在 3.8% CeO_2 处有共晶化合物产生,冰点下降法计算结果表明有大约 2.5 个新质点产生。该体系的早期数据点分布较分散。

CeO_2 的溶解度随 AlF_3 的浓度增加而增大。这些数据与下式反应[6]模型相匹配:

$$CeO_2 + AlF_3 + 2NaF = Na_2CeF_5 + 1/2Al_2O_3 + 1/4O_2 \qquad (10.1.4)$$

通过吉布斯 - 杜亥姆方程(Gibbs-Duhem)知道,CeO_2 的溶解

度与 $a_{Al_2O_3}^{1/3}$ 成比例关系，这与实验结果相当一致。使用未修正的氧化铝活度数据推断熔盐中含两种 Ce 离子，存在方式为 CeF_3 和 CeOF。如果使用修正过的氧化铝活度数据[7]，所得到的结论是熔盐中含有一种形式的三价 Ce，不是 CeF_3 就是 CeF_5^{2-}[8]。Dewing 和 Desclaux[9] 认为 Ce 离子以这种方式存在，详见 3.3.2 节的描述。

Xiao 等人[10] 研究了 SnO_2 在 $NaF-AlF_3-Al_2O_3$ 的溶解度，其数值很低，如，1020℃时，含 5% 的氧化铝（Al_2O_3）的冰晶石熔盐中，氧化锡（SnO_2）溶解度仅为 0.02%。在低氧化铝浓度下（小于 1.5%），其溶解度随氧化铝浓度增加急剧下降（见 2.2.12 节）。在摩尔比为 2.2、5% CaF_2、5% Al_2O_3 条件下，氧化锡的溶解度与温度关系为：

$$\ln w(SnO_2) = 8.287 - 15466/T \qquad (10.1.5)$$

式中，T 为开尔文温度，溶解的偏摩尔焓为 129 kJ/mol。

同样，也有人测过 SnO_2 溶解度与摩尔比（CR，NaF 与 AlF_3 的物质的量之比）的变化关系，溶解度最大数值在摩尔比为 3 的无氧化铝熔盐和饱和着氧化铝冰晶石熔盐中。数据拟合的模型显示，最有可能存在于熔体中的基团为 $SnO_2AlF_6^{3-}$。SnO_2 含量小于 1% 时，存在氧氟化合物 $SnOF_4^{2-}$ 和其二聚物 $Sn_2O_2F_8^{4-}$ 基团。当氧分压下降（但保持在 SnO_2 分解析出金属锡的平衡压之上），其溶解度增加非常明显，且发现二价锡的存在。

Issaeva 等人[11] 对添加 SnF_2、SnO_2 或 SnO 的冰晶石氧化铝熔盐进行伏安测量，观测到阳极（负极）氧化峰，以证实存在两种氧化态的锡（Sn^{2+} 和 Sn^{4+}）。阴极（正极）波显示只有一较宽的峰存在，此处应该包含还原态的 Sn^{4+} 和 Sn^{2+}。无氧化铝熔盐中观测的电流振荡现象，这可能是由于形成了挥发性物质（SnF_2 和/或 SnF_4）所致。通过添加氧化铝，这种振荡现象消失，这就说明氧化铝能够稳定锡在熔盐中的存在方式。

Dewing 等人[12] 有研究了氧化锌（ZnO）在氧气氛的冰晶石－氧化铝中的溶解度。在高于 1.45% 氧化铝活度以上时，锌以固相

$ZnAl_2O_4$ 形式存在。更高氧化铝含量条件下，氧化锌的溶解方程为：

$$\log w(\mathrm{Zn}) = 0.491 + 1.90\log w(\mathrm{Al_2O_3}) \quad (10.1.6)$$

冰晶石的冰点测定说明 ZnO 的溶解生成两种新质点，这与下式相一致：

$$\mathrm{ZnO} + 2/3\,\mathrm{AlF_3} = \mathrm{ZnF_2} + 1/3\,\mathrm{Al_2O_3} \quad (10.1.7)$$

基于氧化铝浓度和溶解度数据的对数图，高氧化铝浓度时，溶解反应为：

$$\mathrm{ZnAl_2O_4} + 2/3\,\mathrm{AlF_3} = \mathrm{ZnF_2} + 4/3\,\mathrm{Al_2O_3} \quad (10.1.8)$$

相图中在 994℃，2.9% ZnO 处存在共晶化合物（见 2.2.8 节）。早期的溶解度研究工作得到的数据比目前的数据小。

Diep 和 Sterten[13] 研究 Fe_2O_3 在有氧存在的 $NaF\text{-}AlF_3\text{-}Al_2O_3$ 熔盐中的溶解度。1007℃时，共晶化合物出现在 0.67% Fe_2O_3 处，$Na_3AlF_6\text{-}Fe_2O_3$ 是简单二元系（见 2.2.11 节）。当 Fe_2O_3 溶解在冰晶石熔盐中时，冰点下降说明形成了五种新质点。

根据方程式[14] 知道，Fe_2O_3 在纯冰晶石熔盐中的溶解度随温度的增加而增大：

$$\ln w(\mathrm{Fe_2O_3}) = 11.16 - 1.49 \times 10^4/T \quad (10.1.9)$$

该式与 DeYoung 的数据符合得非常好，Johanden 早期的数据有点偏高，得到的溶解焓是 124 $kJ \cdot mol^{-1}$，溶解度随氧化铝浓度增加而减小。在 $NaF\text{-}AlF_3$ 中最大溶解度值在摩尔比为 3、氧化铝浓度为 3% 处，最大溶解度时形成的离子类型是 FeF_6^{3-}。Fe 离子也可能与氧氟形成配合离子。摩尔比在 2 ~ 3 之间时氧化铁的溶解度急剧增大，但与 DeYoung 的实验结果有出入[2]。

Johansen 等人[15] 在铁坩埚中研究 FeO 和 $FeAl_2O_4$ 在冰晶石 - 氧化铝熔盐中的溶解度。在氧化铝浓度低于 5% 时 FeO 为稳定相存在，高于此浓度时，铝酸盐能够稳定存在。铝酸盐的标准吉布斯生成焓为 $-17.6\ kJ \cdot mol^{-1}$。据推测其溶解在电解质中的形式为 FeF_2（见 2.2.10 节）。通过计时电位测量了其扩散率，1020℃，在 7.7% ~12.3% 的氧化铝浓度熔盐中扩散率由 $3.3 \times 10^{-5}\ cm^2 \cdot s^{-1}$ 变

化到 $2.9\times10^{-5}cm^2\cdot s^{-1}$，相应的 FeO 溶解度由 1.16% Fe 变化到 0.48% Fe。

在氧化亚铁的稳定存在范围(小于 5% Al_2O_3 内)，1020℃时 FeO 的溶解度表达式为：

$$\log w(Fe)=0.40\log(a_{Al_2O_3})+0.11 \qquad (10.1.10)$$

在铝酸铁的稳定存在范围(大于 5% Al_2O_3 内)，1020℃时 $FeAl_2O_4$ 的溶解度表达式为：

$$\log w(Fe)=1.26\log(a_{Al_2O_3})-0.49 \qquad (10.1.11)$$

有关铝酸盐与温度的溶解度关系也已经研究过，其溶解焓为 $64.8\ kJ\cdot mol^{-1}$。

Lorentsen 等人[17]对 NiO 和 $NiAl_2O_4$ 在冰晶石－氧化铝中的溶解度做了同样的研究。纯氧化物在熔盐中的温度存在范围为 3% Al_2O_3，高于此浓度为铝酸盐的稳定存在区。$NiAl_2O_4$ 的吉布斯生成能为 $-26.6\ kJ\cdot mol^{-1}$，而溶解焓是 $148\ kJ\cdot mol^{-1}$(对于 2.2.14 节的相图)。

低于 3% Al_2O_3 浓度时，NiO 的溶解度方程为：

$$\log w(Ni)=0.26\log(a_{Al_2O_3})-1.28 \qquad (10.1.12)$$

高于 3% Al_2O_3 浓度时，$NiAl_2O_4$ 的溶解度方程为：

$$\log w(Ni)=1.14\log(a_{Al_2O_3})-2.21 \qquad (10.1.13)$$

有关 $NiAl_2O_4$ 溶解度与摩尔比之间的关系数据研究显示，最大溶解度为摩尔比为 5。

Dewing 和 Thonstad[18]根据反应：

$$FeF_2+1/3AlF_3+1/4O_2=FeF_3+1/6Al_2O_3 \qquad (10.1.14)$$

采用相关的热力学数据、实验数据来讨论了在冰晶石氧化铝中由 Fe^{2+} 到 Fe^{3+} 之间转变与氧分压的关系。图 10.1.1 给出 1020℃、2.73% Al_2O_3 的熔盐中条件下，Fe^{2+} 和 Fe^{3+} 浓度与氧压的对数图。以 Fe 平衡的 1×10^5 Pa 氧压下，总铁量中有 4% 以 Fe^{2+} 方式存在；0.5% 为 Fe^{3+}。在饱和氧化铝浓度中相应的数据变为 6% 和 0.1%。

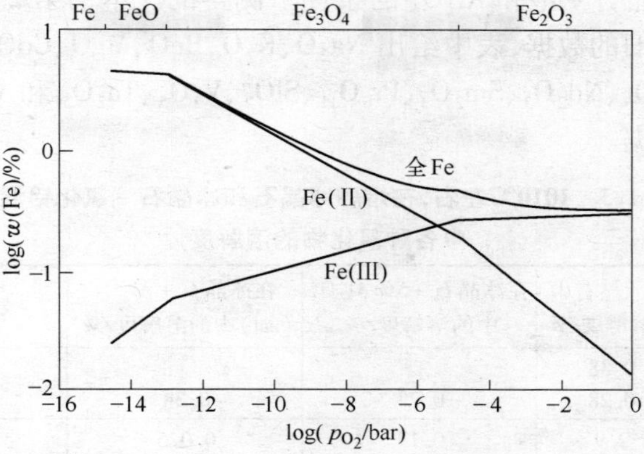

图 10.1.1 1020℃、2.73% Al_2O_3 的熔盐中，Fe^{2+} 和 Fe^{3+} 浓度与氧压的对数图

稳定固相存在方式及其位置均已标出，1 bar = 10^5 Pa，源自 Dewing 和 Thonstad[18]

下面对溶解度数据进行综述。为方便使用上述给出的溶解度数据，表 10.1.3 列出 1980～2000 年间发表的数据，图 10.1.2 给出相关溶解度曲线。第 2 章给出详细的相图，共晶点列于表 2.1 中。

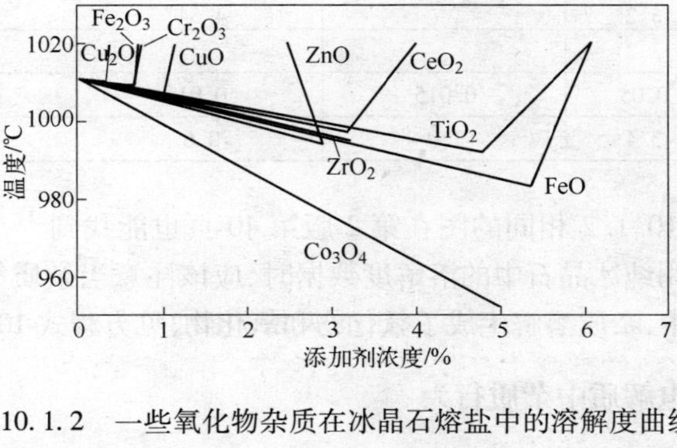

图 10.1.2 一些氧化物杂质在冰晶石熔盐中的溶解度曲线图

表 10.1.3 的溶解度数据是在 1010℃ 的冰晶石、冰晶石 +5%

Al_2O_3、冰晶石＋饱和 Al_2O_3 的条件下测得的。本书第 2 版第 365 页给出了旧的数据，表中给出 Na_2O、K_2O、BeO、MgO、CdO、Mn_3O_4、B_2O_3、La_2O_3、Nd_2O_3、Sm_2O_3、Pr_6O_{11}、SiO_2、V_2O_5、Ta_2O_5 和 WO_3 等氧化物的数据。

表 10.1.3 1010℃左右，在熔融冰晶石和冰晶石－氧化铝混合物中各种氧化物的溶解度

氧化物	在冰晶石中的溶解度/%	在冰晶石＋5% Al_2O_3 中的溶解度/%	在冰晶石＋Al_2O_3(sat)中的溶解度/%	文献
Cu_2O	0.38 0.28	 0.23	 0.34	[3]，[20]
ZnO	2.9	0.17	0.025	[12]
Fe_O	5.6 5.5 5.4	 3.0	 0.30	[4]，[5]，[16]
NiO	 1.0 0.41	0.08 0.09	 0.0076	[2]，[3]，[17]
CuO	1.1	0.44	0.56	[20]
Co_3O_4	7.3			[5]
Cr_2O_3	0.70			[3]
Fe_2O_3	 0.8	0.23 0.4	 0.22	[2]，[13，14]
TiO_2	5.6 5.2		 4.54	[3]，[21]
ZrO_2	3.2			[3]
SnO_2	0.05	0.015	0.01	[10]
CeO_2	3.4	1.0	0.6	[12]

与图 10.1.2 相同的图在第 2 版第 40 页也能找到[1]。

在使用纯冰晶石中的溶解度数据时，应该注意当杂质氧化物溶解到溶液中，杂质溶解生成了氟化物和氧化物，见方程式 10.1.7。

10.1.3 电解质中杂质行为

正如上面所提及的，产品铝中的绝大多数杂质来自于原材料。Fe 杂质的其他来源为自焙槽生产所用的工具、阳极钢钉和气体收集器的腐蚀。Si 的可能来源主要是难溶底衬或 SiC 侧壁材料。虽然一些杂质没有和电解质发生反应就挥发或随气流排除,但仍可判断绝大多数杂质主要是因为与熔盐反应而溶解到电解质中。

最简单的情形是氧化铝中存在的杂质,它们大多以氧化物形式存在。所有氧化物都在一定程度上溶解到熔融冰晶石电解质中。因而,可以推断其溶解法应如下:

$$M_xO_y + 2y/3AlF_3 = xMF_{2y/x} + y/3Al_2O_3 \quad (10.1.15)$$

众所周知,熔盐中各种杂质的浓度低于它们的饱和浓度。假定达到最低溶解度时,有些氧化物仍然不溶解。某些条件下部分二价氧化物(MO)、纯氧化物在高氧化铝浓度下是不稳定的,这些氧化物可能以铝酸盐(见式(10.1.8))的形式存在,其反应式为:

$$MO + Al_2O_3 = MAl_2O_4 \quad (10.1.16)$$

在多数情况下,M 没有金属铝活泼,所以,它们能够被还原进入铝液中:

$$MF_x + x/3Al = M(\text{在 Al 中}) + x/3AlF_3 \quad (10.1.17)$$

对于多数金属,反应容易向右边进行。Johansen 等人[19]认为,对于二价 Fe 离子(FeF_2),上述反应式的平衡常数为 1.2×10^{29}。这表明假如发生上述反应,在熔盐中铁的浓度将会大大低于检测上限值。

他们还发现[19],Fe 离子从熔盐中向金属铝的扩散主要受传质过程控制。为证明这一推断,把大量的 $FeSO_4$ 和 Fe_2O_3 加到一个工业槽的电解质中,对熔盐和铝都进行分析以监测进入到产品铝中 Fe 的含量。发现它符合指数函数曲线,并求得一个相应的传质系数 $K = 1.25 \times 10^{-3}\,cm \cdot s^{-1}$。添加 Fe_2O_3、TiO_2 和 SiO_2 也得到同样的研究结果[21]。

杂质在电解质中的简单溶解情况,据推测应该受传质过程控制,电解质中很高的杂质浓度($40 \times 10^{-4}\%$ Fe)应该来源于原料。

然而,事情并非如此简单,据方程式(10.1.17),如果熔体中含有较多的铁,它将直接与金属接触,造成金属中杂质的含量增多。Goodes 和 Algie[22],Sillinger 和 Horvath[23]研究认为不是这样。其实即使通过较长时间的接触,电解质中也含有大量的 Fe,分析见下面的 10.1.3.1 节。

一个难以理解但为人所共知的事实是，根据元素分析结果，大量杂质随着电解质、烟气已经挥发并进入干式净化器，然后与载氟氧化铝一起又回到电解槽，这将直接导致杂质含量进一步提高。

Thonstad 等人[24]测量了含 Fe 电解质的蒸气压，结果认为，过低的蒸气压并不能解释气相中含有约 40% 铁杂质能够被挥发物颗粒吸收。Sillinger[23]研究认为通过熔盐的气体挥发并不能减少铁的浓度，而硅则例外。因而不能使用下面简单的模型来解释杂质 Fe 的行为：溶解→被还原 + 蒸发。

下文将参考已经存在的文献继续讨论杂质的传递过程。

10.1.3.1 杂质行为的实验室研究

对杂质在电解质中的溶解行为所进行的研究，对于了解生产过程中杂质的行为是极为有益的。但是对待实验结果应该慎重处理，因为实验室的小型坩埚中的传质过程与在工业电解槽中的传质过程有很大的不同。若用无内衬的石墨坩埚作容器，由于流体动力不同，电化学也不相同。石墨坩埚装铝和电解质，可看作短路的原电池，铝作为负极，坩埚壁作为正极。尚未清楚该原电池反应是否重要，但不管怎样，应该知道此反应。

Keller 和 Frei[25]用石墨作阴极在实验室中做电解实验。他们观察到：当电解开始时，熔体中的杂质，如铁、硅，比铝优先在阴极上析出，形成海绵状沉淀。假如枝状沉淀也能产生并从阴极上脱离开，Keller 认为这类沉淀物也能在液铝阴极上形成。这意味着杂质金属不和金属铝合金化，而在阴极上析出，并溶解于熔体中。他的推断在以铝液为阴极的氯化物熔盐体系的实验中得到验证。

Keller 等[27]用石墨坩埚研究含有少量二氧化硅的冰晶石 - 氧化铝熔盐电解 Al-Si 合金。结果发现：60% ~70% 的二氧化硅生成了 Al-Si 合金。分析冷凝后的固体电解质横断面可发现：硅颗粒分散在电解质中，由此可推断，这些颗粒可以被溶解在熔体中的铝直接还原，或者在石墨坩埚壁上电解析出。

Bratland 等[28]测量了 V_2O_5 在冰晶石 - 氧化铝熔盐体系中的溶解度。结果表明，在纯冰晶石中其溶解度为 1%，而随着氧化铝溶解量增大直到饱和，V_2O_5 在其中的溶解度下降很大。当加入铝时，在金属铝中发现有金属钒，如金属中含1%的钒而电解质中仅含有 $50\times10^{-4}\%$。由于 V_2O_5 的分解电压是 -0.6 V，比 Al_2O_3 的 -1.2 V 更正，则槽内五价钒的富集明显比平衡值要高。

Goodes 和 Algie[22] 在石墨坩埚中研究杂质金属和电解质中的行为，在槽内和金属之间用隔板隔开研究。杂质从槽内到金属的迁移在26 h 实验中还远没有完成，也就是说，还没达到式(10.1.15)的化学反应平衡，摇晃坩埚也无济于事，见表10.1.4所示。

表10.1.4 24 h 实验后铁、硅、钒在金属和电解质中的含量

元素	金属中的含量/%	电解质中的含量/%
Fe	410×10^{-4}	1000×10^{-4}
Si	800×10^{-4}	1800×10^{-4}
V	65×10^{-4}	120×10^{-4}

钒在电解质中的含量比 Bratland 报道的还要高[28]，这似乎说明钒的还原化学反应没有达到化学平衡，但是这个结果取决于实验条件。在开始电解后的2~4 h 内从熔体中挥发出烟气，此后挥发停止，冷凝挥发烟气，分析发现冷却物质中含有铁、镍、钛、钒[24]。

我们尚未弄清与铝液接触的电解质中的杂质以何形式存在。作者认为(引用原文)是：存在“每一种以一种相对稳定的、非还原性的配合离子存在于平衡体系中”。另一种更合理的解释是，如上面提到的 Keller 的假设，杂质以分散在熔盐中的金属态形式存在，杂质也可以被石墨坩埚的壁吸收一部分。

Grjotheim 等[29]研究了添加5%的二氧化硅电沉积铝-硅合金。作者认为，在槽内可以挥发出 SiF_4 气体。

$$4Na_3AlF+3SiO_2=12NaF+2Al_2O_3+3SiF_4 \quad (10.1.18)$$

据发现，氧化铝可以抑制反应的发生，在4 h 的实验中，仅有1%的二氧化硅挥发，而一般电解槽中，二氧化硅杂质(一般为 $(30\sim100)\times10^{-4}\%$)的挥发量基本上可以忽略。

Sillinger 和 Horvath 做了类似于 Goodes 和 Algie 的研究。在石

墨坩埚槽内，采用含有杂质（0.1% Fe_2O_3，0.14% SiO_2）的电解质和铝液接触，分别电解和不进行电解。5 h 电解后，电解质内含（80～200）$\times10^{-4}$% 铁和（60～160）$\times10^{-4}$% 硅，铁和硅在金属和电解质中的比率平均为7。而没有电解的浓度变化很小。从电解过程挥发的烟气中回收到的烟尘，其中含 0.2%～0.5% 的铁，0.8%～1.5% 的硅。如上所述，气体从槽中挥发不会带走铁，但会带走硅。

Shkuryakov 等[30]将杂质（CuO，NiO，TiO_2，V_2O_5）溶解在电解质中，研究了它们转移到金属铝中的行为。同时电解对迁移起的作用很小。在短时间内（1～4 h），仅发生微量迁移，金属中杂质含量很少，这个过程也有杂质被金属直接还原，形成还原态的金属间化合物分散在电解质中或在金属表面，而不是溶解到金属中去。这就形成了被还原物质是溶解于槽内还是黏附于金属表面上而不溶解于金属内部的物质。然而，经过4 h 后的长期电解实验，大约有 90%～95% 的杂质能转移到金属中，没有发现杂质随烟气挥发损失。

Pruttskov 等[31]用二氧化硅做了类似的研究。发现金属中杂质很少，是由于被还原为中间产物积累在金属表面的缘故。

Chin 等[32]研究了 42.9% NiO-40.1% Fe_2O_3-17% Cu 的金属陶瓷惰性阳极材料的腐蚀情况，其氧化物相是 $NiFe_2O_4$ 和 NiO。将其做成圆片状，悬挂在 980℃ 的冰晶石 - 氧化铝中，保持 10 h 后再移出来。接着加入铝，当达到反应平衡后，分析电解质和铝中 Ni、Fe、Cu 的含量。与别人研究结果一样，只有一小部分杂质迁移到了金属中（Ni：55%，Fe：63%，Cu：13%）。其余的材料中，绝大多数的 Ni 和 Fe 仍然在熔体中，而 Cu 积聚并包裹在金属表面，像一层灰色的“皮肤层”。该“皮肤层”也富含 Ni、Fe。实验时间长短对其在两相中的分布无影响，扫面电镜和能谱（SEM/EDS）研究无法得到包裹在金属表面层的相关信息。

邱竹贤等[33]测定了在石墨坩埚中研究的杂质在电解质和金属中的分配系数。在 970℃ 温度下，将不同质量的杂质氧化物（Fe，Si，P，Ti，V，Ni，Ca）加入到 12% AlF_3-5% CaF_2-3% Al_2O_3 中后再将铝加入。在杂质含量较低（100×10^{-4}%）时，电解对分配系数的影响很小,当杂质含量较高($800\times10^{-4}\%$)时,分配系数会减小。大多数元素的分散系数都低于0.2,而硅为0.3~0.6,磷为0.8~1。

Danek 等说明:把 Na_3PO_4 加入到冰晶石中,含磷的为 $Na_2P_4O_7$,把 $Al(PO_3)_2$ 加入到冰晶石中,反应如下:

$$Na_3AlF_6(l) + Al(PO_3)_3(l) = 3NaF(l) + 2AlPO_4(l) + POF_3(g) \tag{10.1.19}$$

通过 XRD 和 IR 光谱分别检测到 $AlPO_4$ 和 POF_3。他还经过热力学计算表明,在有铝的情况下可以生成磷,有可能形成磷光体。它以气体状态存在,可以溶于铝中或者挥发掉。

对于磷产生了怎样的反应我们不太清楚。但我们都知道,磷对电流效率有负作用(见第9章)。磷可能发生氧化还原反应而循环,氧化剂是阳极、阳极气体 CO_2 或者空气中的 O_2。

Chrenková 等[36] 以冰点降低法测定了 Na_2AlF_6-Na_3PO_4、Na_3AlF_6-$AlPO_4$、Na_3AlF_6-$Al(PO_4)_3$ 三个体系,对于前两个体系,结果表明只产生一个新质点,说明磷离子能在冰晶石中稳定存在。对于发现 $Al(PO_3)_3$ 产生三个新质点,这可以解释上面的(10.1.19)反应方程式,在熔体中,形成两种磷酸根离子和一个 PF_3 分子。

Peterson 和 Tabereaux[37] 研究了 Na、Li、Ca、Mg 在其氟化物中和金属铝中的平衡关系,得到了较好的结果。

10.1.3.2 工业测试

Frolova 等[38] 研究了磷在电解过程中的影响行为。就像上面所讲的,磷能降低电流效率,是一种十分讨厌的杂质。研究发现,磷既不会在金属中富集,也不会在电解质中富集。据推测,部分磷易被碳渣吸附,使碳渣与电解质更湿润而难以分离出去。而且,磷能抑制碳的氧化燃烧,大约有50%的磷从气体中挥发掉,剩下的在槽内黏附在碳渣上(可能预焙槽不这样,而对自焙槽确实如此)。槽内碳渣越多,原料中的磷对电流效率的降低作用就越明显。

Daněk 等[35] 研究磷在整个电解过程中的平衡,磷的主要来源是氧化铝,原氧化铝中如果含 $3.8\times10^{-4}\%$ 的磷,那么干式净化器中的二

次氧化铝中含 $33\times10^{-4}\%$ 磷，电解质含 $39\times10^{-4}\%$ 磷，金属铝中含 $3.5\times10^{-4}\%$ 磷。从残阳极上清理下来的电解质中含有 $70\times10^{-4}\%$ 的磷，这说明：磷一方面（以 POF_3 或者 P_2 方式，不确定）从槽中逸出；另一方面在结壳中富集。净化器中氧化铝的磷含量测定也证实如此。

Staš 和 Koniar[39] 在 Danek 等的数据基础上，在同样的电解厂研究了磷的平衡。发现磷的收支不平衡，说明有一部分磷是以气体的形式损失了。通过长期监测，分析发现，在阳极电解质结壳层的低层处富含磷（$480\times10^{-4}\%$），但是碳渣含磷更高（$1100\times10^{-4}\%$）。

各部分磷的含量与磷的循环有关，与气体净化装置和电解工艺有关（自焙槽或者预焙槽）。据报道，磷含量在 10% ~15% 的变化范围内均正常。

Schmidt-Hatting 等[40] 研究含钒达到 $400\times10^{-4}\%$，而不是正常的 $120\times10^{-4}\%$ 的电解质中钒的平衡，发现电流效率下降了 1%，碳的损耗有所增加。没有对电解质做分析，但钒在金属中的含量从 $100\times10^{-4}\%$ 增加到 $(150\sim200)\times10^{-4}\%$，相对于添加量，增幅很小，说明一部分钒是通过挥发走掉了。

Galasiu 等[41] 测定了同系列多个槽铝中的钒含量，其值变化很大。在阳极效应期间，钒含量随电解槽发热增强而直线下降，这种行为与阳极效应期间含钒物质的挥发度有关。

Toyama 等在研究制备高纯金属时发现，与电解质相比，阳极覆盖料杂质含量很高，阳极覆盖料中含 0.15% 的氧化铁和 0.09% 的二氧化硅，而电解质含的杂质仅为其十分之一还要少。同时发现，铁、硅在铝中的含量随电解质中杂质含量的增加而直线上升，当电解质含有 0.02% 的氧化铁，0.01% 的二氧化硅时，对应的金属铝中含有 0.07% 的铁和 0.12% 的硅。因此，通过精选原料，不用阳极覆盖料、残阳极和二次氧化铝，就可以生产纯度达到 99.97% 的金属铝。

除了以上报道的实验研究外，Sillinger 和 Horvath 对自焙槽进行了进一步的测试，发现电解质最上层，即富含碳渣层中含有比本体电解质多的杂质，如表 10.1.5 所示。

表 10.1.5 电解质中的杂质含量（%，源于 Sillinger 和 Horvath[23]）

位　置	杂质含量（质量分数）/%			
	C	Fe	Si	S
本体电解质	0.83	0.014	0.011	0.020
上层电解质	3.60	0.029	0.016	0.062
上层/本体电解质中杂质含量比	4.3	2.1	1.5	3.1

研究发现，$Fe_{泡沫}/Fe_{电解质内}$（泡沫层和本体电解质碳含量之比）的比率随着 $C_{泡沫}/C_{电解质内}$（泡沫层和本体电解质碳含量之比）的比率呈直线上升关系。也就是说，从槽中浮上的炭渣越多，杂质的含量就越多。在自焙槽中，硫也有类似的关系，硫在阳极上和铁反应生成硫化亚铁，这在炭渣中能够检测得到。

对于冷却槽内的样品，用显微镜可以清楚地观察到有大量的含铁或者含硅颗粒（1 ~ 20 μm）存在。铁是以 1 ~ 2 μm 的 FeS 颗粒或者氧化物型铁镶嵌在炭渣中。用 X 射线分析表明，硅是以 5 ~ 20 μm 的二氧化硅或者铝钠、铝钙型硅酸盐存在。这些颗粒在电解质上方（泡沫层）或者电解质本体内均可发现。

从排出的烟气中收集到的粉尘中含 0.5% ~ 2.6% 的铁，其中 50% ~ 60% 是二价铁，40% ~ 50% 是三价铁，烟尘中的铁含量随着电解质中的含量增大而增大，硅也有类似情形。样品的 X 射线分析表明：铁主要是由氧化铁、金属铁和 $Fe(OH)_3$ 和 FeOOH 组成。后面的这两种成分可能是由于在潮湿的环境下，金属铁被氧化造成的。

作者们[23]得出结论说：绝大多数铁和硅在电解质中不是以溶解态存在，铁吸附着碳粒，被碳粒带出去了，如果碳被氧化燃烧消耗了，铁不会挥发出去了，而硅可能挥发出去（见上面的实验室实验）。电流密度的增加反而可以降低铁、硅在金属铝中的含量，可能是因为大量的铁和硅被大流速气体带出槽内。

Liu 等[43]对杂质，主要是 V、Ti、Ga 在两个电解槽中的分布做了深入的研究。他们发现，在沉淀和炉帮上没有太多的杂质富集；而在上部结壳的底层发现有杂质富集。在槽上的氧化铝覆盖料最上层中发现了 Ga、V 和 Ti 富集,这说明它们从排出的烟气中又重新沉积下来了。

从槽内排放出的气相中可发现杂质成分,排放的颗粒物可分为粗、细两种。粗的主要包括氧化铝和带出的电解质成分,细的包括了80%以上的冷凝态氟化物和不到10%的氧化铝。颗粒物中碳含量和杂质含量之间的关系如图 10.1.3 所示。在粗颗粒和氧化铝表面(氧化铝吸附),杂质与碳的比例基本上是一样的,而在细颗粒中,该比率要高很多,这可能是由于细颗粒有比较大的表面积。

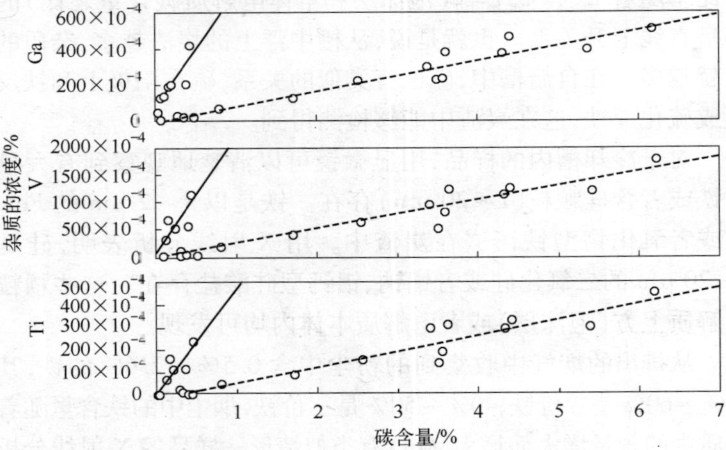

图 10.1.3 碳在颗粒物(点线表示粗颗粒,直线表示细颗粒)中的含量与表面氧化铝(点线)中杂质 Ga、V、Ti 含量的关系图

采用扫面电子显微镜和能谱分析(SEM-EDAX)发现:杂质黏附在碳颗粒上。作者认为杂质或者物理吸附在碳颗粒上,或者是被碳热还原或电化学还原成金属,他们认为,细碳粒的来源是碳化铝的分解:

$$Al_4C_3 + 3CO_2 = 2Al_2O_3 + 6C \qquad (10.1.20)$$

或者是二氧化碳的完全还原:

$$4Al + 3CO_2 = 2Al_2O_3 + 3C \qquad (10.1.21)$$

这些反应在以前已经有人提出了[44,45]。

Zhang 等[46] 报道了在没有干式净化器的预焙槽中杂质的平衡。槽子分为四组,“高纯电解槽”(HP)在最上面,高纯电解槽中金属铝的杂质含量很低,而在挥发物中含量很高。加入的原料中杂质浓度如表 10.1.6 所示。

表 10.1.6 材料加工过程中杂质浓度控制(Zhang 等[46])

原 料	Fe	Si	Ga	V	Ti
氧化铝	75	66	72	<6	18
阳 极	400	50	—	359	10
残阳极	777	150	—	357	10
氟化铝	80	638	—	30	—
结壳电解质	1750	870	90	140	40
废电解质	189	230	7	8	5
累计损耗	8330	362	2100	5250	658

累计损失可以说明在颗粒中的杂质浓度。表 10.1.7 是整个工厂电解槽中杂质平衡表。铁和硅收支不平衡, Ga、V 和 Ti 的收支平衡。正如我们所希望的那样,高纯槽中,杂质在金属中的含量和原料中杂质含量比例很小,该研究建立了数学模型。

表 10.1.7 工厂中杂质的平衡($kg \cdot d^{-1}$,Zhang 等[46])

物 料		铁	硅	镓	钒	钛
收入	氧化铝	104.5	91.3	100.2	<7.8	25.0
	氟化铝	1.5	11.6			
	冰晶石	0.07	1.3			
	氟化钙					
	碳酸钠					
	电解质					
	阳 极	0.35	0.86		0.38	0.02
	总 计	169.6	<21.1		152.2	<4.2

续表 10.1.7

物 料		铁	硅	镓	钒	钛
支出	累计损失	105.8	4.5	26.7	67.2	8.4
	厂 房	7.5	0.33	1.9	4.8	0.59
	阴极吸收					
	残阳极	75.9	<14.7		34.9	<0.98
	燃烧掉	3.1	<0.6		1.4	<0.04
	废 渣					
	金属铝	461.8	229.0	85.9	65.4	27.1
	总 计	654.1	215.1	113.5	173.7	<37.0
差 额		378.1	90.2	13.3	13.4	7.7

Cole 等[47]描述了不同铁含量如何影响钒在金属中的含量。他们观察到：即使钒浓度保持一定，当杂质中铁含量增加时，铁在金属中的含量随之增加的同时，钒在金属中的含量也随之而增加，铁和钒之间的关系十分明显，这就是为什么钒的回收率接近于100%的原因。

为了研究这一现象，还给一些槽中加入金属铁，然后加氧化铁的实验。如图 10.1.4 所示，铁含量都在增加，而钒只是在氧化铁加入后才升高。氧化铁是溶解在电解质中，对杂质钒产生作用。

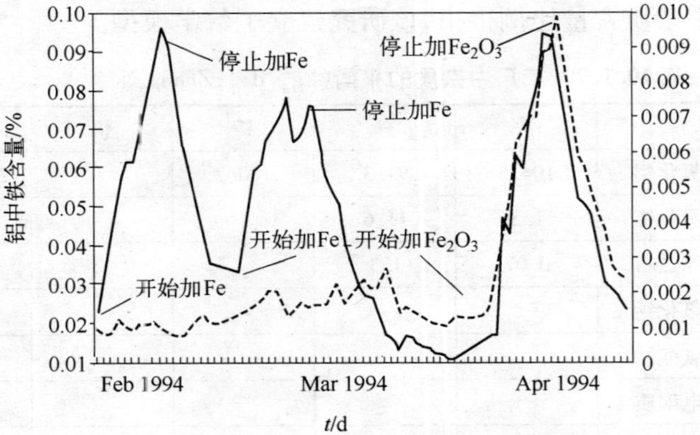

图 10.1.4 加铁和氧化铁对金属中铁和钒含量的影响

Cole 等人[47]

腐蚀的阳极头和加氧化铁有相同的作用。报道也指出,镓和钒的行为很相似。

10.1.4 干式净化器中杂质的回收

当使用干式净化器时,立即发现金属铝中杂质的含量提高了,这是因为杂质经过二次氧化铝的回收一起又回到槽中。表10.1.8 中给出了一些数据。

当然,铅是个例外,杂质铅的挥发物好像不是从气体中排走。我们发现,杂质主要是以各自分散的粒子存在于细烟尘中。收集未经过干式净化器净化之前的烟尘分析发现,细颗粒烟尘中杂质含量较高,其中 Fe、Ni 和 V 同时存在,含有 1.5% Fe,0.14% V,0.36% Ni。

表 10.1.8 原料、电解质和金属中的微量元素在净化前后浓度的变化

(Thonstad 等人[24])

项目	Fe	V	Ni	Cu	Pb	Ga
新鲜氧化铝	80	30	22	72	13	50
净化器中二次氧化铝	500	105	250	160	70	60
阳极	600	140	*	*	*	*
电解质	40	10	5	25	6	7
不加二次氧化铝得到的金属铝	500	52	14	28	20	62
加入二次氧化铝得到的金属	860	95	44	55	42	85
使用二次氧化铝增加量	360	46.6	30.3	26.7	21.7	22.7
差额	64	5.2	2.3	2.1	1.7	2.2

注:* 代表不确定。

Augood[48] 根据文献,总结了投入的原料最后成为气体杂质的数据,研究了杂质的走向。表 10.1.9 给出一些数据,比如硅的比率为 0.08,这意味着,在所有加入的硅中,92% 是进入金属中,8% 从气体中走掉了。磷以其他的方式走掉,90% 是从气体中走掉的,但大多数元素都在 40% ~70% 范围内。

注意,上面的数据反映的是在烟气中的杂质没有通过回收工序情形。当安装净化器后,在铝中的杂质含量就比较高了,如50%的磷。

Augood[48]也基于数字列出了一个杂质平衡,如表10.1.10所示。

表10.1.9 杂质的分配系数(气体/投入料, Augood[48])

杂质	参考文献		假设值①
	[49]	[50,51]	
Si	0.07	0.08	0.091
Fe	0.42	0.46	0.5
P	0.89	0.86	0.91
Ni	0.40		
Ti	0.57	0.62	
V	0.85	0.66	
Ga		0.50	
Zn		0.20	

①符合气体/金属值为0.1、1和10。

表10.1.10 根据电解槽数据[50~52]得到的杂质分布表

(ppm③ ·(单位金属量)$^{-1}$,源自Augood[48])

杂质	Si	V	Fe	P	Ti	Zn	Ga
收入							
氧化铝	123	24	348	16	67	60	131
炭阳极	173	33	227	4	3	1	2
电解质等	19	2	31	5	1		
其他①	200		223				
加料=总计	515	59	829	25	21	61	133
支出							
气体	47	38	378	18	41	12	66
金属	473	20	451	3②	25	48	65
总计	515	58	829	21	66	60	131

① 为了得到平衡,假定其余杂质源于操作过程带入。

② P平衡比较难处理。

③ 1ppm = 1×10^{-4}%。

10.1.5 气流中除杂

Boehm 等[51,52]测量了排放的烟气中各杂质的数据。这些数据与表 10.1.9、表 10.1.10 类似。同一些作者以文丘反应器和静电除尘干式净化法收集氧化铝。从烟气中有效将分离气体烟尘颗粒分离的方法是在文丘里反应器之前安置静电除尘器,这样可将 90% 以上的杂质分离,这比 Thonstad 等[24]的报道效果更好。

Martins 等[53]认为,在干式净化器前面安装旋风除尘和静电除尘效果相同。旋风分离器中烟尘含 33% 铁,87% 镍和 100% 钛、钒和碳,48% 磷及 11% 氟。因而,旋风收尘可弥补干式净化器缺点。然而,怎样处理旋风收尘得到的烟尘也许还是一个问题,从静电除尘也有同样的问题。

Cutshall[54]表明,干式净化器中氧化铝吸附的杂质中 P_2O_3 的含量从 0.012% 降到 0.003%。Lossius 和 Oye[55]通过 SEM 研究表明,二次氧化铝中 P、Ti 和 Ni 杂质是和 Fe 混在一起的。可以把二次氧化铝加入水中调成浆,用沉降法和磁选法除去杂质物。

若想从干式净化器得到的氧化铝中除去杂质,而细小的杂质颗粒相互黏附,形成大的氧化铝颗粒,这个问题很难解决。Schuh 和 Wedde 用冲挤式研磨分离细粉体。表 10.1.11 给出了 10 μm 粉尘分离后的分析结果。

表 10.1.11 二次氧化铝中元素浓度和初步净化后的粗颗粒返回电解槽部分,除去了 0.9% 的细颗粒物

物 料	Na	Fe	P
二次氧化铝	0.66%	$640\times10^{-4}\%$	$174\times10^{-4}\%$
返回电解槽的粗颗粒烟尘	0.49%	$330\times10^{-4}\%$	$58\times10^{-4}\%$
去除率	26%	49%	67%

从表 10.1.11 中可知,0.9% 的二次氧化铝在进入电解槽前就被处理了,处理后得到的这些物料需找到用处。

Sturm 和 Wedde[57],Wrigge 和 Albers[58]指出铝电解系统中使

用这些物料的基本原则，采用净化器中得到的原料，金属中的杂质含量增加一倍或者更高，特别是 Fe、Cr、Ni 和 V 等元素，尤其是 P，使用干式净化后的物料使槽内电解质中 P_2O_5 的含量达到 $(150\sim300)\times10^{-4}\%$。据称电解质中 P_2O_5 含量每提高 $100\times10^{-4}\%$，电流效率会降低 1%，正常电解槽中电解质含 P_2O_5 为 $150\times10^{-4}\%$，金属中为 $15\times10^{-4}\%$。

若改变中间打壳下料方式，电解质中 P_2O_5 的含量可能发生变化。据称，由于点式下料口始终是敞开的，结壳下面的压力分布发生变化，夹杂有 P_2O_5 的细碳粒很难逸出到阳极覆盖层，而是留在了电解质最上面和边部结壳上。

表 10.1.12 显示，杂质分布在烟气、二次氧化铝和阳极覆盖料层上方沉降的细粉层中。同时说明，烟气除尘效果明显。

表 10.1.12　烟气、二次氧化铝和沉降在阳极覆盖层上的细粉尘中的杂质含量（源自 Sturm 和 Wedde[57]）

杂　质	杂质含量/%		
	烟气	二次氧化铝	阳极覆盖料上的细粉尘
P_2O_5	0.10	0.0065	0.04
F	15.0	1.65	10.0
Na_2O	8.0	0.65	3.5
V_2O_5	0.06	0.001	0.01
Fe_2O_3	1.2	0.042	0.4
NiO	0.2	0.026	0.2
Pb	0.03	0.004	0.01
CaO	0.04	0.029	0.5

10.1.6　杂质的还原

工业电解槽中的电解质具有还原性还是氧化性仍然有许多争议。传统的观点认为除了阳极区，那里是氧化性还是还原性由二氧化碳和一氧化碳气体决定之外，槽电解质中其他部分为强还原区域，因为这些区域含有溶解的金属（铝+钠，见第8章）。这种观点受到了 Sterten 的反对，他认为，溶解金属只是在金属与熔盐电解质的界面处附着，在这个区域内溶解的金属仍可以被杂质氧化，如：

$$Al(溶解) + 3Fe^{3+} = Al^{3+} + 3Fe^{2+} \quad (10.1.22)$$

这个问题至今还没有得到解决，但有人认为饱和金属溶解度（约 $700 \times 10^{-4}\%$ 的铝，见第8章）比总的杂质浓度（$(100 \sim 200) \times 10^{-4}\%$）要高出许多，杂质不太可能将阴极上出来的溶解金属全部氧化掉。

如果按照传统的观点分析，假定在电解质本体内存在溶解金属，那么绝大多数杂质不能在有溶解铝存在的情况下稳定存在，而应该被还原成为金属态。

$$2Al(溶解) + 3Fe^{2+} = 2Al^{3+} + 3Fe \quad (10.1.23)$$

然而，因为该反应需要形核基，则可以想象该反应是一个缓慢发生的反应。这个问题就牵扯到 10.3.2 节中的部分。在那里，正如下面所表述的，碳渣可以作为晶核形核基点。尽管这个争议性问题还没有解决，但传统观点逐渐受采纳。传统的观点认为，那些杂质最初是以它们原本的化合价溶解在电解质中，经过一段时间后，在阴极区附近，趋向于被还原成低价或零价态然后又在阳极或阳极区附近被重新氧化。除了磷和锌呈气态外，其他元素态是以金属或者合金形式或者液态、或者固态存在于电解质中。

这些异质反应都有形核过程，当存在形核基的情况下反应得到加速。这就是在熔体中存在的碳粒成为我们讨论的话题的原因。金属杂质可黏附在碳粒上，以碳粒为晶核形核基。虽然碳粒分布在整个电解质中，但通常聚集在电解质上方。碳在预焙槽的本体电解质中的浓度为0.05%。如 Foosnaes 等[60] 所述，这些颗粒都是微米级大小。

因为杂质是以氧化物或者氟氧化物存在，碳可以充当还原剂，但我们不清楚在熔体中这种还原过程到底可以进行到什么程度。

杂质吸附在炭粒上的概念是由 Sillinger 和 Horvath[23] 最先提出的，后来，Liu 等[43] 证实了这个观点，而且也得到了 Metson[61] 的支持，Metson 说，碳是杂质相转移过程的传输载体。而 Schuh 和 Wedde[56] 指出，由于炭粒在电解质表面上的积聚和可能被无法抑制的气泡带出槽面，从而加快了杂质的转移。

Cole[47] 观察到，铁的增加可导致金属中 V 和 Ga 含量的增加，这个可以从 Fe-V、Fe-Ga 相图中找到答案。这两个相图中均存在很大固溶区。以 V 为例，α-Fe 在 1000℃ 左右能溶解 25%（摩尔分数）的 V。对 Ga 也一样，铁可以充当 V 和 Ga 的捕收剂。如上所述，许多作者都观察到 Fe、Ni、V 共同存在于各类粉尘颗粒中。

电解质中杂质形态上至少可分为两种：第一种是真正地溶解于电解质中，根据方程式（10.1.16）和其他方程式可知；另一种方式是吸附在碳粒上。当然，如 Keller[26] 所述的那样，也有可能金属态杂质颗粒自由地分散在电解质中。我们不知道它们在各种形态中占多少比重，也不知道和碳反应有多么快。正如引言中讲到的，往电解质添加杂质成分，杂质向金属铝中的迁移过程由传质过程控制，这说明，杂质能以真正溶解态存在相当长的时间。

下面介绍杂质的流失。

不管烟气罩和干式净化器的集气效率多么高，仍然有部分杂质流失到整个系统之外，以 Ca 和 P 为例。

Ca 主要来源于氧化铝，并在电解质中以 CaF_2 形式富集 4% ~ 6%，而在金属中含量很少（小于 $10 \times 10^{-4}\%$），除了电解质损失外，Ca 可能以颗粒挥发物形式排放流失。Thonstad 等[63] 指出，颗粒物中含有碳酸钙，据推测，这可能是产生的元素钙被氧化后与二氧化碳反应的结果。一些粒度很小的碳酸钙可穿过干式净化器而未被收集下来。

磷也许和钙有类似情形，磷被还原成元素磷，在该温度下，呈气态从槽内冒出来,接着被氧化成 P_2O_5 或者磷酸盐,部分则是通过干式净化器散失到大气中,这很可能是和气体反应后形成很细的颗粒随气体逸出体系外。

参 考 文 献

1. Grjotheim, K., Krohn, C., Malinovský, M., Matiašovský, K. and Thonstad, J., Aluminium Electrolysis, Fundamentals of the Hall-Heroult Process, 2nd ed., Aluminium-Verlag, Dusseldorf, Germany, 1982, 443 pp.
2. DeYoung, D., Light Metals 1986, 299-307.
3. Sterten, Å. and Skar, O., Aluminium, **64**, 1051-1054 (1988).
4. Johansen, H.G., Sterten, Å. and Thonstad, J., Acta Chem. Scand., **43**, 417-420 (1989).
5. Choi, J.H., Suh, G.W. and Paik, Y.H., J. Korean Inst. Met. Mater., **29**, 1283-1285 (1991).
6. Dewing, E.W., Haarberg, G.M., Rolseth, S., Rønne, L., Thonstad, J. and Aalberg, N., Met. Mater. Trans. B, **26B**, 81-86 (1995).
7. Dewing, E.W. and Thonstad, J., Met. Mater. Trans. B, **28B**, 1089-1093 (1997).
8. Dewing, E.W. and Thonstad, J., Met. Mater. Trans. B, **28B**, 1257 (1995).
9. Dewing, E.W. and Desclaux, P., Met. Trans. B, **21B**, 861 (1990).
10. Xiao, H., Thonstad, J. and Rolseth, S., Acta Chem. Scand., **49**, 96-102 (1995).
11. Issaeva, L., Yang, Y., Haarberg, G.M., Thonstad, J. and Aalberg, N., Electrochim. Acta, **42**, 1011-1018 (1997).
12. Dewing, E.W., Rolseth, S., Støen, L. and Thonstad, J., Met. Mater. Trans. B, **28B**, 1099-1101 (1997).
13. Diep, Q.B. and Sterten, A., Extended Abstract, EUCHEM Conference on Molten Salts, Porquerolles, France, July 1998, Poster A27.
14. Diep, Q.B., dr.ing. thesis, Norwegian University of Science and Technology, Trondheim, 1998.
15. Johansen, H.G., dr.ing. thesis, Norwegian Institute of Technology, Trondheim, 1975.
16. Jentoftsen, T.E., Thonstad, J., Dewing, E.W. and G.M. Haarberg, Proc. 12th Int. Symp. Molten Salts, Electrochem. Soc. DeLong, Deki, Stafford, Trulove, eds., PV99-41, 473 (2000).
17. Lorentsen, O.A., Thonstad, J. and Dewing, E.W., Proc. 12th Int. Symp. Molten Salts, Electrochem. Soc., DeLong, Deki, Stafford, Trulove, eds., PV99-41, 428 (2000).
18. Dewing, E.W. and Thonstad, J., Metall. Mater. Trans. B, 31B, 609-613 (2000).
19. Johansen, H.G., Thonstad, J. and Sterten, A., Light Metals 1977, 253-261.
20. Lorentsen, O.A., dr.ing. thesis, Norwegian University of Science and Technology, Trondheim, Norway, 2000.
21. Jentoftsen, T.E., dr.ing. thesis, Norwegian University of Science and Technology Trondheim, Norway, 2000.
22. Goodes, C.G. and Algie, S.H., Light Metals 1989, 199-207.
23. Sillinger, N. and Horvath, J., Light Metals 1990, 369-376.
24. Thonstad, J., Nordmo, F., Rolseth, S. and Paulsen, J.B., Light Metals 1978, 463-479.
25. Keller, R. and Frei, O., 3rd Czechoslovak Al Symp., Banská Bystrica, 1976, 46-49.
26. Keller, R., Light Metals 1982, 295-298.
27. Keller, R., Welch, B.J. and Tabereaux, A.T., Light Metals 1990, 333-340.
28. Bratland, D., del Campo, J.J., Cho, K., Grjotheim, K. and Thonstad, J., Light Metals 1982, 325-331.
29. Grjotheim, K., Matiašovský, K. and Fellner, P., Light Metals 1982, 333-341.
30. Shkuryakov, N.P., Dalinenko, E.N., Lebedev, O.A. and Vinokurov, V.B., J. Appl. Chem. USSR, **63**, 1137-1141 (1990).
31. Pruttskov, D.V., Andriiko, A.A. and Chernov, R.V., Ukr. Khim. Zhur., **49** (8), 845 (1983).
32. Chin, P., Sides, P.J. and Keller, R., Can. Met. Quart., **35**, 61-68 (1996).
33. Qui, Z., Yu, Y., He, M.,Yu, X. and Li, B., Aluminium, **75**, 1110-1113 (1999).

34. Daněk, V., Chrenková, M., Silný, A., Haarberg, G.M. and Staš, M., Proc. Int. Terje Østvold Symp., Røros, Norway, Nov. 2-3, 1998, ed. H.A. Øye, O.Wærnes, 161-168.
35. Daněk, V., Chrenková, M., Silný, A., Haarberg, G.M. and Staš M., Can. Met. Quart., **38**, 149-156 (1999).
36. Chrenková, M., Daněk, V. and Silný, A., Proc. 10th Slovak-Norwegian Aluminium Symposium, Stará Lesná, Slovakia, Sept. 21-23, 1999, 89-92.
37. Peterson, R.D. and Tabereaux, A.T., Light Metals 1986, 491-499.
38. Frolova, E.B., Dobrokhotov, V.B. and Tsyplakov, A.M., Trudy VAMI 1974 (89). English Translation.
39. Staš, M. and Koniar, M., Proc. 10th Slovak-Norwegian Aluminium Symposium, Stará Lesná, Slovakia, Sept. 21-23, 1999, 93-97.
40. Schmidt-Hatting, W., Perruchoud, R. and Durgnat, J.E., Light Metals 1986, Vol. 2, 623-625.
41. Galasiu, I., Galasiu, R. and Niculescu, C., Proc. 10th Slovak-Norwegian Aluminium Symposium, Stará Lesná, Slovakia, Sept. 21-23, 1999, 44-47.
42. Toyama, N., Taniwaki, N.T. and Uchida, K., Light Metals 1986, 483-490.
43. Liu, X., Clements, I. and George, S., Proc. 4th Australasian Smelting Technology Workshop, Sidney 1992, 457-473.
44. Ødegård, R., Sterten , A. and Thonstad, J., Light Metals 1987, 295-302.
45. Thonstad, J. and Solbu, A., Trans. Met. Soc. AIME 242, 301 (1968).
46. Zhang, W., Liu, X., McMaster, P. and Taylor, M., Light Metals 1996, 405-411.
47. Cole, D., Torell, M and Wood, S., Light Metals 1995, 213-215.
48. Augood, D.R., Light Metals 1980, 413-427.
49. Frankenfeld, R.E. and Mannweiler, U., TMS paper A75-86, AIME, New York.
50. Sparwald, V., Erzmetall, **26**, 529 (1973).
51. Boehm, E., Reh, L., Sparwald, V. and Winkhaus, G., Erzmetall, **30**, 247 (1977).
52. Boehm, E., Reh, L., Sparwald, V. and Winkhaus, G., Light Metals 1976, 509-525.
53. Martins, L.C.B., Light Metals 1987, 315-316.
54. Cutshall, E.R., Light Metals 1979, 927-933.
55. Lossius, P. and Oye H.A., Light Metals 1992, 249-258.
56. Schuh, L. and Wedde, G., Light Metals 1996, 399-403.
57. Sturm, E. and Wedde, G., Light Metals 1998, 235-240.
58. Wrigge, H.C. and Albers, H., Erzmetall, **50** (1), 60-64 (1997).
59. Sterten, A., Light Metals 1991, 445-451.
60. Foosnaes, T. Naterstad, T. Bruheim, M. and Grjotheim, K., Light Metals 1986, 729-738.
61. Metson, J.B., Proc. 9th Int. Symp.Light Metal Prod. 1997, ed. J. Thonstad, Trondheim, 259-264.
62. Binary Alloys Phase Diagrams, Am. Soc. Metals, Metals Park, OH, ed. T.B. Massalki, Vol. 1, p.1064; Vol. 2, p. 1122.
63. Thonstad, J., Slåttavik, A. and Abrahamsen, J., Aluminium **49**, 674 (1974).

10.2 氧化铝在熔盐中的溶解

10.2.1 引言

在本书第2版[1]，在以相同题目命名的10.2节中，对冰晶石熔盐中加入冷的氧化铝时需要的热量进行了论述。溶解过程是一个强烈的吸热过程，为了使原料达到熔盐的温度需要提供热量。计算表明，假使溶解所需的热量完全由熔盐来提供，溶解1%的氧化铝将使熔盐温度降低14℃。其中大约一半的热量是用来加热，另一半热量是用来溶解。如果从周围环境中提供部分热量，比如从金属铝提供，那么熔盐温度会降得少些[1]，在5.6节中给出了氧化铝扩散系数的数值。旋转圆盘实验清楚地表明溶解过程受质量传输过程控制。

以前版本中的10.2节中没有报道过氧化铝溶解过程的实验研究情况。在本版中，此专论内容要覆盖1980年前的文献，因此除了一些特例外，本节和以前的10.2节没有很大的区别。1971年前工作的参考资料见参考文献[2]。

显然，溶解速率并不是唯一的铝电解用氧化铝选择标准。本节不讨论其选择条件。正如Winkhaus[3]和Homsi[4]所指出，重要的选择标准是结合力、α-Al_2O_3 含量、密度、结壳性、流动性、粉尘、对HF的吸附性以及纯度。

10.2.2 氧化铝的物理性能

铝电解用的工业氧化铝是一种相当细小的原料，粒度在40 ~ 150 μm之间，也有一部分比这还细，但是这部分颗粒的含量应保持在小于10%，以减少处理过程粉尘的量。

Al_2O_3 是利用 $Al(OH)_3$（水铝矿）煅烧的方法来制取的，大约在1100℃煅烧，形成了一系列的亚稳态的过渡晶相（γ, δ, ξ, θ），只有一小部分稳定的α-Al_2O_3（氧化铝）形成。过渡相的结构及其转换成氧化铝的机理已经研究过了[6]。

过渡相能形成流动性好、表面积大的氧化铝，这种类型的氧化铝是铝电解槽最需要的。由于它的流动性能好，被称为砂状氧化铝，或称作是γ-Al_2O_3。高温时，氢氧化铝生成α-Al_2O_3，又叫粉状氧化铝，个别的砂状氧化铝是粉状氧化铝和过渡相的混合物，如Liu等[7]所说。

一些商用砂状氧化铝的典型性能列在表10.2.1中。

表10.2.1 商用砂状氧化铝的典型物理性能范围

真 密 度	3.7 ~ 3.8 $g \cdot cm^{-3}$
容积密度	0.9 ~ 1.1 $g \cdot cm^{-3}$
颗粒尺寸	40 ~ 150 μm

续表 10.2.1

BET 表面积	40 ~ 80 $m^2 \cdot g^{-1}$
烧　损	
25→300℃ (MOI)	0.5% ~ 1%
300→1000℃ (LOI)	0.7% ~ 2%

众所周知，氟化物对 γ→α 转换有催化作用[8]。Less[9] 指出当往冰晶石熔盐中添加氧化铝时，在结壳上会发生上述转换，在此过程，氧化铝将通过连结机制熔结在一起。后来，其他的研究者[10,11,13] 也证实了这种现象。

El All 等人[10]、Gerlach 和 Winkhaus[11] 拍摄到了在氟化物存在情况下，块状 $\gamma\text{-}Al_2O_3$ 是如何转变成板状 $\alpha\text{-}Al_2O_3$ 的，而且这些板状 $\alpha\text{-}Al_2O_3$ 看起来是相互熔结在一起的。当往冰晶石熔盐中加入 $\gamma\text{-}Al_2O_3$ 和 $\alpha\text{-}Al_2O_3$ 片时，$\gamma\text{-}Al_2O_3$ 的温度上升到最大值，如图 10.2.1 所示。

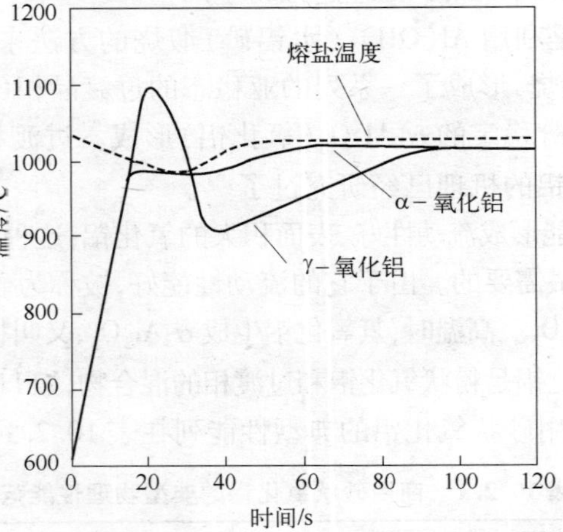

图 10.2.1　不同温度下 α－氧化铝和 γ－氧化铝的溶解性

源自 Gerlach 和 Winkhaus[11]

这是由于γ向α转变时，释放出反应热（$-22\ kJ \cdot mol^{-1}$[12]），接着温度快速下降，这是由于氧化铝的快速溶解，这是一个吸热过程研究发现，聚集物能长久地在熔盐中存在。

Townsend 和 Boxall[13] 发现，在有熔盐存在时，γ向α转变需要几分钟的时间，熔结是由于 γ-Al_2O_3 比稳定的 α-Al_2O_3 的溶解度要高，因此它会溶解并以α形式形成沉淀，将颗粒黏结在一起。作者对凝固过程从熔盐中结晶出来的 0.5 μm 厚的薄片和由于氧化铝颗粒相互粘连形成的 1.5 μm 厚的厚片进行了对比，结果如图 10.2.2 所示。

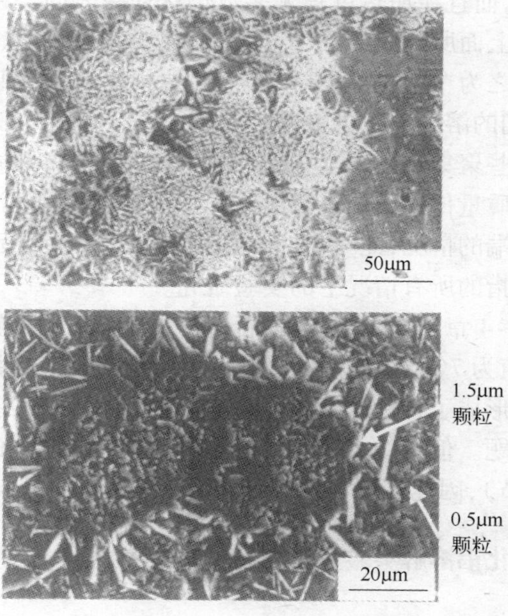

图 10.2.2 在电解质中浸泡 3 min 后氧化铝结壳断面扫描电镜形貌，显示存在薄、厚 α-氧化铝
源自 Townsend 和 Boxall[13]

Oedegard 等[14] 指出，通过向氧化铝添加 AlF_3，上述相的转换可以在 800℃ 的低温下进行（30 min 转换了 50%）。研究发现，如

果氧化铝中含有少于 50% 的 $\alpha\text{-}Al_2O_3$，加热到高于熔盐的熔点时，结壳依然黏结在一块。黏结是需要一定的时间的，在这段时间内，氧化铝颗粒必须依然持久接触。这种条件对于结壳是满足的，当冷的氧化铝碰到熔盐继而被冷凝的熔盐结壳所盖住时也同样满足这个条件。

向熔盐中添加氧化铝的方式及条件对于对氧化铝溶解过程是相当重要的。如果强烈地搅拌熔体而且加入量非常小，氧化铝将有效地以单个颗粒形式分散开来，继而快速溶解。

然而，通常情况下，当向熔盐中加入一批氧化铝时，它将在熔盐表面散开，而且在加热过程大多数仍然处在表面。在一定程度上就发生了上面所提到的黏结过程，形成了大的、片状的聚集物，有时候也称之为“筏”。由于和单个颗粒相比，其面积/体积比更低，所以它们的溶解速率也更慢。

如果这些聚集物在熔盐中运动，溶解过程它们可能依然有一个相当高的质量传输系数。聚集物沉降或氧化铝淤泥沉降在底部将是一个极端的情况，此时，它们的溶解速率最低。下面报道一下假定上面所指的所有情况下的实验研究。

如第 2 ~ 4 章所指出，在冰晶石熔盐中氧化铝的溶解度是相当高的，典型值为 7% ~10% 之间，与熔盐成分及温度有关。高的溶解度是因为形成了各种复杂的氟氧化合物。在本节中将不讨论这个方面的问题。但是，应该明白，溶解过程是一个强烈的吸热过程（见 3. 3. 1 节），因此必须考虑供给热量。

10. 2. 3 氧化铝溶解实验室研究

10. 2. 3. 1 分散氧化铝的溶解

充分的强烈搅拌可避免氧化铝结块，从而以分散颗粒溶解到熔盐中。Thonstad 等[2] 研究发现，边搅拌边往冰晶石熔盐中加入 1% 氧化铝时，通过可视化观察发现不到 10 s，氧化铝就已溶解，如图 10. 2. 3 所示。

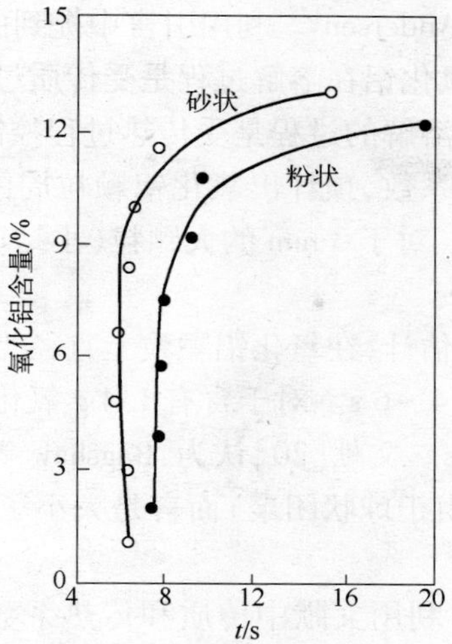

图 10.2.3 1030℃搅拌下氧化铝的溶解时间

源自 Thonstad[2]

Liu 等[15]利用透明石英坩埚进行了相似的研究,采用的电解质熔点更低,为 895℃。实验过程观察到有部分氧化铝结块形成,除这些结块氧化铝之外,15 s 之后,其他的氧化铝就在电解质中完全溶解了。与图 10.2.1 相一致,研究发现 γ-Al_2O_3 的溶解速率比 α-Al_2O_3 要快。

Noguchi 等[16]利用热显微镜研究氧化铝的溶解过程。往一滴(5 mg)熔体中加入约 4.5 mg 的氧化铝颗粒,发现低温下(1000℃)煅烧的氧化铝比高温下煅烧生成的氧化铝更容易分散,溶解速度更快(60 s),含较高的 α-Al_2O_3 量时,溶解时间为 90 s。由于氧化铝与冰晶石的比值很高,所以没有观察到其完全溶解过程。

有人认为[17]当 γ-Al_2O_3 转换成 α-Al_2O_3 时,颗粒变得透明,因此人们无法观察到氧化铝是依然悬浮在电解质中还是已经溶解了。从高的微观气孔率及氧化铝颗粒的不规则形状来看,这个观点看起来是很不可能的,而且,如下面所报道的,所观察到的氧化铝的快速溶解已经通过计算得到证实。

Asbjornsen 和 Andersen[18]利用引言中提到的旋转圆盘实验得到如下结论，就是氧化铝在溶解过程是受传质过程控制的，而在加热时形成冷壳继而溶解的过程是受传热过程控制。通过假定一个合理的传质和传热系数，预计出氧化铝颗粒周围冷壳的完全溶解需要 2.3 s 的时间。对于 3 mm 的大颗粒（小结块），计算出来的溶解时间是 13.4 s。

Bagshaw 等[19]估计，在氧化铝颗粒上直径为 70 ~ 100 μm 的结壳的溶化时间需要 4 ~ 6 s。对于含有 1.4 g 氧化铝的结块，估计这个时间将需要 230 s。文献[20]认为，Bagshaw 等[19]假定的传热系数对于细微颗粒（由于球状团聚）而言是太小了，它只适用于大的结块。

Thonstad 等[20]利用文献中传质和传热系数对在氧化铝达到熔体温度时，传热对溶解过程的影响进行的研究表明，溶解过程是受传质过程而不是传热过程所控制，界面上的温度梯度仅为 0.5 ~ 2℃。

文献[20]中估计 50 μm 大的单个氧化铝颗粒的溶解时间为 4.1 s，100 μm 大的为 16.4 s。这个数值和上面所说的实验得到的数值是相当一致的，这表明一旦氧化铝分散在熔体中，它的溶解速度是非常快的。氧化铝很难溶于冰晶石熔盐中，不是由于溶解行为的缓慢所造成的，而是因为它们不是分散于电解质中，而是易在电解质中形成结块所造成的。

Haverkamp 等[21]通过两种测试方法建立了溶解过程的数学模型，其中一个是针对于化学反应控制，另一个是针对于传质过程控制。这两种情况下，关键参数都是表面积。氧化铝被认为是由单一分散的光滑球状物所组成的。计算发现结壳的熔化时间很短，为 0.1 s。对这个模型所得的曲线和对 63 ~ 90 μm 大的氧化铝的实验研究所得的曲线进行比较（实验方法将在下节中讨论）发现，虽然两种方法所得曲线的大体形状是相同的，但它们并没有很好地吻合，这可能主要是由于假定条件过于简化以及没有考虑到氧化铝颗粒的结块所造成的。没有无定形的颗粒尺寸、形状及结合强度等数据,后者在实际操作中是不可能进行的。

10.2.3.2 部分结块氧化铝的溶解

如前所述,在氧化铝加热到熔体的温度过程中,氧化铝易漂浮在电解质表面,在这个过程产生了一部分结块。大多数研究者已经着重研究这部分结块氧化铝的溶解过程。通过观察工业电解槽上的点式下料器下料口(当与其相邻的阳极被移除时),我们可以看到添加进去的氧化铝在熔体表面分散开来,而且在加热过程保持漂浮状态,接下来发生的不是很清楚。由于在工业槽中很难监测氧化铝的行为,许多研究者就尽可能在实验室中模拟此过程,这样可以进一步进行研究。

在实验室电解槽研究氧化铝溶解过程发现,工业砂状氧化铝的溶解行为如上面所报道的一样,粉状的 $\alpha\text{-}Al_2O_3$ 被冷凝的电解质嵌入直接沉入底部。这个现象是 Liu 等[15] 在透明电解槽的研究中发现的,如图 10.2.4 所示。

α-氧化铝　　γ-氧化铝

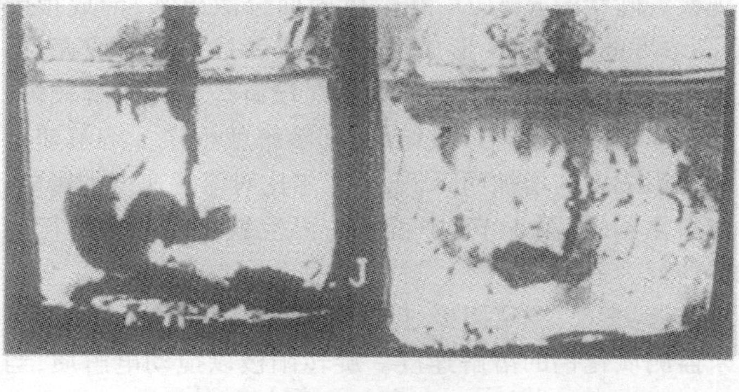

图 10.2.4　透明槽观察氧化铝添加 7 s 后的溶解情形

源自 Liu 等[15];α-氧化铝沉到底部;γ-氧化铝仍漂浮在电解质中

当冷的氧化铝和熔体接触时,熔体立刻在表面冷凝。对于漂浮在熔体表面的砂状氧化铝,冷凝熔体在熔体下面发生,而最上层依然是“干”的,直到液态熔体冲上来,或是这层薄壳被电解质波动产生的电解质波或者是冒出的阳极气体所击破。这时,破碎的结壳片将沉降下来。

在透明坩埚中的拍摄显示即使块状氧化铝停留在表面,氧化铝颗粒也经常从下面被分离,在溶解过程中像雪花一样在电解质四周运动。

如上面所提到的,现在的工业氧化铝由亚稳态的过渡氧化铝晶体(γ,δ,ξ,θ)组成,通常将其称为 γ-Al_2O_3,稳定相 α-Al_2O_3 只占其中一小部分。Gerlach 等[22]制备了各种晶态的氧化铝片(α,θ,δ,γ,β),并将每片氧化铝放在盛有用桨叶搅拌的冰晶石熔体的坩埚底部。溶解量随时间线性增大,当熔体中含有 5% 的氧化铝后,溶解速度开始减慢。溶解速度大小为 $\beta > \gamma > \theta > \delta > \alpha$,$\alpha + \gamma$ 混合物的溶解速度在两者纯物质的溶解速度之间。熔盐中添加 AlF_3 或 MgF_2 会降低氧化铝的溶解速度,而提高温度则能加快氧化铝的溶解速度。

Johnson[23]对电解质表面氧化铝形成结壳、沉降和溶解过程进行了观察。砂状的 γ-Al_2O_3 在熔体表面分散出来,形成很硬的结壳,而高浓度的 α-Al_2O_3 形成壳较软,或者根本不形成壳,形成的结块很快就沉降到底部。这种物质在没有搅拌时溶解较慢,而在搅拌的熔体中由于没有形成结块,其溶解就很快。溶解速度随熔体中氧化铝浓度的增加而降低,而摩尔比对溶解速度的影响不大。从干式净化器(见第 1 节)中得到的再生氧化铝的溶解行为和原氧化铝的行为差不多。

Mozhaev 等[24]测定阳极过电压和氧化铝浓度的函数,可以利用它来监测氧化铝的溶解速度。旋转阳极以搅动电解质,当加入大量的氧化铝时发现,50 s 后才发生溶解过程,浓度和时间的对数呈线性关系,8 ~ 10 min 溶解了 0 ~ 6% 的氧化铝。

Haverkamp 等[25]列述了奥克兰大学 B. J. Welch 等人发明的一系列关于氧化铝溶解的文章中所采用的实验方法。把氧化铝加入到机械搅拌的熔体中,在石墨阳极上进行快速($20\ V \cdot s^{-1}$)伏安扫描,用来监测氧化铝浓度随时间的变化,每 5 s 中测量一次。

Jain 等[17]利用锥形物向电解质分散氧化铝。氧化铝可先进行预热,研究发现将氧化铝预热到 800℃不会改变 BET 的表面积。图 10.2.5 是一个典型的溶解曲线。如果形成像结壳的结块,溶解速度将会大大减慢。氧化铝的加入量及搅拌强度不是关键的。α-Al_2O_3 的溶解速率比 γ-Al_2O_3 低很多,但在高温下它们的溶解速率就没有什么差别。

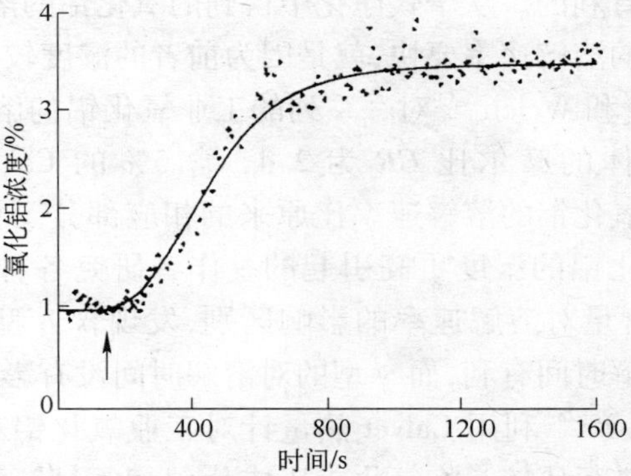

图 10.2.5 经 900°C 预热的 2.5% 氧化铝在摩尔比为 2.70 的电解质中的溶解行为

源自 Jain 等[17]

Maeda 等[26]通过视觉观察了在没有搅拌情况下,向装有 50 g 电解质中加入 1% 氧化铝时的溶解时间。仅当快速加入氧化铝时观察到硬壳的形成,其他情况下,氧化铝直接掉入坩埚底部。硬壳加快了溶解速率,因为氧化铝分散得更多,没有堆积在坩埚底部。表面积(BET),湿度(灼减率),α-Al_2O_3 的含量以及颗粒尺寸的改变对溶解速率影响很小。当长时间的过热(也就是超过熔点 15℃以上)引起熔体的成分改变时,氧化铝的溶解速率随 AlF_3 和 Al_2O_3 浓度的增加而降低。

Gerlach 和 Winkhaus[11]利用旋转圆盘方法研究了氧化铝的溶解速率,发现添加 LiF、CaF_2、MgF_2 和独特 Al_2O_3 时,氧化铝的溶解速率降低了。这个影响可从驱动力减少来解释。然而，将 AlF_3 浓度增加到 12% 时，它对溶解速率没有影响。

Bagshaw 等[19] 采用和 Jain 等[17] 相同的方法研究发现，使用能促使氧化铝有效分散到熔体表面的加料器，可缩短氧化铝的溶解时间，下料高度也影响结果。通过将氧化铝暴露在潮湿气氛中，将湿度从 2% 提高到 10%，溶解速率提高。一般情况下，高的湿度对溶解过程是有利的。从干式净化中得到的氧化铝的溶解速率比原来的氧化铝的溶解速率要快，就是因为前者的湿度较大。

Bagshaw 和 Welch[27] 对一系列的工业氧化铝的溶解特征进行了研究。熔体的摩尔比 *CR* 为 2.4，含 5% 的 CaF_2，过热度为 10℃。再生氧化铝的溶解速率比原来的相应部分要快得多，这是因为再生氧化铝的湿度更高引起的。作者研究各种过渡氧化铝（γ,δ,ξ,θ）含量对溶解速率的影响区别，发现含 δ 型量高的氧化铝对降低溶解时间有利，而 γ 型的对溶解时间没有影响。

Yagoubi 等[28] 利用 Calvet 热量计对工业氧化铝和纯 α-Al_2O_3 的溶解速率进行比较。将氧化铝压成片（1.5%）状，放入熔体中。当温度记录图显示它的最大值的 1/40 时开始记录溶解时间。当增加氧化铝浓度直到熔体中含氧化铝 5% 时，$t_{1/40}$ 值依然保持不变。当氧化铝浓度再增大时，这个值变小。这个反常的行为是由于接近饱和时溶解不充分引起的。在两种进行测试的氧化铝时发现 $t_{1/40}$ 值有一定的差别。

Lubyová 等[29] 在冰晶石熔盐中添加氧化铝，溶解时使用温度响应器作为溶解速率的测量。这些作者推断溶解过程在反应控制 150 s 后开始，接下来的 3 ~ 400 s 是传质过程控制，直到试样完全溶解。这种溶解过程机理的解释跟其他研究者的观点是相反的。添加 MgF_2 降低溶解速率，含高 α-Al_2O_3 的工业氧化铝的溶解速率比纯 α-Al_2O_3 的要快。搅拌熔体能加快溶解速率。

Taylor 等使用 DTA（差热分析方法）对溶有氧化铝的工业电解质急冷后的样品进行分析。当熔体中 Al_2O_3 含量超过 2.4% 时，加热曲线在 900℃ 时有一个特别高的高峰，而这个温度并不是液相温度或是共晶温度。认为这个峰跟熔体中部分未溶解的氧化铝发生化学分裂有关,这标志着工业电解质的多相性。

Thonstad 等对烧结后的氧化铝进行旋转圆盘溶解速率进行测试,发现结果和以前的结果及 Levich 方程相一致,氧化铝浓度与旋转速率开平方值呈直线关系。计算得到溶解系数为 $1 \times 10^{-9}\ m^2 \cdot s^{-1}$,但在一定程度上这个值是不准确的,因为圆盘边缘没有被遮蔽。将氧化铝粉加入到充分搅拌的熔体中,温度保持在液相温度以上,发现氧化铝很容易溶解,熔体温度下降到液相温度以下。这个实验重现性很好,说明溶解过程所需的热量是由坩埚内某处的冰晶石冷凝提供的,因为由于氧化铝浓度很高,界面处的液相温度比大块内部的要低。

在沉降在熔体被充分搅拌的坩埚底部的氧化铝压缩片的溶解过程研究中发现,氧化铝浓度对时间的曲线符合传质过程控制的方程[20]。Gerlach 等以前也曾经使用了此种方法来进行研究。

Oblakowski 和 Pietrzyk[31] 利用改进的 DTA 方法对各种砂状氧化铝的溶解时间进行了研究。当氧化铝浓度在 1% ~6% 时,溶解时间随氧化铝浓度的增大而减小。再生氧化铝的溶解速率比原氧化铝来得快,但这是由于释放出气体引起的,因为再生氧化铝在加热到 700℃时发现其重量显著减少。

Rye 等[32] 对利用气体搅拌的坩埚中研究了氧化铝的溶解过程进行研究,采用的方法是线性增大电流的改进伏安法。将物料预热到 700℃,溶解速率大大减小,如从 1100 s 降到 80 s。再生氧化铝的溶解速率比原氧化铝快,而且前者不易形成结块。

Kuschel 等[33,34] 利用上面提到的快速伏安法对机械搅拌的熔体进行了拍摄,以观察氧化铝溶解过程。溶解快速的氧化铝在 30 s 内就已全部溶解,而溶解较慢的氧化铝则需要超过 200 s 的时间。预热温度低,溶解时间就越长,尤其当搅拌速率较低时。将熔体的 *CR* 从 2.4 降到 2.16,其溶解时间几乎增大一倍。当氧化铝浓度在 0.5% ~3.5% 时,随氧化铝浓度的增大,溶解时间稍微有所增大。增大颗粒尺寸,溶解时间稍稍有所减少。降低氧化铝的流动性,溶解时间加长,称为“流动漏斗时间”。表面积(BET)对溶解时间的影响是很小的,而随灼减率的增大,溶解时间减小。低 α-Al_2O_3 的溶解时间比高 α-Al_2O_3 的溶解时间短的原因是因为其灼减率更高。

Rolseth 和 Thonstad[35] 在熔体上方 5 ~ 8 mm 处放置了一支热电偶,在规定的熔体面积处加入氧化铝,以使热电偶插入到氧化铝中。当第一部分熔体接触到热电偶时,温度对时间曲线显示在 700 ~ 800℃时发生屈折。这证明熔体预热的氧化铝被隔离到固体冰晶石中,从 NaF-AlF_3 相图看(见图 2.1),将出现一酸性较强的液相。用上面所提给的相同方法[32] 进行了溶解测试实验,发现再生氧化铝的溶解速率比原铝快很多。采用半连续加料方法每隔 4.5 s 加入小批量的氧化铝。对于每分钟 0.14% 的下料速率,熔体中的氧化铝浓度以相同的速率增加到 6%。超过 6% 时,熔解速率不再与加料速率相匹配。如果加热速度更快,则这个断点发生得更早。

Walker 等[36] 向放在能透过 X 射线的炉子中没有搅拌的熔体中加入相当大量(3.5%)的细氧化铝(10 μm)。氧化铝小球漂浮在熔体表面,直到 11 s 后结壳溶解消失,然后熔体开始浸渗到氧化铝中。再过 3 ~ 4 s 后,氧化铝开始沉入到熔体中,释放出气泡,加入氧化铝 15 s 后落在底部,开始缓慢溶解。

为研究结块,用铝箔包裹 5 ~ 8 g 氧化铝类型相同的样品,将其放入熔体中,经过不同的时间将其取出来。经过 40 ~ 60 s 后,结壳就熔化完了,熔化时间与熔盐的温度、成分和是否搅拌熔盐有关[36]。

如上面所描述的,氧化铝加入到熔盐中后,熔盐的温度会突然下降。一些作者报道了温度和时间的关系曲线,但 Liu 等[7] 基于熔体的最初温度下降得越快,说明溶解速率越快的思想,利用它来预测氧化铝的溶解速率。利用高温煅烧(1300℃)制备 α-Al_2O_3,低温煅烧(600℃)制备 γ-Al_2O_3。预热温度高,搅拌速率快使温度下降得更多,因此加快氧化铝的溶解。增加氧化铝浓度(1% ~

5%),溶解速率稍微下降。建立了单个颗粒的溶解数学模型,预热和搅拌是两个关键参数。

熔化过程说明 $\gamma\text{-}Al_2O_3$ 形成大的结块,同时也有氧化铝颗粒被破碎成小碎片现象的明显特征。破碎是由于低温煅烧的材料中水分较多引起的。这些作者[15]在其他的工作中观察到,除了还存在一些结块外,加入 $\gamma\text{-}Al_2O_3$ 后过 15 s,熔盐就变得很清。由于结壳的影响,$\gamma\text{-}Al_2O_3$ 的溶解速度比 $\alpha\text{-}Al_2O_3$ 快。由于本工作使用的 $\gamma\text{-}Al_2O_3$ 只经过 600℃ 煅烧,它可能比常规工业氧化铝含有更多水分。

Lubyová 等[37]对两种不同的氧化铝在 900℃ 下,酸度很高的熔盐中(74% Na_3AlF_6 + 26% AlF_3)进行溶解速率的研究。一种是细颗粒 $\alpha\text{-}Al_2O_3$(平均直径为 4.7 μm),另一种是含 30% $\alpha\text{-}Al_2O_3$ 的工业氧化铝(平均直径为 17 μm)。加入足够多的氧化铝使熔盐达到饱和,发现溶解的量(m)满足下式:

$$m = t/A + Bt \tag{10.2.1}$$

式中,t 为时间;$1/A$ 为最初溶解速率;B 为饱和浓度。细颗粒氧化铝的溶解速率比工业氧化铝的溶解速率稍微快一些,它在 150 min 后达到饱和。

另一些工作[38]测试了两种工业氧化铝的溶解速率,以及 LiF 和 KF 添加剂的影响。即使在 980℃ 下,溶解时间也需要 100 min。研究发现添加 LiF 可以增大溶解速率,而 KF 则相反。这主要是因为添加剂对 AlF_4^- 离子浓度有影响,AlF_4^- 离子是参与形成复杂氟氧化合物的。

Haverkamp 等[39]研究了氟化作用比如说吸收氟化氢对氧化铝的影响。测试在实验室反应器里进行,假定它和工业尺寸的干式净化的结果是一样的。氟的含量在 1.2% ~5.8% 之间,后面这个数值高于工业上的数值。以溶解 75% 样品时的时间为基准。发现氟化后的氧化铝比未氟化氧化铝的溶解速率要快 30% ~40%,氟含量越高,这个差值越大。这个结果和上面所引用的其他作者的工作是一致的。

随着灼减率(也就是说加热到300℃和从300~1000℃时各自的氧化铝减少量)的增大,溶解时间缩短。实验室氟化后的样品溶解时间的缩短值更小,这说明溶解速率的提高不是由吸收HF引起的。熔体冒烟对其也没有影响。然而,吸收水分会加快溶解速率,因此认为在干式净化过程吸收水分是再生氧化铝溶解速率较快的原因。

Rolseth等[40,41]在有气体搅拌的坩埚中进行原氧化铝和再生氧化铝的溶解实验研究。从浓度和时间的关系曲线里得出,加入的2%氧化铝中的一部分(0.9%~1.5%)自然发生溶解,而其他的以更慢的速率进行溶解。利用指数函数进行模拟发现与实验数据较为吻合。

自然溶解的氧化铝质量分数随气体流速的增加、加入量的减少而增大,总的溶解时间也减少了。加入氧化铝后熔盐最初的下降温度随搅拌强度(气体流速)的增加,在10~20℃范围变化。将氧化铝预热到550℃,溶解时间减少了一半。在添加氧化铝时停止气体流动,3 min后再恢复流动,会造成溶解时间的增大,尤其是对原氧化铝。认为在这个停滞期间内,发生了氧化铝黏结反应,尤其是对挥发性较低的原氧化铝来说。

Kobbeltvedt等[42]在气体搅拌和/或机械搅拌的熔体中进行了溶解实验研究。最初加入氧化铝时在表面形成的薄结壳被气泡击破,因此和没有气泡时相比,它更快地被卷入熔盐中。机械搅拌对它没有这种影响。

气泡使熔体在生产和工业电解槽产生相似的波动,和停留在更平静的熔体表面相比,它抑制了黏结的发生。研究发现气泡可以加快氧化铝溶解速率。图10.2.6是一个典型的溶解曲线,最开始氧化铝浓度快速增大是由于有效分散于熔体中的氧化铝溶解所造成的,而曲线中保持较低部分是由于结块材料的溶解。

不管进行多少氧化铝溶解实验研究,要清楚确定其溶解速率是不可能的。其中的一个原因是目前氧化铝的性能相差不大,因此，添加时的条件比氧化铝性能更为重要。Welch[43]指出，尽管氧化铝的质量可引起溶解时间变化一个倍数，电解槽条件可引起20倍的变化。

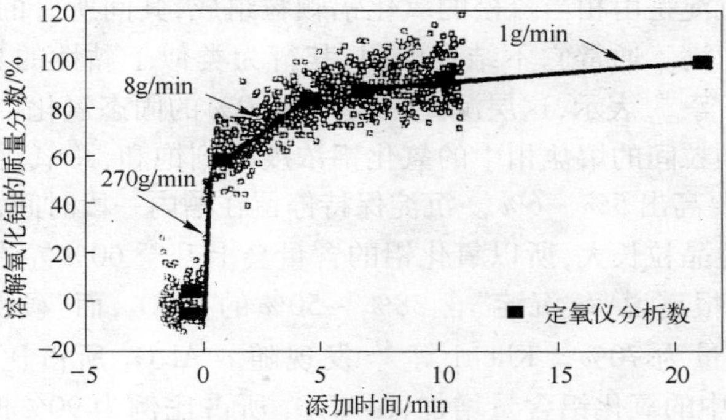

图 10.2.6 将氧化铝批量添加到搅拌均匀的冰晶石熔盐中的典型溶解曲线

图中给出了电分析法得到的数据（散点）和定氧仪分析数据，直线说明溶解过程溶解速率发生变化，源自 Kobbeltvedt 等人[42]

Wai-Poi 等[44]计算了熔化漂浮在表面的聚结物结壳的溶解时间。这个时间在100～200 s 范围（对于单个颗粒，这个时间只要几秒）。将氧化铝加热到400℃时后，该时间可以减少到80～170 s。作者指出如果氧化铝自由流动，细小的颗粒在电解质表面散开，实际的时间还可缩短。

如上面所指出，一些作者已经发现露在熔体中的单个氧化铝颗粒的溶解是非常快的。对于结块来说还不是很清楚，其尺寸和形状与实验条件有关，结果是否一致取决于一些因素。我们可以看到，当凝结的熔盐熔化时，结块易破碎成小细片。无论哪种情况下，和单个颗粒相比，结块的质量与表面积之比更大，将导致结块溶解速率更慢，除非如 Liu 等[7]建议一样，使它们分散开来。在工业电解槽里，在溶解之前，结块可能沉降在金属产品表面。

10.2.3.3 炉底沉淀的溶解

当未溶解的氧化铝沉降在电解槽底部时,形成了所谓的炉底沉淀。在铝电解槽里,沉淀在金属层下的堆积物,经常被称为炉底沉淀。沉淀是由相当疏松的氧化铝颗粒组成,其间所有的空隙被电解质填满。通常它不结聚成团,其行为类似于黏性的悬浮物。Thonstad 等[46]表示,这层沉淀一般含有 40% 的固态氧化铝。由于氧化铝颗粒间的熔盐相中的氧化铝浓度达到饱和,总氧化铝含量比 40% 要高出 5% ~6% 。沉淀保持停留在槽内一段时间,由于它还会发生晶粒长大,所以氧化铝的含量会上升至 60% 左右。Taylor 等[30]报道说"软沉淀"含 38% ~50% 的 Al_2O_3,而"硬沉淀"的 Al_2O_3 含量为 70% 。Kheiri 等[47]发现随 α-Al_2O_3 所占比例的增大,沉淀中的氧化铝含量增加,α-Al_2O_3 所占比例为 90% 时,沉淀中的氧化铝含量为 60% 。

Thonstad 等[46]研究了在有搅拌的冰晶石熔盐的坩埚底部的沉淀的溶解过程。发现溶解满足传质过程控制的指数函数关系。在后来的工作中[20]对此进行了更详细的研究,并把它与 10.3.2.2 节中报道的煅烧刚玉的压片的溶解数据进行比较。无论是在哪种情况下,都满足指数关系,但是由于实验条件和材料不同,其溶解速率是不同的,如表 10.2.2 所示,这个表中包括 Gerlach 等[22]人的数据。

表 10.2.2 1025℃时,沉积在坩埚底部的氧化铝在搅拌的冰晶石熔盐中的溶解速率

材 料	搅拌速率/$r \cdot min^{-1}$	溶解速率/$g(Al_2O_3) \cdot cm^{-2} \cdot min^{-1}$	参考文献
α-Al_2O_3 压片	200	0.11	Gerlach 等[22]
γ-Al_2O_3 压片	200	0.16	
炉底沉淀	39	0.086	Thonstad 等[20]
压 片	39	0.035	
压 片	325	0.10	
烧结刚玉	325	0.40	

研究也发现,当从熔盐中抽出 3 cm 的铝层,使之与沉淀分离时,熔盐中的氧化铝含量升高了[46]。如上面所提到的,在铝电解槽中炉底沉淀通常停留在槽底,因此它被液态金属从熔盐中隔离出来。虽然表明沉淀和熔盐之间有一相当快的传质过程[46],但没有阐述这个机理。在这里不讨论这个复杂的问题,但是采用普遍接受的假设,就是它通过在金属和侧部伸腿之间的电解质层来传质。

10.2.3.4 在工业电解槽中研究溶解过程

Taylor 等[30]指出当往一定体积的熔盐中添加氧化铝时,局部供热可能是一个限制性因素。研究发现当熔盐过热(熔盐和液相温度存在温差)时,熔盐中的氧化铝含量较高。这个过热值往往是 8℃。

Walker 等[49]在电解质液面上方放置一根热电偶,测量了往工业电解槽中添加氧化铝时的温度变化。在点式下料电解槽中,局部温度约下降 10℃,在经过 115 s 后恢复回原来的温度。对于中间打壳下料的电解槽来说,分别是 17℃和 225 s。这个温度的冷却并不能完全满足溶解过程所需的热。往加料口中放置一个篮子到熔盐中,过 15 ~60 s 后收回篮子,发现篮子里含有被熔盐浸渗的结块。

Lillebuen 等[50]和 Kobbeltvedt 及 Moxnes[51]测量了点式下料槽中加料时温度的变化,用来估计是否溶解完全和流体流动的方向。

Welch[43]基于实验室测量数据估计了溶解时间。在标准的实验测试条件下,两种氧化铝的溶解时间的差别是很小的,比如说,其中一种氧化铝的溶解时间为 27 ~48 s,另一种为 20 ~40 s。然而,当电解槽的动力学变化时,溶解时间的差别就增大了(13 ~500 s)。当低冰晶石摩尔比、低过热度和高氧化铝浓度时,溶解速率较低。研究者认为点式下料槽中的加料口应敞开,下料速度要慢。

Kobbeltvedt 等[42]将中部点式下料电解槽的侧部熔盐的温度变化和老式的边部打壳加工氧化铝加料口的加料方式进行比较,发现在加工加料口敞开状态下,温度下降更快(为 4.7℃,而前者仅为 2.2℃),这表明敞开加料口有利于氧化铝溶解。采用中心下料方式,在密闭下料口中的氧化铝容易发生烧结,形成溶解速度较慢的大的结块。

10.2.4 工业电解槽中氧化铝分布情况

有些作者使用物理和数学模型对工业电解槽中的熔盐循环和氧化铝的分布进行了研究[52~56]。在氧化铝分布好的情况下,发现气体驱使的流动比磁场引起的流动更为重要。氧化铝的分布是依赖于熔盐中出现相当大的紊乱。模拟实验表明如果没有出现紊乱,将产生很大的浓度梯度,随紊流加强,浓度梯度逐渐被消除。

Kryokovskii 等[56]在自焙槽中测量了氧化铝的浓度梯度,从侧部边缘到阳极,浓度逐步降低,在阳极下方浓度更低。然而,这个差值不是很大,比如说在大多数情况下,这个差值为 0.2% ~ 0.5% Al_2O_3。而在大面和阳极侧壁的中心位置氧化铝的浓度比小面相同位置高。

Lillebuen 等[50]观察到点式下料槽中熔盐的温度变化与氧化铝的加料循环是同相的,这表明氧化铝的溶解是非常快的。Kvande 等[57]观察到从过量加入(135%)到不足加入变化时产生滞后效应,这表明电解槽的等值电阻发生突然下降,相应电压差值最大值为 300 mV,平均值为 80 mV。认为滞后效应是由于过量加入氧化铝时未熔化的氧化铝发生凝聚引起的,这部分氧化铝可能停留在金属表面,引起额外的电阻,直到电解质中氧化铝浓度贫化,才开始发生氧化铝溶解。

Kobbeltvedt 和 Moxnes[51]在加入口中放置一些热电偶,利用下降的温度作为指示器,预测从点式下料器中下来的氧化铝在电解质中是如何分布的,发现电解槽中的某些区域比其他区域溶解的氧化铝量更少。

Rye 等[58]测试了有两个点式下料器的预焙槽中每个阳极上的电流分布。在将要发生阳极效应时确切观察到了电流的重新分布情况。对熔盐取样分析表明,电流较小的位置氧化铝浓度也较低。

总之,一些模拟实验研究表明,因气体引起熔盐流动是使氧化铝分散于电解槽中的最重要的驱动力。由于气体引起的流动是局部的,而不是流过整个电解槽,因此很明显氧化铝的分布是不均匀的。对于选定了下料点的点式下料的电解槽来说，氧化铝的分布可能更不均匀。

参考文献

1. Grjotheim, K., Krohn, C., Malinovský, M., Matiašovský, K. and Thonstad, J., Aluminium Electrolysis. Fundamentals of the Hall-Héroult Process, 2-nd ed., Aluminium-Verlag, Düsseldorf, Germany, 1982, p. 181.
2. Thonstad, J., Nordmo, F. and Paulsen, J.B., Met. Trans., **3**, 403-408 (1972).
3. Winkhaus, G., Aluminium, **64**, 593-601 (1988).
4. Homsi, P., Proc. 6th Australas. Aluminium Smelter Techn. Conf., Queenstown, New Zealand, 22-27 Nov. 1998, 73-90.
5. Wefers, K. and Misra, C., Oxides and Hydroxides of Aluminum, Alcoa Laboratories 1987, Alcoa Technical Center, Alcoa Center, PA 15069.
6. Zhou, R.H. and Snyder, R.L., Acta Cryst., **B47**, 617-630 (1991).
7. Liu, X., George, S.F. and Wills, V.A., Proc. 3rd Int. Alumina Quality Workshop, Hunter Valley, NSW, Australia, 17-21 Oct. 1993, 213-222.
8. Zivkovic, Z., Strbac, N. and Sestac, J., Thermochim. Acta, **266**, 293-300 (1995).
9. Less, L.N., Met. Trans., **8**, 219-225 (1977).
10. El All, A.A., Gerlach, J. and Hennig, U., Erzmetall, **33**, 504-509 (1980).
11. Gerlach, J. and Winkhaus, G., Light Metals 1985, 301-313.
12. JANAF Thermochem. Tables, 2nd ed., Nat. Bur. Stand. US, June 1971.
13. Townsend, D.W. and Boxall, L.G., Light Metals 1984, 649-665.
14. Oedegard, R., Roenning, S., Rolseth, and Thonstad, J.,Light Metals 1985, 655-709.
15. Liu, X., George S.F. and Wills, V.A., Light Metals 1994, 359-364.
16. Noguchi, F., Nakamura, T., Ueda, Y. and Yanagase, T., 1st Int. Symp. Molten Salts, Chem. Techn., Kyoto, April 20-22, 1983, pp.13-16.
17. Jain, R.K., Tricklebank, S.B., Welch, B.J. and Williams, B.J., Light Metals 1983, 609-622.
18. Asbjørnsen, O.A. and Andersen, J.B., Light Metals 1977, 137-152.
19. Bagshaw, A.N., Kuschel, G., Taylor, M.P., Tricklebank, S.B. and Welch, B.J., Light Metals 1985, 649-659.
20. Thonstad, J., Solheim, A., Rolseth and O. Skar, Light Metals 1988, 655-661.
21. Haverkamp, R.G., Welch, B.J. and Metson, J.B., Proc. 8th Int. Symp. Molten Salts, St. Louis, 1992, Electrochem. Soc. Vol. 92-K, 646-659.
22. Gerlach, J., Hennig, U. and Kern, K., Met. Trans. B, **6B**, 83-86 (1975).
23. Johnson, A.R., J. Metals, **34** (3), 63-68 (1982).
24. Mozhaev, V.M., Romanchenko, S.S., Kozmin, G.D., Polyakov, P.V. and Burnakin, V.V., Tsvetnye Metally/Non-Ferrous Metals, **24** (4), 49-51 (1983).
25. Haverkamp, R.G., Welch, B.J. and Metson, J.B., Bull. Electrochem., **8**, 334-340 (1992).
26. Maeda, H., Matsui, S. and Era, A., Light Metals 1985, 763-780.
27. Bagshaw, A.N. and Welch, B.J., Light Metals 1986, 35-39.
28. Yagoubi, M., Dubes, J.P., Bertaud, Y. and Castanet, R., J. Therm. Anal., **31**, 1359-1373 (1986).
29. Lubyová, Z., Silný, A., Matiašovský, K. and Fellner, P., Proc. 6th Chechoslovak Aluminium Symp., Banská Bystrica, Sept. 13-15, 1988, 84-90.
30. Taylor, M.P., Liu, X., Fraser, K.J. and Welch, B.J., Light Metals 1990, 259-266.
31. Oblakowski, R. and Pietrzyk, S., 6th Yugoslav Aluminium Symposium, 1990, 233-243.
32. Rye, K. Aa., Rolseth, S., Thonstad, J. and Kuang, Z., 2nd Int. Alumina Quality Workshop, Perth, Oct. 14-19, 1990, 24-37.
33. Kuschel, G.I. and Welch, B.J., 2nd Int. Alumina Quality Workshop, Perth, Oct. 14-19, 1990, 58-69.
34. Kuschel, G.I. and Welch, B.J., Light Metals 1991, 299-305.
35. Rolseth, S. and Thonstad, J., Proc. Int. Symp. Extr. Refin., Fabr. Light Metals, Ottawa, Oct. 1991, pp. 177-190, Pergamon Press, New York, 1991.

36. Walker, D.I., Utigard, T.A. and Toguri, J.M., Pro. Int. Symp. Adv. Fabr. Light Metals Met. Comp., Edmonton, Aug. 23-27, 1992, 23-37.
37. Lubyová, Z., Fellner, P. and Gabčová, J., Chem. Papers, **47**, 218-220 (1993).
38. Lubyová, Z., Fellner, P. and Gabčová, J., Aluminium, **71**, 346-349 (1995).
39. Haverkamp, R.G., Welch, B.J. and Metson, J.B., Light Metals 1994, 365-370.
40. Rolseth, S., Hovland, R. and Kobbeltvedt, Proc. 7th Slovak Aluminium Symp., Žiar nad Hronom, 1993.
41. Rolseth, S., Hovland, R. and Kobbeltvedt, O., Light Metals 1994, 351-357.
42. Kobbeltvedt, O.. Rolseth, S. and Thonstad, J., Light Metals 1996, 421-427.
43. Welch, B.J., Proc. 2nd Int. Alumina Quality Workshop, Perth, Oct. 14-19 (1990), 15-22.
44. Wai-Poi, N., Haverkamp, R.G., Kubler, S., Muller-Steinhagen, H. and Welch, B.J., Light Metals 1994, 219-225.
45. Thonstad, J. and Liu, Y., Light Metals 1981, 303-312.
46. Thonstad, J., Johansen, P. and Kristensen, E.W., Light Metals 1980, 227-239.
47. Kheiri, M., Gerlach, J., Hennig, U. and Kammel, R., Erzmetall, **40**, 127-131 (1987).
48. Torklep. K., Kalgraf, K. and Nordbo, T., Light Metals 1997, 377-386.
49. Walker, D.J., Utigard, T. and Taylor, M.P., Light Metals 1995, 425-434.
50. Lillebuen, B., Mellerud, T and Thovsen, K., Light Metals 1992, 449-452.
51. Kobbeltvedt, O. and Moxnes, B.P., Light Metals 1997, 369-376.
52. Liu, X., Purdie, J.M., Taylor, M.P. and Welch, B., Light Metals 1991, 289-298.
53. Liu, X., Purdie, J M., Taylor, M.P. and Welch, B.J., Light Metals 1991, 289-29.
54. Purdie, J.M., Bilek, M., Taylor, M.P., Zhang, W.D., Welch, B.J. and Chen, J.J.J., Light Metals 1993, 355-360.
55. Bilek, M.M., Zhang, W.D. and Stevens, F.J., Light Metals 1994, 323-331.
56. Kryokovskii, V.A., Polyakov, P.V., Tsyplakov, A.M. and Yagodzinskii, V.I., Tsvetn. Met./Non-Ferrous Met. **14** (8), 21-23 (1973).
57. Kvande, H., Moxnes, B.P., Skar, J. and Solli, P.A., Light Metals 1997, 403-409.
58. Rye, K., Konigson, M. and Solberg, I., Light Metals 1998, 241-246.

10.3 工业电解槽中的炭

10.3.1 引言

本章将对铝电解槽中炭的作用作一归纳。关于此主题及1980 年前所做的工作在本书的第 1 版中有更详细的叙述[1]。

在铝工业生产中,炭扮演着一个非常重要的角色。消耗性的炭阳极在电解质中还原氧化铝。在电解过程,炭是一个主要的原材料。在预陪阷极块中的阴极炭素材料加上不锈钢杆用来作为槽衬。在阴极中,炭用作导电体和保温体,真正的活性阴极是液态金属铝。尽管如此,由于电解质和液态的浸蚀以及炭块结构变化会导致阴极失效,这是限制槽寿命的因素。

人们不断在寻找惰性阳极和惰性阴极的部分原因是将来可能的环境限制,SiC 已成功代替 C 作为侧壁内衬材料。然而,在近期,炭还不可能完全被替代。

10.3.2 炭阳极

在工业电解槽中有两种阳极设计方式：自焙阳极和应用较为广泛的预焙阳极（见第1章）。他们都是用石油焦和沥青黏结而成。对于自焙阳极，焦粒和沥青混合好，然后均匀地倒入阳极箱里。电解槽的热量使黏结剂高温分解，生成整个炭块。对于预焙阳极，焦粒和沥青混合后，浇注成块状，经1100～1200℃焙烧，使沥青转换于焦炭。

在预焙阳极中，沥青含量是非常低的，大约是14%～17%，而在自焙阳极中，沥青的含量在25%～30%之间。但两种阳极都是由两种不同含炭相组成。在阳极反应中这两种炭相的功能是不同的，这显著影响电解过程阳极行为。重要的阳极参数，如导电性、气孔率、渗透性和密度都取决于不同炭质、发热量、成分、粒度及杂质含量决定的这两个炭相的性能。焙烧阳极的各向异性可能引起选择性氧化，而还原性较强的黏结焦就更易被氧化，这就导致形成所谓的炭渣，从而导致石油焦颗粒从阳极上机械脱落进入电解质中。炭渣形成的主要提出者是Bowitz和Sandberg[2]。所有导致过量炭消耗的原因都会引起形成炭渣。阳极反应和发生在阳极内部气孔的布多尔（Boudouard）反应是最重要的。在电解质中以炭粒形式存在的炭渣可能引起电解质电阻的增加[3]，这可能影响槽电压、热平衡和电解槽性能。然而，这个问题主要是存在于自焙阳极槽中。

霍尔－埃鲁电解槽的电解总反应为：

$$2Al_2O_3 + 3C = 4Al + CO_2 \qquad (10.3.1)$$

这在7.2.2节中已说过了。以100%的电流效率计算，1 kg铝理论上需消耗0.33 kg炭。实际的炭耗量比这要高很多，大约是0.4～0.5 kg(C)/kg(Al)。过量的炭消耗主要是由于炭和空气及CO_2发生反应以及铝的电流效率降低引起的。引起炭渣形成的黏结焦粒的选择性氧化也导致了炭的消耗。在低的阳极电流密度下，因为CO的热力学性能，电化学反应会直接生成CO，阳极反应的动力学和机理在 7.2.3 节中已经阐述。因为气孔引起气体的浸入，发生布多尔(Boudouard)反应：

$$CO_2 + C = 2CO \qquad (10.3.2)$$

这对于自焙阳极来说是特别重要的。而对于预焙阳极，炭在空气中的氧化更为重要。我们已经找到了测试炭阳极试样跟 CO_2 和空气中的氧反应性的方法[4,5]。Solli 和他的合作者[6,7]采用另外一种方法，即保持一定的电流进行电解测出炭的消耗。未反应的炭渣也一样要经过测定。阳极过电压的测量法要由炭阳极反应来定[6,7]。阳极反应越多，阳极电压就越小。在 Zuca 等[8]的早期研究中发现，阳极过电压随着焙烧后阳极的气孔率的增加而降低。

工业用阳极中含有相当数量的杂质，主要是由 S、Fe、V 和 Ni 的化合物。在实验室中关于这些杂质对炭消耗量，阳极过电压，C 和 CO_2、O_2 的反应的影响已经进行了研究[4,6,9]。研究发现，Fe、V 和 Ni 都会降低炭的消耗，而 S 会稍微地抑制反应。Fe、V 和 Ni 也会促进 C 和 CO_2、O_2 的反应，而 S 对其没有影响。看起来，炭消耗的增加和阳极过电压的下降是有所关联的。

添加剂对炭阳极的电化学催化作用已经研究了很多，在 7.2.7 节中对此问题进行了更详细的叙述。Liu 等[10]1996 年前实验室研究报道和参考文献进行了叙述。Liu 和 Xiao[11]发现，阳极中添加 $CrCl_3$、Li_2CO_3 和 $RuCl_3$ 能显著降低阳极过电压。在中国进行的更大规模的自焙槽实验研究证实，阳极中添加 Li_2CO_3（约 0.5%），阳极槽电压大约降低了 55 mV[10]。实验室研究表明，阳极中添加 MgO 和 Al_2O_3 能降低阳极过电压[10]。炭阳极中含少量的 AlF_3（约 0.5%），能降低炭和 CO_2、O_2 的反应以及电解炭的消耗。

10.3.3 阴极炭块

SØrlie 和 Øye[13]对此方面的问题作了全面的阐述，在这只对此作了简单总结。

炭阴极内衬上总是被熔融铝所覆盖，这层铝是真正的电活性阴极。和炭阳极一样，炭衬是由煅后焦和石油焦黏结剂所组成的炭复合材料。由无烟煤、石墨或煅烧后的石油焦所组成的打结炉底糊状物用来填充炭块之间的缝隙。铝电解的寿命通常是由炭阴极的失效决定[13]。炭阴极的破损是由于固态氧化铝颗粒的物理磨损和溶于液态铝和冰晶石熔盐的碳化铝的造成。由于炭不被液铝所湿润，因此，在槽中总须保持一定量的液铝。液铝层的厚度通常是 10 ~ 50 cm，由于铝的运动，会引起磁场。这反过来影响极间距，涉及电解槽的槽设计等问题。

由于含有大量的杂质，使用后的废弃炭阴极是一个重大环境问题。当然它也有回收利用的可能。

在过去的 10 ~ 20 年里，阴极炭块的炭材料发生了巨大的变化。工业上仅使用无烟煤的炭作为炭阴极材料已经很多年了，现在已逐步的使用半石墨质、石墨炭、石墨化的材料。

在产品铝中钠的浓度（$(50 \sim 200) \times 10^{-4}\%$）很重要，一些钠渗入炭中，形成金属间化合物，导致炭块的膨胀，可能引起电解槽的碎裂和失效。和活性炭相比，石墨的导热和导电能力更高，更不宜受钠的浸渗。石墨的抗热震性也更好，抗热震性在新槽预热和启动时是一个非常重要的参数。因此，采用石墨化阴极材料后，电解槽的平均寿命提高了，尤其是新槽的性能得到了很大的改善。然而，活性炭的抗腐蚀能力比石墨化材料强。对于使用石墨化材料的现代化槽来说又面临寻找提高其抗腐蚀方法的挑战。

破损的阴极炭块的外形沿着炭块的长度方向往往呈现“W”形状，破损最厉害的地方在炭块的两个末端。腐蚀程度的不同可能是由于金属运动引起的对流引起的。阴极电流密度和阴极炭块的破损之间看起来是有关系的。在工业电解槽中，阴极炭的破损速率约为每年 2 ~ 6 cm。

根据 Dorward[15]，在 960℃下 Al_4C_3 在液铝中的溶解度大约为 $100\times10^{-4}\%$，Al_4C_3 的形成方程式如下：

$$4Al(l)+3\ C(s)=Al_4C_3(s,\ diss) \qquad (10.3.3)$$

碳化铝的形成与阴极材料的类型无关。然而，气孔率和湿润性能可能影响溶解速率。

在有冰晶石时，碳化铝的溶解度更大。根据 Gudbrandsen 等[16]，在冰晶石熔盐中 Al_4C_3 按下式发生溶解：

$$Al_4C_3(s)+5\ AlF_3(l)+9\ NaF(l)=3\ Na_3Al_3CF_8(l) \qquad (10.3.4)$$

从反应式(10.3.4)的化学计量看来，碳化铝的最大溶解度和 NaF/AlF_3 摩尔比有关，据报道，当 NaF/AlF_3 摩尔比为 1.8 时，最大溶解度约为 2.15%[17]。根据实验室实验，Hollingshead 和 Brown[18]认为，碳化铝溶解在铝中，继而由金属传送到熔盐中是一个扩散控制过程。最终碳化铝被阳极气体或空气氧化。炭阴极内衬的腐蚀机理与炭材料的种类无关。

有人认为[19]炭可以按下式溶于冰晶石熔盐：

$$C(s)+3\ AlF_3(l)+4Na^++4e^-=Na_3Al_3CF_8(l)+NaF(l) \qquad (10.3.5)$$

这个反应在铝的可逆电压下发生。反应式(10.3.5)往往在其限定电流密度时发生。它要求有电解质时才能发生，这个反应可以解释炭侧壁材料的破损。Liao 和 Øye[19]在实验室里开展研究炭阴极材料物理化学破损。在铝中其腐蚀速率很低是因为炭和铝的湿润性差以及碳化铝的溶解度很低。在有铝的冰晶石熔盐中，发现其腐蚀速率增加很大，这是因为湿润性得到改善以及碳化物的溶解度高。研究发现阴极极化可引起阴极的严重破损。工业电解槽中炭阴极表面过量的氧化铝沉淀中，如有熔盐将引起炭以方程式(10.3.5)发生溶解。这个机理可以解释在工业槽中关于炭阴极破损的现象。

参考文献

1. Grjotheim, K., Krohn, C., Malinovský, M., Matiašovský, K., Thonstad, J., Aluminium Electrolysis. Fundamentals of the Hall-Héroult Process, 2^{-nd} ed., Aluminium-Verlag, Düsseldorf, Germany, 1982, 443 pp.
2. Bowitz, O., Sandberg, O., Trans. Met. Soc. AIME, **224**, 53 (1962).
3. Chuvilyaev, R.G., Vetyukov, M.M., Izv. Vyssh. Uchebn. Zav., Tsvetnaya Met., **7** (6), 74 (1964).
4. Houston, G.J., Øye, H.A., Aluminium, **61** (4,5,6), Aluminium Verlag.
5. Foosnæs, T., Naterstad, T.,"Carbon: Basics and Principles", in "Introduction to Aluminium Electrolysis", Aluminium Verlag, Düsseldorf, 1993, 87.
6. Solli, L.N., "Carbon Anodes in Aluminium Electrolysis Cells. Factors Affecting Anode Potential and Carbon Consumption", Dr.ing. thesis, 1994:65, The Norwegian Institute of Technology, July 1994.
7. Haarberg, G.M., Solli, L.N., Sterten, Å, Light Metals 1994, 227.
8. Zuca, S., Herdlicka, M., Terzi, M., Electrochim. Acta, **5**, 211 (1980).
9. Eidet, T., Sørlie, M., Thonstad, J., Light Metals 1997, 511.
10. Liu, Y.-X., Thonstad, J., Yang, J.-H., Aluminium, **72**, 836 (1996).
11. Liu, Y., Xiao, H., Proc. Joint Int. Symp. Molten Salts, The Electrochem. Soc. Inc., Honolulu, HI, USA, 1987, 744.
12. Sørlie, M., Kuang, Z., Thonstad, J., Proc. 21st Conference on Carbon, Buffalo, NY, USA, 1993, 677.
13. Sørlie, M., Øye, H.A., Cathodes in Aluminium Electrolysis, 2nd edition, Aluminium Verlag, Düsseldorf, 1994.
14. Homsi, P., Bickert, C., Light Metals 1998, 127 (1998).
15. Dorward, R.C., Metall. Trans. A, **21A**, 255 (1990).
16. Gudbrandsen, H., Sterten, Å., Ødegård, R., Light Metals 1992, 521.
17. Ødegård, R., Sterten, Å, Thonstad, J., J. Electrochem. Soc., **134**, 1088 (1987).
18. Hollingshead, R.A., Brown, J.A., Light Metals 1982, 625.
19. Liao, X., Øye, H.A., Light Metals 1998, 667.

10.4 氟化物的释放

10.4.1 引言

从霍尔-埃鲁槽中释放出来的氟化物常被归类于气态的和颗粒的。这些氟化物大部分将在电解槽的回收体系中得到收集。释放出来的氟化物是那些直接从电解车间的房顶等各角落逃逸出去到环境中的。气态氟化物是指那些在常温下依然是气态的氟化物：HF(g)、CF_4(g)、C_2F_6(g)和 SiF_4(g)。气态氟化物的主要组成 HF 是由电解质成分和阳极上的水、水蒸气及氢反应生成的。颗粒主要是电解质挥发冷凝和水解产物。电解质中的主要挥发物是 $NaAlF_4$(g)，它冷却后分解成固态的亚冰晶石、

$Na_3Al_5F_{14}$(s)和氟化铝、AlF_3(s)。在室温下流出的电解质也变成颗粒。

然而,将氟化物分类为气态的和颗粒的两种,在某种程度上不是很恰当,因为相对量取决于取样的技巧和位置以及分析方法。颗粒氟化物可以和空气中的水蒸气发生反应形成 HF(g)。反过来说,HF(g)可以被无氟的颗粒如氧化铝以及炭渣吸收而被认为是颗粒氟化物。因此,将其统称为氟挥发物更有意义。

10.4.2　干式净化

现代的预焙阳极电解槽上装备有严密的烟气罩用来收集挥发出的气体。这个罩保持在大气压下,这样 99% 的挥发物就可以从槽中被吸进主要的气体输送管中。这些排放出来的气体被运到净化气体的装置中。一般情况下,干燥的净化系统是用来控制氟化物从电解槽中挥发。用来收集和回收氟化物的现代干式净化器利用氧化铝的化学吸收性能来去除 HF(g)。正常情况下,气体流过一个大的过滤袋流出干式净化器,这个过滤袋是用来捕捉从电解槽中挥发出的氟化物颗粒,得到氧化铝和炭渣以及其他的杂质颗粒。从干式净化中得到的“反应过的”或“二次的”氧化铝返回加入到电解质中,因此,回收利用氟化铝可降低它的总消耗量,这具有重大的材料回收价值。但由于杂质的回收降低了电解槽的电流效率及铝产品的纯度(见 10.1 节)。

10.4.2.1　干式净化效率的测定方法

使用氧化铝来回收霍尔 - 埃鲁槽气体中的氟化物是所有现代干式净化的基本方法。这样的回收效率取决于很多因素,包括原始气体中 HF 的浓度、流过净化器的气体、新鲜氧化铝的加入量、氧化铝的回收率、氧化铝的比表面积和新鲜氧化铝中细颗粒所占的百分数。

Reid 等[1]研究了自焙阳极槽中设计和操作条件对干式净化效率的影响条件。他们发现净化性能和到达过滤袋中的氧化铝量存在线性关系。大部分电解槽气体中的氟化物的去除发生在气体输送管中。

Lamb 和 Burck[2] 评价了在干式净化中 HF(g) 和 Al_2O_3(s) 的接触效率。一种名为“净化值”的半经验公式是恰当的测定方法。它表示每单位氧化铝加入速率的净化获得量。对于给定的氧化铝种类和净化器设计，“净化效率”是一定的，与氧化铝加入速率及 HF 浓度无关。因此，给定一个氧化铝品种，它可以用作表征干式净化系统的参数及预测它的性能。

Burkat 等[3] 研究了在干式净化器中应用的氧化铝的物理化学性能、结构和吸附性能。在以前的 USSR 中，此结果往往用来确定在干式净化器中应用的氧化铝的规格。

Augood[4] 为考察在从自焙槽中去除氟化物的干式净化方法的操作特征进行了一系列的实验研究。尤其考察了改变氧化铝加入到干式净化器中的速率所造成的影响。加入到干式净化器的氧化铝的百分数和加入到相应电解槽中的氧化铝的百分数存在一定的数学关系。对于给定的系统来说，当这个值下降到 30% 以下时，氟化物的挥发将显著降低。这主要取决于氧化铝的表面积。

对于具有设计优良的烟气收集系统和高效率的湿式净化方法的自焙阳极槽，Tosaka 等[5] 报道他们能将总的氟化物挥发物降低到 0.2 kg(F)/t(Al)。在日本，湿式净化法在 Showa 铝厂中已得到应用[6]。作者相信对自焙阳极槽和预焙阳极槽来说这种方法都是最为有效的方法之一。这种方法可从槽气体中除去至少 97% 的气态氟化物。

Wedde[7] 报道发明并测试了一种去除和回收氟化物的新的先进的干式净化工艺。这种工艺分为两个步骤，利用在工艺尾部逆向输送氧化铝以提供活性的新鲜氧化铝。与传统的直流工艺相比，声称这种新工艺优点有工艺稳定的高机动性，除氟化物的性能更好，减少气压，通过优化设计和操作过滤器降低了颗粒氟化物的散发，以及通过设计和改进设备使工艺更简便。

Ghaith 和 Wedde[8] 报道了巴林铝厂干式烟气净化的综合测试实验结果。由于高进管气体浓度、高环境温度、高的气体温度及高湿度，工厂要求改善使用合格的干式净化器。上述讨论的改进的干式净化器[7]，后来被称为 Albat[9,10]，在降低气压方面有稳定的高性能。图 10.4.1 是这种改进的干式净化工艺的简图。

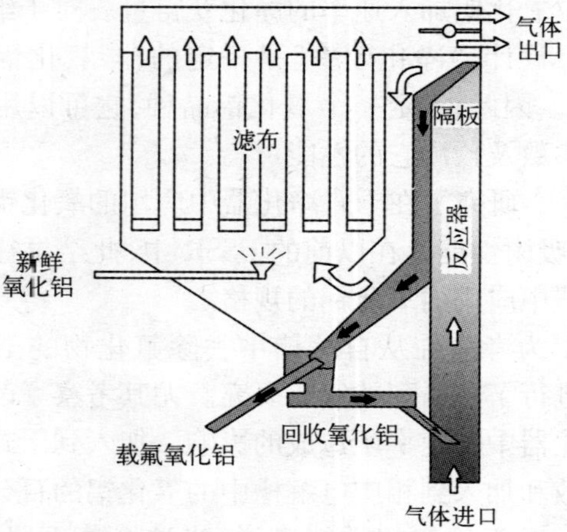

图 10.4.1 Albat 干式净化工艺

测试发现，经过处理的气体中 HF 的排放浓度太高。Heiberg 等[9]进行实验室和室外调查指出，在净化的气体中颗粒氟化物是形成 HF 的一个重要来源。工厂模拟实验显示在粉尘中产生的 HF 停留在过滤袋中对所有排出的 HF 影响很大。平均有一半是因为 HF 挥发引起的。作者总结认为，从现代烟气净化器中释放出的 HF 总量的 1/3 左右是由于发生化学反应引起。

电解槽和干式净化器的封闭连续体系将使电解质中的杂质含量增加，从而导致电流效率及产品铝的质量降低。Sturm 和 Wedde[11]做了杂质的质量平衡，发现富集的二次氧化铝的百分数和杂质含量有很大的联系。采用一种改进杂质去除系统降低高度富集杂质的氧化铝，从而降低残留杂质的量。通过长期测试发现，电解质中的 P_2O_5 浓度降到 $100 \times 10^{-4}\%$，电流效率相应增加 1%，铝的质量相应提高 30%。

Cloutier 等[12]发展了一种在新型的过滤器中使用创新性的反

应堆概念新工艺。经过几年的测试表明,这种过滤法非常有效,据报道,释放出 HF 的浓度在 40 g/t(Al)以下。

Metson 等[13]论述了从铝电解槽中释放出的气态氟化物以及如何降低其含量。他们列出了控制释放物方面的三个主要问题,分别为:现有的净化系统处理烟尘中增加的氟化物的容量问题,在电解槽添料时二次氧化铝吸附的氟化物的滞留问题,以及目前在烟气净化与循环中还不能去除的 CF_4 和 C_2F_6 释放问题。第一个问题可通过使用具有更高表面能的氧化铝来解决。然而,这样会引起水分的吸收也增加,反过来通过电解质产生了更多 HF 释放物及挥发性氟化氢。滞留问题应该通过更好地理解 HF 和氧化铝之间的反应机理来解决。CF_4 和 C_2F_6 释放物问题将在 10.4.6 节中进行讨论。

10.4.2.2 气态氟化物的测定方法

早在 1970 年,环境保护问题引起越来越多的重视,对铝厂中氟化物的排放也进行了标准化。1980 年左右,明确要求工厂对氟化物排放进行连续监测。Alcoa 发明了一种环境气态氟化物的分析仪,使用独特的连续浮质气体净化器。在文献[15]描述了对颗粒及气态氟化物的排放物取样和分析的 Alcoa 方法。后来,Dickie 等[16]提供了三个 Alcoa 工厂的氟化排放物的详细资料,报道说结果大体上符合美国原铝新资源标准(NSPS)。

Kaiser 的 Augood 和 Schlager[17]发明了一种新装置,它能给出真实代表漂流在灰尘中颗粒的标本。这个标本可以在大范围颗粒尺寸和化学分析来刻画材料的特征。

Wikström[18]提出使用红外光度法测量在原始槽气体中 CO_2(g)和 CO(g)的含量来计算收集气体的效率。它将碳氧化物的含量和标准的炭消耗量进行对比。这个装置也可利用氟化物测量方法来进行校准。

一些铝生产厂家已经发明了一种被称为 HF 监测仪的气态氟化物排放物的连续监测设备。Foosnæs 等[19]基于傅里叶转换红外干涉计的装置,结合使用 PC 或 PLC 界面获得数据。Jones 和 Winder[20]描述了一种基于可调式二级激光光谱(TDLAS)的连续 HF 监测系统。

10.4.2.3　集气和气体收集的效率

气体收集效率是指被收集并输送到气体净化器的气体和灰尘总量与从槽中出来的全部挥发物量的百分比。电解槽的集气效率是指当所有的覆盖好时露在电解车间周围环境中的集气罩表面积和没有覆盖任何东西时的总暴露面积之比。这个值越高气体收集效率越高,污染越小,电解车间操作工人的工作环境就更好。

很少有文献报道集气罩和气体收集效率的影响因素。Johnson 等[21]使用一种氦跟踪技术去测量一整天的 98% 时间(包括出铝和更换阳极时)集气罩和气体收集效率。Schlager 和 Ng[22]也测量了预焙槽中集气的效率,重点考察不同冒烟控制设计因素对其的影响。最近,Karlsen 等[23]声称,当电解槽的设计与集气、吸气和通气相适应时,收集气体的效率将接近 100%。在良好的吸气比率及操作工艺下,更换预焙阳极时挥发物可能降低近 75%。研究发现,电解槽的吸气速率一定时,电解槽的通气速率对释放物的量有很大的影响。

10.4.3　氧化铝表面吸附 HF 的研究

虽然已经考察了很多氧化铝对 HF 吸附容量的影响因素,但是氧化铝吸附 HF 的机理依然还不清楚。Hyland 等[24]使用 X 射线光电子光谱技术,一种表面敏感技术对氧化铝上 HF 的吸附和解吸进行了研究。对实验室准备的和附有 HF 净化器中的氧化铝样本进行分析表明,HF 可以通过几种机制和氧化铝结合。例如,大多数的净化器 HF 不是通过铝原子和氧化铝结合在一起,却有和钠相结合的迹象,以残留钠和氟化物形式存在。

将干式净化的样品加热到 700℃,氟化物开始分解,而且假定没有 AlF_3 形成。研究发现与实验室准备的样品参比物相比,干式净化回收样品在更低的温度下氟化物分解更多。Hyland 等[24]得出结论,认为工业电解过程中氟的损失大部分是由被吸附的氟化物引起的,当向电解槽中加入干式净化回收的氧化铝,它们又会被解吸出来。

10.4.4 氟挥发物的工业测定方法

Wahnsiedle 等写的书[25]对 1980 年前霍尔－埃鲁槽中影响氟化物挥发的因素进行了最彻底的研究。由于以前的研究只着重于一些重要的参数，作者测试了工艺变化对氟挥发的影响，目的是证实通过工艺控制减少电解挥发是最好的方法。测量工作是在 Alcoa 的两台 170 kA 的添加了氧化铝和氟化铝的电解槽上进行的，为期 9 个多月。挥发出来的所有氟化物总量和工艺参数及原材料参数之间满足下式：

$$\begin{aligned}\text{主要氟化物挥发总量} = & -158.5-54(w(\mathrm{NaF})/w(\mathrm{AlF_3}))+\\ & 0.244T_e+3.77p_w+3.62w(\mathrm{Al_2O_{3w}})-\\ & 1.29w(\mathrm{Al_2O_{3e}})+0.35w(\mathrm{CaF_{2e}})+\\ & 13.5E_a-2.6(\mathrm{track})+3.79W_f+\\ & 9.64\,w(\mathrm{H_a})\end{aligned} \qquad (10.4.1)$$

式中，T_e 为电解质温度，℃；p_w 为常温下水的分压，kPa；$w(\mathrm{Al_2O_{3w}})$ 为氧化铝水含量，%；$w(\mathrm{Al_2O_{3e}})$ 为电解质中氧化铝含量，%；$w(\mathrm{CaF_{2e}})$ 为电解质中 CaF_2 含量，%；E_a 为阳极效应；W_f 为手工加入氟化物时添加量；$w(\mathrm{H_a})$ 为阳极平均氢含量，%。当阳极效应发生时，阳极影响因子为 1，当没有发生阳极效应时，阳极影响因子为 0。当调整氧化铝加入速度而没有加入氧化铝时，track = 1，反之，track = 0。当手工加入 AlF_3 时，氟化物添加量 = 1，否则，则为 0。

下面这些机制可引起电解质中含氟原料的损失：

(1) 氧化铝、炭阳极和空气吹入带进的氢（以水或炭氢化物存在）直接引起电解质的水解生成 HF。

(2) 电解质蒸发进入空气或者阳极气体中。

(3) 吹过的空气和阳极气体夹带出电解质颗粒。

(4) 发生阳极效应时炭阳极的直接氟化。

(5) 添入原料时的直接夹带。

这些作者[25]假定在大型电解槽操作中，机制(4)是可以忽略不计的，机制(5)由于不容易测定而忽略不计，由此，他们发现机制(1)产生的总计 HF 量占有 56%(34% 是由于氧化铝中的水引起的水解,19% 是由于空气中氢引起的水解,3% 是因为阳极水分引起的水解),而机制(2)电解质蒸发占 41%,机制(3)只占 2.5%。因此,从这个研究者产生的挥发物的描述是相当复杂的。当蒸发物直接进入阳极气体和流过的空气中时,由空气流过和氧化铝原料引起的水解也是相当大的。

10.4.4.1 废旧阳极上的氟化物挥发

更换后的残阳极,包括固体电解质(结壳)和氧化铝覆盖料通常放在电解车间中,直到它们冷却到室温。在这段时间里,氟化烟进入到电解车间环境中。Johnson 等[21] 和 Haupin 以及 Luffy[26] 测定了从废旧阳极上挥发出的氟化物。在冷却过程中将阳极密封,然后对释放出的气体进行取样。发现基于产量,平均挥发物为 0.063 kg(F)/t(Al)。Haupin 和 Luffy[26] 报道的数值更高些,为 0.093 kg(F)/t(Al)。总之,从废旧阳极上挥发出来的氟化物只占工厂里挥发出来的氟化物的一小部分。

10.4.5 氟化物挥发的数学模型

Haupin[27] 仅利用电解质的热力学、动力学和物理性能建立了一个霍尔-埃鲁槽中挥出的氟化物的数学模型。他发现动力学限制了生成 HF 的水解反应发生,因而,只得到大约 28% 的平衡分气压。电解槽气体 $NaAlF_4$(g)的平衡分压比重不小,大部分颗粒氟化物是因它冷凝后形成的。计算得到的颗粒氟化物的量总比测量得到的要低,这个差异被认为是因为电解质夹带所引起的。

Wahnsiedler 等[25] 结合使用数学关系式对 Alcoa 电解槽的电解质水解、挥发和夹带的挥发氟化物量进行预测,相对标准误差为 7.5%,电解质成分为 5% ~12% AlF_3,3% ~6% % Al_2O_3,电解温度为 940 ~960℃。这个模型的一个不足之处是它没有考虑操作条件的变化,如槽壳的情况、阳极效应、在使用氧化铝矿时净化器表面积不充分等。Haupin[27] 推断对夹带电解质的计算是非常不准确的,对夹带方面的问题还需继续深入研究。

Haupin 和 Kvande[28] 利用电解质成分蒸气压、活度、液相温度和吉布斯自由能的新数据对氟化物挥发的数学模型进行了改进。新模型和旧模型之间的最大差别在于颗粒氟化物挥发量的预测不同。新模型预测在 12% AlF_3 中氟化物的挥发量最大,而旧模型则认为在 10% AlF_3 时,颗粒氟化物的挥发达到最大值。这个差别是由于使用不同蒸气压的数据引起的。过热是指电解质实际温度和其液相温度的差值,它保持不变。作者认为新模型比 1984 年发表的[27] 模型要更合理。然而,它仅用来检验过一个典型电解槽中的实验测量值,预测值与实际值只相差 0.8 kg(F)/t(Al)。

阳极气体中的电解质达到它的平衡分压,因此电解质挥发物冷凝形成颗粒氟化物。如果电解槽有一完好的氧化铝覆盖层,则阳极气体中夹带的液态电解质的量是较小的。图 10.4.2 和图 10.4.3 说明,在一定过热度下,随着 NaF/AlF_3 的质量比增加,挥发的氟化物包括气态氟化物和颗粒氟化物的总量降低,如模型所预测的一样。降低过热度能减少氟化物的挥发。图 10.4.4 证实,随着电解质中的氧化铝浓度的增加,氟化物的挥发减少。需要注意的是,气态氟化物的量比颗粒氟化物的量要大得多,如图 10.4.3 和图 10.4.4 所示。

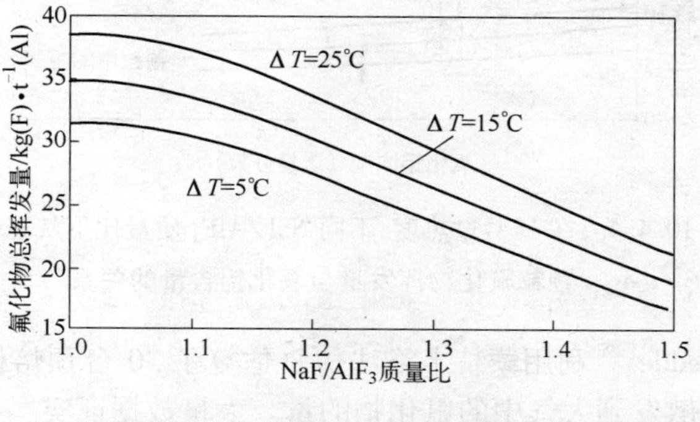

图 10.4.2 电解质中总的氟化物挥发量与 NaF/AlF_3 质量比的关系

氧化铝含量保持在常量 3%,三个曲线上的 ΔT 是过热度的常量,

源自 Haupin 和 Kvande[28]

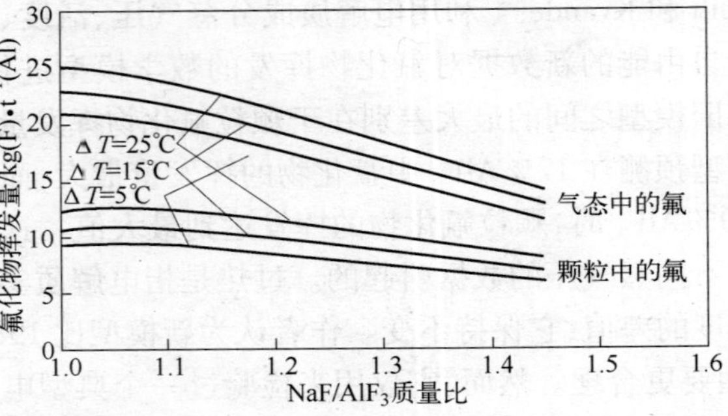

图 10.4.3　在电解质中气态和颗粒氟化物挥发量与 NaF/AlF_3 质量比的关系

氧化铝含量保持在常量3%,三条曲线上的 ΔT 是过热度的常量,源自 Haupin 和 Kvande[28]

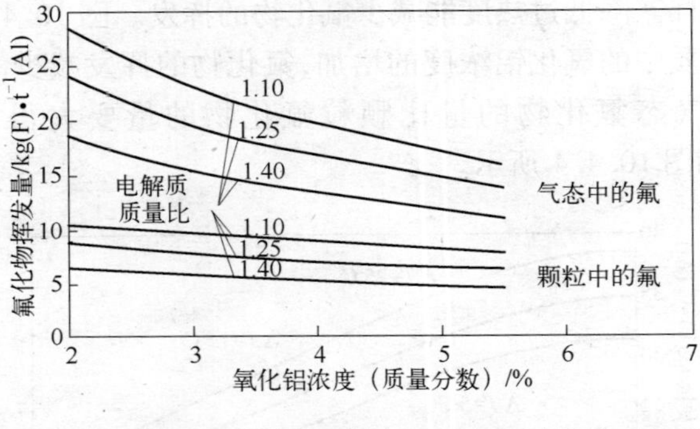

图 10.4.4　在 15℃过热度,不同 NaF/AlF_3 质量比下气态和颗粒氟化物挥发量与氧化铝含量的关系

Dernedde[29]利用蒙特卡洛法仿真估算了 30 台预焙槽从电解车间楼顶散发到大气中的氟化物的量。大量数据证实一些操作条件的变化对其有影响,而且认为蒙特卡洛仿真有利于减少排到大气中的挥发性氟化物。从楼顶散发的挥发性氟化物的值在 0.3 ~ 1.3 kg(F)/t(Al)之间。

10.4.6 碳氟化物气体的挥发

碳氟化物气体（主要是 CF_4 和 C_2F_6）仅在铝电解槽发生阳极效应时形成。它们不会被氧化铝颗粒表面所吸附，因此它们无法利用现有的气体净化系统来收集。

以前，这些气体被认为是无害的，因为它们对人类、动植物没有毒，而且它们不损坏臭氧层。大气中这些碳氟化物气体的浓度是很低的，CF_4 大约为 $0.07\times10^{-7}\%$，C_2F_6 只有 CF_4 的十分之一。相比较而言，大气中 CO_2 的浓度是它们的 5 亿倍之多。

然而，这些碳氟化物被认为是温室气体，它们可能导致全球变暖。一种气体的“全球变暖势能”是用它在大气中能存在的时间和它的红外线吸收容量相结合来衡量的。$CF_4(g)$ 的“全球变暖势能”值很高，以 100 年 $CO_2(g)$ 量作为参比，$CF_4(g)$ 的“全球变暖势能”值为 6500，也就是说，1 tCF_4 的温室效应效果和 6500 tCO_2 的温室效应效果是相同的。我们可以用按照所谓的同等 CO_2 值来比较它们。读者可以阅读 Forrest 和 Szekely[30] 以及 Weston[31] 的文章来彻底了解从铝厂出来的温室气体对全球变暖的影响。

从 1990 年初，很多铝生产家越来越重视碳氟化物的排放问题，因为铝工业一直是这些气体排放到大气中的一个主要来源地。他们开始对产生的碳氟化物气体量进行测定和详细的评估[32~40]。在预焙槽中的近期测定[38,39] 表明，产量为 1 t 的电解槽，每天发生 1 min 的阳极效应，平均生产 0.12 kg CF_4。自焙槽上生产的 CF_4 量仅是它的 2/3。然而，由于自焙槽上，每天每台槽发生阳极效应的频率及时间更长，每生产出 1 t 铝所释放的 CF_4 的量也就比预焙槽上释放的要多很多。

Marks[39] 将从预焙槽上测得的 Alcoa 数据，用最小二乘法进行拟合，存在如下关系：

$$1\ \text{kg}(CF_4)/\text{t}(Al) = 0.13\ \text{min}/(\text{槽}\cdot\text{日}) \qquad (10.4.2)$$

发生阳极效应时，槽电压快速长到 25 V 甚至更高。这么高的电压是由于在阳极下形成一绝缘的气膜。平均阳极效应系数、持续时间和电压可以用来计算由于阳极效应引起的槽电压的增加值。这个计算值通常为5～150 mV，这个值代表着当消除阳极效应时可节省的电压值。

这里需要注意的是，被 Homsi 和 Reverdy[40] 称为“阳极效应过电压”的值（U_0）可以用来计算发生阳极效应时所产生的 $CF_4(g)$ 的量。他们给出如下关系式：

$$CF_4(kg \cdot t^{-1}(Al)) = 1.9U_0/CE \qquad (10.4.3)$$

式中，U_0 是指24 h内槽的线性过电压，mV·日/（槽·日），电流效率是个百分数值。

由阳极效应引起的电压取决于熄灭阳极效应所用的方法，与之相联系的一个有趣的例子就是在预焙槽中使用 Alcoa 技术来熄灭阳极效应。Marks[39] 报道说 Alcoa 电解槽的阳极效应平均持续时间为20～40 s。假定快速熄灭阳极效应，这样阳极效应引起的平均电压等于平均槽电压或者甚至更少。

Dorreen 等[41] 利用质谱系统来研究实验室电解槽上的阳极效应。他们发现 CF_4 和 C_2F_6 只在发生阳极效应时形成，在阳极效应发生前并没有测到它们的存在。在发生阳极效应前的一瞬间测到了 $COF_2(g)$。Sadoway 和其合作者[42,43] 发现碳氟化物气体的浓度和阳极过电压之间有很大的关联。他们的研究无法证明 $COF_2(g)$ 在发生阳极效应前的一瞬间产生，但他们还在继续研究。他们认为 CF_4 和 C_2F_6 只在电压超过6.0 V时产生，但是他们的结论却与工业电解槽上的不符。

10.4.6.1 从霍尔－埃鲁槽上挥发的全部温室气体

图10.4.5给出了原铝生产中排放的全部 CO_2 和碳氟化物的量。如果包括拜耳石矿、氧化铝生产和铸铝过程产生的挥发物，1 t 铝将产生4～4.5 t CO_2。从图10.4.5左边的利用煤电的圆柱看，生产电力和发生阳极效应时碳氟化物的生产是挥发物的两个重要组成。通过使用非化石能源，如利用水电代替煤，以及使用发生阳极效应系数更低的现代预焙槽技术，就可大大降低这些排出物，如

图 10.4.5 中右边的圆柱所示。

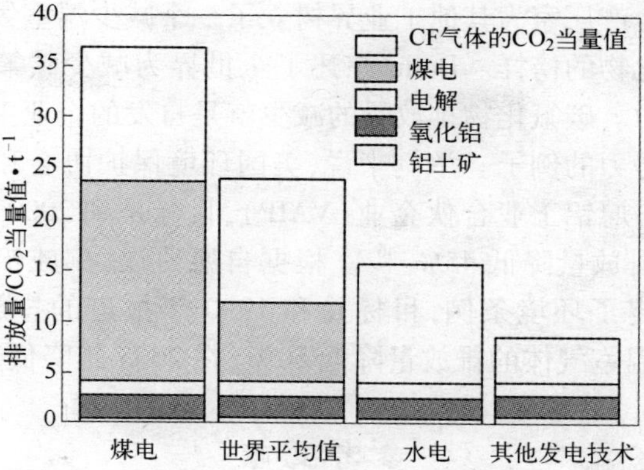

图 10.4.5 两种电力条件下生产铝所排放的 CO_2 和 CF 气体量

源自 Huglen 和 Kvande[47]，数据以吨铝 CO_2 当量值给出，CF 气体排放量现在更低

降低碳氟化物排放的一个重要方法就是降低阳极效应系数(或频率)。在大多数工厂里，每槽每天阳极效应的次数从 1 ~ 0.05，主要和电解槽类型、氧化铝添加技术和操作实践有关。即使近些年来阳极效应的发生次数已普遍得到降低，通过改善工艺控制，更有效地自动熄灭阳极效应技术，在许多工厂里还是可以进一步降低阳极效应系数，同时缩短阳极效应的持续时间。所有的铝厂现在都有一个共同的责任，那就是通过减少阳极效应的发生频率及持续时间来降低碳氟化物的排放。这是一个很重要的课题。

使用惰性阳极(释放出来的是氧气)时将消除碳氟化物的释放。这些惰性阳极很可能是由氧化物的混合物所组成的。为了降低惰性阳极的溶解，电解质的氧化铝浓度必须很高(接近饱和)，因此电解槽也将不会发生阳极效应。使用氢电能时，现代电解槽的 CO_2 的等值排放量将会降低，如图 10.4.5 所示。现代的预焙槽阳极效应的发生频率更低，释放的 CF_4 的等量值仅为排出的 CO_2 的 15% ~20%。10.5 节中对惰性阳极进行了讨论。

10.4.6.2　减少碳氟化物的排放

原铝生产厂家为其他工业界树立了一个减少温室气体重要组成的碳氟化物的榜样。Dolin 综述了全世界为减少碳氟化物排放所做的努力。碳氟化物排放量的减少就是自发的企业主动为防止污染所做努力的例子。举例来说，美国环境保护协会和原铝生产家建立了自愿铝工业合伙企业（VAIP），目标是到 2000 年将 1996 年 PFC 的排放量降低 45%[46]。根据自愿协议，挪威铝工业最近在挪威制定了环境条例，目标是和 1990 年报道的排放量相比，2000 年将温室气体的排放量降低 50%，在 2005 年降低 55%。

参考文献

1. Reid, A. S., Gurnon, G. J., Lamb, W. D. and Denning, K. F., "Effect of Design and Operating Variables on Scrubbing Efficiencies in a Dry Scrubbing System for V. S. Pots", Light Metals 1980, 759-781.
2. Lamb, W. D. and Burck, J. W. J., "Dry Scrubbing of Aluminum Cell Gases: An Index for System Performance", Journal of Metals, **34** (7), 64-68, 1982.
3. Burkat, V. S., Dudorova, V. S., Smola, V. S. and Chagina, T. S., "Physico-Chemical Properties of Alumina Used for Removing Fluorides in the Dry Cleaning Systems", Light Metals 1985, 1443-1448.
4. Augood, D. R., "A Dry Scrubber Study", Light Metals 1987, 625-631.
5. Tosaka, S., Hosoi, H. and Sugaya, M., "Technical Improvements of the Pot Fume Control and the Recovery of Fluorides in a Soderberg Plant", Light Metals 1982, 531-550.
6. Mizuno, H., Ono, N. and Tozawa, S., "Recovery of Fluoride and Fluorine Balance of Aluminum Smelting Plant", Light Metals 1981, 407-419.
7. Wedde, G., "Improved Efficiencies in the Dry Scrubbing Process", Light Metals 1997, 183-186.
8. Ghaith, M. H. and Wedde, G., "Experiences and Performance of Dry Scrubbing at ALBA", Light Metals 1998, 1257-1262.
9. Heiberg, A. B., Wedde, G., Bøckman, O. K. and Strømmen, S. O., "Pot Gas Fume as a Source of HF Emission from Aluminium Smelters - Laboratory and Field Investigations", Light Metals 1999, 255-261.
10. Wedde, G. and Bjørgan, C. Å., "Experiences with Abart Dry Scrubbing Process", Aluminium, **75** (12), 1051-1055, (1999).
11. Sturm, E. and Wedde, G., "Removing Impurities from the Aluminium Electrolysis Process", Light Metals 1998, 235-240.
12. Cloutier, B., Dumortier, P. and Caratgé, B., "A Novel Reactor/Filter Concept for Dry Scrubbing", Light Metals 1997, 187-192.
13. Metson, J. B., Welch, B. J., Hyland, M. M. and Chen, J. J. J., "Minimisation of Gaseous Emissions From Aluminium Reduction Cells", in Metals and Materials Waste Reduction, Recovery and Remediation, edited by Liddell, K. C., Bautista, R. G. and Orth, R. J., The Minerals, Metals & Materials Society, 139-150, (1994).
14. Danchik, R. S., Hillegass, H. F. and Tarcy, G. P., "The Continuous Measurement of Gaseous Fluoride in Ambient Air", Light Metals 1980, 783-799.
15. Anonymous Authors from the Environmental Control Laboratory, Analytical Chemistry

Division, Alcoa, "Alcoa Methods for Sampling and Analysis of Particulate and Gaseous Fluoride Emissions", Light Metals 1981, 897-929.
16. Dickie, R. C., Clark, B., Givens, H. and Hurt, R. E., "Compliance with US Primary Aluminum New Source Performance Standards", Light Metals 1986, 925-932.
17. Augood, D. R. and Schlager, R. J., "High Volume Sampling and Analysis of Particulate from Process Streams", Light Metals 1983, 1025-1033.
18. Wikström, L., "Control of Gas Collection Efficiency in VSS-Potlines by Monitoring CO_2 and CO in the Primary Pot Gases", Light Metals 1984, 1457-1471.
19. Foosnæs, T., Hjelle, V. and Karlsen, M., "Continuous Monitoring of Gaseous Fluoride Emission", Light Metals 1993, 407-411.
20. Jones, J. M. and Winder, P. J., "The Measurement of Gaseous Fluoride in the Aluminium Industry", Light Metals 1997, 179-182.
21. Johnson, A. R., Lowe, T. A., Hanneman, W. W. and Schlager, R. J., "A Study of Reduction Cell Fluoride Emission", Light Metals 1980, 749-757.
22. Schlager, R. J. and Ng, R. K., "Reduction Cell Hooding Efficiencies with Various Cell, Superstructure, and Shield Design Factors", Light Metals 1984, 1449-1456.
23. Karlsen, M., Kielland, V., Kvande, H. and Vestre, S. B., "Factors Influencing Cell Hooding and Gas Collection Efficiencies", Light Metals 1998, 303-310.
24. Hyland, M. M., Metson, J. B., Haverkamp, R. G. and Welch, B. J., "Surface Studies of Hydrogen Fluoride Adsorption on Alumina", Light Metals 1992, 1323 -1327.
25. Wahnsiedler, W. E., Danchik, R. S., Haupin, W. E., Backenstose, D. L. and Colpitts, J. W., "Factors Affecting Fluoride Evolution form Hall-Héroult Smelting Cells", Light Metals 1978, Vol. 2, 407-424.
26. Haupin, W. E. and Luffy, J. W., "Fluoride Evolution from Spent Anodes", Light Metals 1981, 941-951.
27. Haupin, W. E., "Mathematical Model of Fluoride Evolution from Hall-Héroult Cells", Light Metals 1984, 1429-1439.
28. Haupin, W. and Kvande, H., "Mathematical Model of Fluoride Evolution from Hall-Héroult Cells", Light Metals 1993, 257-263.
29. Dernedde, E., "Estimation of Fluoride Emissions to the Atmosphere", Light Metals 1998, 317-322.
30. Forrest, D. and Szekely, J., "Global Warming and the Primary Metals Industry", JOM, **43** (12), 23-30, (1991).
31. Weston Jr., R. E., "Possible Greenhouse Effects of Tetrafluoromethane and Carbon Dioxide Emitted from Aluminum Production", Atmospheric Environment, **30** (16), 2901-2910, (1996).
32. Berge, I., Huglen, R., Bugge, M., Lindstrøm, J. and Røe, T. I., "Measurement and Characterisation of Fluorocarbon Emissions from Alumina Reduction Cells", Light Metals 1994, 389-392.
33. Roberts, R. A. and Ramsey, P. J., "Evaluation of Fluorocarbon Emissions from the Aluminum Smelting Process", Light Metals 1994, 381-388.
34. Øygård, A., Halvorsen, T. A., Thonstad, J., Røe, T. and Bugge, M., "A Parameter Study of the Formation of C-F Gases During Anode Effect in Aluminium Reduction Cells", Light Metals 1995, 279-287.
35. Tabereaux, A. T., Richards, N. E. and Satchel, C. E., "Composition of Reduction Cell Anode Gas During Normal Conditions and Anode Effects", Light Metals 1995, 325-333.
36. Bouzat, G., Carraz, J.-C. and Meyer, M., "Measurement of CF_4 and C_2F_6 Emissions from Prebake Pots", Light Metals 1996, 413-417.
37. Kimmerle, F. K., Potvin, G. and Pisano, J. T., "Measured Versus Calculated Reduction of the PFC Emissions from Prebaked Hall-Héroult Cells", Light Metals 1997, 165-171.
38. Leber, Jr., B. P., Tabereaux, A. T., Marks, J., Lamb, B., Howard, T., Kantamaneni, R., Gibbs, M., Bakshi, V. and Dolin, E. J., "Perfluorocarbon (PFC) Generation at Primary Aluminum Smelters", Light Metals 1998, 277-285.
39. Marks, J., "PFC Emission Measurements from Alcoa Aluminum Smelters", Light Metals 1998, 287-291.
40. Homsi, P. and Reverdy, M., "The Reduction of PFC Emissions from Electrolysis Cells", in Proceedings from the Sixth Australasian Aluminium Smelter Technology Conference and

Workshop, ed. by Welch, B. and Skyllas-Kazacos, M., Queenstown, New Zealand, 691-700 (1998).
41. Dorreen, M. M. R., Chin, D. L., Lee, J. K. C., Hyland, M. M. and Welch, B. J., "Sulfur and Fluorine Containing Anode Gases Produced During Normal Electrolysis and Approaching an Anode Effect", Light Metals 1998, 311-316.
42. Nissen, S. S. and Sadoway, D. R., "Perfluorocarbon (PFC) Generation in Laboratory-Scale Aluminum Reduction Cells", Light Metals 1997, 159-164.
43. Zhu, H. and Sadoway, D. R., "The Electrode Kinetics of Perfluorocarbon (PFC) Generation", Light Metals 1999, 241-246.
44. Huglen, R. and Kvande, H., "Global Considerations of Aluminium Electrolysis on Energy and the Environment", Light Metals 1994, 373-380.
45. Dolin, E. J., "PFC Emissions Reductions: The Domestic and International Perspective", Light Metal Age, **57** (1,2), 56-67, (1999).
46. Gibbs, M. J. and Jacobs, C., "Reducing PFC Emissions from Primary Aluminum Production in the United States", Light Metal Age, **54** (2), 26-34, (1996).

10.5 惰性阳极，惰性阴极，新型电解槽

10.5.1 定义

在本书第 2 版[1]，关于惰性阳极和惰性阴极方面的内容在 7.1.6 节、7.2.7 节和 10.3.4 节中已经论述过，参考文献引用到 1980 年左右。10.3.4 节取名为“惰性阳极和新型阴极材料”，而现在在这个章节中我们将用“惰性”来代替新型的阴极材料。然而，这些词的词意都不是很清楚，因此我们对它进行定义。

惰性阳极过去是代表所有析氧的阳极。使用这种阳极时，电解槽反应为：

$$1/2Al_2O_3 = Al + 4/3O_2 \tag{10.5.1}$$

而使用炭阳极时电解槽反应是：

$$1/2Al_2O_3 + 3/4C = Al + 3/4CO_2 \tag{10.5.2}$$

阳极材料是惰性的，是指它在电解反应中是不消耗的。然而，正如下面所证明的一样，所讨论的材料都有一个较小的腐蚀速率，它们并不是完全意义上的惰性，所以把它命名为低耗或者是析氧阳极可能更为准确。

在霍尔－埃鲁电解槽中充当阴极的液态铝池，是覆盖在炭阴极内衬上，而炭和铝相互不润湿的。为了获得一个稳定的阴极表面，液态铝的厚度需保持在 10 ~ 40 cm。而这样的金属池是不稳

定的,它在金属/熔盐界面上产生波,有可能导致阴阳极短路。

为了避免出现上述问题,同时又保证使用短的极距,就需要有一种被铝湿润的材料,这样,仅一层薄薄的铝层就能有一个稳定的阴极表面。这样的材料就定义为惰性阴极,因为它对铝和电解质来说都必须是惰性的。

在原则上,惰性阴极是趋向于水平放置的。使用倾斜阴极的就称之为“湿润性电解槽”,生产出来的金属从活动阴极区被注入到一个金属收集池里。“湿润性电解槽”有可能是使用和倾斜阴极平行放置的常规消耗性炭阳极或是惰性阳极。

有人认为,使用惰性阳极或惰性阴极的电解槽,比如说“湿润性电解槽”,和传统的霍尔－埃鲁电解槽的概念相差甚远,所以它们不应该归纳于霍尔－埃鲁槽中。因此,对这个问题的全面讨论不在此本书的讨论范围,而应归入“霍尔－埃鲁过程基本原理”中。

在过去的20年里,发表了大量各式各样关于此方面问题的文章和专利。对此种材料的研究应该是相当多的。与之所不同的是,在本书里,我们将利用一些例子和相关的参考文献,主要讨论这个新技术发展的一些关键问题。

Billehaug 和 Øye 对在1978年以前的关于惰性阴阳极的参考文献已经进行过评价,Pawlek 对1993年以前的惰性阳极方面和1996年以前关于惰性阴极方面的参考文献都有了综述。在这里,我们将主要论述1980年以后的发展状况。

10.5.2 惰性阳极

使用惰性阳极(不消耗阳极)代替目前在霍尔－埃鲁电解槽中使用的消耗性炭阳极是研究者多年来寻求的一个梦想。使用惰性阳极将消除炭的消耗,以及大量的杂质和大气污染问题。目前,对惰性阳极的研究还主要集中在小尺寸阳极上,比如说是用于实验室和小规模的试验槽上。

如上面所提到的,使用惰性阳极,电解反应将从方程式

(10.5.1)变为方程式(10.5.2)。在霍尔–埃鲁槽中，我们使用冰晶石电解质(Na_3AlF_6-AlF_3-CaF_2-Al_2O_3；约960℃)，使用惰性阳极时，也可使用相同的电解质，但是也建议使用低温电解质。

10.5.2.1 能量方面

用惰性阳极替代炭阳极所涉及到能量方面的问题是非常有意思的。使用惰性阳极时，按照式(10.5.1)，碳消耗所贡献的能量就没有了，因此需要更高的可逆反电动势，如表10.5.1所示。

表10.5.1 炭阳极和惰性阳极上的可逆反电动势和过电压

阳极材料	反 应	可逆反电动势 *emf*/V	过电位/V	总电位/V
炭阳极	$Al_2O_3 + 3/2C = 2Al + 3/2CO_2$	1.20	0.50	1.70
惰性阳极	$Al_2O_3 = 2Al + 3/2O_2$	2.20	0.10	2.30

参考文献[6,7]已经表明，惰性阳极上的过电压比炭阳极上的要低，但实际值要由电流密度和所使用的材料成分来定。表10.5.1中的例子说明，惰性阳极上的极化电压比炭阳极上的要高0.6 V。

所需的净能量，可从两个反应式的焓(ΔH)和相应的等温槽电压($E^{iso} = \Delta H/nF$)得到，也就是电解过程在没有和外界发生能量交换情况下的电压，我们可以得到以下结论：

对于式(10.5.1)，$\Delta H = 1097$ kJ，$E^{iso} = 1.90$ V

对于式(10.5.2)，$\Delta H = 1690$ kJ，$E^{iso} = 2.92$ V

当联合使用惰性阴阳极时，极距可能从4.5 cm降到2 cm，这样，电解质上的欧姆电压降可以降低0.9 V。增加的气膜电阻可能降低这个值[8]。无论如何，能量平衡将发生了变化，使用惰性阳极的电解槽需要大大降低热量的损失以获得和传统霍尔–埃鲁槽一样或者是更低的电能消耗。

除能量方面之外，我们应用看到使用惰性阳极能带来许多好处，如：

(1) 可能节省电能，或者不能；

(2) 阳极炭消耗可以被消除；

(3) 减少工作量(吊挂和更换阳极)；

(4) 减少环境污染问题。

第一个问题已经讨论过了,惰性阳极替代炭阳极可以节省大量工作,在电解槽及使用上可以体现,惰性槽会排放温度更高的气体,有可能从气体中可能回收的能量。在霍尔-埃鲁槽生产过程,释放出来的大量有害气体都是产生于炭阳极(CO_2、CO、CF_4、C_2F_6、SO_2、COS 及 PAH),使用惰性阳极时,这些释放物都将被消除。

相对于炭阳极的成本和操作,采用惰性阳极时的成本方面还很少被考虑到,这是因为它取决于阳极材料的价格和使用寿命。

10.5.2.2 阳极材料行为

惰性阳极可能是由一个大块的材料或者说是一个基体和涂层组成。可能的基体是金属,如铜、陶瓷或金属陶瓷(陶瓷+金属)。起作用的释放氧的表面必须是氧化物,因为几乎任何其他材料在高温,有氧气存在的情况下都是不稳定的。而且,这个氧化物必须是纯电子导体,因为所有离子导体将会导致在电极材料内部发生传质。

不幸的是,所有的氧化物材料都在一定程度上溶解于冰晶石熔盐体系中。如10.1.2节所述,从一个氧化体系到另外一个氧化物体系,溶解度变化非常大,在大多数情况下,它随着熔盐中氧化铝浓度的增加而大大减小。已经测试的材料的典型的数值,在常规电解质中溶解度变化范围为0.01%~0.5%。溶解度还可能通过降低电解温度和改变电解质成分来降低。如10.1.2节所指出的,在大多数情况下,溶解可用一个简单的交换反应来描述:

$$M_2O_3(\text{阳极}) + 2AlF_3 = 2MF_3(\text{熔液}) + Al_2O_3 \quad (10.5.3)$$

这个反应的吉布斯自由能的大小可用来反应说明这种材料是否有希望成为惰性阳极材料[9]。

如果电解质中的氧化铝完全已被消耗完,阳极就可能开始分解,通过下式引入了氧化物离子:

$$1/2M_2O_3(\text{阳极}) + AlF_3 = Al + 3/4O_2 + MF_3 \quad (10.5.4)$$

上式反应被称为"灾难性腐蚀"[10],可以通过保持电解质中溶有足够的氧化铝来避免发生"灾难性腐蚀",这是成功应用惰性阳极的一个必要条件。

10.5.2.3 可能的阳极基体材料

大量的惰性阳极材料已经被测试过,其中有一些在本书的以前的版本中已经描述过了。在这章节里,仅提及两种金属陶瓷和两种金属基体,仅仅是作为例子来说明。

(1) 氧化锡。如在以前版本中所指出,早在 1936 年,Belyaev 和 Studentsov 就建议使用氧化锡作为惰性阳极,而且在 Alusuisse 公司对它进行了大量的测试实验。Alusuisse 使用的阳极成分为,97% SnO_2 +2% Sb_2O_3 +1% CuO, 氧化锑作为增强导电能力的添加剂,氧化铜作为一种黏结剂。如 10.1.2 节所述,在冰晶石熔盐中氧化锡的溶解度在目前所报道的氧化物里面是最低的,而且它是一种良好的导电体[12]。

(2) 铁酸镍。Alcoa 公司开发了一种铁酸镍($NiFe_2O_4$ + NiO)阳极。为了改善它的导电性,加入了金属相(17% Cu),因而成为一种金属陶瓷,$NiFe_2O_4$ + 16% NiO + 17% Cu。使用这种阳极材料进行实验室测试,结果在它表面形成了一层厚厚的全氧化物层,这防止了金属相的进一步氧化[14]。

(3) 金属阳极。一种金属基阳极其表面必须有一层氧化层作为阳极的工作表面。这层氧化物层必须是致密的,和基体联结性好,它必须没有裂缝或者是碎块。在电解过程氧化物的增长速率必须和其在电解质中的溶解速率相当。如果是陶瓷阳极,其溶解速率是越低越好。假如氧化速度和溶解速度可以得到控制,金属阳极确实比陶瓷阳极更优越,比如更易制备,力学性能好,抗热震性好,易和导电杆连接等。

刚使用霍尔 - 埃鲁槽时,就有了使用金属阳极的想法。霍尔 - 埃鲁槽的发明人之一,Charles Martin Hall 在他的申请专利中就提出使用铜阳极[15],众所周知,他在放弃这个思想之前对这个问题进行了多年的研究。下面我们将讨论下两个对发展金属阳极所做的事。

Beck[16] 建议使用 Cu-Ni-Fe 金属阳极,它的质量分数为 70Cu-15Ni-15Fe。为了获得可以接受的这种阳极的氧化速率,他选用了一种富 AlF_3 的 NaF-AlF_3 低温电解质,电解温度大约在 750℃。为了补偿氧化铝在这种电解质中的低溶解度,在所谓的液浆电解质中加入了过量的氧化铝。

Sekhal 等[17]使用一种特殊方法制备的富镍合金,这种合金是通过一种能自我产生热量的方法由压缩粉末制成的,生产出在一定程度上多孔的阳极。首选的成分为 Ni-6Al-10Cu-11Fe-3Zn(%),这是一种多孔的由 Ni、Ni_3Al 金属间化合物和主要由氧化镍及铁锌镍组成的氧化物表层。在电解过程中发现,铝有向表面迁移的趋向,而其他的金属仍然保留在内部,具有相当好的抗氧化性。

10.5.3 金属污染问题

由于所有的氧化物材料在电解质中都有一定的溶解度,我们必须容忍阳极材料以一定的溶解速度进入电解质中。大部分候选阳极材料中都含有比铝正的阳离子。他们也能溶于液态铝中,污染金属产品。反应式如下:

$$MF_3 + Al = M(\text{在铝中}) + AlF_3 \qquad (10.5.5)$$

金属氧化物按照式 10.5.3 从阳极上溶解,然后按式 10.5.5 还原进入金属铝中。如 Evans 和 Keller 首先提出[18]的一样,这看起来是一个质量传输控制过程,后来,Keller 等支持这个观点[19]。

因阳极腐蚀带入的杂质,加上由原材料带入的杂质将导致杂质金属的超标。这可以由上面所提到的铁镍阳极来举例说明。研究发现腐蚀过程是由质量传输所控制[14]。在实验室测试中,铝产品中 Fe、Ni、Cu 的含量总合大约占 0.2%,这相应于这种阳极的腐蚀速率为每年 1.2~2 cm。

一些杂质可能在所允许的标准之内,而另外一些则可能超过了允许标准,这将是较难解决的问题。即使阳极的腐蚀速率可以接受,金属杂质的污染依然是一个问题。

如下面所要讲的,可以往熔盐中加入一种化合物,它可在阳极表面沉淀下来,从而保护阳极免受电解质的侵害。

下面介绍 Cerox 阳极涂层。

Moltech 公司研究表明[20],当往电解质中溶入三价铈盐时,在阳极表面会形成一四价铈的氟氧化合物。这个涂层被称为"Cerox"。Walker 等研究表明[21]，这个涂层可以大大降低下面的氧化锡材料的腐蚀。

CeF_3、Ce_2O_3 和 CeF_4 在氧化铝-冰晶石熔盐中都是可以溶解的，而 CeO_2 却不溶解，因为存在下面的反应：

$$CeF_3 + 1/2Al_2O_3 + 1/4O_2 = CeO_2(s) + AlF_3 \quad (10.5.6)$$

溶解度值在 10.1.2 节中已经给出。为了在阳极上保持有一层 Cerox 涂层，熔盐中必须含有一定浓度的 CeF_3 和氧化铝。然而，三价 Ce 离子会被金属铝还原：

$$CeF_3 + Al = Ce(\text{在铝中}) + AlF_3 \quad (10.5.7)$$

所以，Ce 必须从金属中移出[22]返回进入熔盐中。这个方法存在的问题是 Cerox 涂层不是绝对的致密，所以它下面的基体还是会受到一些腐蚀[21]。而且也很难控制沉积的 Cerox 涂层的厚度，而这个涂层的导电性是很差的[22]。

10.5.4 惰性阴极

惰性阴极也被称为可湿润性阴极，因为跟液铝的湿润是作为惰性阴极必备的一个条件。在霍尔-埃鲁槽中使用炭块底衬是不被铝湿润的，为了保持一个平整、稳定的阴极表面，就需要保持液态铝的厚度在 10~40 cm。槽结构因此也必须是水平放置。

使用惰性阴极就没有这个限制，所有的电极形状都是可行的。如下面所说的，垂直的、倾斜的电极都可被使用。由于要受熔融冰晶石和熔融铝的浸蚀，阴极材料的选择是非常关键的。不像阳极有很多材料可以使用和测试，阴极材料的选择范围是非常窄的。

1962 年，Ransley 介绍使用 TiB_2 作为一种可湿润阴极[23]，自那以后 TiB_2 就是大多数阴极的主要成分，其使用形式或是纯 TiB_2，或是复合材料。在复合材料中，混合物可能是炭、其他硼化物（如 ZrB_2、BN 等）或是碳化物（如 TiC、SiC 等）。ZrB_2 和 TiB_2 的性能很相像，但价格更贵，而且并不比 TiB_2 好。TiB_2 是金属导体，它的电阻非常小（在 1000℃时大约为 60 μΩ[23]），也就是比炭电阻大约高两个数量级。

TiB_2 可以通过炭热反应来生产,但是它非常难烧结。为了避免晶粒间腐蚀,需要保证很高的纯度。像氧化物这样的杂质易在晶界处聚集,当它们暴露在铝中时,铝就可能和这些杂质发生反应,造成晶粒腐蚀,破坏结构[24]。纯度高的 TiB_2 不仅昂贵,而且它也是非常脆的,力学性能和抗热震性差。很多研究者在寻求更便宜的解决方法,比如制备复合材料,在炭衬上涂层等。下面举两个例子来说明。

TiB_2 在液态铝中有非常低的溶解度,根据 Finch[25] 的研究,在1000℃时,按百分含量计算,溶解度满足下式:

$$[Ti][B]^2 = 3.12\times10^{-8}$$

TiB_2 在液铝中的溶解度的 Arrhenius 曲线如图 10.5.1 所示。

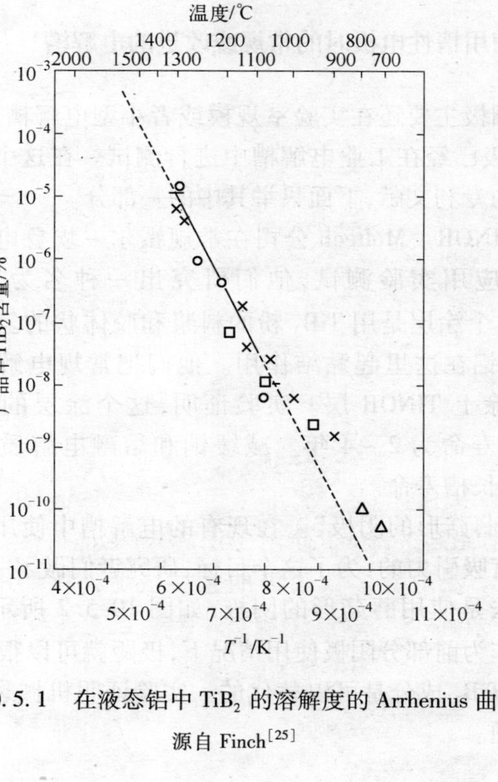

图 10.5.1 在液态铝中 TiB_2 的溶解度的 Arrhenius 曲线

源自 Finch[25]

假如在1000℃时纯铝中的TiB_2溶解达到饱和，Ti的浓度就为$53\times10^{-4}\%$，B的浓度为$24\times10^{-4}\%$。如图10.5.1所示，TiB_2的溶解度随温度的下降急剧下降，在960℃时，Ti的饱和浓度为$39\times10^{-4}\%$，B的饱和浓度为$17\times10^{-4}\%$。

在以大块的TiB_2作为内衬时，材料的溶解损失可以忽略不计，但如果是以TiB_2薄层作内衬时，溶解损失就会影响到内衬的寿命。假定铝中杂质Ti的浓度限制为$20\times10^{-4}\%$，B的浓度为$2\times10^{-4}\%$，且在电解过程中没有其他TiB_2来源存在，我们可以计算出TiB_2是以$40\times10^{-4}\%$的溶解速度进入金属产品中，在960℃时，这个值就相当于TiB_2的腐蚀速率为每年0.2 mm。即使铝产品中杂质浓度还可更高，这个问题还是值得我们考虑的。

10.5.5　使用惰性电极时的常规或改进的电解槽

惰性阳极主要还在实验室规模或者小型电解槽中进行测试，而TiB_2阴极已经在工业电解槽中进行测试。在这个领域已经发表了大量的专利文献，下面只举其中的一部分。

(1) TINOR。Moltech公司在常规霍尔－埃鲁电解槽中进行了TiB_2的应用实验测试，他们研究出一种名为TINOR的涂层[26,27]，这个涂层是用TiB_2粉的料浆和胶体状的氢氧化铝制得的，氢氧化铝在这里起黏结作用。他们把常规电解槽中的全部炭内衬都涂上TINOR层。实验证明，这个涂层的性能相当稳定，他们的寿命为2～4年。减缓钠和熔融电解质会浸入炭内衬，可以延长槽寿命。

(2)“蘑菇形的阴极”。在现有的电解槽中使用新型惰性阴极是非常有吸引力的，为了这个目标，研究者们做了一些尝试。其中一个方法是使用蘑菇形的阴极，如图10.5.2所示。在TiB_2-C复合材料作为前部分阴极使用情况下，极距就可以很短[29]。在生产过程中，TiB_2成分是可以替代的。实验证明机械裂纹是一个最严重的问题。

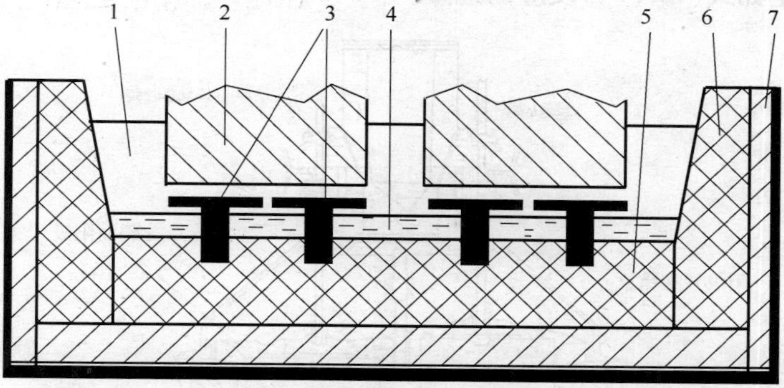

图 10.5.2 装备有蘑菇形阴极的常规槽示意图
1—电解质;2—阳极;3—阳极单元;4—铝;5—阴极块;6—边墙;7—绝缘层
源自 McMinn[29]

原则上,惰性阳极也可在霍尔-埃鲁电解槽中采用多种样式使用,但这样并不能充分发挥它的性能。虽然节省了炭,减少排放气体,以及可以使用更小的集气罩,但是,由于不稳定性、短路及液铝飞溅引起材料的损坏,使用尺寸一定的阳极时,减少可能的极距并不能起到真正的作用。因此,看起来,如下面所要讨论的,惰性阳极应该在泄流结构槽中使用,或者是采用垂直电极方式使用。

(3) 泄流阴极。泄流式结构电解槽早在 1970 年 Kaiser 铝厂就进行了测试实验[30],他们使用的是在炭内衬上粘上大块的纯 TiB_2,但由于他们之间的黏结性不好而导致实验的失败。

Martin Marietta 公司[31]创造了一种 TiB_2-C 涂层技术,Comalco 公司进一步发展了此技术[32]。Comalco 干槽的简图如图 10.5.3 所示。这种混合使用常规炭阳极和 TiB_2-C 的电解槽[32]还没有获得成功。

对于惰性阳极,低的电解温度是有利的,这是因为阳极表面活性层的氧化物溶解度随温度的降低而降低。如果使用金属基体,则更必须使用低温电解,因为金属氧化的速度随温度的降低大约以每 100℃差一个数量级的速度快速下降。使用低温电解质又产生了一个显而易见的问题,那就是氧化铝的溶解度太低,就有可能发生如式(10.5.4)反应的危险。

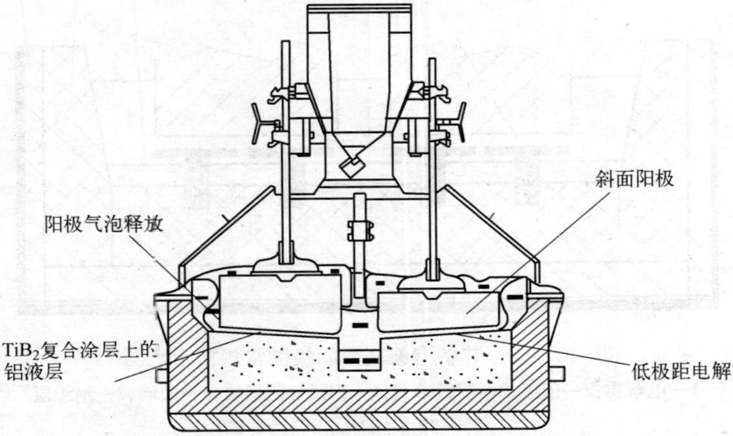

图 10.5.3 Comalco 公司的泄流式电解槽示意图
源自 Brown 等[32]

(4)“悬浮料浆电解槽”。为了解决上述问题,Beck[33]建议使用一种所谓的液浆电解槽,在这种电解槽中,惰性阳极表面析出的阳极气体使氧化铝悬浮在电解质中。这样,我们就可以使用氧化铝溶解度很低(大约为3%的 Al_2O_3)而 AlF_3 含量高的低温电解质(CR=1.2, 750℃)。为了使氧化铝能悬浮在电解质中,槽底部作为阳极。液浆电解槽可能的结构和参数示意图如图 10.5.4 所示。设计这种槽的关键是保持氧化铝悬浮在电解质中,以及找到一种合适的收集产品铝的方法。

(5)双极性槽。电解槽开发者的最终梦想是建立使用双极性电极的电解槽,就像镁目前应用的一样[35]。双极性槽是一个有着高生产率的紧凑的电解槽。除了材料问题,电流效率的损失是因为所谓的迂回电流包围着双极性电极,可能引起一系列的问题[36],这主要取决于电解槽结构。图 10.5.5 示出槽结构设计,上述问题可以通过将电解槽分成各个部分来解决,其相应的代价就是分别从各个室中收集铝。

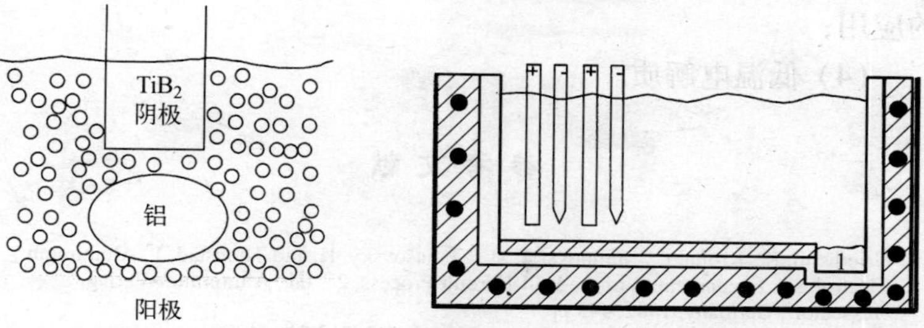

图 10.5.4 悬浮料浆电解槽(左侧为悬浮的氧化铝,右侧为槽结构设计)

阳极和阴极以垂直方式布置,槽底作为阳极,金属收集在(1)处,源自 Beck[33,34]

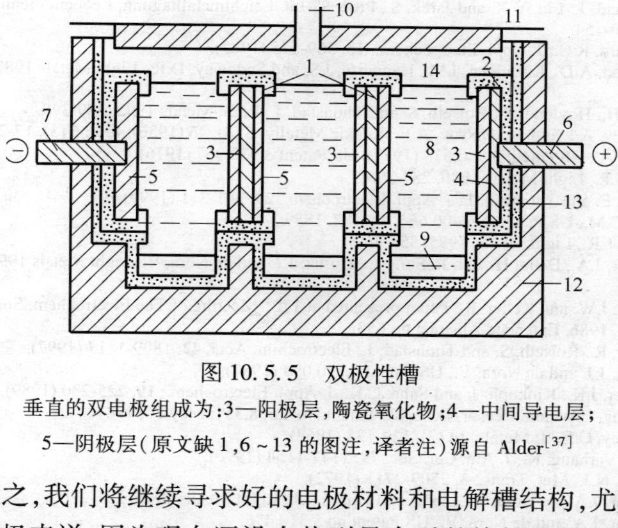

图 10.5.5 双极性槽

垂直的双电极组成为:3—阳极层,陶瓷氧化物;4—中间导电层;

5—阴极层(原文缺 1,6 ~ 13 的图注,译者注)源自 Alder[37]

总之,我们将继续寻求好的电极材料和电解槽结构,尤其是对惰性阳极来说,因为现在还没有找到最合适的惰性阳极材料。对于惰性阴极,TiB_2 看起来是一种最好的惰性阴极材料,但是 TiB_2 的最合适的制备方法还不知道。价格是一个很重要的考虑条件,因为大块 TiB_2 可能会因为太贵而无法作于内衬材料使用。

将来的发展方向为:

(1)继续寻求好的材料;

(2)一些新材料或者材料的新应用;

(3)改善电解质成分,以及改善工艺条件以适合新电极材料的应用；

（4）低温电解质。

参考文献

1. Grjotheim, K., Krohn, C., Malinovský, M., Matiašovský, K. and Thonstad, J., Aluminium Electrolysis. Fundamentals of the Hall-Héroult Process, 2-nd ed., Aluminium-Verlag, Düsseldorf, Germany, 1982, 443 pp.
2. Billehaug, K. and Øye, H.A., Aluminium, **56**, 642-648, 713-718 (1980).
3. Billehaug, K. and Øye, H.A., Aluminium, **57**, 146-150, 228-231 (1981).
4. Pawlek, R.P., Aluminium, **66**, 573-582 (1990); ibid. **71**, 732-735 (1995); ibid. **72**, 35-41(1996).
5. Pawlek, R.P., Aluminium, **71**, 202-206, 340-342 (1995).
6. Liu, Y.X. and Thonstad, J., Electrochim. Acta, **28**, 113-116 (1983).
7. Thonstad, J., Liu, Y.X. and Jarek, S., Proc. 8th Int. Leichtmetalltagung, Leoben-Vienna, 1987, pp. 150-154.
8. Dorward, R.C., J. Appl. Electrochem., **13**, 569-575 (1983).
9. McLeod, A.D., Lihrmann, J.M., Haggerty, J.S. and Sadoway, D.R., Light Metals 1987, 357-365.
10. Xiao, H., Hovland R., Rolseth, S. and Thonstad, J., Light Metals 1992, 389-399.
11 Belyaev, A.I. and Studentsov, A.E., Legkie Metally, **5** (3), 36 (1936); Ibid. **6** (3), 17-22 (1937).
12. Alder, A., US Patent 3,960,678 (1977). US Patent 3,930,967 (1976).
13. Ray, S.P., Light Metals 1986, 287-298.
14. Olsen, E. and Thonstad, J., J. Appl. Electrochem., **29**, 301-311 (1999).
15. Hall, C.M., US Patent No 400,664, April 2, 1889.
16. Beck, T.R., Light Metals 1995, 355-360.
17. Sekhar, J.A., Deng H., Jiu, J., Sum, E., Duruz; J.J. and de Nora, V., Light Metals 1997, 347-354.
18. Evans, J.W. and Keller, R., Paper presented at 170th Meeting of The Electrochem. Soc., San Diego, 1986, Extended Abstract no 653.
19. Keller, R., Rolseth, S. and Thonstad, J., Electrochim. Acta, **42**, 1809-1817 (1997).
20. Duruz, J.J. and de Nora, V., US Patent 4,680,094 (1987).
21. Walker, J.K., Kinkoph, J. and Saha, C.K., J. Appl. Electrochem., **19**, 225-230 (1989).
22. Dewing, E.W. and Reesor, D.N., US Patent No 4,668,351, May 26, 1987.
23. Ransley, C.E., J. Metals, **14** (2), 129-135 (1962).
24. Nord-Varhaug, K., J. Am. Cer. Soc. 79, 1147-1154 (1996).
25. Finch, N.J., Met. Trans., **3**, 2709-2711 (1972).
26. Sekhar, J.A., de Nora, V., Liu, J. and Duruz, J.J., Light Metals 1996, 271-276.
27. Sekhar, J.A. and de Nora, V., US Patent no 5,310,476.
28. Øye, H.A., Thonstad, J., Dahlqvist, K., Handå, S. and de Nora, V., Aluminium, **72**, 918-924 (1996).
29. McMinn, C.J., Light Metals 1992, 419-424.
30. Dorward, R.C. and Payne, J.R., Proc. Int. Symp. CIM, ed. M. Bouchard, Pergamon, 1990. 29-40.
31. Boxall, L.G., Cooke, A.V. and Hayden, H.W., Light Metals 1984, 573-588.
32. Brown, G.D., Hardie, G.J., Shaw, R.W. and Taylor, M.P., Proc. 6th Ausrt. Al Smelting Workshop, eds. James, Skyllas-Kazakos, Welch, Queenstown, New Zealand, Nov. 1998, 499-508.
33. Beck, T.R., Light Metals 1994, 417-423.
34. Beck, T. and Brooks, R.J., US Patent no 5,006,209, Apr. 1991.
35. Sivilotti, O.G., Light Metals 1988, 817.
36. Roušar, I. and Thonstad, J., J. Appl. Electrochem., **24**, 1124-1132 (1994).
37. Alder, H., US Patent No 3,930,967 (1976).

10.6 可替代的炼铝新方法

10.6.1 引言

已经沿用了110多年的霍尔－埃鲁铝电解方法,目前仍广泛运用于商用铝的生产。这种电解方法于1886年申请了专利,并已经取得成功。但该法仍存在缺点,譬如,高成本、在大量使用小型电解槽上生产率低、低能效和环保问题,并完全依赖于昂贵的电能和氧化铝。鉴于以上原因,许多研究者自20世纪以来一直从事于开发一种能取代目前铝电解方法的新型方法。当然,这种研究的驱动力将有可能促使一种新的炼铝技术取得成功。

Grjotheim 已经综合介绍了1980年以前各种新型炼铝方法的研究成果[1]。有关各种电解法和非电解法炼铝,Cochran[2] 在1987年发表的文章中已作完整概括和讨论。这一章的目的是近二十多年来发表的可选用的这些电解方法作一些评价。然而,值得注意的是,在炼铝的新的替代法领域中尽管做了很多研究工作,但并没有公开发表。有关惰性阳极和泄流阴极的研究已在10.5节中讨论过。

10.6.2 美国铝业公司的铝还原法

耗资超过二千五百万美元、经过10年的研究与开发,美国铝业公司公布了一种新型铝电解方法[1]。其主要过程包含两个步骤:无水氯化铝的生产和在双极性电解槽中电解氯化铝熔盐生产金属铝[2]。这种铝电解方法和经验的相关报道还很少。特别令人感兴趣的是1981年 Russell[3,4] 发表的一篇有关美铝公司研究的 $AlCl_3$ 电解方法的文章,报道了该法炼铝的缺陷和可取之处。报道称,研究开发 $AlCl_3$ 电解法可以追溯到1962年。关于炼铝替代法有三种可能性: $AlCl_3$ 电解法、电热还原法和低价氯化铝(AlCl,主要由不成比例的 Al 和 $AlCl_3$ 构成)。其中的后两种需要消耗大量的电能和解决材料问题。然而,在长期研究的基础上,美国铝业公司选择了 $AlCl_3$ 电解法。他们认为,与霍尔－埃鲁法相比，由于更低的低电解温度、高电解质电导率、可使用双极性电解槽使得这种方法的能耗更低。[3]

这种方法增加了一个化学反应过程，即低温煅烧氧化铝经过碳氯化反应转变成 $AlCl_3$。这使得石墨可以作为惰性阳极在双极性槽中使用，阳极产生的氯气（Cl_2）可以返回到碳氯化反应步骤中循环使用。通过使用较小的极间距离（10～20 mm）和高电导率的碱金属与碱土金属氯化物电解质，铝的生产能耗可以降到 11.9 kW·h·kg^{-1}[2]。

电解槽反应的标准吉布斯自由能反应

$$AlCl_3(l) = Al + 3/2Cl_2(g) \tag{10.6.1}$$

的反电动势为 2.16 V[5]。阴极反应速度较快，在低氯化铝浓度时容易发生浓差过电压，但没有测量该熔盐中的阳极过电压大小。

电解槽电极的排列与布置方式见图 10.6.1。铝在每一个独立的单元槽内阴极上产生并随电流方向流动，产生的氯气向中央部位移动，金属向下沉而气体往上浮。阳极上析出的氯气从槽内上升时，引起电解质对流和循环运动。

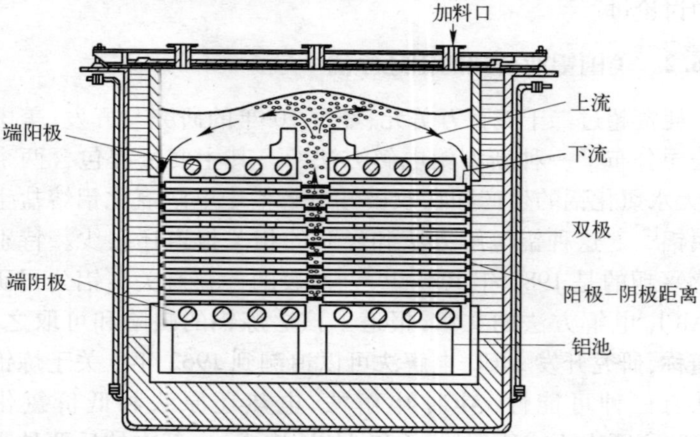

图 10.6.1 工业生产双极型电解槽

源于 Jarrett[6]

这种方法生产铝的主要好处是在同样生产效率下大大减少了能耗和成本。由于需要额外的 Cl_2 供应，用于碳氯化法生产 $AlCl_3$，一定程度上抵消了其所带来的好处，因而，这种方法的节约成本只能在能耗和投资成本中获得。

1976 年，美铝公司在田纳西州建立了四座氯化铝电解法生产铝的电解槽。电解槽的日产铝量已达到 13 t 以上，电耗率为 9.5 kW·h/kg(Al)。到 1980 年，人们对该法成功地进行商业应用仍抱有很大的希望[3,4]。但到了 1985 年，美铝公司停止了氯化铝电解槽的运行，据说主要原因是从氧化铝中生产并得到较纯的 $AlCl_3$ 比较困难。$AlCl_3$ 生产车间很难达到设计的产能。高成本燃油费维持高成本运行也是症结所在。清除在电解过程中产生的低浓度氯化联苯成本过高，并对环保造成潜在污染也是其中问题之一，如此一来，该法就不再有竞争力。

10.6.3 碳热还原法炼铝

碳热还原法的潜在好处是单位反应容器投资成本低(30%)、生产操作成本低(10% ~20%)、能耗低(10%)、人员少(50%)和高生产率，以上数据源于 A. D. Little 公司 1989 年公布的研究报告。在环保方面，碳热还原法没有产生氟化物(包括 CF_4)或 PAH 化合物污染。其主要缺点是高温度下(2000℃以上)生产，产生大量的 CO 和 CO_2 挥发物。与霍尔－埃鲁法相比，如在鼓风炉中进行碳热还原法炼铝将增大 CO_2 的挥发。

氧化铝碳热还原法的总反应是：

$$1/2Al_2O_3(s) + 3/2C(s) = Al(l) + 3/2CO(g) \quad (10.6.2)$$

由于单质铝生成氧化铝的反应其吉布斯自由能很负，因而使得该反应需要在很高的温度下(2000℃)才能进行。此方程只是简单的定性描述该反应，其相关的物理化学过程将更为复杂。还原过程分三步完成：

$$2Al_2O_3 + 3C = Al_4O_4C + 2CO \quad (10.6.3)$$

$$Al_4O_4C + 6C = Al_4C_3 + 4CO \quad (10.6.4)$$

$$Al_4O_4C + Al_4C_3 = 8Al(l) + 4CO \qquad (10.6.5)$$

然而，这些方程并未能正确标出实际的反应次序，为了获得 1×10^5 Pa 的CO 气体分压，第一步反应步骤在较高的温度形成熔融的 O-C 相，如上所述，纯固相之间的反应仅仅大体上描述这个化学体系的过程。

在 Al-O-C 相图上，有 Al_2O_3、Al_4O_4C 、Al_4C_3 和气态形式的 Al、Al_2O_3 和 CO。在某些特定的温度下，这些物质与铝成液态形式存在。在 Al_2O_3-Al_4C_3 伪二元相图上，在高于 1905℃ 时出现混合的 O-C 液相，也就是 Al_2O_3-Al_4O_4C 体系的共晶温度。相图如图 10.6.2 所示，Al_4O_4C 在 1945℃ 的包晶温度下发生分解形成固态 Al_4C_3 和液相熔融态。靠近碳一侧的液相线走向仍未明确，实际上，其液相性质也未明了。如果这种液相熔盐的密度接近液态铝，那么两者的分离将很困难，如果其密度较大沉在下面，则铝液将漂浮在上方，这将成为碳热还原法工业应用的严重障碍。

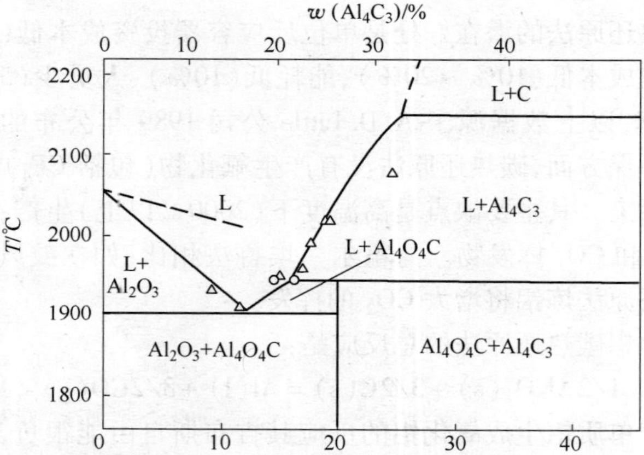

图 10.6.2 由 Sandberg[8] 进行液相线计算得到的 Al_2O_3-Al_4C_3 部分伪二元相图

虚线部分的计算前提是假设 Al_2O_3 和 Al_4C_3 分子间完全理想化混合；圆圈点为共晶温度液相组成；三角形为 Ginsberg 和 Sparwalg[9] 计算结果

在一定温度范围内,液态铝能够溶解相当量的碳(C),2150℃为 Al_4C_3 的包晶分晶温度,此时液态铝中固体碳(C)和碳化物的平衡浓度将达到20%(原子分数)。可以推断,碳热还原法将含有碳,并当金属冷却凝固后需要分离,图 10.6.3 给出了 Al-C 系相图。

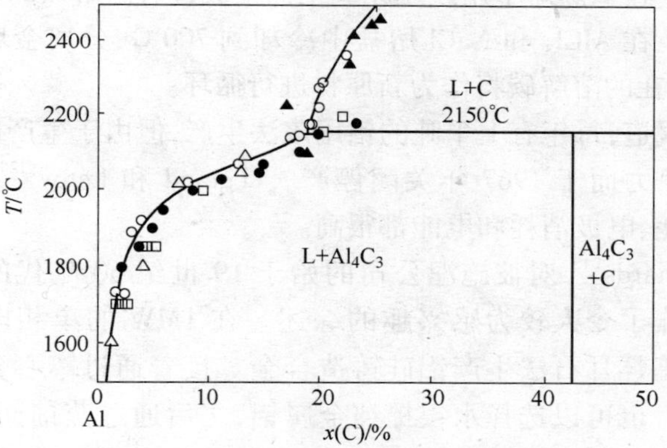

图 10.6.3 Motzfeldt 等人[10]公布的 Al-C 相图

1989 年,Motzfeldt 等人[10]在出版的一本书中对碳热还原法生产铝的过程的相关化学问题作了详细而又全面的分析。这些作者也对相关研究的大量专利文献资料作了评述。

19 世纪 60 年代,碳热还原法炼铝具有很大的吸引力。此间,许多大的铝电解生产厂家(美铝公司 Alcoa、雷诺公司 Reynolds 和彼施涅 Pechiney)都积极开发研究碳热还原法“直接还原”法取代霍尔－埃鲁电解法生产铝。这些研究结果说明碳热法炼铝从技术上来说是完全有可能的。然而到了 1965 年,他们的一些大型实验厂雇佣上百名工作人员进行试验,没有取得成功,使得工作被迫停止,此项目的工业化前景变得渺茫。

就目前的碳热还原技术而言,确实难以给出评价。有时,一些研究报告是在其研究工作完成若干年以后才公开的。例如,法国彼施涅铝业公司的 Crussard[11]、Legrand 和 Leroy[12]分别在 1979

年和 1987 年公开发布他们早在 19 世纪 60 年代的研究。Motzfeldt 等人[10] 概括了所了解到有关彼施涅公司碳热还原法的研究资料文献,并推断其研究工作经历以下三个阶段:

(1) 在电弧炉中部分还原拜耳石或一些含氧化铝原料生产氧化铝和金属合会;

(2) 在电热炉中用碳还原氧化铝生成含有溶解碳的金属铝;

(3) 在 $AlCl_3$ 和 NaCl 熔盐中冷却到 700℃,分离金属中的以 Al_4C_3 存在的溶解碳将作为新原料进行循环。

据报道,每年有上千吨的铝用该法生产,但由于生产成本过高没有竞争力而于 1967 年关闭停产。Legrand 和 Leroy[12] 报道说,原料消耗、电极消耗和电能都很高。

Richards[13] 对彼施涅公司的始于 19 世纪 60 年代的碳热法生产铝作了令人较为感兴趣的综述。在 1MW 的单相电弧炉中通过熔炼拜耳石法生产铝硅铸造合金。接着通过离心分离提纯金属铝。也可以选择水银提纯金属铝,之后通过蒸馏回收水银,这种方法在经济上也没有竞争力,于 1972 年停止相关的研究工作。

研究过程中,雷诺公司取得的一条重要经验认为,如果碳热还原法工业应用取得成功,其先决条件是需用纯的氧化铝作原料[13]。采用化学法、消耗能源的方法生产冶金级的纯氧化铝仍然有许多缺点,即便是用优质的拜耳石矿或提纯来生产。可行性研究项目始于 1971 年,并于 1981 年 1 月结束,此时雷诺公司用碳热法生产并已经浇注了第一块 5 lb(1 lb = 0.45 kg)重的铝。Saavedra 等[14~18] 和 Richards 分别于 19 世纪 80 年代和 1991 年公布了雷诺公司在 19 世纪 70 年代的这些研究工作。Saveedra 和 Kibby[17] 对电解热式、开放式电弧炉碳热生产金属铝持乐观态度,但他们也曾承认要想商业规模的生产应用碳热法生产铝,仍然需要进行大量的工厂研究与开发。

美国铝业公司与 1977 ~ 1982 年重新对其碳热还原法产生兴趣,并做了大量、广泛的研究工作。1977 年美国铝业公司和美国能源部签署合同进行碳热还原法还原煅烧加热得到的氧化铝－氧化硅矿石的技术可行性研究。Wahnsiedler 等人[19]、Bruno[20,21]、Troup[22] 和 Stevenson[23] 公布他们关于此项研究的结果。评价这种新型方法应该是：

(1) 低压、低燃烧热鼓风炉熔炼；

(2) 鼓风－电弧联合炉；

(3) 浸没式电弧炉。

基于上述原因，燃煤鼓风炉的设计理念具有潜在的经济性。可用鼓风炉熔炼天然矿石生产 Al-Si-(Fe) 合金，并精炼生产商用铝、硅和硅铁合金。由于阻塞，Al_2O 和 SiO 气体被 CO 气体从反应器的冷凝区热温带带出，而使得实验中常发生反应器的出口阻塞。这种竖式电炉不能连续化生产，且金属产出率也较低。如此一来，热燃烧法生产 Al-Si 合金从技术上来讲是完全不可行的。

第二种思想是，用常规炭电极的电弧鼓风炉在工程实际上较难以实现。鼓风炉熔炼结果令人失望，因而此法被彻底放弃。

美国铝业公司也同样考虑过电热还原取代法。Bruno[20] 称浸没式电弧炉是一种较有可能的方法，因为开口电弧或等离子体技术能够大面积散热。Bruno 的报告包含熔炼实验中的物料平衡、能量平衡计算以及在开口或闭口的电弧炉中生产 Al-Si 合金的经济性分析。其结论是，浸没式电弧炉熔炼技术上是可行的，但其优势不明显，与霍尔－埃鲁法炼铝相比，成本较高。

Bruno[20,21] 在写到其结论时这样说道：然而，一种新的直接还原生产铝的方法在变成现实之前，我们仍然在进行技术研究，甚至没有考虑到其这种炼铝的取代方法在经济上是否具备可行性。

早在 19 世纪 80 年代前，这种碳热还原法生产率的热情再次升温[24]。美国铝业公司的工作前已提及。Landi 等人[25] 用碳热法在电弧炉中用意大利的白榴石矿生产 Al-Si 合金。接着，日本发表了三井公司鼓风炉炼铝的研究，根据 Kuwahara[26,27] 的研究，第一阶段是氧化铝、氧化硅、氧化铁和焦煤在鼓风炉中发生还原反应，然后用1300℃的液态金属铅浇灌到炉中形成Al-Pb合金，冷凝后，含0.2%～0.3%金属铅的铝漂浮于上层而被分离。该法生产的铝需要进一步提纯方可使用。日本三井公司0.4 m^3的小型鼓风炉吹入氧气，成功进行生产Al-Si-Fe合金而不需要消耗额外的电能。但由于没有充足的资金资助被迫停止。

日本的Dokiya等人[28,29]进行几年的竖炉炼铝试验，由于产铝量太少没有取得成功。Yokokawa等人[30]在鼓风炉试验厂生产Al-Si-Fe合金，而整个过程不需补充热能，金属收率和铝的浓度较低，可以通过添加石灰石来改善。

在19世纪80年代后期出现了一种添加金属锡的新的铝精炼方法。Frank等人[31]在1800℃进行实验室试验，采用碳热还原法还原氧化铝生产达到9%以上铝纯度的Sn-Al合金。冷凝Sn-Al合金，铝晶体在330℃与锡通过分级结晶分离。锡渣与铝的分离采用金属钠萃取和循环利用。文献[32]中Richards比较详细地介绍了这种技术。

1999年，Murray[33]提议采用太阳能提供的大量热能可以用于补充热能进行炼铝，并在金属热还原方面具有很大的优势。因此铝工业出现了一次难得的利用太阳能加热实现工业化应用的机会。特别是美国铝业公司生产Al-Si合金的直接还原法更适合利用太阳能提供能量。据Murray的报告，在初步的碳热还原法生产Al-Si合金的研究中，采用太阳能加热升温到高温条件，得到的合金中铝的纯度为61%～62%。由于美国铝业公司试图开发一种燃烧加热式的碳热还原法使得这部分工作将继续进行，Murray表示它将要进行深入的试验研究。

10.6.4 结论

回望Russell在1981年的预言，过去的二十多年是值得回味的。Russell对当时取代法炼铝持乐观态度，特别是美国铝业公司的熔炼技术，其预言内容大致如下：

“到2001年,美国新的电解铝产能将由基于拜耳石和非拜耳石矿为原料的氯化物电解槽和采用惰性阳极、硬质金属材料阴极的传统霍尔－埃鲁氟化物电解槽构成。碳热还原法将成为生产Si-Al合金的一种方法。许多经过改造的氟盐电解槽仍在使用。”

回顾一下,铝电解生产并没有像Russell预言的那样。1981年他对炼铝取代法有过于乐观的态度。到现在为止,霍尔－埃鲁槽的惰性阳极和可湿润性阴极仍难以商业应用(见第5章)。

Saavedra等人[14~18]也同样评价到了2000年碳热还原法对生产铝可能产生的影响。他们的结论是大型化的实验已经证实碳热还原法适合用于商业化生产原铝。该法具有巨大的节约投资成本的优势。但仍有大量的工程问题需要研究解决。作者们并没有对商业规模的碳热还原法所需的设备做过多的预言。

Richards[13]1991年的文章中没有理会相关信息和实验结果,认为19世纪90年代碳热还原法的前途仍然不会明朗。Dewing[34]在1992年曾说过:“尽管碳热还原法此时走到尽头,但较长一段时间的将来前景难以预料。总之,由于巨大的节能、环保和节约投资成本,将来有可能实现。”

毫无疑问的是找到一种新的取代霍尔－埃鲁炼铝的方法是极艰难的任务。但这并没有使那些具有扎实的化学基础知识、伟大的创造力、丰富的想象力、好奇心和奉献精神的人们去探索一种可以取代目前铝电解的新方法。碳热还原氧化铝也许是一种较为有希望的一条出路。

开发新的炼铝方法应该包含几个重要问题。从化学上说,必须克服许多困难以获得足够高的化学反应效率,这只是其中必须要解决的一部分问题。同时也应该考虑到环境问题,其所释放的气体、挥发物须满足现代健康与安全的标准。其中的每一步都涉及工程问题和材料问题,包括在扩大规模过程中出现的问题。任何一种新的取代方法均需要长期的研究开发过程和不同水平的半工业试验过程。最终,这种方法与目前的霍尔-埃鲁法比较,还必须具有经济竞争力和高效性。

不断增强对当前的炼铝方法的理论、融会贯通目前的基础研究和应用研究将会促使我们不断提高、进步。在过去20年里在设计方面取得的成果,将确保我们目前的炼铝方法在将来一段时期内相对于所谓的取代方法仍具有较大的优越性[35]。

参考文献

1. Grjotheim, K., Krohn, C., Malinovský, M., Matiašovský, K. and Thonstad, J., "Aluminium Electrolysis. Fundamentals of the Hall-Héroult Process", 2-nd ed., Aluminium-Verlag, Düsseldorf, Germany, 1982, 7-23.
2. Cochran, C. N., Burkin, A. R., "Production of Aluminium and Alumina", John Wiley & Sons, Chichester, New York, Brisbane, Toronto and Singapore, 1987, 214-237, see also Light Metals 1987, 429-443.
3. Russell, A.S., "Pitfalls and Pleasures in New Aluminum Process Development", Journal of Metals, **33** (6), 132-137 (1981).
4. Russell, A. S., "Developments in Aluminium Smelting", Aluminium, **57**, 405-409 (1981).
5. Thonstad, J., in "Advances in Molten Salt Chemistry 6", ed. by Mamantov, G., Mamantov, C. B. and Braunstein, J., Elsevier, Amsterdam, Oxford, New York, Tokyo, 117-122, 1987.
6. Jarrett, N., "Future Developments in the Bayer-Hall-Héroult Process", in Burkin, A. R., "Production of Aluminium and Alumina", John Wiley & Sons, Chichester, New York, Brisbane, Toronto, Singapore, 188-207, 1987.
7. A. D. Little, Inc., "Carbothermic Reduction of Alumina", by Kusik, C. L., Syska, A., Mullins, J. and Vejins, V., paper presented at the 118th TMS-AIME Annual Meeting, Las Vegas, Nevada, 1989.
8. Sandberg, B., "Carbothermal Reduction of Alumina", Dr.-ing. Thesis, NTH, Trondheim, Norway, 1981, 140 p. (in Norwegian).
9. Ginsberg, H. and Sparwald, V., "Beiträge zur Aluminiumgewinnung durch Carbothermische Reduktion Aluminiumoxids unter besondere Berücksichtung des Systems Aluminium-Kohlenstoff", Aluminium, **41**, 181-193 (1965).
10. Motzfeldt, K., Kvande, H., Schei, A. and Grjotheim, K., "Carbothermal Production of Aluminium", Aluminium-Verlag, Düsseldorf, Germany, 1989, 218 p.
11. Crussard, C., "A Hundred Years of Aluminium Electrolysis", Trans. Inst. Min. Met., **87C**, 146-152 (1979).
12. Legrand, B. and Leroy, M., paper presented at the Aluminium Symposium Metals Week, Zürich, Switzerland, October 1987, 13 p.
13. Richards, N. E., "Musings Upon the Carbothermic Production of Aluminum", in Proceedings of the International Symposium arranged in honour of Professor Ketil Motzfeldt, ed. by Kvande, H., Trondheim, Norway, 1991, 103-115.
14. Ruch, L. M., Saavedra, A. F. and Kibby, R. M., "Carbon Partition Between Carbothermically Reduced Al and Al_2O_3-Al_4C_3 Melts", Light Metals 1984, 589-599.
15. Saavedra, A. F. and Compton, C. L., "Analytical Methods for Determination of Slag and Metal Composition in Carbothermic Production of Aluminum", Light Metals 1986, 247-252.
16. Kibby, R. M. and Saavedra, A. F., "Model Studies in Carbothermic Reduction of Alumina", Light Metals 1986, 263-268.
17. Saavedra, A. F. and Kibby, R. M., "Investigating the Viability of Carbothermic Alumina Reduction", Journal of Metals, **40** (11), 32-36 (1988).

18. Saavedra, A. F., McMinn, C. J. and Richards, N. E., paper presented at the 118th TMS-AIME Annual Meeting, Las Vegas, Nevada, 1989, 18 p.
19. Wahnsiedler, W. E., Stevenson, D. T., Szekely, J., Eriksson, G. E. and Johansson, T., "Mathematical Model of Countercurrent Shaft Reactors", Light Metals 1982, 405-431.
20. Bruno, M. J., "Production of Aluminum-Silicon Alloy and Ferrosilicon and Commercial Purity Aluminum by the Direct Reduction Process", CONS-5089-16 UC-95f, Aluminum Company of America, Alcoa Laboratories, February 1983, 431 p.
21. Bruno, M. J., "Overview of Alcoa Direct Reduction Process Technology", Light Metals 1984, 1571-1590.
22. Troup, R. L., "Feasibility of an Aluminum-Silicon Blast Furnace", Light Metals 1984, 1591-1612.
23. Stevenson, D. T., "Feasibility of an Aluminum-Silicon Blast-Arc Process", Light Metals 1984, 1613-1631.
24. Kvande, H., Huglen, R. and Grjotheim, K., "Carbothermal Production of Aluminium - Technically Possible, but Today Economically Impossible?" in Proceedings of the International Symposium arranged in honour of Professor Ketil Motzfeldt, ed. by Kvande, H., Trondheim, Norway, 1991, 75-102.
25. Landi, M. F., Da Roit, S., Montesi, S. and Piras, L., "The Production of Raw Al/Si Alloys from Italian Leucitic Minerals by a Direct Carbothermic Process. Experiments and Results on a Pilot Plant", Light Metals 1984, 601-618.
26. Kuwahara, K., "A New Process of Aluminium Smelting", memorandum from Mitsui Aluminium Company Ltd., Tokyo, Japan, April 1983, 11 p.
27. Kuwahara, K., " Production of Aluminium by Counter-Current Extraction with Liquid Lead", Japanese Patent 60-52 536, March 25, 1985 (Sept. 2, 1983).
28. Dokiya, M., Fujishige, M., Kameyama, T., Yokokawa, H., Ujiie, S., Fukuda, K. and Motoe, A., "Aluminium Blast Furnace", Light Metals 1983, 651-670.
29. Dokiya, M., Fujishige, M., Yokokawa, H., Ujiie, S., Motoe, A., Hirose, T. and Amano, K., "Blast Furnace Process for Aluminum, Calcium Carbide, Calcium Hydride, and Titanium", Light Metals 1986, 241-246.
30. Yokokawa, H., Fujishige, M., Ujiie, S., Kameyama, T. and Dokiya, M., "Chemical Thermodynamic Considerations of Aluminium Blast Furnace", Light Metals 1985, 507-517.
31. Frank, R. A., Finn, C. W. and Elliott, J. F., Met. Trans. B, **20B**, 161 (1989).
32. Richards, N. E., in Proceedings from the Elliott Symposium, Cambridge, MA, June 1990, 418-426.
33. Murray, J. P., "Aluminium-Silicon Carbothermal Reduction Using High-Temperature Solar Process Heat", Light Metals 1999, 399-405.
34. Dewing, E. W., "The Thermochemistry of Aluminum Smelting", in Proceedings of the Savard/Lee International Symposium on Bath Smelting, ed. by Brimacombe, J. K., Mackey, P. J., Kor, G. J. W., Bickert, C. and Ranade, M. G., The Minerals, Metals and Materials Society, 1992, 341-350.
35. Welch, B. J. and Keniry, J. T., "Advancing the Hall-Héroult Electrolytic Process", Light Metals 2000, 17-25.

10.7 结论性评论

10.7.1 基础研究工作

从2000~2020年,霍尔-埃鲁法将发生哪些变化呢?一般说来,预测一种技术的进展是很困难的,这一领域也不例外。有时候,人们对感兴趣的事情总持乐观态度,喜欢预言革命性的创新发明将来有一天取得戏剧性进展,反过来,对那些不感兴趣的事情显得很保守,也不抱任何企盼。如果想对今后20年做个预测,那么最好回头总结20年前所发生过的事情。接着,你可能确信在将来的几年里,这种技术的研究将保持同样的速度继续发展。因而,我们应该仔细考虑自1980年至今在铝电解基础研究方面所发生的根本性变化。

在现代计算机的辅助之下,研究工作变得较为容易的同时使得结果更为精确,如我们通过手工记录的实验数据,现在完全可交由计算机完成。电子计算机可对数据进行存储和处理,同时做表画图变得更为简便。现已开发出各种新的测量设备,一个典型的例证是电解质过热度探测仪,该仪器能够直接、准确地测量电解质初晶温度、实际操作温度而得到电解质的过热温度[1]。二十年前,该领域所发表的文献中很少提到过热度,而且经常发现测得的电解温度低于初晶(液相线)温度,而该初晶温度是由基于实验室测量数据的基础上发表的计算方程计算而来的。Haupin[2]介绍了所谓的“初晶点之谜”,并讨论有时计算得到负过热度的原因。可以说,过热度探测仪对科研开发是一种有效的工具,而且不会存在负的过热度问题,“初晶点之谜”也随之消失。

铝液表面与电解质液面之间的“界面层”也是一个值得研究的问题。Haupin[3]讨论了这种扩散层与相关的电流效率、金属中钠含量、阴极电流密度之间的联系。它也阐述了解界面层的传质和传热的控制性因素,并用此解释一些令人疑惑的现象。

有关冰晶石基电解质的一些更为精确的物理化学数据均已被研究报道,特别是密度、电导率和蒸气压等。我们可以更好地通过这些参数来了解电解过程中电流效率的变化原因。在过去10年中,我们意识到已经排放大量由于发生阳极效应而产生的碳氟化合物气体(CF_4和少量的C_2F_6)和温室气体。以前这些气体被认为是无害的,因为它们对人畜和植被无毒无害,也没有影响到臭氧层,目前在大气中的浓度也很低(为CO_2浓度的1/500000)。基础研究阐明这些气体在发生阳极效应之时是如何在实验槽中形成的,并对不同电解厂的工业槽进行测量和计算其气体的释放量,并作比较。多数国家的铝业公司都表示愿意到2005年把碳氟化合物的排放量降低到1990年的50%,目前许多电解厂都在朝这一目标努力,但仍有艰巨的工作等待他们去做。

毫无疑问,基础性研究工作对铝电解技术的进步和发展做出了很大的贡献。但是目前是由少数的大学从事霍尔-埃鲁铝电解的基础研究。按所在地字母顺序排列为:新西兰奥克兰大学(Auckland),斯洛伐克布拉提斯拉瓦大学(Bratislava),中国东北大学(Shenyang)和挪威技术大学(Tronheim),它们在该领域学术研究还较为活跃。

在挪威、美国和澳大利亚的电解铝工厂和车间均已加强了理论和实践相结合,用于辅助生产实际。美国的TMS年会仍然是重要的国际会议,其发行的《Light Metals》文集是指导铝电解生产的优秀论文集。综合目前的信息来看,文集中的文章没有被高档次地引用,使得读者难以评价其论文质量。

此外一些铝业公司的研究中心的许多研究工作也被定位为基础研究。但是,许多公司在此领域的研发力度不断减小。也许期间最令人惊讶的事件是,世界最大的铝业公司——美国铝业公司1985年宣布将大幅度减小其对霍尔-埃鲁电解法的研究,其原因是考虑到所取得的进展不会很大,投资成本与成效难以判断。若干年以后,这种决定截然相反。

这就产生了一个重要问题,开展这些研究是否减少了利润的回报率。换句话说,目前是不是真的需要开展霍尔-埃鲁炼铝法的基础性研究工作呢?是不是这些研究数据能够满足实际生产需要呢?

许多研究者认为还有许多研究工作不得不做,例如,最好的关于金属铝和钠在冰晶石中的溶解度数据的研究结果都不很可靠。据Ødegård[4]的研究结果,金属的溶解度是随温度呈线性关系下降的。而Wang等人[5]研究认为是一种幂函数关系。其他领域也有同样的工作需要研究，如电解质中杂质对电流效率的影响。使电流效率降低的反应的控制性步骤研究认为是多价态金属离子、可被还原的杂质阳离子、溶解的金属钠和单价态铝离子的传质过程。

对阳极效应的了解仍需要进一步加深。Marks 等人[6]最近的研究数据表明，不发生阳极效应时，碳氟化合物的释放量是很少的。在此之前也认为这种排放物只有在发生阳极效应时才产生。这种新的研究又使人产生怀疑，是不是我们真正理解了我们所处理的一些问题。在霍尔－埃鲁炼铝法研究方面，仍有必要继续研究惰性阳极和惰性阴极，正如 7.5 节介绍的泄流式电解槽理念那样。

10.7.2 应用研究和开发工作

在本书引言的章节中，在讨论本书主题——基础理论研究前已经简要介绍了霍尔－埃鲁法的各方面技术特征。在此，本章的后面部分，我们又回到技术层面，因为它是基础性研究兴趣所在的主要原因。因此，回过头来看看自1980 年以来铝电解工业电解槽所取得的重要成就，并想一想我们下一步期待出现那些新技术，下面列举六个主题：

（1）电解槽尺寸；

（2）旧式电解槽的现代化改造；

（3）高电流；

（4）电流效率；

（5）健康环保安全；

（6）长电解槽寿命。

（1）电解槽尺寸。到 1980 年，美铝公司的 P－225 电解槽在田纳西州已经运行了十年。这样的大型槽要顺利生产操作而配备又独立的阳极（升降）抬升机构，这是完全有必要的也是必须的。1981 年，挪威水电公司（Hydro）在 HØyanger 的 220 kA 系列槽中开始使用固定的阳极桥联方式。目前在加拿大 Lauralco 铝厂[7]，整个 325 kA 的电解槽系列都使用固定的阳极桥联方式。电解槽的电流已经从1980年的225 kA 提高到2000年的325 kA。更高电流的电解槽(1990年试验的400 kA 槽)模型也是(试)运行。美铝公司在马什纳州的450 kA 试验槽据报道也将用于生产[9]。现在法国彼施涅(Pechiney)有许多相关信息都报道了他们目前的三台500 kA 电解槽的运行情况。

在未来的电解槽设计方面,各电解厂将继续将加大电流。大型电解槽有以下几点好处:降低吨铝的投资成本,减少劳动力,降低配套设备和自动化成本,单位系列面积增加产能等。或许将来的电解槽外形上有点差别,电解槽在长度方面不会再加大。将来电解槽的设计将打破以前大工程量的特点。

(2) 老式电解槽的现代化改造。世界每年的原铝产量大部分由老式电解槽生产完成。有些样式电解槽技术已经沿用了30~40年之久。结合新开发的技术和特点,这些老式电解槽应该且能够进行现代化改造[10]。如果具有可行性,老式槽的现代化改造将延长电解槽的使用时间,同时也能满足目前环保的苛刻要求。随着点式下料的引入,增大阳极炭块尺寸以满足大电流的需要。老式槽改造在将来将一直不断进行。早在19世纪80年代,日本就报道了有关电解槽现代化改造方面取得的良好结果。然而,在所谓的"石油危机"过后,由于能源价格较高,日本的电解铝工业难以发展而逐渐停止。自焙槽也在进行改造,许多自焙槽都使用干阳极糊,点式下料技术在一些系列也被引入到自焙槽中使用。挪威的 Elkem 公司正在进行试验,尝试通过给自焙槽加收尘罩改造。我们翘首以盼自焙槽改造能够取得进展。即使一些自焙槽系列在未来的20年内被关停,一些自焙槽生产线仍能够一直运行到2020年。

(3) 电流效率。作为电解槽的一个重要指标,电流效率提高幅度是巨大的,它从1980年的94%提高到2000年的96%。我们现在已经掌握了电解质组成如何对电流效率造成的影响。除了磁场外,阳极释放气体造成的紊流影响到金属液体表面是一个重要原因。现代高电流电解槽设计中加平金属板以降低金属流动速率。最好的一些电解槽获得的电流效率已经达到它们的极限电流效率,尽管如此,对于许多槽来说仍需要进一步改善以获得更高的电流效率。另外,一些电解槽由于短路也会造成电流效率降低。

(4) 高电流。大电流、大单槽产能已经成为大多电解铝厂都遵循的一种趋势。令人感到惊奇的是一些设计好的电解槽通过电流强化后并没有出现严重的操作性问题。以前人们认为电解槽尺寸和电流是紧密相关的,但近来的经验表明,电解槽的电流能够大幅度强化到超过设计的数值。除了操作参数电流外,阳极和阴极电流密度也应该涉及,因为这能够给评价电解槽的技术质量和操作结果提高额外信息。现行的和将来的这种趋势将使得电解槽的操作条件发生变化,实现最大电流效率、最低电能消耗的目标,以最大限度获得投资回报或最大的股东分红。

(5) 健康环保安全。在近 20 年,这一领域已经获得相当程度的关注,而且确实也应该如此。工人们的健康和安全是关键,消除伤亡事件发生是将来要实现的目标。有关减少碳氟化合物排放前面已经讨论过。现代预焙槽连续生产几个月未发生阳极效应,很有可能实现零阳极效应的目标。对于自焙槽来说,需要完成一些工作研究,实现最小的阳极效应系数而又不能影响电解生产。所有电解槽均有可能在阳极效应系数为 0.1 的状况下运行,同样又可能再缩短消除阳极效应持续时间。

(6) 长阴极寿命。电解槽寿命从 1980 年的 1500 天延长到 2000 年的 2800 天,可以说在此领域中取得了很大进步。良好的设计、结构材料、电解槽启动和精心的维护使得阴极的抗腐蚀性能已经大大得到改善。对于多数系列电解槽,20 年后其平均寿命超过 3000 天应该可以达到。

表 10.7.1 总结归纳了一些这方面的数据,并对未来 2020 年最佳霍尔－埃鲁槽的性能参数作尝试性预测。当然要给出全部参数显得过于庞大,在此只给出能够说明问题的代表性数据

来阐明已取得的和将来企盼取得的成就。之前所取得的进步是由于采用了磁场补偿技术、计算机过程控制技术与氧化铝加料技术相结合的结果。令人惊讶的是在电解质成分优化方面的进步步伐显得慢了一些。目前的电解质组成是10% ~12%的过量氟化铝,此成分在1980年最好的电解槽中采用过,目前我们仍在使用。

表10.7.1 1980~2000年霍尔-埃鲁槽电解技术参数和2020年的参数预测

电解槽参数	1980年	2000年	2020年
系列电流/kA	225	325	500~600
槽电压/V	4.1	4.1	3.9~4.0
电流效率/%	94.0	96.0	96.5~97.0
能耗/$kW \cdot h \cdot kg^{-1}$(Al)	13.0	12.8	12.0~12.5
槽寿命/d	1500	2000~2800	3000
阳极电流密度/$A \cdot cm^{-2}$	0.80	0.85	0.95

有些领域所取得的进步是非常明显的。电解质中氟化铝(AlF_3)浓度的控制、减少电解质温度波动便是其中例子。这些进步都能够使电解槽运行更加稳定。如何防止阳极效应发生前已提及。如果研制成功,那么惰性阳极将给传统的霍尔-埃鲁法带来革命性变化,特别是与可湿润性阴极同时使用。TiB_2涂层阴极更适合在双极性电解槽设计中使用。除了我们所知道的技术突破外,不断取得的技术进步将为霍尔-埃鲁电解法的发展做出贡献。为了能够提高工业电解槽的运行稳定性,即使很小的但却很重要的基础理论知识或者技术改进的相关研究仍需要努力去做。这不仅将排除已经存在的错误观念,同时也将改进霍尔-埃鲁炼铝法,而且还能够增强铝与其他金属和塑料的竞争力。

参考文献

1. Rolseth, S., Verstreken, P. and Kobbeltvedt, O., "Liquidus Temperature Determination in Molten Salts", Light Metals 1998, 359-366.
2. Haupin, W., "The Liquidus Enigma", Light Metals 1992, 477-480.
3. Haupin, W., "Understanding Boundary Layers", Light Metals 1997, 319-323.
4. Ødegård, R., Sterten, Å. and Thonstad, J., "The Solubility of Aluminium in Cryolitic Melts", Light Metals 1987, 389-398.
5. Wang, X., Peterson, R. D. and Richards, N. E., "Dissolved Metals in Cryolitic Melts", Light Metals 1991, 323-330.
6. Marks, J., Roberts, R., Bakshi, V. and Dolin, E., "Perfluorocarbon (PFC) Generation during Primary Aluminum Production", Light Metals 2000, 365-371.
7. Caissy, J., Dufour, G. and Lapointe, P., "On the Road to 325 kA", Light Metals 1998, 215-219.
8. Øye, H. A. and Huglen, R., "Managing Aluminum Reduction Technology: Extracting the Most from Hall-Héroult", JOM, **42** (11), 23-28, (1990).
9. Pawlek, R., "Primary Aluminium Smelters and Producers of the World", Aluminium-Verlag, Düsseldorf, Germany. The entry sheet supplement containing information on the Alcoa plant in Massena, New York dated February 1997.
10. Kvande, H., "Retrofitting Older Aluminum Reduction Cell Lines - A Way to Extend Productive Life", JOM, **49** (2), 21-26, (1997).

词目索引表

B

C

F

G

M

N

O

P

R

S